河南省本科高校
新工科新形态教材

软件质量保证与测试

RUANJIAN
ZHILIANG BAOZHENG
YU CESHI

杨 彩 贾松浩 主编

化学工业出版社
·北京·

内容简介

《软件质量保证与测试》共分 10 章，涵盖了软件质量保证与测试基础、软件测试策略、白盒测试、黑盒测试、单元测试、性能测试、自动化测试、软件评审、软件质量与质量保证、测试的组织和管理等内容。全书详细介绍了软件质量保证与测试的基础知识，讲解了软件测试涉及的所有流程，并介绍了多款软件测试工具，将理论知识与实践操作技能有机结合，有助于学生完整、系统地掌握软件质量保证与测试技术，提高实践创新能力。

《软件质量保证与测试》可作为软件工程、计算机科学与技术等相关本科专业教材，也可供相关的专业人员参考使用。

图书在版编目（CIP）数据

软件质量保证与测试 / 杨彩，贾松浩主编. -- 北京：化学工业出版社，2025.6. --（河南省本科高校新工科新形态教材）. -- ISBN 978-7-122-48637-0

Ⅰ. TP311.5

中国国家版本馆 CIP 数据核字第 2025D6G401 号

责任编辑：褚红喜　　　　　　　　　　　文字编辑：郑云海
责任校对：田睿涵　　　　　　　　　　　装帧设计：刘丽华

出版发行：化学工业出版社(北京市东城区青年湖南街 13 号 邮政编码 100011)
印　　装：河北鑫兆源印刷有限公司
787mm×1092mm　1/16　印张 22¼　字数 580 千字
2025 年 6 月北京第 1 版第 1 次印刷

购书咨询：010-64518888　　　　　　　　售后服务：010-64518899
网　　址：http://www.cip.com.cn

凡购买本书，如有缺损质量问题，本社销售中心负责调换。

定　　价：59.80 元

前言

根据人才强国战略和"应用创新型"人才培养定位，兼顾"软件质量保证与测试"课程具备的"产教有机融合、测试服务强国"的课程特色，结合授课内容和学生特点，教材编写团队在编写过程中，秉持"突出立德树人，以学生为中心，服务社会为导向，持续加强产教融合"的理念，形成了强化思政引领赋能价值塑造提升、整合教学资源重塑知识体系、创新教学活动赋能应用能力养成的教材编写思路。

"软件质量保证与测试"是计算机类专业的一门专业基础课程，通过该课程学习，能让学生对软件质量保证和软件测试有深入的理解，学习如何使用测试技术去提高软件质量。本教材重点讲授软件质量保证与测试的概念、方法、技术、管理及其实践，旨在使学生能够掌握系统的软件测试知识体系，并具备单元测试、集成测试、功能测试、性能测试等基本技能，能够独立完成测试设计、执行（包括自动化）和报告等实际工作。本教材的特色和亮点如下：

（1）传统与创新并存的模式，丰富实践性教学内容。覆盖单元测试、集成测试、功能测试和性能测试等全流程。

（2）理论与实践并重，提高实践容量。强调"做中学，学中做"，重视实验环节，增加测试工具的介绍；采用"问题驱动式"方式，从解决问题出发，引出知识点和解决办法。

（3）以探索为中心的引入模式。借助案例讲解，依从软件测试过程的业界实践推进，学生学以致用，能够很快适应软件测试企业的工作环境。

（4）知识和能力双驱动。学生能够系统地掌握软件测试的知识，掌握一个合格测试工程师所需的技能。

（5）融入 AI 等前沿知识，教学内容积极和业界技术同步。AI+测试、探索式测试、敏捷测试等新兴内容成为教材编写的重点。

本教材围绕工程能力的新内涵，以工程能力培养为核心，将学生引入工程领域，指导建立工程概念，认识工程并形成初步的工程能力。本教材内容对应专业知识、专业能力和专业素质 3 个层次，既要通过专业知识体系的搭建，拓展学生对工程知识的系统认知；又要利用工程项目案例资源，培养学生认识工程技术问题、分析问题和提出解决问题方案的能力；同时，通过教学设计中的各种测试环节培养学生的工程素质，充分体现新工科专业教材的工程应用性和实践性。

本教材共分 10 章，第 1 章、第 3～5 章由贾松浩编写，第 2 章由刘金江、李贺和李亚编写，第 6～10 章由杨彩编写，课件、习题等课程资源也由相应老师制作，全文由杨彩审核定稿。

本教材在编写过程中，得到了南阳师范学院专业课教师们的支持。同时本教材在编写中引用了一些文献，在此一并表示诚挚的感谢。限于编者的水平有限，教材中难免存在疏漏和不足，恳请专家、学者及读者提出宝贵意见。

最后感谢河南省教育厅"河南省本科高校新工科新形态教材建设项目"和"2023 年度河南省本科高校智慧教学专项研究项目（基于 OBE 自主学习型《软件测试》在线开放课程资源平台的建设与研究）"的基金支持！

编　者

2025 年 4 月

目录

第2章 软件测试策略

第3章 白盒测试

第4章 黑盒测试

第5章 单元测试

第 **6** 章　性能测试

第 **8** 章 软件评审

第 9 章　软件质量与质量保证

第10章 测试的组织和管理

参考文献

第1章
软件质量保证与测试基础

随着智能化技术的飞速发展，人们对软件的需求越来越大。随之而来的是软件的规模和复杂性急剧增加，其开发成本在增加，由于故障而造成的经济损失也在增大，软件质量问题已成为人们关注的热点。软件与其他产品一样都有质量要求，要保证软件产品的质量，除了要求开发人员严格遵守开发规范外，最重要的途径就是软件测试。

软件测试是对软件需求分析、设计规格说明和编码的最终审核，是软件质量保证的关键步骤。在软件生命周期中，软件测试应介入到每个阶段和时间点，软件测试伴随整个软件开发的全过程，以检验每一个阶段性的成果是否符合质量要求和达到预先定义的目标，尽早发现错误并及时修正。随着软件系统规模和复杂性的增加，进行专业化高效软件测试的要求越来越迫切。

1.1 软件

对于软件，大家都不陌生，我们每天都会使用各种各样的软件，如 Windows 系统、Office 软件等。软件是相对于硬件而言的，它是指与计算机系统操作有关的计算机程序、规程、规则，以及可能有的文件、文档及数据。

软件同其他产品一样，都有一个从"出生"到"消亡"的过程，这个过程称为软件的生命周期。在软件的生命周期中，软件测试是非常重要的一个质检环节。学好软件测试，要熟悉软件相关知识，包括软件生命周期、软件开发模型和软件质量等内容。

1.1.1 软件生命周期

软件生命周期

软件开发运用"大化小"的思想，将软件生命周期分为多个阶段，每个阶段有明确的任务，这样就使得结构复杂、关联较多的软件开发变得容易控制和管理。通常，可将软件生命周期划分为 7 个阶段，如图 1-1 所示。

设定目标 → 需求分析 → 软件设计 → 软件开发 → 软件测试 → 软件维护 → 淘汰

图 1-1　软件生命周期

每个阶段的目标任务及含义分别介绍如下。

第 1 阶段：设定目标。该阶段由软件开发方与需求方共同讨论，主要确定软件的开发目标。

第 2 阶段：需求分析。该阶段由软件开发方对软件需求进行深入分析，规划出软件需要实现的不同功能模块，并编制文档。需求分析在软件的整个生命周期中起着非常重要的作用，它直接关系到后期软件开发的效果。在开发过程中，需求也可能会发生变化，因此，在进行需求分析时，应考虑到需求的不断变化，以确保项目的顺利进行。

第 3 阶段：软件设计。该阶段在需求分析结果的基础上，对整个软件系统进行设计，如系统总体设计、详细设计和数据库设计等。

第 4 阶段：软件开发。该阶段在软件设计的基础上，选择一种编程语言进行实现。在开发过程中，必须遵循统一的、符合标准的代码编写规范，以保证程序的可读性、易维护性和可移植性。

第 5 阶段：软件测试。该阶段是软件开发完成后对软件进行测试，以查找软件设计与软件开发过程中存在的缺陷并加以修正。测试过程包括单元测试、集成测试、功能测试、性能测试等阶段；测试的方法以黑盒测试、白盒测试或者两者结合的形式进行。为减少测试的随意性，需要制订详细的测试计划。在测试过程中，严格按照测试计划执行。测试完成之后，要对测试数据进行分析，并将测试结果以文档的形式进行汇总。

第 6 阶段：软件维护。软件使用过程中可能发现问题或者用户有新的需求，此时就需要对软件进行维护以延续软件的使用寿命。软件的维护包括纠错性维护和改进性维护两个方面。软件维护是软件生命周期中持续时间最长的阶段。

第 7 阶段：淘汰。软件使用一定年限后，或者用户需求有重大改变，现有软件已无法满足用户的要求，此时，该软件会被淘汰，至此，软件生命周期结束。

1.1.2　软件开发模型

软件开发
模型

软件测试与软件开发相辅相成，在不同的软件开发模型中，软件测试的任务和作用也不尽相同。因此，测试人员应充分了解软件开发模型，以便找准应对不同软件开发模型的定位与任务。软件开发模型定义了软件开发遵循的步骤与规则，是软件开发的导航图，它能够清晰直观地指导软件开发的全过程，包括每个阶段要进行的活动和需完成的任务。开发人员应根据软件的特点、人员的参与方式等来选择稳定可靠的开发模型。自有软件开发以来，软件开发模型也从最初的"边做边改"发展出了多个模型，下面以软件开发模型发展历史为顺序，介绍几个典型的开发模型。

1.1.2.1 瀑布模型

瀑布模型（Waterfall Model）是一种经典的软件开发过程模型，它将软件开发过程划分为一系列阶段性的活动，每个阶段完成后才能进入下一个阶段，与瀑布的逐级下落类似，如图 1-2 所示。这种模型强调按顺序、分阶段进行开发，每个阶段都有明确的输出和输入。

瀑布模型流程如下。

（1）制定计划：与用户沟通，制定软件开发的计划和目标。

（2）需求分析：确定软件系统的需求，包括功能性需求和非功能性需求。

（3）软件设计：设计软件的架构和组件，包括数据结构、软件架构、接口设计等。

（4）代码编写：根据设计文档编写代码，实现软件的功能。

（5）软件测试：对软件进行测试，以发现和修复错误，确保软件满足需求。

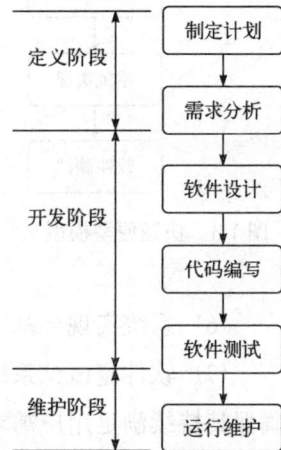

图 1-2　瀑布模型

（6）运行维护：在软件交付后，对软件进行维护，包括修复缺陷、更新功能等。

瀑布模型的优点比较明显：结构清晰，每个阶段均有明确的目标和需完成的任务，便于管理和流程控制；文档驱动，强化文档的编写和审核，有助于项目成员的协同工作；易于理解，模型简单直观，易于理解和实施。

瀑布模型发布较早，随着软件规模的增大，瀑布模型暴露出来一些缺点：灵活性差，一旦进入下一个阶段，很难返回前一个阶段进行修改，这在需求变化频繁的情况下可能会出现问题；风险延迟，问题和风险可能在开发后期才被发现，这时候修改的成本大幅度增加；不适合快速迭代，瀑布模型快速迭代效果不佳。对于现代软件来说，软件开发阶段之间的关系不再是线性的，瀑布模型不太适合现代软件的开发，逐渐淡出人们的视线。

1.1.2.2 快速原型模型

快速原型模型（Rapid Prototyping Model）强调快速地构建软件原型，以便尽早与用户交流和反馈，从而更好地理解用户需求并指导最终产品的开发，见图 1-3。这种模型适用于需求不明确或者需要用户参与以明确需求的情况。

快速原型模型主要包括以下几个阶段。

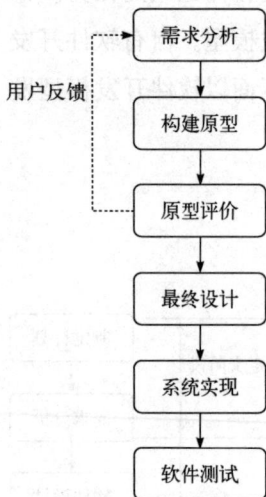

图 1-3　快速原型模型

(1) 需求分析：这是快速原型模型的起始阶段，涉及与用户沟通以收集和分析系统的需求，明确用户对系统的期望和功能需求。

(2) 构建原型：根据收集的信息，开发团队将设计并实现一个实际的原型。这个原型是所需系统的一个小型工作模型，它体现了系统的核心功能。

(3) 原型评价：原型构建完成后，将其提交给用户进行原型评价。用户对原型进行测试和评估，提供反馈，指出优点和缺点。

(4) 原型迭代优化：根据用户反馈，对原型进行必要的修改和完善。这个过程可能需要多次迭代，直到用户对原型满意为止。

(5) 最终设计：最终原型被用户接受后，进行最终设计，提供系统的最后设计方案。

(6) 系统实现：基于最终设计方案，开发完整的产品。

(7) 软件测试：系统开发完毕后，进入软件测试阶段，对产品进行全方位的测试，以确保其持续满足用户需求并解决在使用过程中出现的问题。

快速原型模型的优点：①能够快速响应用户需求的变化；②通过原型，用户可以更直观地理解软件的功能和操作；③有助于减少开发过程中的误解和沟通成本。

快速原型模型的缺点：①可能需要多次迭代，增加了开发时间和成本；②如果原型设计不当，可能会导致错误的开发方向；③用户可能会对原型产生误解，将其视为最终产品。

1.1.2.3　迭代模型

迭代模型（Iteration Model）允许软件开发以周期性的小步骤进行，每个小步骤都包括需求分析、软件设计、编程实现和软件测试等活动。在每次迭代结束时，都会得到一个增强的或经过改进的软件版本，见图 1-4。迭代模型的原理是在每次迭代中逐渐增加产品的功能，并且每次迭代都可能进行代码的重新设计和重构。

迭代模型主要包括以下几个阶段。

(1) 初始迭代：确定项目的基本需求和目标，进行初步设计，并实现基本的核心功能。

(2) 后续迭代：在后续的每次迭代中，根据前一次迭代的结果和用户的反馈，增加新功能或者改进现有功能。

(3) 测试和评估：每次迭代都包括对当前软件版本的测试和评估，以确保新增加的功能的有效性和正确性。

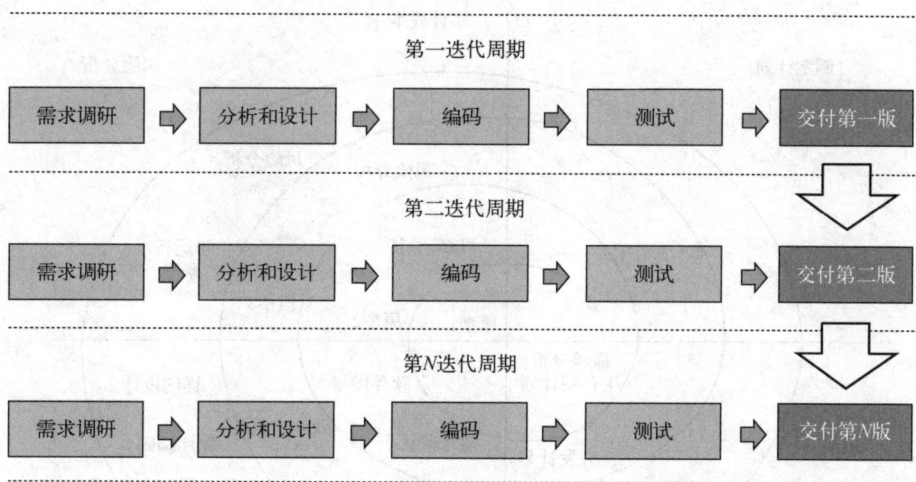

第一迭代周期

需求调研 → 分析和设计 → 编码 → 测试 → 交付第一版

第二迭代周期

需求调研 → 分析和设计 → 编码 → 测试 → 交付第二版

第N迭代周期

需求调研 → 分析和设计 → 编码 → 测试 → 交付第N版

图 1-4　迭代模型

（4）客户反馈：在每次迭代后，客户参与进来，通过试用软件提供反馈意见，这些反馈意见和建议将指导下一次迭代的开发。

（5）迭代结束：当软件满足所有预定的需求并且用户满意时，迭代过程结束。

迭代模型的优点：①可以更早地提供软件的可工作版本；②允许在开发过程中不断细化需求；③有助于更好地管控项目风险。

迭代模型的缺点：①可能需要更多的前期规划，以确保每次迭代都有明确的目标和成果；②对于需求非常明确且不太可能改变的项目，迭代模型可能不是最有效的方法；③资源消耗较大，迭代模型可能需要更多的资源，因为每个迭代都需要从头开始进行需求分析、设计、编码和测试。

1.1.2.4　螺旋模型

螺旋模型（Spiral Model）是一种软件开发过程模型，由巴里·博姆（Barry Boehm）在 1988 年提出，见图 1-5。它结合了瀑布模型的系统性和迭代开发模型的灵活性，特别强调了风险分析的重要性，适合于大型、复杂且高风险的项目。

螺旋模型主要包括以下几个阶段。

（1）制定计划：确定软件目标，选定实施方案，弄清项目开发的限制条件。这个阶段是每个迭代周期的开始，需要明确该周期的目标和约束条件。

（2）风险分析：分析评估所选择的方案，考虑如何识别和消除风险。这是螺旋模型中非常关键的一步，每个迭代周期都会进行风险识别、评估和解决发现的风险。

（3）实施工程：实施软件开发和验证。在风险得到有效管控后，开发团队将进行实际的程序编码、构建、测试和实现等工作。

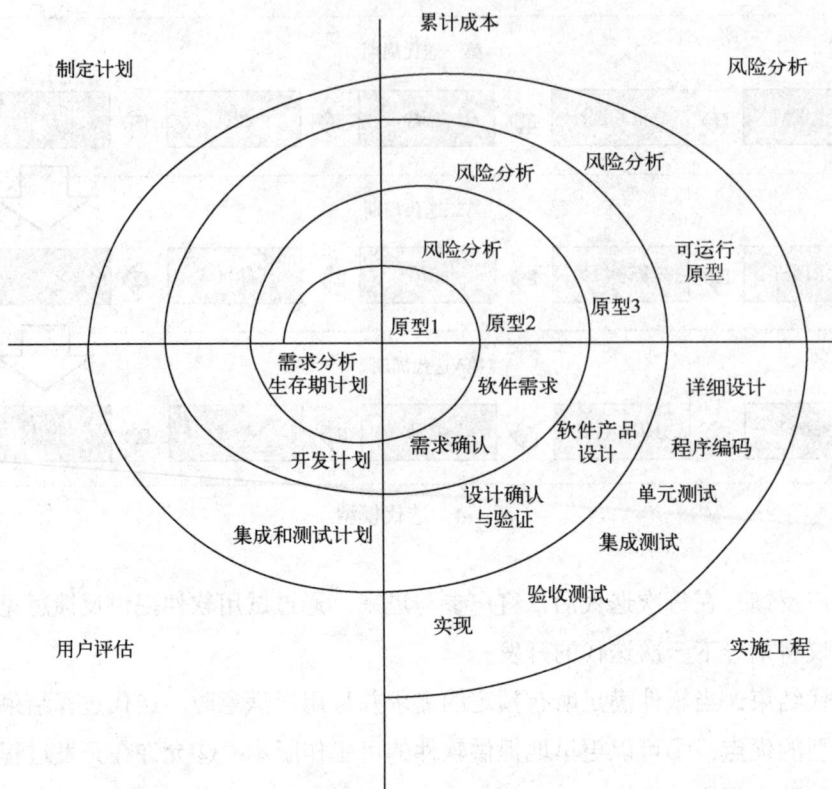

图 1-5　螺旋模型

（4）用户评估：评价开发工作，提出修正建议，制订下一步计划。这个阶段结束时，客户将对软件进行评估，并提供反馈意见。

螺旋模型的优点：①风险驱动，螺旋模型在每个迭代阶段开始前都进行风险分析，这有助于识别、评估和减轻潜在的风险，从而降低项目失败的可能性；②客户参与，模型鼓励客户在开发过程中的各个阶段提供反馈，这有助于确保最终产品更贴近用户的实际需求；③适应性，特别适合于大型、复杂且需求不完全明确的项目，因为它允许在开发过程中逐步细化需求。

螺旋模型在软件开发中的主要缺点：①需要丰富的风险评估经验和专门知识，要求开发人员具备丰富的风险评估经验和专门知识，如果开发人员缺乏这些技能，可能会导致无法及时识别和应对风险，从而增加项目失败的风险；②过多的迭代次数可能增加开发成本和延迟提交时间，虽然螺旋模型通过多次迭代来逐步完善软件，但过多的迭代次数会增加开发成本，并可能导致项目提交时间的延迟；③严格的风险管理要求高投入，螺旋模型要求进行严格的风险识别、分析和控制，这需要大量的人员、资金和时间投入，增加了项目的复杂性和成本。

1.1.2.5 敏捷软件开发模型

敏捷软件开发模型（Agile Software Development Model）是一种从 20 世纪 90 年代开始逐渐引起广泛关注的一些新型软件开发方法，是一种应对快速变化的需求的一种软件开发能力。它们的具体名称、理念、过程、术语都不尽相同，相对于"非敏捷"，更强调程序员团队与业务专家之间的紧密协作、面对面的沟通（认为比书面的文档更有效）、频繁交付新的软件版本、紧凑而自我组织型的团队、能够很好地适应需求变化的代码编写和团队组织方法，也更注重软件开发中人的作用。

敏捷软件开发模型强调适应性、灵活性和快速响应变化的能力。它与传统的瀑布模型形成对比，后者更侧重于严格的规划和文档。敏捷软件开发模型的流行方法包括 Scrum、极限编程（XP）、特性驱动开发（FDD）、测试驱动开发（TDD）和精益软件开发等。每种方法都有其特定的实践和规则，但它们共享敏捷开发的核心原则和价值观。敏捷软件开发模型适用于需求变化频繁、项目复杂性高、需要快速响应市场变化的情况。

敏捷软件开发模型描述了新的软件开发的原则：

①人和交互重于过程和工具。

②可用的软件重于求全而完备的文档。

③用户协作重于合同谈判。

④随时应对变化重于循规蹈矩。

持续集成的概念

持续集成测试框架设计

对于敏捷软件开发模型来说，并不是工具、文档不重要，而是更加注重人与人之间的交流和沟通；确定项目目标、愿景和主要利益相关者，定义产品的高层次需求和目标；与客户和利益相关者沟通，收集需求；将需求转化为用户故事或工作项，并进行优先级排序；团队成员进行编码、设计、测试等工作；团队每天进行简短的同步会议，讨论进展和计划；单元测试开发人员编写和运行单元测试，确保代码质量；集成测试开发人员定期进行集成测试，确保新代码与现有代码的兼容性；向客户和利益相关者展示迭代成果，收集客户对迭代成果的反馈；讨论在迭代过程中哪些做得好，哪些需要改进；基于回顾的结果，制定并实施改进措施。持续集成和持续部署，代码集成到主分支后自动构建和测试，将软件自动部署到测试或生产环境；项目结束时，团队进行回顾，总结整个项目的经验教训。

敏捷软件开发模型的优点包括：①适应性。敏捷软件开发模型能够快速适应需求变化，使得开发团队能够灵活地调整计划和方向。②客户参与。敏捷过程强调与客户的持续沟通和合作，确保产品能够满足客户的实际需求。③透明性。项目进度和问题对所有团队成员和利益相关者都是可见的，这有助于提高信任和协作程度。

敏捷软件开发模型的缺点包括：①规模和复杂性限制。对于非常小或非常简单的项目，敏捷模型可能过于复杂和正式。同样，对于某些大型、复杂的系统，敏捷模型可能难以管理。②对团队技能要求高。敏捷模型要求团队成员具备高度的自律性、跨功能技能和自我管理能力，这可能在一些团队中难以实现。③客户参与要求高。敏捷模型需要客户或利益相关者持续参与，这在实践中可能难以实现，特别是当客户不在项目所在地或缺乏时间参与时。

1.1.3　软件质量概述

软件是产品的一种，也是以质量为前提的。软件质量关系着软件使用普及度与使用寿命，一款高质量的软件会更受用户欢迎，它除了满足客户的显式需求之外，往往还满足了客户便捷操作、下载方便和内存占用小等隐式需求。下面分别从软件质量的概念、软件质量模型、影响软件质量的因素这几个方面介绍软件质量的相关知识。

1.1.3.1　软件质量的概念

软件质量是指软件产品满足基本需求及隐式需求的程度。软件产品满足基本需求是指其能满足软件开发时所规定需求，这是软件产品最基本的质量要求；其次是软件产品满足隐式需求的程度。例如，产品界面美观、用户操作简便等。根据软件质量的定义，可将软件质量分为 3 个层次，具体如下。

（1）满足开发目标：软件产品符合开发者明确定义的目标，并且能够安全稳定运行。

（2）满足用户需求：软件产品是为用户服务的，产品需求也是由用户产生的，软件最终的目的就是满足用户的需求，解决用户的实际问题。

（3）满足用户隐式需求：除了满足用户的显式需求，软件产品如果满足用户的隐式需求，将会极大地提升用户满意度，这就意味着软件质量更高。

高质量的软件，除了满足上述需求之外，对于内部人员来说，它要易于维护与升级。软件开发时，制定统一的符合标准的编码规范、清晰合理的代码注释、完备的需求分析文档、软件设计等资料，对于软件后期的维护与升级均有很大的帮助。

1.1.3.2　软件质量模型

软件质量是使用者与开发者都比较关心的问题，但全面客观地评价一个软件产品的质量并不容易，它并不像普通产品一样，可以通过直观的观察或简单的测量得出其质量的优劣。如何评价一款软件的质量呢?目前，最通用的做法就是按照 ISO/IEC 25010: 2023 国际标准来评价一款软件的质量。

ISO/IEC 25010: 2023 是一个用于评估软件质量的通用国际标准，如图 1-6 所示。

它定义了软件质量的八个主要特性和多个子特性，为软件质量的评估提供了一个全面的框架。以下是该标准中提到的八个主要特性及其子特性的详细解析。

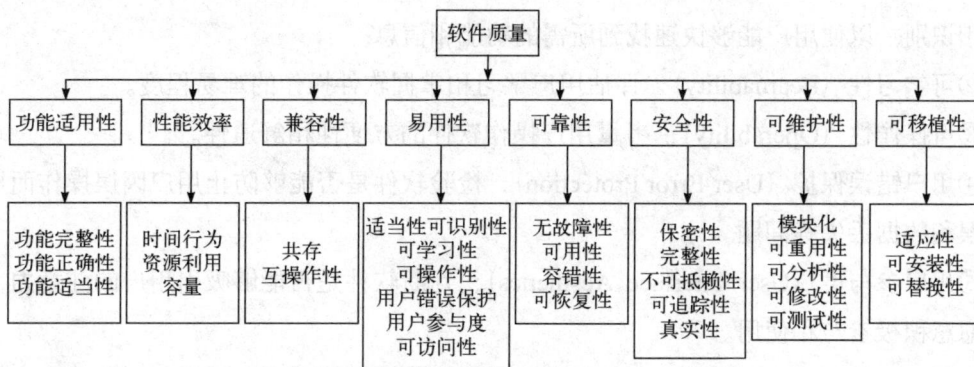

图 1-6　软件质量评估标准

（1）功能适用性（Functionality Suitability）：这是指软件满足明确和隐含需求的能力。它进一步细分为功能完整性、功能正确性和功能适当性三部分，确保软件能够满足用户的实际需求。

①功能完整性（Functional Completeness）：判断软件是否具备满足用户需求的所有功能。

②功能正确性（Functional Correctness）：考量软件提供的功能是否正确地实现了预期的操作和结果。

③功能适当性（Functional Appropriateness）：评估软件的功能是否与用户的任务和使用场景相契合。

（2）性能效率（Performance Efficiency）：对与消耗的资源量相关的性能进行评估，具有以下子特性。

①时间行为（Time Behaviour）：确定软件的响应时间、处理时间等是否满足用户的期望和业务需求。

②资源利用（Resource Utilization）：关注软件在运行过程中对各种资源（如 CPU、内存、网络带宽等）的消耗情况。

③容量（Capacity）：检验软件能够处理的数据量、用户数量等容量指标是否符合要求。

（3）兼容性（Compatibility）：评估软件与其他产品共存和交换信息的能力，具备以下子特性。

①共存（Co-existence）：考察软件在同一环境中与其他软件或系统共同运行时，是否会产生冲突或相互干扰。

②互操作性（Interoperability）：衡量软件与其他系统或产品之间进行数据交换和交互操作的能力。

（4）易用性（Usability）：重点关注用户与软件交互的便捷程度和满意度，包含以下子特性。

①适当性可识别性（Appropriateness Recognizability）：确认用户界面的设计是否易于

理解和识别，以便用户能够快速找到所需的功能和信息。

②可学习性（Learnability）：评估用户学习和掌握软件操作的难易程度。

③可操作性（Operability）：考量用户操作软件的方便性和舒适性。

④用户错误保护（User Error Protection）：检验软件是否能够防止用户因误操作而导致的错误和数据丢失等问题。

⑤用户参与度（User Interface Aesthetics）：判断软件是否能够吸引用户的注意力，使用户愿意积极参与和使用。

⑥可访问性（Accessibility）：考察软件是否能够满足不同用户群体（如残障人士等）的需求。评估软件是否提供了足够的帮助和提示信息，以辅助用户完成操作。

（5）可靠性（Reliability）：考查软件在一定条件下、一定时间内执行的能力，包含以下子特性。

①无故障性（Maturity）：衡量软件在规定的时间和条件下无故障运行的能力。

②可用性（Availability）：评估软件在需要使用时能够正常运行的概率。

③容错性（Fault Tolerance）：检验软件在出现错误或故障时，是否能够继续正常运行或快速恢复。

④可恢复性（Recoverability）：考量软件在发生故障后，恢复到正常运行状态的能力以及所需的时间。

（6）安全性（Security）：指软件保护信息和数据的能力，确保人员或系统仅被授予与其类型和授权相对应的访问权限，具体子特性如下。

①保密性（Confidentiality）：保证信息不被未授权的用户访问和泄露。

②完整性（Integrity）：确保数据的完整性和准确性，防止数据被篡改或损坏。

③不可抵赖性（Non-repudiation）：防止用户否认其已经执行的操作或发送的信息。

④可追踪性（Accountability）：能够追踪和记录用户的操作和系统的活动，以便进行审计和问责。

⑤真实性（Authenticity）：确保信息的来源和真实性，防止虚假信息的传播。

（7）可维护性（Maintainability）：考虑更改软件以纠正错误、提高性能或适应环境变化的容易程度，包括以下子特性。

①模块化（Modularity）：评估软件的结构是否具有良好的模块化，便于修改和维护。

②可重用性（Reusability）：判断软件的组件或模块是否可以被重复使用，以提高开发效率。

③可分析性（Analyzability）：考量软件的结构和代码是否易于理解和分析，以便查找和解决问题。

④可修改性（Modifiability）：评估对软件进行修改和更新的难易程度。

⑤可测试性（Testability）：检验软件是否易于进行测试，包括单元测试、集成测试等。

（8）可移植性（Portability）：易于适应需求、上下文或系统环境的变化，包含以下子特性。

①适应性（Adaptability）：评估软件是否能够适应不同的运行环境和用户需求的变化。判断软件是否能够方便地添加新的功能和模块，以满足不断变化的业务需求。

②可安装性（Installability）：考量软件的安装过程是否简单、方便，易于部署。

③可替换性（Replaceability）：评估软件的组件或模块是否可以被其他类似的组件或模块替换，而不影响系统的整体功能。

综上所述，ISO 标准中的八个主要特性和多个子特性共同构成了评估软件质量的全面框架，为软件质量的评估提供了有力的支持。

1.1.3.3 影响软件质量的因素

现代社会对软件的依赖程度极高，软件质量直接影响人们的生活和工作。软件由于其自身的复杂性和当前的开发模式，难以完全根除隐藏在底层的质量缺陷。这些缺陷可能源于多种因素，包括但不限于代码编写过程中的疏忽、需求理解的不准确、技术架构的局限性以及测试覆盖的不全面等。以下是对几种常见的影响软件质量因素的详细分析。

（1）需求不明确或频繁变更：在软件开发过程中，需求是软件设计和开发的基础。然而，软件需求的复杂性、不可视性和难以表达性，常常导致开发人员与用户之间存在理解误差。此外，用户在开发过程中往往会提出新的需求或修改现有需求，这增加了开发的复杂性和不确定性，可能导致软件质量下降。

应对策略：采用需求工程方法，对需求进行详细的捕获、分析和规格说明。建立有效的沟通机制，确保开发人员与客户之间的顺畅交流。使用敏捷开发方法，如 Scrum 或 Kanban，以迭代的方式逐步明确和细化需求。

（2）缺乏规范性文件指导：在软件开发过程中，规范性文件对于确保开发的一致性和质量至关重要。然而，许多团队过于关注开发成本和周期，忽视了规范性文件的重要性，导致开发过程的随意性和不一致性。

应对策略：制定和遵循编码规范、测试规范、文档编写规范等。实施软件开发过程管理，如使用项目管理工具、版本控制系统等。定期进行代码审查和测试，确保代码质量符合规范。

（3）开发人员问题：开发人员的技术水平、经验、沟通能力和团队协作能力对软件质量有直接影响。此外，开发团队的流动性也可能导致软件质量的不稳定。

应对策略：招聘具有丰富经验和专业技能的开发人员。提供持续的培训和技能提升机会。建立团队文化和价值观，鼓励团队成员之间的合作和分享。

（4）缺乏质量控制和监督：在软件开发过程中，质量控制和监督是确保软件质量的关键环节。然而，许多团队忽视了质量控制和监督的重要性，导致软件在开发过程中出现的问题无法及时发现和解决。

应对策略：建立软件质量度量体系，如代码覆盖率、缺陷密度等，实施持续集成和持续部署（CI/CD）流程、自动化测试和构建过程。定期进行质量审计和评估，确保软件质量符合预定标准。

（5）技术架构和选型不当：技术架构和选型对软件质量有重要影响。如果技术架构不合理或选型不当，可能导致软件性能低下、可扩展性差、维护困难等问题。

应对策略：进行详细的技术评估和选型，确保所选技术符合项目需求。设计合理的技术架构，确保软件的可扩展性、可维护性和性能。定期进行技术评估和更新，以适应不断变化的需求和技术发展。

综上所述，影响软件质量的因素多种多样，需要从需求管理、规范性文件、开发人员、质量控制和监督以及技术架构和选型等多个方面入手，采取有效的应对策略来确保软件质量。

1.2 软件缺陷管理

软件测试工作就是查找软件中存在的缺陷，反馈给开发人员进行修改，从而确保软件的质量，因此软件测试要求测试人员对软件缺陷有深入理解。

1.2.1 软件缺陷产生的原因

软件缺陷产生的原因

软件缺陷即通常所说的 Bug，是指软件中（包括程序和文档）存在的一种不满足给定需求属性的问题，它影响了软件的正常运行。从产品内部看，缺陷是产品开发或维护过程中存在的错误等各种问题；从产品外部看，缺陷是系统运行过程中某种功能的失效或关闭。

软件缺陷的产生主要是由软件产品的特点和开发过程决定的，比如需求不清晰、需求频繁变动、开发人员水平参差不齐等，具体原因归纳如下。

（1）需求问题

①需求不明确或频繁变更：软件需求不清晰，或者开发人员对需求理解不明确，导致软件在设计时偏离客户的需求目标。此外，在开发过程中客户频繁变更需求，也会影响软件最终的质量。

②需求表述、理解、编写错误：需求分析人员、设计人员、开发人员之间对需求的理解可能存在偏差，导致设计或实现的软件功能与用户期望不一致。

（2）设计缺陷

①系统设计架构不合理：如果软件系统结构比较复杂，很难设计出一个具有良好层次结构或组件结构的框架，这会导致软件在开发、扩充、系统维护上的困难。

②架构设计不当：可能导致软件的可维护性和可扩展性差，模块之间的接口设计不清晰则可能导致模块之间的交互出现问题。

（3）编码问题

①程序员编程错误：在软件开发过程中，程序员水平参差不齐，可能因疏忽、误解需求或技术能力不足等原因，导致代码中存在错误。这些错误可能表现为语法错误、逻辑错误、性能问题或安全问题等。

②编码风格不一致：注释不充分等问题也可能导致代码难以理解和维护，从而增加缺陷的产生风险。

（4）测试不足

①测试用例设计不合理：测试用例没有覆盖到所有可能的输入和输出情况，导致一些潜在的缺陷没有被发现。

②测试环境与实际环境存在差异：测试环境与实际运行环境不一致，可能导致一些在实际环境中才会出现的缺陷没有被发现。

（5）第三方组件问题：第三方库中的 Bug、性能问题或安全问题等，都可能对软件的稳定性和安全性造成影响。

（6）环境差异：软件开发和运行的环境可能存在差异，如操作系统、硬件配置、网络状况等，这些差异可能导致软件在某些环境下出现缺陷。

（7）人为因素：开发人员、测试人员、项目经理等人员在软件开发过程中的疏忽、错误决策等人为因素，都可能导致软件缺陷的产生。

（8）其他因素

①使用新技术：如果新技术本身存在不足或开发人员对新技术掌握不精，也会影响软件产品的开发过程，导致软件存在缺陷。

②项目期限短：开发团队要在有限的时间内完成软件产品的开发，压力非常大，因此开发人员往往是在疲劳、压力大、受到干扰的状态下开发软件，这样的状态下更容易产生缺陷。

综上所述，软件缺陷的产生原因是多方面的，需要在软件开发过程中加强需求管理、设计审查、编码规范、测试覆盖、第三方组件评估、环境适应性测试以及人员培训和管理等方面的工作，以尽可能减少缺陷的产生并提高软件的质量。

1.2.2 软件缺陷分类

软件缺陷的分类

软件缺陷有很多，从不同的角度可以将缺陷分为不同的种类。

（1）按严重性分类

①致命缺陷（Critical）：导致系统崩溃或数据丢失的缺陷。

②严重缺陷（Major）：影响系统的主要功能，但不会直接导致系统崩溃。

③一般缺陷（Minor）：影响系统的次要功能或用户体验，但不影响核心功能。

④微小缺陷（Trivial）：通常是小的不便或改进点，不会影响功能。

（2）按功能影响分类

①功能缺陷：影响软件功能执行的缺陷。

②性能缺陷：影响软件性能，如响应时间、处理速度等。

③安全缺陷：可能导致安全漏洞，如未经授权的访问或数据泄露。

④可用性缺陷：影响用户界面或用户体验的缺陷。

（3）按缺陷来源分类

①设计缺陷：由设计不当导致的缺陷。

②编码缺陷：在编码阶段引入的错误。

③文档缺陷：用户文档或技术文档中的错误。

（4）按缺陷性质分类

①语法缺陷：违反编程语言语法规则的缺陷。

②逻辑缺陷：逻辑错误，如错误的算法或条件判断。

③运行时缺陷：在软件运行时才会显现的缺陷，如内存泄漏。

（5）按缺陷检测时机分类

①静态缺陷：在代码审查或静态分析中发现的缺陷。

②动态缺陷：在软件运行时通过测试或其他动态分析方法发现的缺陷。

（6）按缺陷修复的难易程度分类

①易修复缺陷：容易定位和修复的缺陷。

②难修复缺陷：需要深入分析和大量工作才能修复的缺陷。

（7）按缺陷影响的范围分类

①局部缺陷：只影响软件的一小部分。

②全局缺陷：影响软件的多个组件或整个系统。

（8）按缺陷的可见性分类

①显性缺陷：用户可以直接观察到的缺陷。

②隐性缺陷：不易被用户察觉，但可能影响软件的稳定性和性能。

软件缺陷的
处理流程

1.2.3 软件缺陷的处理流程

软件测试过程中，每个公司都制定了适合自己公司软件的缺陷处理流程，每个公司的软件缺陷处理流程不尽相同，但是遵循的最基本流程是一样的，都要经过提交缺陷、分配缺陷、确认缺陷、处理缺陷、复测缺陷、关闭缺陷等环节，如图 1-7 所示。

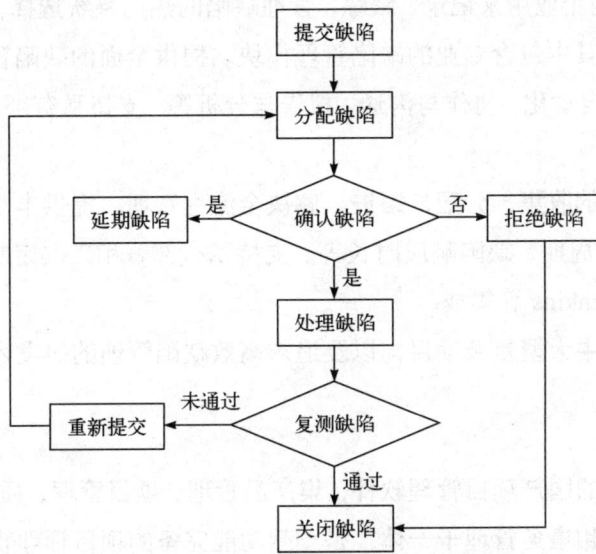

图 1-7　软件缺陷的处理流程

关于图 1-7 所示的软件缺陷处理流程的具体讲解如下所示。

（1）提交缺陷：测试人员发现软件缺陷之后，立即将软件缺陷提交给测试组长。

（2）分配缺陷：测试组长接收到测试人员提交的软件缺陷之后，将其移交给开发人员。

（3）确认缺陷：开发人员接收到移交的软件缺陷之后，与开发团队、测试人员一起商议，确定该缺陷是否是一个真正的缺陷。

（4）拒绝缺陷/延期缺陷：如果经过商议之后，缺陷不是一个真正的缺陷则拒绝处理，并关闭缺陷；如果经过商议之后，确定其是一个真正的缺陷，则可以根据缺陷的严重程度或优先级等选择立即处理或延期处理。

（5）处理缺陷：开发人员修改软件缺陷。

（6）复测缺陷：开发人员修改好软件缺陷之后，测试人员重新进行复测，检测软件缺陷是否确实已经修改。如果未被正确修改，则重新提交软件缺陷。

（7）关闭缺陷：测试人员重新测试之后，如果确认软件缺陷已经被正确修改，则将这个软件缺陷关闭，本次软件缺陷处理完成。

1.2.4　常见的软件缺陷管理工具

软件缺陷管理是软件开发项目中一个很重要的任务，选择一个好的软件缺陷管理工具可以有效地提高软件项目的开发进展。软件缺陷管理工具有很多，每款管理工具功能也不尽相同。下面介绍几个比较常用的软件缺陷管理工具。

1.2.4.1　PingCode

PingCode 是国内企业用来记录、跟踪、管理缺陷的热门系统选择，提供一站式的软件研发过程管理功能，其中包含专业的缺陷管理模块。提供全面的缺陷管理功能，包括缺陷追踪与管理、集成和自动化、协作与沟通、报告与分析等。支持私有部署、定制开发、SaaS等版本。

特点：支持缺陷的收集、分配、跟进、解决全流程管理。提供丰富的报表功能，如缺陷 ID、缺陷平均生命周期、缺陷响应时长等。支持私有部署和二次定制开发。能够与主流开发者工具如 Git、Jenkins 等集成。

适用对象：适合中大型复杂项目，以及追求高效缺陷管理的研发团队。

1.2.4.2　禅道

禅道是一款优秀的国产项目管理软件，集产品管理、项目管理、质量管理、缺陷管理、文档管理、组织管理和事务管理于一体，是一款功能完备的项目管理软件，完美地覆盖了项目管理的核心流程。禅道分为专业和开源两个版本，专业版是收费软件，开源版是免费软件，对于日常的项目管理，开源版本已经足够使用。禅道的设计理念基于国际流行的敏捷项目管理方法 Scrum，同时结合了国内研发现状，整合了 Bug 管理、测试用例管理、发布管理、文档管理等功能，覆盖了软件研发项目的整个生命周期。禅道还创造性地区分了产品、项目、测试三者的概念，使得产品人员、开发团队、测试人员三者分立，互相配合，又互相制约。禅道项目管理软件适用于各种规模和类型的项目，包括软件研发、硬件研发、项目管理咨询、跨部门协作以及创业公司等场景。它的开源免费版本、企业版、旗舰版和IPD 版本分别满足不同层次的需求，从小型团队到大型企业都能在禅道中找到合适的解决方案。

1.2.4.3　Jira

Jira 是 Atlassian 公司开发的项目与事务跟踪工具，广泛用于缺陷跟踪、客户事务、需求收集等领域。Jira 配置灵活、功能全面、部署简单、扩展丰富、易用性好，是目前比较流行的基于 Java 架构的管理工具。

特点：功能强大且知名度高，提供实时报告和自定义工作流。与 Confluence、Slack 和 Zoom 等项目管理软件集成良好。适用于敏捷团队，可将产品路线图和团队工作联系起来。

适用对象：适合中大型开发团队，特别是采用敏捷开发方法的团队。但需注意其价格较高，且国内无服务团队。

1.2.4.4　Bugzilla

Bugzilla 是 Mozilla 公司提供的一款免费的软件缺陷管理工具，是一个开源的 Bug 追踪系统。Bugzilla 能够建立一个完整的缺陷跟踪体系，包括缺陷跟踪、记录、优先级、历史跟踪、缺陷报告、处理解决情况等。使用 Bugzilla 管理软件缺陷时，测试人员可以在 Bugzilla 上提交缺陷报告，Bugzilla 会将缺陷转给相应的开发者，开发者可以使用 Bugzilla 做一个工作表，标明要做的事情的优先级、时间安排和跟踪记录。

特点：提供高级搜索、电子邮件通知、时间跟踪和报告功能。强大的定制和扩展能力，适合有定制化需求的企业/团队。界面较为老旧，需要较多的配置和维护。

适用对象：适合预算有限的小型到中型开发团队。但需注意其国内无服务团队，安全可能无保障，且界面不够友好。

1.2.4.5　MantisBT

MantisBT 是一个基于 PHP 的开源缺陷跟踪系统。

特点：易于使用并支持跨平台，提供电子邮件通知、角色权限管理等功能。界面友好且易于定制，但文档和支持较少。

适用对象：适合小型开发团队和个人开发者。

1.2.4.6　ClickUp

ClickUp 是一个云端项目管理工具，提供全面的任务创建、分配和优先级管理功能。

特点：支持自定义工作流状态，附加截图和视频。可与其他开发工具集成，但某些高级功能仅在付费版中提供。

适用对象：适合需要多功能集成的各类团队，但需注意其作为非专门的缺陷跟踪工具，可能在某些方面不如专业工具完善。

1.2.4.7　其他工具

其他值得关注的软件缺陷管理工具有以下几种。

（1）Redmine：基于 Ruby on Rails 的开源项目管理和缺陷跟踪工具，支持多项目管理和高度自定义。但界面不够直观，可能不适合敏捷开发团队。

（2）New Relic：全栈观测平台，适合大型企业和需要全栈监控的团队。提供代码级别的错误跟踪和健康指标监控，但价格较高。

（3）Worktile：能够适应各种团队管理需求，支持搭建最适合团队的流程和字段。在缺陷管理方面，能够在统一面板管理所有缺陷任务，根据缺陷类型、严重程度等信息灵活排期。同时支持 SaaS、私有部署和二次定制。

总之，在选择软件缺陷管理工具时，需要根据团队规模、项目需求、工具的易用性、价格和预算以及技术支持等因素进行综合考虑。以上工具各有千秋，建议结合实际情况选择最适合自己的工具。

1.3　软件测试与软件开发

软件测试与
开发的关系

软件开发与软件测试都是软件项目中非常重要的组成部分，软件开发是生产制造软件产品，软件测试是检验软件产品是否合格，两者相辅相成才能保证软件产品的质量。

软件缺陷可能源自开发过程中的任何环节，不仅限于编码阶段。在编写代码之前，软件项目会经历多个关键阶段，如问题定义、需求分析和设计规划。在这些早期阶段，如果需求描述不明确或设计存在缺陷，同样会导致软件问题。因此，对软件项目进行全程测试至关重要。测试团队从项目规划阶段就应参与进来，全程跟踪项目进展，以便及时发现并解决潜在问题，从而提升软件的整体质量。软件测试在项目不同阶段发挥的作用包括以下几个方面。

(1) 问题定义阶段：帮助明确和细化项目目标，确保需求的准确性。

(2) 需求分析阶段：验证需求的完整性和一致性，避免后续开发中的误解。

(3) 设计阶段：评估设计方案的合理性，预防设计缺陷。

(4) 编码阶段：通过代码审查和单元测试，确保代码质量。

(5) 构建阶段：通过集成测试和系统测试，确保软件组件的协同工作。

(6) 部署阶段：测试软件在实际环境中的表现，确保其稳定性和可用性。

(7) 维护阶段：通过持续测试，确保软件更新后的持续性能。

在软件开发的整个生命周期中，测试活动是至关重要的，它有助于提前发现问题并提升软件质量。软件开发是自顶向下、分步细化的过程。而软件测试采取的是自底向上、分阶段集成的策略。测试活动从最基本的单元开始，先确保每个独立模块按预期工作，然后逐步将这些模块整合在一起进行集成测试，以发现可能存在的交互问题。在整个系统构建完成后，通过系统测试来验证软件是否符合预定的需求和标准，确保最终交付的产品质量能够满足用户期望。

软件测试与软件开发的关系如图 1-8 所示。

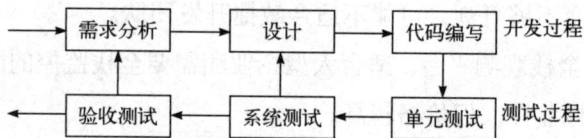

图 1-8　软件测试与软件开发的关系

1.4　软件测试概述

软件测试
的概述

在信息技术快速发展的今天，软件产品的种类越来越多，各个行业的发展都离不开软件。随着软件使用量的增加，软件质量也慢慢得到业内关注，软件测试工作越来越重要。本节将针对软件测试的概念、目的与分类进行详细的讲解。

1.4.1　软件测试简述

在早期的软件开发中，软件产品往往结构简单、功能单一，规模较小。在那个时期，软件测试的主要任务就是调试，即查找并修复代码中的错误。随着计算机软件技术的不断进步，调试逐渐成为软件开发过程中的一个重要环节。许多开发工具开始集成调试功能，但这些工具主要解决的是编译错误和单个方法中的问题。

到20世纪50年代左右，随着软件规模越来越大，人们逐渐意识到仅仅依靠调试还不够，还需要验证接口逻辑、功能模块和不同功能模块之间的耦合等。因此，需要引入一个独立的测试组织进行独立执行。在这个阶段，人们往往将开发完成的软件产品进行集中测试，由于还没有形成测试方法论，对软件测试也没有明确定位与深入思考，测试主要是靠猜想和推断，因此测试方法比较简单。由于测试方法不能发现软件底层问题，因此，软件交付后还是存在大量问题。

经历这一阶段后，人们慢慢开始思考软件测试的真正意义。软件测试的定义和目的随着时间的推移而发展和演变。1973年，Bill Hetzel博士首次对软件测试进行了定义，认为软件测试是对程序或系统能否完成特定任务建立信心的过程。然而，随着软件质量概念的提出，这一定义逐渐显得不够全面。到了1983年，Hetzel博士对软件测试的定义进行了修改，将其描述为一项鉴定程序或系统的属性或能力的活动，其目的在于保证软件产品的质量。

在这一时期，其他软件工程师和学者也提出了对软件测试的理解。例如，G. J. Myers博士认为软件测试是为了寻找错误而执行程序的过程。IEEE在1983年的定义则强调了软件测试是使用人工或自动手段运行或测定某个系统的过程，旨在检验软件是否满足规定的需求或是弄清楚预期结果与实际结果之间的差异。

IEEE定义的软件测试非常明确地提出，测试是为了检验软件是否满足需求，它是一门需要经过设计、开发和维护等完整阶段的过程。

软件测试的发展历程可以分为几个阶段：最早的测试与调试没有明显区分，主要目的是确保程序能够按预期运行。随着软件规模的增长和复杂性的提高，测试开始被视为一个独立的活动，其目的是验证软件是否满足用户需求。随后，测试的目的扩展到了评估软件质量，包括通过各种测试方法来发现和修复缺陷。到了20世纪90年代，随着敏捷开发模式的兴起，软件测试开始与开发活动更加紧密地融合，测试人员从需求分析阶段就开始参与，以提高软件开发与测试的效率。

软件测试的成熟度也随着时间的推移而提高,从最初的无序测试到后来的过程改进和测试自动化。测试工具的发展也极大地推动了软件测试的效率和效果,使得测试活动更加系统化和专业化。

虽然软件测试有了显著的进步,但相比于软件开发,它的发展还是相对不足,测试工作几乎全部是在软件功能模块完成或者整个软件产品完成之后才开始进行,这样发现软件缺陷之后,开发人员再进行修改,提高了开发成本。20世纪90年代后兴起的敏捷模型促使人们对软件测试重新进行思考,更多的人倾向于软件开发与软件测试融合,即不再是软件完成之后再进行测试,而是从软件需求分析阶段开始,测试人员就参与其中,了解整个软件的需求、设计等,测试人员甚至可以提前开发测试代码,这也是我们在敏捷模型中所提到的"开发未动,测试先行"。软件开发与测试融合,虽然两者的界限变得模糊,但软件开发与测试工作的效率都得到了极大的提高,这种工作模式至今依然盛行。

总的来说,软件测试的定义和目标经历了从证明软件正确性到全面评估软件质量的演变,测试活动已经成为软件开发生命周期中不可或缺的一部分。随着技术的发展,软件测试将继续演进,以适应不断变化的软件工程需求。

如今,随着人工智能与大数据时代的到来,软件测试更是受到越来越多的重视。未来,随着软件开发模型与技术的发展,软件测试的思想与方法势必也会出现里程碑式的进化,这需要更多热爱软件测试的人员积极投入研究。

1.4.2 软件测试+AI

随着人工智能技术的快速发展,其在各个行业中的应用越来越广泛。在软件测试领域,AI技术也展现出了巨大的潜力。利用AI技术,可以提高测试效率、减少人为错误,并更准确地预测和识别软件中的缺陷。

软件测试拥抱AI和大模型,带来的优点非常多,对整个行业的发展起到了革命性的作用。用AI生成测试用例,实际应用可提升30%~50%的用例编写效率。用AI可以做接口自动化测试和APP自动化测试,过程包括从用例生成到测试执行。用AI做基于用户行为分析反馈的自动化测试,可提升50%的测试工作效率。

AI在软件测试中的应用包括以下场景。

(1) 缺陷检测:利用机器学习算法,可以训练模型来预测软件中可能出现的缺陷。这些模型可以基于历史数据学习,并识别出可能导致缺陷的模式和趋势。通过缺陷预测,测试团队可以更加有针对性地进行测试,提高测试效率。

(2) 自动化测试脚本生成:传统的测试脚本编写是一项耗时且容易出错的任务。而AI技术可以自动生成测试脚本。通过自然语言处理或代码生成技术,AI可以根据需求文档或测试用例自动生成相应的测试脚本，大大减少测试人员的工作量。

（3）测试数据生成：在软件测试中，测试数据的生成是一个关键步骤。AI 技术可以帮助我们生成符合特定要求的测试数据，如模糊测试数据、边界测试数据等。这些测试数据可以帮助我们更全面地测试软件的功能和性能。

（4）性能预测与优化：利用 AI 技术，可以对软件的性能进行预测和优化。例如，通过训练模型来预测软件在不同负载下的性能表现，并根据预测结果对软件进行优化，以提高其性能。

尽管 AI 在软件测试中的应用具有巨大的潜力，但也面临着一些挑战。例如，数据的获取和质量、模型的训练和验证以及 AI 技术的可解释性等。

（5）软件测试+大模型：随着软件系统的复杂性不断增加，软件测试的重要性越来越高，测试活动将影响开发人员的工作效率，产品的可靠性、稳定性和合规性，以及最终产品的运营效率。

将大模型用于软件测试领域可以提供更高的测试覆盖率，减少不稳定的测试并加快缺陷修复过程。这有助于提高测试人员的测试质量和效率，加快缺陷修复，并确保遵守企业内外部的软件开发标准。

大模型在测试领域有两个明确值得探索的方向。

方向一：文本生成类场景。由于大模型的优势在于文本生成，因此对这类场景有较好的辅助作用，典型的场景包括生成用例描述、需求转测试用例、测试用例数据生成、Debug 等，主要应用的是大模型的推理和生成文本的能力。

方向二：行为生成类场景。目前大模型还不太具备行为生成的能力，但未来有可能会产生颠覆。典型的场景包括用例执行、结果分析、自动程序修复等。例如在最理想的情况下，如果想要颠覆 GUI 测试，则不仅是让大模型做预测，还要让大模型在预测后完成执行动作。

1.4.3 软件测试的目的

软件测试的目的包括查找程序中的错误、保证软件质量、检验软件是否符合客户需求等。但这些只是笼统地对软件测试目的进行了概括，比较片面。结合软件开发、软件测试与客户需求可以将软件测试的目的归结为以下几点。

①对于软件开发来说，软件测试通过寻找缺陷，帮助开发人员解决开发过程中存在的问题，包括软件开发的模式、工具和技术等方面的不足，预防同样缺陷的重复出现。

②对于软件测试来说，使用最少的人力、物力、时间等找到软件中隐藏的缺陷，保证软件的质量，也为以后软件测试积累丰富的经验。

③对于客户需求来说，软件测试能够检验软件是否符合客户需求，对软件质量进行评

估和度量，为客户评审软件提供有力的依据。

1.5 软件测试流程

软件测试和软件开发一样，是一个比较复杂的工作过程，如果没有任何计划，随意进行势必会造成测试工作的混乱。为了使测试工作规范化和标准化，并且快速高效地完成测试工作，需要制订完整的测试流程。

不同类型的软件产品测试的方式和重点不一样，测试流程也会不一样。同样类型的软件产品，不同公司制订的测试流程也会有差异。虽然不同软件的详细测试步骤不同，但它们所遵循的最基本的测试流程是一致的，即：分析测试需求→制订测试计划→设计测试用例→执行测试→编写测试报告。如图1-9所示。下面对软件测试基本流程进行简单介绍。

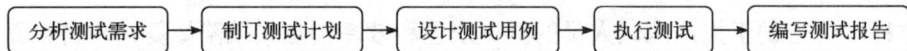

分析测试需求 → 制订测试计划 → 设计测试用例 → 执行测试 → 编写测试报告

图1-9 软件测试流程

1.5.1 分析测试需求

在制定测试计划之前，测试人员必须先对软件的测试需求进行深入分析。这样做可以熟悉即将开发的软件产品，强化全面的理解，明确测试的目标、范围以及核心测试模块。在测试需求的分析过程中，测试人员需要收集必要的测试数据，这些数据将成为测试计划的重要参考，为后续的测试活动奠定坚实的基础。

测试需求分析其实也是对软件需求进行测试，测试人员可以通过需求分析发现软件需求中不合理的地方，如需求描述是否完整、准确无歧义，需求优先级安排是否合理等。测试人员一般会根据软件开发需求文档制作一个软件需求规格说明书检查列表，按照各个检查项对软件需求进行分析校验。

对软件需求进行检查，测试人员按照检查项逐一检查和判断，如果满足要求则选择"是"，如果不满足要求则选择"否"，如果某个检查项不适用则选择"NA"。在实际测试中，要根据具体的测试项目进行适当的增减或修改，使其更适合实际的测试工作。

在进行测试需求分析时，重要的是确保所确定的测试需求是可验证的，即它们应该能够通过观察和评估来确定是否满足。测试需求应该能够产生明确、可度量的结果，以便进行有效的测试。如果一个需求无法被验证，那么它就不适合作为测试需求。此外，测试需求分析过程中，要与客户保持沟通，以解决可能的误解，确保测试团队和客户对项目的目标和要求有共同的理解。

1.5.2 制订测试计划

测试工作贯穿于整个软件开发生命周期，是一项庞大而复杂的工作，需要制订一个完整且详细的测试计划。测试计划是整个测试工作的导航图，但它并不是一成不变的，随着项目推进或需求变化，测试计划也要跟着进行改变。因此，测试计划的制订是随着项目开展而不断调整和逐步完善的。测试计划一般要做好以下工作安排。

（1）确定测试范围：与项目相关人员沟通，了解软件的需求和目标。明确哪些对象是需要测试的，哪些对象是不需要测试的。

（2）制订测试策略：测试策略是测试计划中的重要部分，它将要测试的内容划分出不同的优先级，并确定测试重点。根据测试模块的特点和测试类型（如功能测试、性能测试）选定测试环境和测试方法（如黑盒测试、白盒测试、自动化测试等）。

（3）安排测试资源：通过衡量测试难度、时间和工作量等因素对测试资源进行合理安排，包括人员分配、工具配置等。

（4）安排测试进度：根据软件开发计划、产品的整体计划来安排测试工作的进度，同时要考虑各部分工作的变化。在安排工作进度时，最好在各项测试工作之间预留缓冲时间以应对可能的计划变更。

（5）预估测试风险：罗列出测试工作过程中可能会出现的不确定因素，并制订应对办法。

1.5.3 设计测试用例

测试用例（Test Case）是指一套详细的测试方案，包括测试环境、测试步骤、测试数据和预期结果等。不同的公司会有不同的测试用例模板，虽然它们在风格和样式上会有所不同，但本质上是一样的，均包括测试用例的基本要素。

测试用例编写的原则是尽量以最少的测试用例达到最大测试覆盖率。测试用例常用的设计方法包括等价类划分法、边界值分析法、因果图与判定表法、正交实验设计法、逻辑覆盖法等。

1.5.4 执行测试

执行测试是测试人员根据预先定义的测试用例进行实际操作的过程，它是测试工作的核心部分。虽然这个过程看起来只是简单地按照设计好的测试用例来执行，但实际上它涉及更多的细节和责任。由于测试用例的数量可能非常庞大，测试人员需要系统地完成所有用例的测试，而且每个用例均有可能发现多个软件缺陷。测试人员要做好测试信息的记录和跟踪，据此衡量缺陷的质量并编写缺陷报告。

在软件缺陷被开发人员修复后，测试人员必须进行回归测试，旨在验证这些缺陷是否已被正确解决。如果测试用例因为频繁使用而无法发现新缺陷，测试人员则需要设计新的测试用例来提高测试的有效性。在软件开发的各个测试阶段，包括单元测试、集成测试、系统测试和验收测试等，测试人员都需要进行功能测试和性能测试等多种类型的测试。此外，测试人员还负责测试文档资料，如用户手册、安装指南和使用说明等，以确保它们的准确性和可用性。因此，执行测试不仅仅是按照既定流程机械地完成任务，而是测试工作中最为关键和富有挑战性的阶段。

1.5.5 编写测试报告

测试报告是对特定测试周期内活动和结果的回顾，它汇总了测试过程中的所有关键信息，并对软件质量进行了客观分析和评价。不同公司的测试报告模板虽不尽相同，但测试报告的编写要点都是类似的。首先是对软件进行简单介绍，然后对该产品的测试过程进行总结，对测试质量进行评价。一份完整的测试报告一般包含以下几个要点。

（1）引言：描述测试报告编写目的、报告中出现的专业术语解释及参考资料等。

（2）测试概要：介绍项目背景、测试时间、测试地点及测试人员等信息。

（3）测试内容及执行情况：描述测试模块的版本、测试类型，使用的测试用例和测试通过覆盖率等，依据测试的通过情况提供对测试执行过程的评估结论，并给出测试执行活动的改进建议。

（4）缺陷统计与分析：统计测试所发现的缺陷数目、类型等，分析缺陷产生的原因。给出规避措施等建议，同时记录残留缺陷与未解决的问题。

（5）测试结论与建议：从需求符合度、功能正确性和性能指标等多个维度对软件质量进行总体评价，给出具体明确的结论。

测试报告的数据是真实的，每一条结论的得出都要有评价依据，不能主观臆断。

本章小结

本章深入探讨了软件测试相关的基础知识，包括软件、软件质量和软件测试相关概念；讲解了软件生命周期、软件开发模型等内容，对于各个模型知识，要理解其内涵和应用场景，这对于开展软件测试工作有很好的指导意义；分析了软件缺陷的种类和产生的原因，这可以帮助测试人员更快地发现缺陷存在的位置。

本章习题

一、填空题

1. 按照缺陷的严重程度可以将缺陷划分为_____、_____、_____、_____。

2. 软件从"出生"到"消亡"的过程称为_____。

3. 比较适合大型软件的开发模型称为_____开发模型。

4. 现有原型再进行开发的模型为_____开发模型。

5. ISO/IEC 25010:2023 标准提出的质量模型包括_____、_____、_____、_____、_____、_____、_____、_____八大特性。

二、判断题

1. 现在比较流行的软件开发模型为螺旋模型。（   ）

2. 软件存在缺陷是由开发人员水平有限引起的，一个非常优秀的程序员可以开发出零缺陷的软件。（   ）

3. 软件缺陷都存在于程序代码中。（   ）

4. 软件测试是为了证明程序无错。（   ）

5. 软件测试要投入尽可能多的精力以达到100%的覆盖率。（   ）

6. 软件在升级或者功能发生改变之后不需要进行回归测试，只需要测试改变的部分即可。（   ）

7. 软件测试的目的是尽可能多地找出软件的缺陷。（   ）

8. 发现错误多的程序模块，残留在模块中的错误也多。（   ）

9. 测试人员要坚守原则，缺陷未修复完坚决不予通过。（   ）

10. 软件项目进入需求分析阶段时，测试人员就应该开始介入其中。（   ）

三、单项选择题

1. 软件测试工作应该开始于软件的（   ）。

A. 软件需求分析阶段

B. 软件概要设计阶段

C. 软件详细设计阶段

D. 软件编码之后即始

2. 软件质量的定义是（   ）。

A. 软件的功能性、可靠性、易用性、效率、可维护性、可移植性

B. 满足规定用户需求的能力

C. 最大限度地令用户满意

D. 软件特性的总和，以及满足规定和隐含的需求的能力

3. 关于软件测试，下列说法中错误的是（　　　）。

A. 在早期的软件开发中，测试就等同于调试。

B. 软件测试是使用人工或自动手段来运行或测定某个系统的过程。

C. 软件测试的目的在于检验它是否满足规定的需求或是弄清楚预期结果与实际结果之间的差异。

D. 软件测试与软件开发是两个独立、分离的过程。

4. 以下关于软件测试目的的描述中，不正确的是哪一项？（　　　）

A. 测试以发现故障或缺陷为目的

B. 测试可以找出软件中存在的所有缺陷和错误

C. 执行有限测试用例并发现错误

D. 检查软件是否满足定义的各种需求

5. 软件测试的对象包括（　　　）。

A. 目标程序和相关文档

B. 目标程序、操作系统和平台软件

C. 源程序、目标程序、数据及相关文档

D. 源程序和目标程序

四、简答题

1. 软件测试与软件开发的关系是什么？

2. 敏捷软件开发模型的主要内容是什么？

3. 软件测试是否需要及早介入？为什么？

第2章
软件测试策略

2.1　软件测试模型

软件测试
模型

　　在软件开发过程中，人们根据经验教训并结合未来软件的发展趋势总结出了许多高效的软件开发模型，如瀑布模型、快速原型模型、迭代模型等，这些开发模型对软件开发过程具有很好的指导作用。不过，这些模型指导软件测试工作的效果不佳。

　　软件测试是软件开发生命周期中一个关键的环节，它通过一系列有组织的、计划性的活动来确保软件的质量。为了科学高效开展测试工作，测试专家开发了多种软件测试模型，这些模型不仅为测试活动提供了框架，还促进了测试与开发的协同。

　　测试模型的特点包括以下几个方面。

　　(1) 协调性：测试模型将测试活动与软件开发的各个阶段进行协调呼应，确保测试能够及时地与开发进度相匹配。

　　(2) 互动性：测试模型促进了测试与开发之间的沟通和反馈，使得测试结果能够直接影响和优化开发过程。

　　(3) 参考性：测试模型为测试团队提供了一个参考标准，帮助他们识别在软件开发的每个阶段应该执行哪些测试任务。

　　这些模型确保了测试任务不仅仅是对开发成果的验证和确认，更是成为了推动软件质量提升的积极力量。软件测试模型对测试工作具有很好的指导作用，对测试效果与质量均有较大的影响，测试专家在实践中不断改进创新，创建了很多实用的软件测试模型。下面介绍几种比较重要的软件测试模型。

2.1.1 V模型

V 模型（V-Model）是一种软件开发生命周期模型，它将软件开发过程和测试过程紧密结合在一起。V 模型的结构像一个字母"V"，左侧是软件开发的各个阶段，包括需求分析、概要设计、详细设计和代码编写；右侧是与之对应的测试阶段，分别是单元测试、集成测试、系统测试和验收测试。

V 模型由 Kevin Forsberg 和 Harold Mooz 在 1978 年提出，是瀑布模型的一个变体，它更明确地描述了测试过程中存在的不同级别，并清晰地描述了这些测试阶段与开发阶段的对应关系。开发活动与测试活动并行进行，以便早期发现并解决问题，如图 2-1 所示。

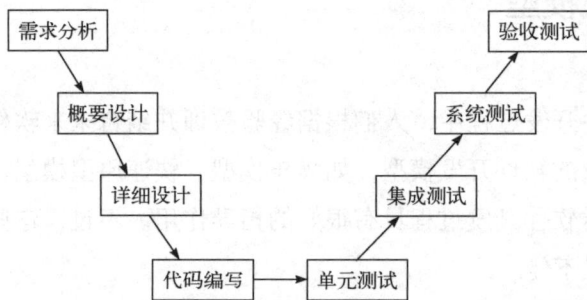

图 2-1　V 模型

V 模型的优点：①开发与测试并行。V 模型的显著特点是开发活动与测试活动的并行性，有助于缩短开发周期并提高效率。②阶段划分明确。V 模型将软件开发过程划分为多个明确阶段，每个阶段都有清晰的任务和目标，有助于项目管理和进度控制。③尽早验证。通过单元测试、集成测试等早期验证手段，V 模型能够及时发现并修复软件中的缺陷，降低后期修复成本。④质量保证。V 模型强调测试活动在开发过程中的重要性，通过全面的测试活动确保软件质量符合用户需求。

V 模型应用范围较广，适用于需求相对稳定、开发周期适中的项目，如传统的信息系统应用开发，它可以在确保软件质量的同时提高开发效率。

V 模型的缺点：测试介入时机较晚，对于前期需求分析和设计阶段的问题可能无法及时发现和修改。此外，对于需求变化较大的项目来说，V 模型可能不够灵活。

为了改进这些缺点，可以引入敏捷开发的思想和方法，提高 V 模型的灵活性和响应速度；也可以通过加强需求分析和设计阶段的评审工作，提前发现和解决潜在问题。

实践建议：①强化需求分析。需求分析是 V 模型成功的关键，必须与客户充分有效沟通，确保需求准确无误。②注重文档编写。V 模型强调文档的重要性，必须编写详细的设计文档和测试文档，以便于项目管理和后期维护。③加强团队协作。V 模型需要开发与测试团队的紧密协作，必须建立有效的沟通机制，确保信息畅通无阻。④灵活应对变化。虽然 V 模型适用于需求相对稳定的项目，但在实际开发中，需求变化是不可避免的。因此，要与时俱进，灵活应对需求变化，及时调整开发计划。

2.1.2　W 模型

W 模型，也称为双 V 模型，是由 Evolutif 公司提出的，它在 V 模型的基础上增加了软件开发各阶段中同步进行的验证和确认活动。W 模型由两个 V 字型模型组成，一个代表开发过程，另一个代表测试过程，明确表示出了测试与开发的并行关系。这种模型强调测试活动与软件开发同步进行，测试的对象不仅仅是程序，还包括需求分析文档和设计文档，如图 2-2 所示。

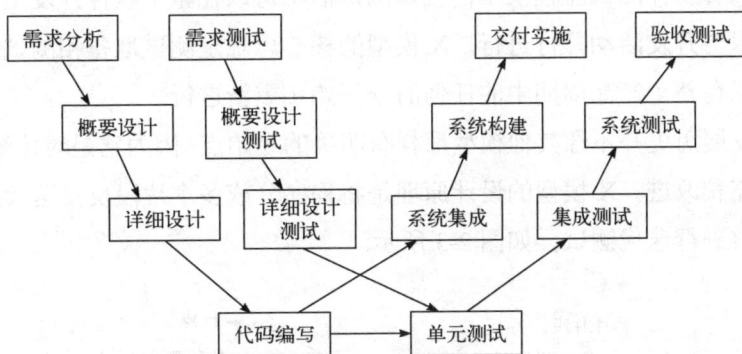

图 2-2　W 模型

W 模型的优点：①测试活动与软件开发协同进行，有利于尽早地全面发现问题。②需求分析完成后，测试人员可以参与到对需求文档的验证和确认活动中，有助于及时了解项目难度和测试风险，及早制定应对措施。③可以显著减少总体测试时间，加快项目进度。

W 模型的缺点：①需求、设计、编码等活动被视为串行的，测试和开发活动保持着一种线性的前后关系，上一阶段完全结束，才可正式开始下一阶段工作。②无法支持迭代的开发模型，对于当前软件开发复杂多变的情况，W 模型并不能解除测试管理面临的困惑。

W 模型适用于需求相对明确且变更不频繁的项目，它能够提高测试效率和准确性，提高软件质量和可靠性，从而提升用户的满意度。然而，对于需求变化较大的项目，W 模型可能不够灵活，需要其他模型如敏捷开发模型来适应快速变化的需求。

实践建议：①测试计划和测试用例设计。在需求确定后，测试人员需要根据需求分析结果制定测试计划和测试用例，确保测试活动与开发进度同步进行。②设计阶段。测试人员需要关注设计的合理性和可测试性，对设计中可能存在的问题提出反馈。参与设计评审，确保设计符合需求和测试要求。③编码阶段。测试人员应关注代码质量，通过单元测试、集成测试和系统测试等方式，发现并修复代码中的缺陷。同时，与开发人员保持密切沟通，确保缺陷修复的及时性和准确性。④开发与测试相结合。在 W 模型中，开发人员和测试人员应紧密结合成一个团队。开发人员需要根据测试人员的需求，提供合适的接口和工具支持，以便测试人员能够更高效地进行测试。⑤持续集成和持续交付（CI/CD）。在 CI/CD 流程中，开发人员可以将测试用例与代码一起提交，测试结果将直接反馈给开发人员，以便及时进行修复和调整。

2.1.3 X 模型

X 模型是一种软件测试流程模型，强调测试活动可以在整个软件开发生命周期中独立进行，并且可以与开发活动并行进行。X 模型的核心思想是测试准备和测试执行可以是迭代的，并且可以在整个产品周期中的任何时候开始和重新进行。

X 模型的发展历史并不像其他模型那样有明确的起始点，因为它是对传统 V 模型和 W 模型的一种补充和改进。X 模型的设计原理是将程序分成多个片段反复迭代测试，然后将多个片段集成再进行迭代测试，如图 2-3 所示。

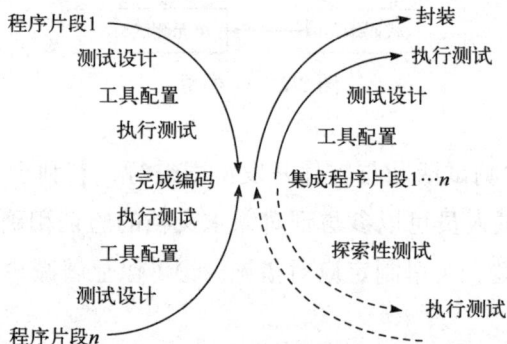

图 2-3　X 模型

X 模型左边描述的是针对单独程序片段进行的相互分离的编码和测试，多个程序片段进行频繁交接。在 X 模型的右上部分，将多个片段集成为一个可执行的程序再进行测试。通过集成测试的产品可以进行更大规模的集成，也可以进行封装提交给客户。

在 X 模型的右下部分进行了探索性测试，能够帮助有经验的测试人员发现更多测试计划之外的软件错误，但这对测试人员要求会高一些。

X 模型的主要特点：①分离的编码和测试。针对单独的程序片段进行相互分离的编码和测试。②频繁的交接和集成。通过频繁的交接，各个部分最终集成为可执行的程序。

③探索性测试。X 模型还定位了探索性测试，这是一种不进行事先计划的特殊类型的测试，往往能帮助有经验的测试人员在测试计划之外发现更多的软件错误。④多根并行的曲线。表示变更可以在各个部分发生。

X 模型主要应用于软件开发过程中，特别是在需要频繁交接和集成的项目中。允许在各个部分独立进行编码和测试，提高了开发效率。探索性测试有助于发现更多的软件错误，尽管可能会增加人力、物力和财力的投入，但对测试员的熟练程度要求较高。

与 V 模型相比，X 模型增加了探索性测试的环节，使得软件开发过程更加灵活和高效。X 模型通过频繁的交接和集成，使得各个部分可以独立进行开发和测试，最终集成为可执行的程序。这种灵活性使得 X 模型在应对快速变化的需求和减少集成错误方面具有优势。

2.1.4　H 模型

为了解决 V 模型与 W 模型存在的问题，科学家们提出了 H 模型。H 模型也称为 Hold-Testing 模型，它将测试活动从开发过程中分离出来，形成一个独立的流程。这个模型的核心思想是测试活动贯穿于整个软件开发生命周期，与其他流程并发地进行。例如在概要设计工作流程上完成一个测试，其过程如图 2-4 所示。

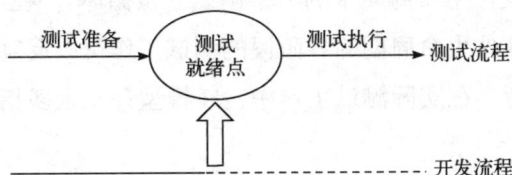

图 2-4　H 模型

H 模型的优点：①并行测试。H 模型允许测试活动与开发活动并行进行，这意味着测试准备和测试执行可以与软件开发的各个阶段同时进行，提高了测试的灵活性和效率。②灵活性。H 模型允许在软件开发的任何阶段进行测试，并且可以根据需要进行迭代和重复测试，提供了更高的灵活性。③测试准备与执行。在 H 模型中，测试准备活动（如测试计划、测试设计、测试用例开发）与测试执行活动（如测试用例运行、缺陷记录和追踪）是分开的，这有助于更清晰地定义测试过程。④H 模型适用于需求变化频繁、开发周期不确定的项目，支持迭代和增量的开发方法，如敏捷开发。⑤管理挑战。由于 H 模型的灵活性和并行性，它对项目管理提出了更高的要求。需要定义清晰的规则和管理制度，以便于后期的管理和控制。

H 模型的缺点：①管理要求高。由于 H 模型的灵活性，需要定义清晰的规则和管理制度，否则测试过程将难以管理和控制。这增加了对项目管理的要求，需要有经验丰富的管理者来确保测试活动的有效开展。②技能要求高。H模型要求测试人员能够很好地定义每个迭代的规模，这既不能太大也不能太小。测试人员需要具备足够的技能来确保测试活动的高效开展。③对项目组人员要求高。H模型要求项目组的所有成员都具备较高的技能和对项目的充分理解。在良好的规范制度下，团队可以高效工作，否则容易混乱。④难以适应快速变化。虽然H模型支持迭代和并行开发，但在需求频繁变更的情况下，如何快速适应变化并保持测试的有效性是一个挑战。⑤难以量化测试进度。由于测试活动与其他开发活动并行进行，可能难以量化测试进度，这可能会对项目的整体进度评估带来困难。也可能导致资源浪费，如果测试活动开始得过早或过晚，可能会导致资源的浪费，因为测试资源可能没有被最有效地利用。

实践建议：①明确测试就绪点。由于H模型要求测试活动与开发活动并行进行，因此需要明确定义何时开始测试活动。这包括确定测试准入准则，即测试就绪点，以便测试团队知道开始执行测试的时间。②制定清晰的规则和管理制度。H模型的灵活性要求制定清晰的规则和管理制度来确保测试过程的管理和控制，这包括测试计划、测试用例的设计、测试执行和结果报告等标准化流程。③迭代和分层测试。H模型支持迭代和分层测试，测试活动可以根据被测对象的不同而分层次、分阶段、分次序执行。这要求测试团队能够灵活地调整测试策略，以适应不同的测试需求和目标。

图2-4只是体现了软件生命周期中的一个测试"微循环"。在H模型中，测试级别不存在严格的次序关系，软件生命周期的各阶段的测试工作可以反复触发、迭代，即不同的测试可以反复迭代地进行。在实际测试工作中，H模型并无太多指导意义，重点是理解其中的设计意义。

上面共介绍了4种软件测试模型，在实际的软件测试工作中，很少有团队会单一地采用某一种测试模型。相反，他们会根据项目的特点、团队的经验、资源的可用性和项目风险等因素，灵活地结合多种测试模型来设计和执行测试活动。在实际测试工作中，测试人员更多的是结合W模型与H模型进行工作，软件各个方面的测试内容是以W模型为准，而测试周期、测试计划和进度是以H模型为指导。X模型更多是作为最终测试和熟练性测试的模板。

2.2 软件测试的方法和技术

2.2.1 静态测试和动态测试

2.2.1.1 静态测试

静态测试是软件测试的一个重要环节，它指的是在不运行程序代码的情况下，通过分析和检查程序代码、需求文档、设计文档等来发现潜在的缺陷和错误。这种测试方法可以帮助开发人员尽早发现和修复问题，从而提高软件的质量和可靠性。

静态测试的主要方法包括代码审查、需求审查、设计审查和文档审查等。代码审查是通过团队成员的交流来找出代码中的错误，涵盖多种检查代码的方式，其中走查是一种更为正式的代码审查，通常由独立的审核团队进行。此外，还可以使用静态代码分析工具来自动化地分析源代码，检测潜在的代码质量问题，如复杂度、潜在的安全漏洞和代码书写规范等。

静态测试的实施步骤通常包括准备、审查、修正、跟踪和再审查等。在准备阶段，定义审查的目的、范围和关注的重点，同时挑选审查人员和审阅工具。审查阶段是审查人员实际检查文档或代码的阶段，测试人员使用清单、指南和标准等来协助识别问题。之后，对发现的问题进行修正，并由原始作者或指定的团队成员执行。修正后，需要跟踪这些问题是否已经得到妥善解决，并可能进行二次审查以确保问题已被正确解决。

2.2.1.2　动态测试

动态测试是软件测试中的一个关键环节，它需要实际执行程序代码来验证软件的功能、性能和可靠性等。动态测试通常在软件开发生命周期的后期阶段进行，包括单元测试、集成测试、系统测试和验收测试等阶段。

动态测试的特点：①实际执行。动态测试需要实际运行软件，通过真实的数据输入来观察程序的输出和行为。②测试用例驱动。测试是基于预先设计好的测试用例进行的，这些测试用例定义了输入数据、预期结果和测试步骤等。③发现运行时错误。动态测试能够发现在软件运行时才会出现的错误，如逻辑错误、性能瓶颈和资源泄漏等。④验证系统行为。除了功能正确性，动态测试还可以用来验证系统的响应时间、并发处理能力和稳定性等非功能性需求。

动态测试的方法很多，包括单元测试、集成测试和系统测试等。

单元测试是指针对软件中的最小可测试单元（可以是单个类或者类中的部分方法）进行测试，以验证它们的正确性。

集成测试是在单元测试之后，测试不同模块或组件之间的交互，确保它们能够正确地协同工作。

系统测试是指测试完整的软件系统，以评估系统的性能是否符合需求规格说明书的要求。

动态测试的实施包括以下步骤：

①测试计划。制定详细的测试计划，包括测试目标、测试环境、资源分配和时间表。

②测试设计。根据需求文档设计测试用例和测试脚本，确保覆盖所有重要的功能和应

用场景。

③测试执行。执行测试用例，记录测试结果，包括成功、失败和发现的问题。

④结果分析。分析测试结果，确定软件是否存在缺陷，缺陷的严重程度和影响，可能存在的原因。

⑤缺陷跟踪。记录发现的缺陷信息，并跟踪它们直到被正确地修复。

⑥回归测试。在缺陷被修复后，进行回归测试以确保修复无误，并且没有引入新的缺陷。

动态测试是确保软件质量的关键环节，它通过实际运行软件来验证软件的行为和性能，确保软件能够满足用户的需求和期望。

静态测试与动态测试是互补的两种测试方法，动态测试实际运行程序，检查程序执行的结果是否符合预期。它可以在实际使用条件下验证软件的功能和性能，一般在软件开发后期进行。相比之下，静态测试在验证代码正确性方面有其先天优势，能够更早地识别软件缺陷，防止错误遗留到软件开发的后期。

静态测试的优势在于能够更早地发现潜在的问题，而动态测试则能够确保软件在实际使用环境中的稳定和性能。在实施软件测试时，两种方法的结合可以更高效地发现软件中存在的问题，可以从不同的层面保障软件产品的质量。

2.2.2 黑盒测试和白盒测试

2.2.2.1 黑盒测试

图 2-5 黑盒测试

黑盒测试是一种测试方法，测试人员不需要了解软件内部的程序逻辑和结构，仅基于软件的输入和预期输出来设计测试用例，见图 2-5。

此类测试关注软件的功能需求，即软件功能是否按照规格说明书的要求正常工作。测试人员通过模拟用户操作、检查界面元素和验证数据流等方法来执行测试。黑盒测试易于理解和实施，不要求测试人员具备高深的编程技能。

2.2.2.2 白盒测试

白盒测试，也称为结构测试或逻辑驱动测试，测试人员需要对软件的内部结构、逻辑路径和代码实现等有深入的了解，见图 2-6。

该类测试关注软件的内部结构和代码质量，包括代码的正确性、代码的健壮性和代码

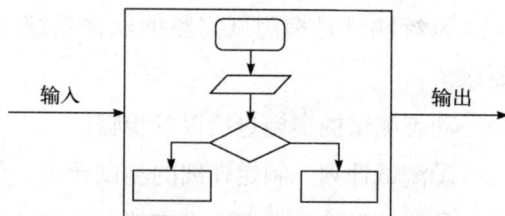

图 2-6 白盒测试

的效率等。测试人员可以使用路径测试、分支测试和条件测试等技术来确保覆盖代码的每个分支和路径，从而保证软件的应用场景都得到检验。白盒测试可以帮助发现更深层次的缺陷，如逻辑错误、性能问题和安全漏洞等。

在实际的软件测试过程中，黑盒测试和白盒测试一般不会单独使用，往往两者结合进行协同操作，以确保软件的质量和性能。黑盒测试有助于验证软件是否满足用户需求，而白盒测试则有助于确保软件内部的质量。测试团队可以根据项目的需求、资源和风险来决定使用何种测试方法，以达到更好的测试效果。

2.2.3 手工测试和自动化测试

按照自动化程度，可以将软件测试分为手工测试与自动化测试两类。

2.2.3.1 手工测试

手工测试是指测试人员通过手动操作，一条一条地执行测试用例，检查软件的功能、性能、用户界面等方面是否满足预期要求。手工测试比较耗时费力，而且测试人员如果是在疲惫状态下，则很难保证测试的效果。这种测试灵活性高，测试人员可以根据实际情况灵活调整测试用例和测试策略，测试效果很大程度上取决于测试人员的专业能力和经验。手工测试适用于探索性测试或需要高度灵活性的测试场景。

2.2.3.2 自动化测试

自动化测试是指利用脚本、自动化测试工具等完成测试工作。测试人员将测试代码或流程写成脚本，通过执行脚本实现测试过程的自动化。可以快速执行大量测试用例，提高测试效率。自动化测试工具可以避免人为错误，提高测试准确性。测试脚本可以重复执行，确保每次测试的一致性。虽然测试过程自动化，但测试脚本的编写、维护以及测试结果的分析仍需要人工参与。

适用场景包括回归测试，确保软件每次迭代后的稳定性；适用于需要频繁执行且测试过程相对固定的测试场景；也适用于性能测试、压力测试等需要模拟大量用户操作的测试场景。

手工测试和自动化测试各有优缺点，应根据实际需求和测试场景选择合适的测试方法。在实际项目中，通常会结合使用手工测试和自动化测试，以充分利用两者的优势。随着测试技术的发展和测试工具的不断完善，自动化测试在软件测试中的地位越来越重要，但手工测试在某些特定场景下仍然不可替代。

2.3　软件测试的基本策略

软件测试的基本策略包括：单元测试，以验证单个组件的功能；集成测试，以确保组件间的协同工作，系统测试，以评估整个软件系统的符合性；以及验收测试，以确认软件满足用户需求。此外，还包括：回归测试，以检测新代码对现有功能的影响；性能测试，以评估软件在不同负载下的表现；以及安全测试，以确保软件的安全性。这些策略通常结合使用，以全面地验证软件的质量和性能。

2.3.1　单元测试

单元测试是软件开发过程中的基础测试活动，它专注于验证软件中最小的可测试部分是否按照预期工作。以下是单元测试的一些关键要点。

（1）测试目的：确保每个单元（函数、方法或类）能够独立于其他代码正常运行，并且正确实现了其设计的功能。

（2）测试内容

①正确性：检查该单元是否正确实现了其功能。

②边界条件：测试输入值在边界情况下的行为。

③异常处理：确保单元能够正确处理异常情况。

（3）测试方法

①白盒测试：基于代码内部逻辑的测试，通常由开发人员编写。

②黑盒测试：基于单元的输入和输出的测试，不关心内部实现。

（4）测试工具：使用单元测试框架（如 JUnit for Java，PyTest for Python，Mocha for JavaScript）来自动化测试过程。

（5）测试用例：为每个单元编写详尽的测试用例，包括正常情况、边界情况和异常情况。

（6）测试数据：准备测试数据，包括有效数据和无效数据，以全面测试单元的行为。

确保每个测试用例是独立的，一个测试用例的执行不会影响其他测试用例。使用代码覆盖工具来衡量测试的全面性，确保代码的关键部分都被测试到。将单元测试集成到持续集成（CI）流程中，以自动化测试和快速发现问题。记录测试结果，包括成功和失败的测试用例，以及任何发现的问题。对测试中发现的问题进行修复，并重新进行测试以确保问题得到解决。虽然单元测试通常不需要详细文档，但记录测试用例和结果对于维护和未来的测试是有帮助的。

单元测试是提高软件质量、减少缺陷和确保代码可维护性的重要方式，它有助于开发人员快速定位问题，提高开发效率，并为后续的集成测试和系统测试打下坚实的基础。

2.3.2 集成测试

集成测试是软件开发过程中的一个重要阶段，在单元测试之后进行，旨在确保软件的各个模块或组件能够高效地协同工作。验证不同模块或组件在合并后能否作为一个整体正常运行，检查它们之间的接口是否正确。

确保模块间的接口按照设计规范正确交互，检查数据在模块间传递是否正确无误。测试集成后的软件是否实现了预期的功能，评估集成后的系统性能是否满足要求。

集成方式可以采用：①大爆炸集成。一次性将所有模块集成在一起进行测试。②自顶向下集成。从主控模块开始，逐步添加子模块进行测试。③自底向上集成。从底层模块开始，逐步向上集成到主控模块。④三明治集成。先集成最底层和最顶层的模块，然后逐步向中间集成。

在敏捷开发中，集成测试通常与持续集成（CI）实践相结合，以确保代码的持续集成和测试。集成方式一般建议采用循序渐进的方式进行，这样可以更好地定位错误。如果程序比较简单或者开发周期非常短，也可以采用一次性集成方式，这种方式如果出现问题，不太容易定位问题出现在哪个单元，为解决集成缺陷带来了不小的挑战。

一般使用自动化测试工具可以提高集成测试的效率和准确性。同时需要制定详细的测试计划，包括测试环境、测试用例、测试数据和预期结果等。要加强风险管理，通过早期发现和修复集成问题，减少项目风险。

记录测试结果，包括成功和失败的测试用例，以及任何发现的问题。对测试中发现的问题进行修复，并重新进行测试以确保问题得到解决。详细记录测试过程和结果，为后续的系统测试和维护提供参考。

集成测试是确保软件质量的关键步骤，有助于及时发现和解决模块间的问题，从而提高软件的稳定性和可靠性。

2.4 软件测试的原则

经过数十年的发展，软件测试领域已经形成了一系列的核心原则，这些原则为软件测试工作的正常开展提供指导。遵循这些测试原则可以有效提升测试的效率与效果，确保测试团队能够以较低的成本和资源投入，快速识别软件缺陷。测试人员应依据这些原则来规划和执行测试任务。

（1）测试基于客户需求：软件测试的核心目标是确保软件产品能够满足用户的实际需求。如果软件无法达到用户的期望，即使是软件在技术上无懈可击，这样的产品也是失败的，相应的测试工作也就失去了价值。因此，测试工作应该围绕用户需求来规划测试环境，模拟用户的真实操作习惯进行测试，基于用户的角度来评估测试的结果。

（2）测试要尽早进行：软件缺陷在软件开发的任何阶段都有可能出现，因此测试活动应从项目初期就开始介入，并持续到整个开发周期结束。通过早期介入，测试团队可以更早地识别问题，从而减少后续修复的成本。早期开始测试还有助于测试人员深入理解软件的需求和设计细节，预测潜在的测试挑战和风险，制定出周密的测试计划和策略，以提升测试的整体效果。

（3）穷尽测试是不可能的：由于时间和资源的限制，实现穷尽测试（即测试所有可能的输入和输出组合）是不现实的，也是没有必要的。测试团队可以根据测试的风险级别和优先级来确定测试的重点，以合理分配测试工作。这样做可以在测试成本、潜在风险和预期收益之间找到一个平衡点，从而提高测试的效率。

（4）遵循 Good Enough 原则：Good Enough 原则强调在软件测试中找到成本与效益之间的最佳结合点，这意味着测试应该足够彻底，以确保软件质量满足用户需求和业务目标，同时也要避免过度测试，这可能导致资源的不必要消耗。随着测试工作的深入，额外的测试努力所带来的质量提升会逐渐减少，最终达到一个收益递减点。因此，测试团队需要根据软件的特性、风险水平、用户期望和项目预算等因素，来决定何时停止测试并发布软件，以实现测试投入与产出的最佳比例，确保软件"足够好"地满足所有相关标准。

（5）测试缺陷要符合"二八定理"："二八定理"也称为 Pareto 原则，在软件测试中，往往发现大约 80% 的缺陷集中在大约 20% 的代码模块中，这表明缺陷的分布是不均匀的。因此，测试团队应该识别并优先关注那些风险较高或历史上出现缺陷较多的模块，通过集中资源对这些关键区域进行深入测试，可以更高效地提高软件的整体质量。这种策略有助于优化测试过程，确保有限的测试资源被用在最有可能产生缺陷的地方。

（6）避免缺陷免疫：正如我们所知，虫子对长期使用的药物会产生抗药性。在软件测试领域，也存在类似的"耐药性"问题。当测试用例被反复执行时，它们发现新缺陷的能力会逐渐降低；测试人员对软件的深入了解有可能导致他们对一些细微的问题视而不见，从而降低了发现问题的能力。这种现象被称为软件测试中的"杀虫剂效应"。它通常源于测试用例缺乏更新或测试人员对测试内容过于熟悉，导致思维僵化等。为了解决这个问题，需要定期对测试用例进行审查和更新，引入新的测试用例，并鼓励测试人员采用创新的思维方式，不仅仅局限于简单的输入输出对比，以提高测试的有效性和发现新缺陷的能力。

最后，没有缺陷的软件是不存在的，软件测试是为了找出软件中的缺陷，而不是证明软件没有缺陷。

本章小结

本章深入探讨了软件测试策略。首先讲解了软件测试模型，应根据具体的项目选择合适的测试模型；讲解了软件测试的方法和技术，按照是否执行程序分为静态测试和动态测试两种，按照是否了解内部结构分为黑盒测试和白盒测试两种，按照是否借助工具分为人工测试和自动化测试两种，需要注意的是，这些划分不是绝对的，在测试工作开展过程中，要灵活应用；介绍了单元测试和集成测试的策略，阐述了软件测试的原则，在时间、资源等范围内，最大程度进行软件测试，最终提高软件质量。

本章习题

一、填空题

1. 有一种测试模型，测试与开发并行进行，这种测试模型称为_____模型。

2. 软件生命周期中花费最多的是_____。

3. 软件测试按测试过程中软件是否被执行，可分为_____和动态测试。

4. 集成测试是在_____测试基础上，将所有模块按照设计要求组装成一个完整的系统进行的测试。

5. 对程序的逻辑结构、路径与运行过程进行的测试称为_____。

二、判断题

1. 软件测试 H 模型融入了探索测试。（　　）

2. 软件测试是为了证明程序无错。（　　）

3. 软件测试要投入尽可能多的精力以达到 100% 的覆盖率。（　　）

4. 持续集成测试是软件开发、软件测试、项目部署的有效方法。（　　）

5. 软件缺陷都存在于程序代码中。（　　）

三、单项选择题

1. 下列哪一项不是软件缺陷产生的原因（　　）。

A. 需求不明确

B. 测试用例设计不好

C. 软件结构复杂

D. 项目周期短

2. 关于软件缺陷，下列说法中错误的是（　　）。

A. 软件缺陷是软件中（包括程序和文档）存在的影响软件正常运行的问题、错误、隐藏的功能缺失或多出。

B. 按照缺陷的优先级不同可以将缺陷划分为立即解决、高优先级、正常排队、低优先级。

C. 缺陷报告有统一的模板，该模板由 IEEE729-1983 制定。

D. 每个缺陷都有一个唯一的编号，这是缺陷的标识。

3. 下列哪一项不是软件测试的原则（　　）。

A. 测试应基于客户需求

B. 测试越晚进行越好

C. 穷尽测试是不可以的

D. 软件测试遵循 Good Enough 原则

4. 软件测试是为了检查出并改正软件中尽可能多的缺陷或错误，不断提高软件的（　　）。

A. 功能和效率

B. 设计和技巧

C. 质量和可靠性

D. 质量和效能

四、简答题

1. 软件测试模型有哪些？有什么样的应用场景？

2. 软件测试需要遵循什么原则？

3. 能否进行穷尽测试？为什么？

第3章
白盒测试

3.1 引言

白盒测试，又称结构测试、透明盒测试、逻辑驱动测试或基于代码的测试。它作为一种深入软件内部结构和代码逻辑的测试方法，在软件开发和质量保证领域受到了广泛的关注与重视。

3.1.1 白盒测试的定义与重要性

白盒测试是指测试者完全了解被测试软件的内部结构和实现细节的情况下进行的测试。它允许测试者利用程序的内部结构信息来设计测试用例，以验证程序的内部操作是否符合预期。白盒测试强调对程序内部逻辑结构的全面了解和测试，是一种路径穷举测试方法。它要求测试者检查程序的每一个逻辑路径，确保代码的正确性和完整性。

在软件开发过程中，白盒测试扮演着至关重要的作用。它不仅有助于增强开发者对代码的理解，帮助开发人员及时发现并解决代码中出现的错误、提高开发效率，还可以优化代码，提升代码的可维护性和可扩展性。此外，白盒测试可以为黑盒测试提供有力支持，通过验证内部逻辑的正确性，间接提升软件的整体表现。

3.1.2 白盒测试与黑盒测试的区别

我们都知道，白盒测试（也称为结构测试或逻辑驱动测试）的测试者需要了解软件系统的内部逻辑结构，通过测试来检测产品内部动作是否按照设计规格说明书的规定正常进行。然而，黑盒测试（也称为功能测试或数据驱动测试）

的测试者完全不考虑程序内部结构和内部特性，只依据需求规格说明书，检查程序的功能是否符合它的功能说明。因此，二者有着十分显著的区别。

在测试对象上，白盒测试主要针对程序代码逻辑进行测试，关注程序的内部结构、逻辑路径和算法；黑盒测试主要针对软件界面和软件功能进行测试，关注程序的输入与输出，以及程序是否能按预期接收输入数据并产生正确的输出信息。

在测试方式上，白盒测试要求测试人员通过程序的源代码设计测试用例，对程序的路径进行测试，确保每条逻辑路径均被覆盖；黑盒测试要求测试人员仅基于软件的需求规格说明书设计测试用例，通过模拟用户输入来观察软件的输出是否符合预期。

在测试目的上，白盒测试旨在发现程序内部的编码和逻辑错误，提高代码质量；黑盒测试旨在验证系统是否按照需求正确运行，确保软件功能符合用户需求。

在测试原则上，白盒测试强调对代码的全面覆盖和逻辑路径的验证，测试人员需要熟悉软件系统的内部实现细节；黑盒测试独立于内部结构进行测试，测试人员无须了解软件内部逻辑，只需根据输入数据关注输出是否符合预期。

在测试方法上，白盒测试包括逻辑覆盖法（如语句覆盖、判定覆盖、条件覆盖等）、基本路径测试法等方法；黑盒测试包括等价类划分法、边界值分析法、错误推测法、因果图法等方法。

综上所述，白盒测试与黑盒测试在定义、测试对象、测试方式、测试目的、测试原则和测试方法等方面存在显著差异。在软件测试过程中，通常会根据具体需求和测试阶段选择合适的测试方法。

3.1.3　白盒测试的应用场景

软件开发的各个阶段都离不开白盒测试，它的应用场景较为丰富，主要有以下几个方面。

（1）单元测试：在软件开发的早期阶段，白盒测试被广泛应用于验证单个模块或方法的正确性。通过对单元进行白盒测试，可以确保每个单元均能正确工作，从而及早发现和修复潜在的软件缺陷。

（2）代码重构：在软件维护和升级过程中，代码重构是常见的活动。白盒测试能够帮助确保重构后的代码功能正常，且没有引入新的问题。它通过对代码内部结构和逻辑的深入核查，为代码重构提供有力保障。

（3）集成测试：当多个单元组合成一个整体时，需要进行集成测试以确保它们之间的相互作用正确无误。白盒测试可用于检测集成过程中的错误和缺陷，确保各个单元之间的相互影响符合预期。

（4）系统测试：在软件开发的后期阶段，当软件的各个模块已经完成，需要进行整体系统测试时，白盒测试可以发挥重要作用。通过对系统内部的代码进行分析和测试，白盒测试可以发现系统的潜在问题和性能瓶颈，从而提前解决这些问题，确保系统的稳定性和可靠性。

（5）安全测试：对于安全性要求较高的应用，白盒测试非常有效。通过对代码的深入检查，白盒测试可以发现潜在的安全漏洞和风险，从而保障软件的安全性。

总之，白盒测试被应用于软件开发的各个阶段，它通过对代码内部结构和逻辑的深入检查，为软件质量保障提供了强有力的支持。

3.2 逻辑覆盖法

逻辑覆盖法是一种基于程序内部逻辑结构的动态测试方法，旨在验证程序内部逻辑的正确性，是白盒测试常用的测试方法。下面来介绍几种覆盖方法。

3.2.1 语句覆盖

语句覆盖

语句覆盖（Statement Coverage）确保程序中的每一条可执行语句至少被执行一次。语句覆盖是最基本的覆盖方法，也被认为是最弱的覆盖标准。这种方法主要关注程序中的每一条语句是否被执行，而不考虑语句间的逻辑关系和条件分支的多样性。因此，在语句覆盖中可能存在路径未被覆盖或条件分支的逻辑错误，即语句覆盖只能确保程序中的每个语句都得到执行，但不能保证程序逻辑的正确性。

下面，我们结合一段简单的代码示例来更好地理解语句覆盖。

```
1   public int coverage(int num1,int num2){
2       int result=0;
3       if(num1>0 && num2<0){
4           result=num1-num2;
5       }
6       if(num1>5 || num2>0){
7           result=num1+num2;
8       }
9       return result;
10  }
```

在上述代码中，第 3 行代码表示如果 num1>0 成立并且 num2<0 成立，则执行 result=num1−num2 语句；第 6 行代码表示如果 num1>5 成立或者 num2>0 成立，则执行

result=num1+num2 语句。该段程序的流程图如图 3-1 所示。

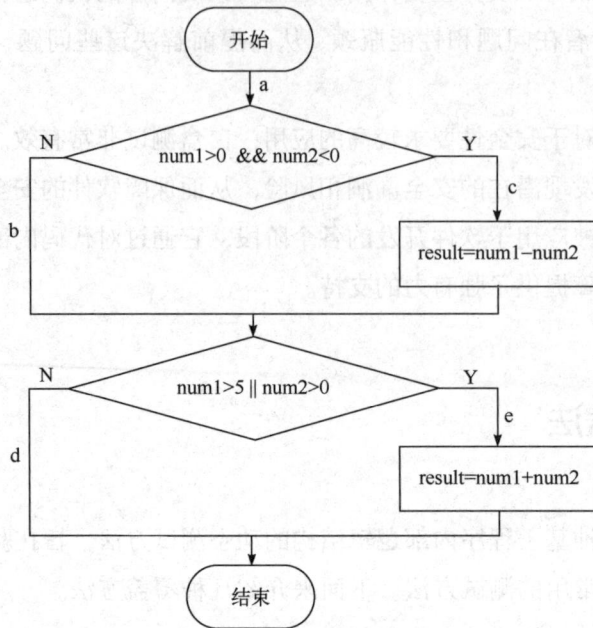

图 3-1　程序执行流程图

在图 3-1 中，a、b、c、d 和 e 表示程序执行分支，在语句覆盖测试用例中，使程序中每个可执行语句至少被执行一次。根据图 3-1 程序流程图中标示的语句执行路径设计如下测试用例。

Test1：num1=6，num2=−3

执行上述测试用例，程序运行路径为 ace。可以看出，ace 路径上的每个语句均能被执行，但是语句覆盖对多分支的逻辑无法全面反映，仅仅执行一次不能进行全面覆盖。因此，语句覆盖是弱覆盖方法。

语句覆盖虽然可以测试执行语句是否被执行到，但却无法测试程序中存在的逻辑错误。例如，如果上述程序中的逻辑判断符号"&&"误写成了"||"，使用测试用例 Test1 同样可以覆盖 ace 路径上的全部执行语句，但却无法发现错误。同样，如果将 num1>0 误写成 num1≥0，使用同样的测试用例 Test1 也可以执行 ace 路径上的全部语句，但却无法发现 num1≥0 的错误。

语句覆盖不用详细考虑每个判断表达式，可以直观地从源程序中有效测试执行语句是否全部被覆盖，由于程序在设计时，语句之间存在许多内部逻辑关系，而语句覆盖不能发现其中存在的 Bug，因此语句覆盖无法满足白盒测试的覆盖所有逻辑语句的基本需求。

3.2.2　分支覆盖

分支覆盖（Branch Coverage），也称判定覆盖，要求测试用例能够执行程序中每个判断语句的所有可能分支（真分支和假分支）至少一次。这种方法确保每个逻辑判断的所有可能结果都被验证，从而帮助发现与逻辑分支相关的错误。

虽然分支覆盖比语句覆盖测试能力强，但仍然具有和语句覆盖一样的单一性。以图 3-1 及其程序为例，设计分支覆盖测试用例，如表 3-1 所示。

表 3-1　分支覆盖测试用例

测试用例	num1	num2	执行语句路径
Test1	5	-2	acd
Test2	-3	6	abe
Test3	11	-8	ace
Test4	-3	-7	abd

由表 3-1 可以看出，这四个测试用例覆盖了 acd、abe、ace 和 abd 4 条路径，使得每个判定语句的取值都满足了至少各有一次"真"与"假"。与语句覆盖相比，分支覆盖的覆盖范围更为广泛。分支覆盖虽然保证了每个判定至少有一次为真值，有一次为假值，但是却没有考虑到程序内部的取值情况，例如，测试用例 Test4 中有两个条件 num1>5 和 num2>0，只考虑整个判定（num1>5||num2>0）的真或者假，没有考虑每个条件（num1>5 或 num2>2）取真或者假的情况。

分支覆盖语句一般由多个逻辑条件组成，如果仅仅判断测试程序执行的最终结果而忽略每个条件的取值，必然会遗漏部分测试路径，因此，分支覆盖也属于弱覆盖。

3.2.3　条件覆盖

条件覆盖（Condition Coverage）要求设计足够的测试用例，使得程序中每个判断语句中的每个条件表达式都至少取一次真值和一次假值。条件覆盖关注于条件表达式内部的每个条件，确保它们各自独立地取到所有可能的结果，但不一定考虑整个判断语句的结果。

例如，对于判定语句"if（num1>0 && num2<0）"中存在 num1>0 和 num2<0 两个逻辑条件，设计条件覆盖测试用例时，要保证 num1>0 和 num2<0 的"真""假"值至少出现一次。仍以图 3-1 及其程序为例，设计条件覆盖测试用例，有 2 个判定语句，每个判定语句有 2 个逻辑条件，共有 4 个逻辑条件，使用标识符标识各个逻辑条件取真值与取假值的情况，如表 3-2 所示。

表 3-2　条件覆盖判定条件

条件 1	条件标记	条件 2	条件标记
num1>0	S1	num1>5	S3
num1≤0	−S1	num1≤5	−S3
num2<0	S2	num2>0	S4
num2≥0	−S2	num2≤0	−S4

在表 3-2 中，使用 S1 标记 num1>0 取真值的情况，−S1 标记 num1>0 取假值的情况。同理，使用 S2、S3 和 S4 标记 num2<0、num1>5 和 num2>0 取真值的情况，使用−S2、−S3 和−S4 标记 num2<0、num1>5 和 num2>0 取假值的情况，最后得到执行条件判断语句的 8 种状态，设计测试用例时，要保证每种状态都至少出现一次。设计测试用例的原则是尽量以最少的测试用例达到最大的覆盖率，条件覆盖测试用例如表 3-3 所示。

表 3-3　条件覆盖测试用例

测试用例	num1	num2	条件标记	执行语句路径
Test1	2	5	S1、−S2、−S3、S4	abe
Test2	−1	−3	−S1、S2、−S3、−S4	abd
Test3	6	−2	S1、S2、S3、−S4	ace

3.2.4　判定-条件覆盖

判定-条件覆盖

判定-条件覆盖（Condition/Decision Coverage）要求设计足够多的测试用例，使得判定语句中所有条件的可能取值至少出现一次，同时，所有判定语句的可能结果也至少出现一次。例如，对于判定语句"if（num1>0 && num2<0）"，该判定语句有 num1>0、num2<0 两个条件，则在设计测试用例时，要保证 num1>0、num2<0 两个条件取"真""假"值至少一次，同时，判定语句"if（num1>0 && num2<0）"取"真""假"值也至少出现一次。这就是判定-条件覆盖，它弥补了判定覆盖和条件覆盖的不足之处。

根据判定-条件覆盖原则，以图 3-1 及其程序为例设计判定-条件覆盖测试用例，如表 3-4 所示。

表 3-4　判定-条件覆盖测试用例

测试用例	num1	num2	条件标记	条件 1	条件 2	执行语句路径
Test1	2	5	S1、−S2、−S3、S4	0	1	abe
Test2	−1	−3	−S1、S2、−S3、−S4	0	0	abd
Test3	6	−2	S1、S2、S3、−S4	1	1	ace

在表 3-4 中，条件 1 是指判定语句"if（num1>0 && num2<0）"，条件 2 是指判定语句

"if（num1>5 || num2>0）"，条件判断的值 0 表示"假"，1 表示"真"。表 3-4 中的 3 个测试用例满足了所有条件可能取值至少出现一次，以及所有判定语句可能结果也至少出现一次的要求。

相比于条件覆盖、判定覆盖，判定-条件覆盖弥补了两者的不足之处，但是由于判定-条件覆盖没有考虑判定语句与条件判断的组合情况，其覆盖范围并没有比条件覆盖更全面，判定-条件覆盖也没有覆盖 acd 路径。因此，判定-条件覆盖仍旧存在遗漏测试的情况。

3.2.5　条件组合覆盖

条件组合覆盖（Multiple Condition Coverage）要求设计足够多的测试用例，使得每个判断语句中所有条件的各种可能组合都至少出现一次，并且每个判定语句本身的判定结果也至少出现一次。这种方法不仅考虑每个条件的独立取值，还关注条件之间的组合情况，从而提供更全面的测试覆盖。它与判定-条件覆盖的差别是，条件组合覆盖不是简单地要求每个条件都出现"真"与"假"两种结果，而是要求让这些结果的所有可能组合都至少出现一次。

以图 3-1 及其程序为例，该程序中共有 4 个条件，num1>0、num2<0、num1>5 和 num2>0，用 S1、S2、S3 和 S4 标记这 4 个条件成立，用–S1、–S2、–S3 和–S4 标记这 4 个条件不成立。S1 和 S2 属于一个判定语句，两两组合有 4 种情况：

S1，S2

S1，–S2

–S1，S2

–S1，–S2

同样，S3 与 S4 属于一个判定语句，两两组合也有 4 种情况。两个判定语句的组合情况各有 4 种。在执行程序时，只要能分别覆盖两个判定语句的组合情况即可，因此，针对图 3-1 中的程序，条件组合覆盖至少要设计 4 个测试用例。条件组合覆盖的 4 种情况如表 3-5 所示。

表 3-5　条件组合的 4 种情况

序号	组合	含义
Test1	S1、S2、S3、–S4	num1>0 成立，num2<0 成立，num1>5 成立，num2>0 不成立
Test2	S1、–S2、S3、S4	num1>0 成立，num2<0 不成立，num1>5 成立，num2>0 成立
Test3	–S1、S2、–S3、–S4	num1>0 不成立，num2<0 成立，num1>5 不成立，num2>0 不成立
Test4	–S1、–S2、–S3、S4	num1>0 不成立，num2<0 不成立，num1>5 不成立，num2>0 成立

根据表 3-5 的组合情况，设计测试用例，具体如表 3-6 所示。

表 3-6　条件组合覆盖测试用例

序号	组合	测试用例		条件 1	条件 2	覆盖路径
		num1	num2			
1	S1、S2、S3、−S4	6	−1	1	1	ace
2	S1、−S2、S3、S4	7	2	0	1	abe
3	−S1、S2、−S3、−S4	−3	3	0	0	abd
4	−S1、−S2、−S3、S4	−2	5	0	1	abe

表 3-6 中的 4 个测试用例覆盖了两个判定语句中简单表达式的所有组合，与判定-条件覆盖相比，条件组合覆盖包括了所有判定-条件覆盖，它的覆盖范围更广。但是，当程序中条件比较多时，条件组合的数量会呈线性增长，组合情况非常多，需要设计的测试用例也会增加，这样反而使测试效率降低。

3.2.6　实例：三角形的逻辑覆盖

实例：三角
形逻辑覆
盖问题

三角形逻辑覆盖的详细实例可以涉及软件测试中的白盒测试方法，特别是逻辑覆盖技术。在这里，我们将通过一个具体的三角形判断程序的例子，展示如何设计测试用例来覆盖不同的逻辑路径和条件。

接收三个整数作为输入（代表三角形的三条边长），然后判断并输出这三条边是否能构成一个三角形，如果能，则进一步判断三角形的类型（等边三角形、等腰三角形或一般三角形）。

假设我们有一个三角形判断程序的伪代码：

```
1   public String is Triangle(int a,int b,int c){
2       String result="";
3       if(a+b>c && a+c>b && b+c>a){
4           if(a == b && b == c){
5               result="等边三角形";
6           }
7           else if(a = = b || a == c || b == c){
8               result="等腰三角形";
9           }else{
10              result="一般三角形";
11          }
12      }else{
13          result="不是三角形";
```

```
14        }
15        return result;
16    }
```

上述代码的流程图如图 3-2 所示。

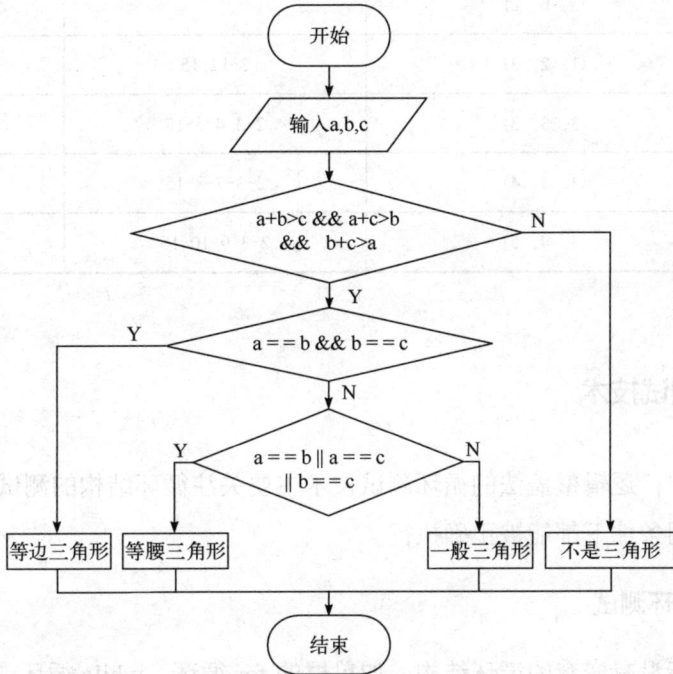

图 3-2　三角形判断程序流程图

对上述程序进行分析，程序的可执行路径可用程序控制流图（图 3-3）表示。

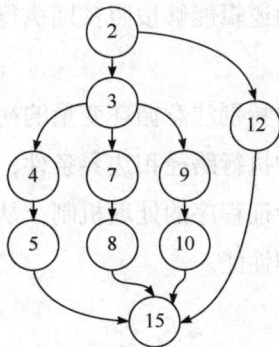

图 3-3　程序控制流图

图 3-3 中的数字是代码行号，当执行程序传入数据时，程序根据条件判断沿着不同的路径执行。

如果使用判定覆盖，使程序中每个判定语句至少有一次"真"值，至少有一次"假"

值，根据图 3-2 和图 3-3 可设计 4 个测试用例，如表 3-7 所示。

表 3-7   三角形判断程序语句覆盖测试用例

编号	测试用例 (a, b, c)	路径	预期输出
Test1	(1, 2, 3)	2-12-15	不是三角形
Test2	(3, 3, 3)	2-3-4-5-15	等边三角形
Test3	(3, 3, 4)	2-3-7-8-15	等腰三角形
Test4	(3, 4, 5)	2-3-9-10-15	一般三角形

3.2.7   循环测试技术

在白盒测试中，逻辑覆盖法的循环测试技术主要关注循环结构的测试覆盖，确保循环体内的逻辑在不同条件下都能被正确执行。

3.2.7.1   简单循环测试

简单循环是指没有嵌套的循环结构，如单层的 for 循环、while 循环或 do-while 循环，它是白盒测试中的一种重要方法，主要用于验证程序中的简单循环结构（即没有嵌套的循环）是否能正常执行，包括循环次数、循环边界条件以及循环体内的逻辑等。简单循环测试的主要目标是确保循环能够按照预期的次数执行；循环条件能够正确评估，并在条件不满足时正确退出循环；循环体内的逻辑能够按照预期执行，包括循环变量的更新、循环体内条件的判断等。

在进行简单循环测试时，需要特别注意循环变量的初始值、最大值和增量是否正确，测试用例应尽可能覆盖循环的各种执行路径和边界条件，对于可能导致无限循环的情况，应设计专门的测试用例来触发并验证程序的处理机制，从而确保简单循环测试的全面性和有效性，从而提高程序的稳定性和性能。

3.2.7.2   嵌套循环测试

嵌套循环测试是指在软件测试中，针对程序中嵌套循环结构的一种测试方法，是在一个循环内部包含另一个或多个循环的结构。

在进行嵌套循环测试时，要注意以下几点：确保嵌套循环在边界条件下（如外层循环和内层循环的起始和结束条件）能正确执行；设计测试用例以测试不同循环次数的组合，包括外层循环和内层循环执行 0 次、1 次、多次以及接近最大循环次数的情况；确保嵌套循环中的逻辑（如循环变量的更新、循环体内条件的判断等）能按预期执行；对于多层嵌套的循环，测试每一层循环的正确性，以及它们之间的相互作用；要避免无限循环，即确保在所有情况下，嵌套循环都能正确终止，不会出现无限循环的情况；对于性能敏感的循环，测试嵌套循环的执行效率，确保它们不会导致程序运行缓慢或资源耗尽。

在进行嵌套循环测试时，可以遵循以下策略：①从内向外测试。先从内层循环开始测试，逐渐向外层循环扩展，确保每一层循环的正确性。②使用循环测试模板。根据循环的类型（如 for 循环、while 循环等）和嵌套深度，设计相应的测试用例模板。③结合静态分析和动态测试。利用静态分析工具检查循环结构的潜在问题，并通过动态测试验证循环的实际执行效果。

要注意的是，具体的测试方法和策略可能因程序的具体情况和测试需求而有所不同。在实际测试中，应根据具体情况灵活调整测试方案。

3.2.7.3　循环边界测试

循环边界测试是软件测试中的一种重要方法，主要关注循环结构的边界条件，确保循环在边界条件（如循环开始条件、结束条件）下能正确执行。同时我们也应注意程序的性能表现，特别是在循环次数接近或超过最大限值时。

循环边界测试的目的是发现循环结构中的潜在错误，如循环次数计算错误、循环变量溢出、无限循环等。通过设计合理的测试用例，可以确保程序在各种边界情况下都能稳定运行。

3.3　基本路径测试覆盖

在黑盒测试中，对所有可能的输入数据做穷举测试是行不通的。类似的，在白盒测试中，对一个具有一定规模的软件做路径穷举测试也是行不通的，只能在所有可能的执行路径中选取一部分来进行测试，基本路径测试覆盖就是其中的一种。在对程序做结构分析，尤其是进行基本路径测试覆盖时，会用到控制流图。

3.3.1　控制流图

控制流图也称为控制流程图。它用图的方式来描述程序的控制流程，是对一个过程或程序的抽象表达。控制流图是一种有向图，形式化表达如下：

$$G = (N, R)$$

其中，N 表示节点集，程序中的每个语句都对应图中的一个节点，有时一组顺序执行、不存在分支的语句也可以合并为用一个节点表示；R 为边集，$R = \{<n1, n2>|n1, n2 \in N,$ 且 $n1$ 执行后，可能立即执行 $n2\}$。

在控制流图中，用节点来代表操作、条件判断及汇合点，用弧或者控制流来表示执行的先后顺序关系。程序基本的控制结构对应的控制流图的图形符号如图 3-4 所示。

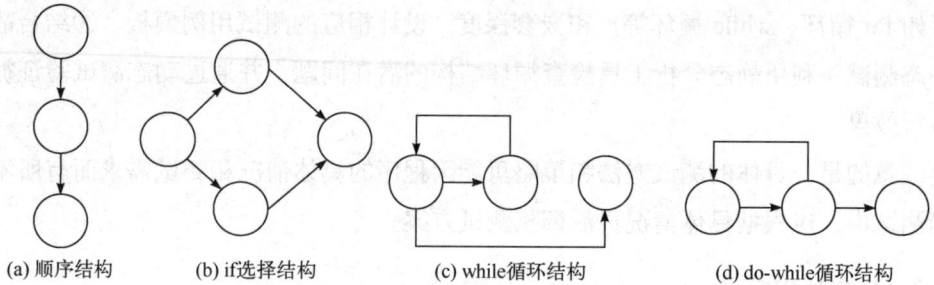

| (a) 顺序结构 | (b) if选择结构 | (c) while循环结构 | (d) do-while循环结构 |

图 3-4　控制结构对应的控制流图图形符号

在图 3-4 所示的图形符号中，圆圈称为控制流图的一个节点，它表示一个或多个无分支的语句；有向箭头称为弧或控制流线，表示执行的先后顺序关系。可以根据程序得到控制流图，也可以由程序流程图转换得到控制流图，但需要注意如下两点：

①在将程序流程图转化成控制流图时，在选择或多分支结构中，分支的汇聚处应有一个汇聚节点。

②如果判断中的条件表达式是由一个或多个逻辑运算符连接的复合条件表达式，则需要改为一系列只有单条件、嵌套的判断。

3.3.2　环路复杂度

程序的复杂度如何度量呢？程序的大小是否能准确反映程序的复杂程度呢？一个 1000 行的程序就一定比一个 100 行的程序复杂吗？答案是否定的。例如，一个由 1000 行顺序执行的赋值语句、输出语句组成的程序，并不比一个 100 行的排序算法程序复杂。用程序的大小来度量程序的复杂度是片面和不准确的，而环路复杂度是程序复杂度度量的方法之一。环路复杂度用来定量度量程序的逻辑复杂度，程序中的控制路径越复杂、环路越多，则环路复杂度越高。根据程序的控制流图，可以计算程序的环路复杂度。

在画出控制流图的基础上，程序的环路复杂度可用以下三种方法求得。

①环路复杂度为控制流图中的区域数。边和节点圈定的范围称为区域。当对区域计数

时，图形外的区域也应计为一个区域。用公式表示为：$V(G)$=流图中的区域数。

②设 E 为控制流图的边数，N 为图的节点数，则环路复杂度 $V(G)=E-N+2$。

③设 P 为控制流图中的判定节点数，则有 $V(G)=P+1$。

对于同一个控制流图，三种方法算出的结果是一样的。下面来看一个例子。

对图 3-5 所示的控制流图，分别用 3 种方法来计算环路复杂度如下：

①图中的区域数为 3，故，环路复杂度 $V(G)=3$。

②边数 E=12，节点数 N=11，环路复杂度 $V(G)=E-N+2=3$。

③图中的判定节点数 P=2，则有 $V(G)=2+1=3$。

三种方法算出的结果相等，环路复杂度为 3。

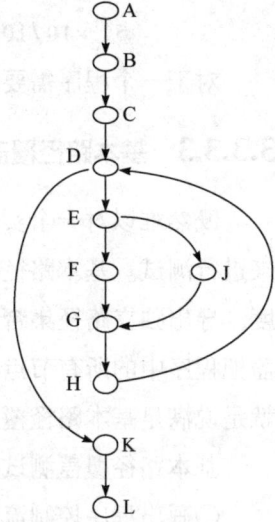

图 3-5　控制流图

3.3.3　基本路径覆盖及实例

3.3.3.1　程序中的路径

在把程序抽象为有向图之后，从程序入口到出口经过的各个节点的有序排列被称为路径，可以用路径表达式来表示路径。路径表达式可以是节点序列，也可以是弧序列，例如图 3-9 所示程序控制流图，其可能的程序执行路径如表 3-8 所示。

需要注意的是，在程序中存在循环时，如果程序执行的循环次数不同，那么对应的执行路径就不同。为增强表达能力，可以在路径表达式中引入加法和乘方表达方式，加法可以表达分支结构，乘方可以表达循环结构。

3.3.3.2　路径穷举测试不可行

一条 if 语句就会有两条路径，两条 if 语句的串联就会有四条路径，在实际问题中，即使一个不太复杂的程序，其可能的路径都是一个庞大的数字。如果存在循环，则可能的路径基本上就是天文数字。图 3-6 是某程序的控制流图，如果循环 20 次，那么就有 5^{20} 条可能的执行路径。

假设图 3-6 中所有可能的路径都是可执行路径，某台计算机对该程序执行一次循环大约需要 10ms，

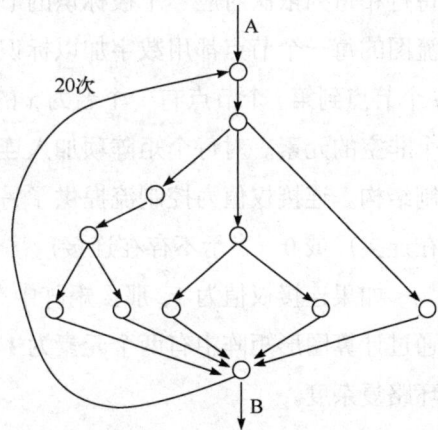

图 3-6　程序控制流图

且一年 365 天每天 24h 不停机。如果要把所有路径都测试一遍，则大约需要的时间如下：

$$5^{20} \times 10 / 1000000 = 9536743164.4s = 264909.5h \approx 11037.9 天 \approx 30.2 年$$

对于一个程序需要运行 30 多年，这是无法接受的，对路径进行穷举测试是不可行的。

3.3.3.3 基本路径覆盖步骤

既然难以对一个实际的应用程序进行执行路径的穷举测试，那么就只能选取部分路径来进行测试。基本路径测试就是在程序控制流图的基础上，通过分析控制构造的环路复杂度，导出独立路径集合，再设计测试用例覆盖所有独立执行路径的方法。由于基本路径覆盖把程序中的所有节点都覆盖到了，因此程序中的每一条可执行语句也至少执行一次，也就是说满足基本路径覆盖就一定满足语句覆盖。

基本路径覆盖测试法的基本步骤如下：

①画出程序控制流图。

②计算程序环路复杂度。

③确定独立路径集合。所谓独立路径，和其他的独立路径相比，至少有一个路径节点是新的，未被其他独立路径所包含。从程序的环路复杂度可导出程序基本路径集合中的独立路径条数。程序独立路径条数等于程序的环路复杂度，这是确保程序中每个可执行语句至少执行一次所必需的测试用例数下界。得出程序独立路径条数后，再根据控制流图，确定各条独立路径。所有独立路径组成独立路径集合（基本路径集合）。

④为每条独立路径设计测试用例。设计测试用例，确保基本路径集合中的每一条路径都能被执行到。一般是为每条独立路径设计一个测试用例，执行这个测试用例时，就能确保该独立路径会被执行。

图形矩阵的数据结构很有用，利用图形矩阵可以确定控制流图的环路复杂度，也就是基本路径集合中基本路径的条数。图形矩阵是一个方阵，其行和列是控制流图中的节点，每行和每列依次对应一个被标识的节点，矩阵元素对应节点间的连接。在图形矩阵中控制流图的每一个节点都用数字加以标识，每一条边都用字母加以标识。如果在控制流图中第 i 个节点到第 j 个节点有一个名为 x 的边相连接，则在对应的图形矩阵中第 i 行/第 j 列有一个非空的元素。对每个矩阵项加入连接权值，图形矩阵就可以用于在测试中评估程序的控制结构。连接权值为控制流提供了另外的信息，最简单的情况下，连接权值是 1（表示存在连接）或 0（表示不存在连接）。

如果连接权值为 1，那么矩阵中有两个元素为 1 的所代表的节点一定是一个判定节点，通过计算图形矩阵中有两个元素为 1 的行的个数，就可以得出总的判定节点数，从而得出环路复杂度。

图 3-7 所示为一个程序控制流图，图 3-8 所示为相应的图形矩阵。

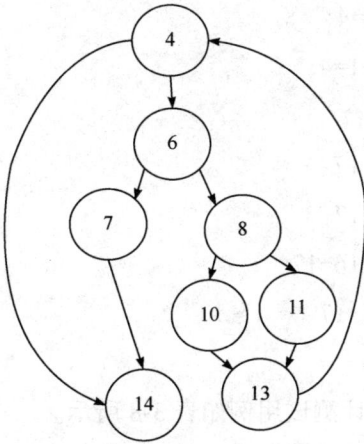

图 3-7 程序控制流图

	4	6	7	8	10	11	13	14
4		1						1
6			1	1				
7								1
8					1	1		
10							1	
11							1	
13	1							
14								

图 3-8 相应的图形矩阵

3.3.3.4 基本路径覆盖示例

设有程序段如下:

```
1   public void sort(int a,int b,int c){
2      int max,min;
3      if(a>b)
4      {
5          max=a;
6          min=b;
7      }
8      else
9      {
10         max=b;
11         min=a;
12     }
13     if(max<c)
14         max=c;
15     else if(min>c)
16         min=c;
17     System.out.print("max="+max+",min="+min);
18  }
```

针对程序段 sort,参数 a、b 和 c 取值为整型,为变量设计测试用例满足基本路径覆盖的过程如下。

(1) 绘制出程序代码对应的控制流图(如图 3-9 所示)

(2) 计算环形复杂度 $V(G)$:分别利用 3 种方法来计算环路复杂度。

$V(G)$=区域数=4

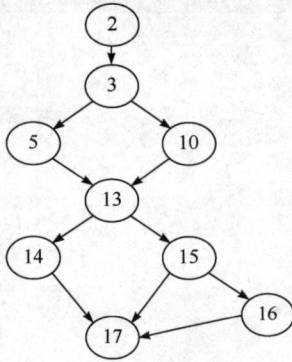

图 3-9　程序段对应的控制流图

$V(G)=E-N+2=11-9+2=4$；

$V(G)=$判定点数$+1=3+1=4$；

（3）确定基本路径集合

path1：2-3-5-13-15-17

path2：2-3-5-13-14-17

path3：2-3-5-13-15-16-17

path4：2-3-10-13-15-17

（4）设计测试用例

针对各条基本路径设计测试用例如表 3-8 所示。

表 3-8　基本路径测试用例

测试用例编号	测试数据	预期执行结果	覆盖路径
Test1	a=7，b=5，c=6	max=7，min=5	path1
Test2	a=10，b=3，c=12	max=12，min=3	path2
Test3	a=8，b=7，c=6	max=8，min=6	path3
Test4	a=3，b=11，c=9	max=11，min=3	path4

3.4　测试覆盖分析工具

覆盖是测试重要的工作度量和测试引导方式，本节介绍一下常用的 Java 开源测试覆盖工具。

3.4.1　JaCoCo

JaCoCo 是一种分析单元测试覆盖率的工具，使用它运行单元测试后，可以展示出代码中哪些部分被单元测试测试到，哪些部分没有被测试到，并且给出整个项目的单元测试覆盖情况百分比。它可以集成到 ANT、Maven 中，也可以使用 Java Agent 技术监控 Java 程序，并提供了各种版本插件供 Eclipse、IntelliJ IDEA、Gradle、Jenkins 等平台使用。Eclipse 使用不同的颜色来表示测试结果中的不同覆盖情况。

JaCoCo 将代码标注为红色表示未覆盖，标注为绿色表示测试已覆盖，标注为黄色表示分支测试部分覆盖。

3.4.2　JCov

JCov 是由 Sun JDK 开发和使用的。从 1.1 版本开始，JCov 就可以对 Java 代码覆盖进行测试和报告。2014 年，JCov 作为 OpenJDK codetools 项目的一部分开始开放源码。JCov 开源项目用于收集与测试套件生产相关的质量指标。JCov 的开源便于在 OpenJDK 开发中验证回归测试的测试运行的实践。JCov 背后的主要动机是测试覆盖率度量的透明度。基于 JCov 的标准覆盖率的优势在于，OpenJDK 开发人员将能够使用一个代码覆盖率工具，与 Java 语言和虚拟机开发保持一个"锁定步骤"。

JCov 是代码覆盖工具的纯 Java 实现，它提供了一种方法来测量和分析 Java 程序的动态代码覆盖率。JCov 支持 JDK 1.0 及更高版本，CDC/CLDC 1.0 或更高版本，以及 JavaCard 3.0 或更高版本的应用程序。JCov 在易用性上稍差，主要是通过运行 Ant 来进行相关的配置。JCov 具备可视化的 HTML 展示页面。

3.4.3　Cobertura

Cobertura 是一款开源测试覆盖率统计工具，它与单元测试代码结合，通过标记并分析在测试包运行时运行哪些代码和没有运行哪些代码以及所经过的条件分支，来测量测试覆盖率。除找出未测试到的代码并发现 Bug 外，Cobertura 还可以通过标记无用的、运行不到的代码来优化代码，最终生成一份美观详尽的 HTML 覆盖率测试报告。

Cobertura 虽然没有针对 Eclipse、IntelliJ IDEA 等平台的定制插件，但它支持主流的 Maven、Gradle、Ant。同时，Cobertura 提供了可定制的包、类、函数过滤方法，可以定制相应的测试内容。

3.4.4　EclEmma

提到 EclEmma 首先就要说到著名的 Java 覆盖测试工具 Emma。Emma 是一个在 SourceForge（SourceForge 是全球较大的开放源代码软件开发平台和仓库，它集成了很多开放源代码应用程序，为软件开发提供了整套生命周期服务） 上进行的开源项目。从某种程度上说，EclEmma 可以看作 Emma 的一个图形界面。

EclEmma 是一个基于 EMMA 的 Java 代码覆盖工具，如图 3-10 所示。它的目的是在 Eclipse 工作平台中使用强大的 Java 代码覆盖工具 EMMA。EclEmma 是非侵入式的，不需要修改项目或执行其他任何安装，它能够在工作平台中启动，像运行

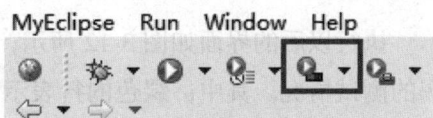

图 3-10　EclEmma 工具栏使用按钮

JUnit 测试一样直接对代码覆盖进行分析。覆盖结果将被汇总并在 Java 源代码编辑器中高亮显示。

3.4.4.1　使用 EclEmma 测试 Java 程序

首先在 Eclipse 的 Workspace 中建立一个 Java 项目。接下来，在其中建立一个 HelloWorld 类，其代码如下所示：

```
1  public class HelloWorld {
2     public static void main(String[] args) {
3         int rand =(int)(Math.random() * 100);
4         if(rand % 2 == 0) {
5             System.out.println("Hello, world! 0");
6         } else
7             System.out.println("Hello, world! 1");
8         int i = 1;
9         int result = rand % 2 == 0 ? rand + rand : rand * rand;
10        System.out.println("rand=" + rand);
11        System.out.println("result=" + result);
12    }
13 }
```

在代码空白处单击右键，在弹出的菜单中执行 Coverage AS->Java Application，如图 3-11 所示。

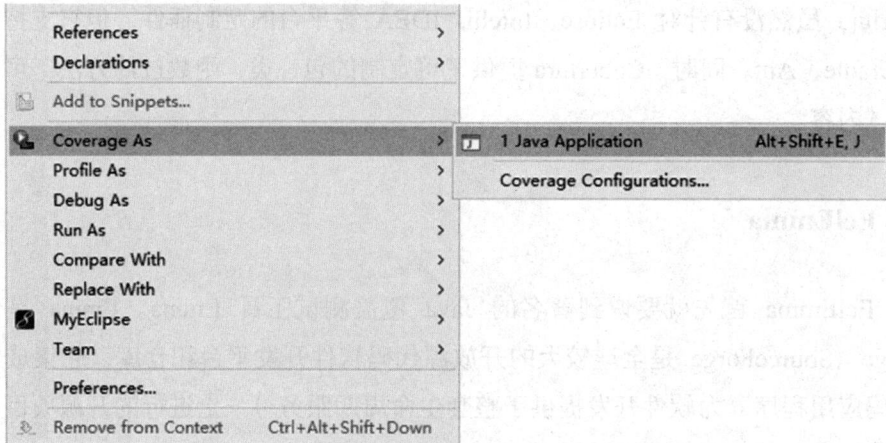

图 3-11　执行程序

执行以后的界面如图 3-12 所示，Java 编辑器中，EclEmma 用不同的色彩标示了源代码的测试情况。其中，绿色的行表示该行代码被完整地执行，红色部分表示该行代码根本没有被执行，而黄色的行表明该行代码部分被执行。黄色的行通常出现在单行代码包含分支的情况，例如：图中的 11 行就显示为黄色。由于程序中有一个随机确定的分支，因此，窗口可能与这里稍有不同（7 行或者 9 行中有且只有一个红色的行）。

```
3  public class HelloWorld {
4      public static void main(String[] args) {
5          int rand = (int) (Math.random() * 100);
6          if (rand % 2 == 0) {
7              System.out.println("Hello, world! 0");
8          } else
9              System.out.println("Hello, world! 1");
10         int i = 1;
11         int result = rand % 2 == 0 ? rand + rand : rand * rand;
12         System.out.println("rand=" + rand);
13         System.out.println("result=" + result);
14     }
15 }
```

图 3-12　执行程序后的效果

除了在源代码编辑窗口直接进行着色之外，EclEmma 还提供了一个单独的视图来统计程序的覆盖测试率，如图 3-13 所示。

Element	Coverage	Covered Instructi...	Missed Instructi...	Total Instructions
∨ ⌂ chapter03	▬ 78.8 %	41	11	52
∨ ⊕ src	▬ 78.8 %	41	11	52
∨ ⊞ test.emma	▬ 78.8 %	41	11	52
∨ ⛭ HelloWorld.java	▬ 78.8 %	41	11	52
∨ ⓒ HelloWorld	▬ 78.8 %	41	11	52
⚙ main(String[])	▬ 83.7 %	41	8	49

图 3-13　查看程序覆盖率

在一次运行中覆盖所有的代码通常比较困难，如果能把多次测试的覆盖数据综合起来进行查看，那么我们就能更方便地掌握多次测试的测试效果。EclEmma 提供了这样的功能。现在，让我们重复数次对 HelloWorld 的覆盖测试。我们注意到 Coverage 视图总是显示最新完成的一次覆盖测试。事实上，EclEmma 为我们保存了所有的测试结果。接下来，我们将通过 Coverage 视图的工具按钮来合并多次覆盖测试的结果，如图 3-14 所示。

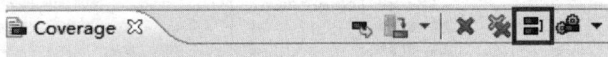

图 3-14　合并程序覆盖率

当多次运行 Coverage 之后，我们可以单击图 3-14 中所示工具栏按钮。之后，一个对话框将弹出以供用户选择需要合并的覆盖测试，如图 3-15 所示。

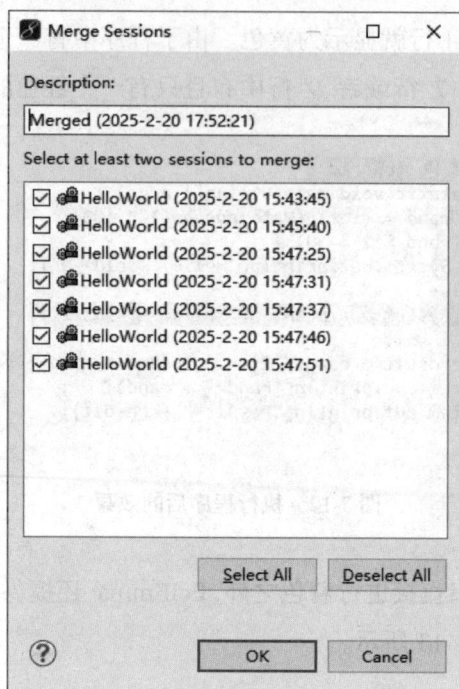

图 3-15　选择需合并的程序 Session

查看合并后的覆盖测试结果，如图 3-16 所示。

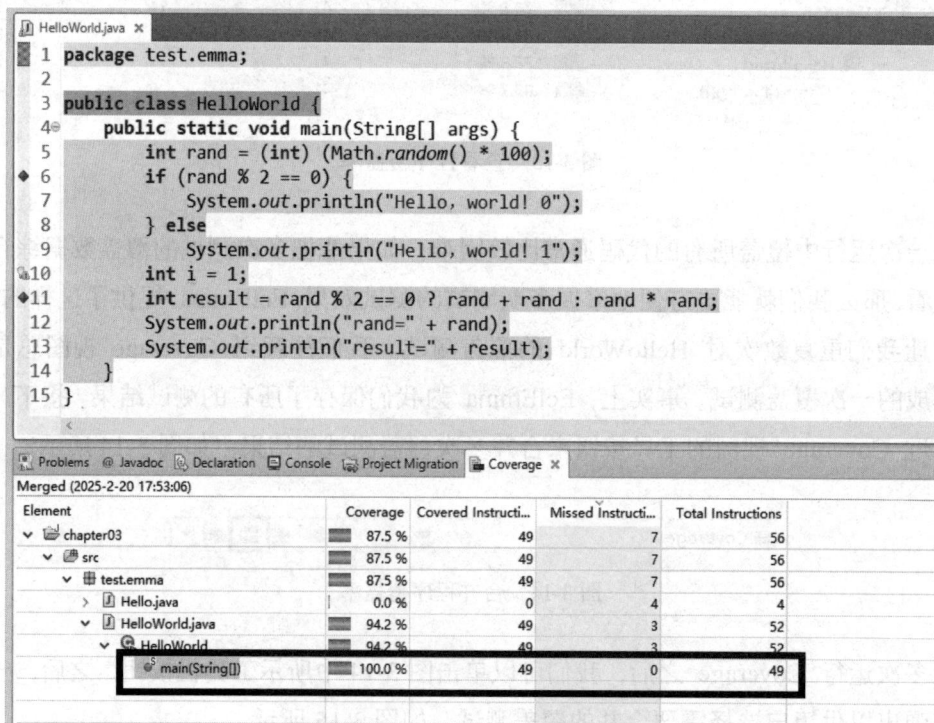

图 3-16　合并后的情况

我们可以看到，通过多次运行覆盖测试，最终 HelloWorld.java 代码达到了 94.2% 的测试覆盖率，其中 main()方法覆盖率达到 100%，也就是说 main()方法所有代码均得到了执行。有趣的是，图 3-16 中第 3 行代码被标记为红色，而此行代码实际上是不可执行的。原因是：没有生成任何 HelloWorld 类的实例，因此缺省构造函数没有被调用，而 EclEmma 将这个特殊代码的覆盖状态标记在类声明位置。

它不仅能测试 Java Application，还能进行 JUnit 单元测试。

3.4.4.2　EclEmma 设置

如果在工具栏上看不到 EclEmma 的按钮，可以通过菜单设置来显示 Coverage 工具按钮，如图 3-17 所示。

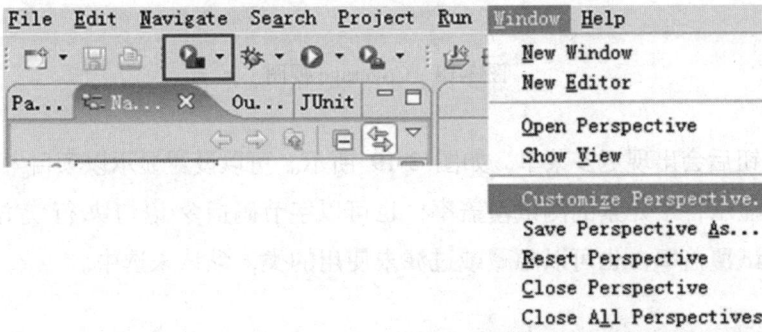

(a) 菜单

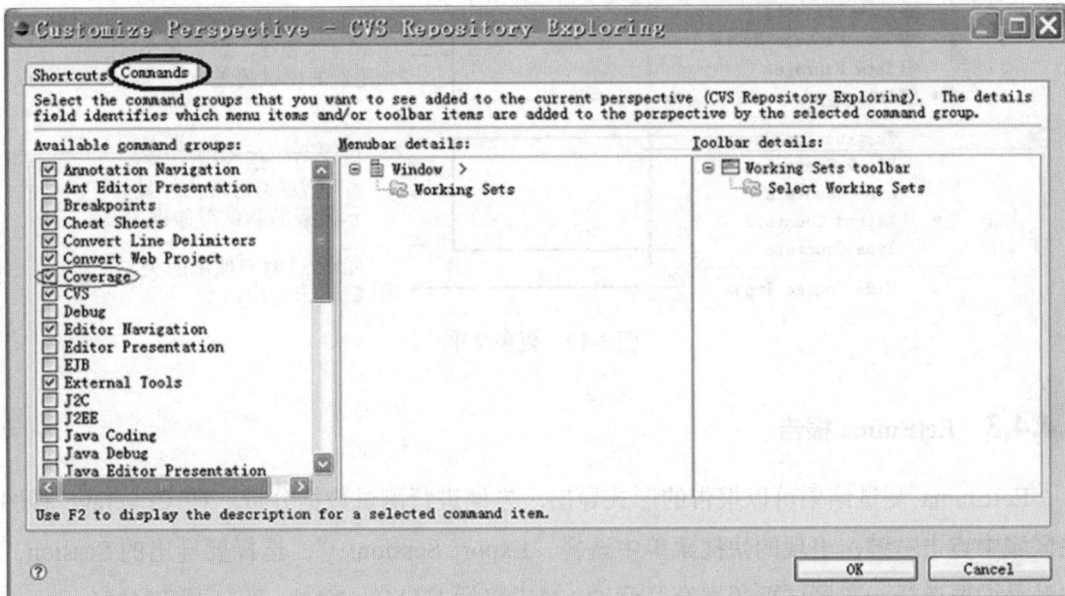

(b) Commands 选项卡

图 3-17　Coverage 工具按钮

Coverage 视图如图 3-18 所示，图中可以看到总体覆盖率情况、覆盖的代码行等。

图 3-18　Coverage 视图

点击 ▽ 按钮后会出现更多菜单，如图 3-19 所示。可以设置显示以项目/根部包/当前包/类为根节点，显示各个元素的测试覆盖率；也可以字节码指令/语句块/行/方法/类为单位，显示元素的测试覆盖率；也可以隐藏或过滤未使用的类，默认未选中。

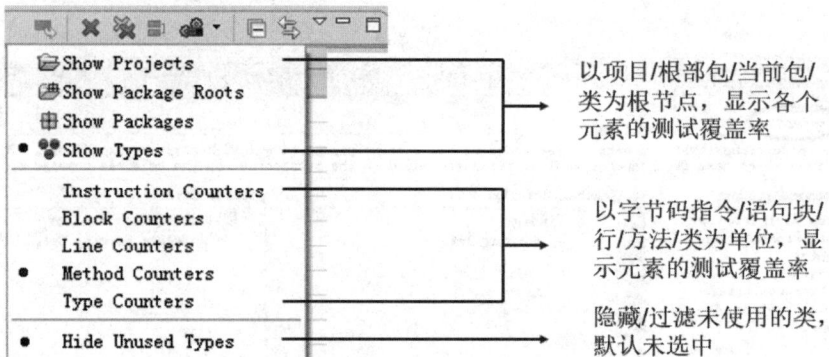

图 3-19　更多菜单

3.4.4.3　EclEmma 报告

EclEmma 测试结果可以报告的形式导出，方便进行测试数据分析。在 Coverage 视图主区域中点击右键，出现的快捷菜单中选择 "Export Session…"。选择要导出的 Session，也就是说要选择一次测试覆盖率交互活动，报告包括 HTML、XML、Text 和 EMMA session 等格式，选择报告存放位置即可导出，如图 3-20 所示。

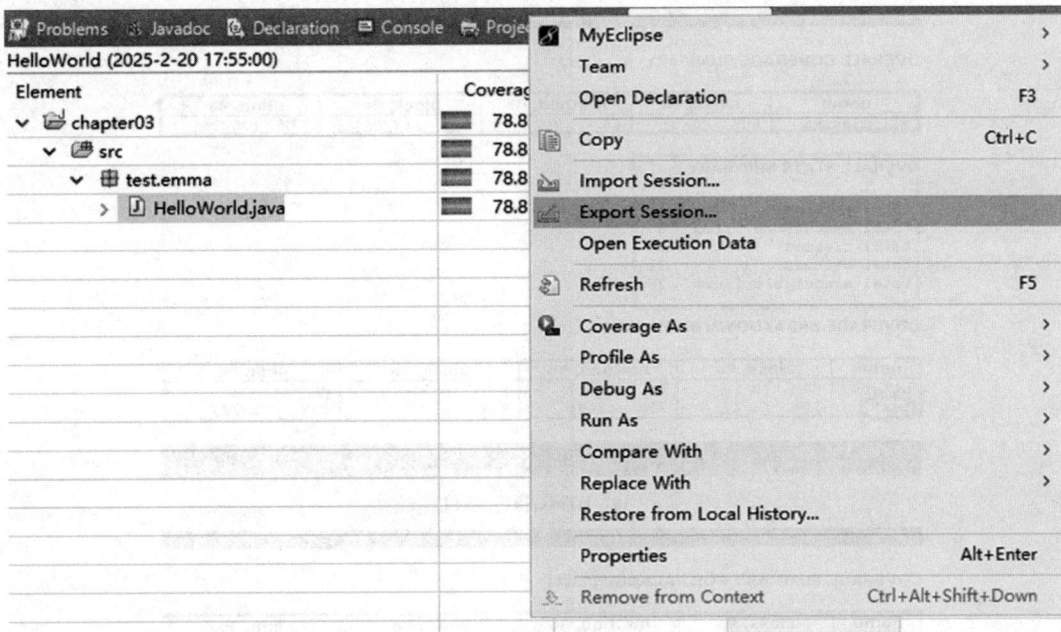

(a) 导出报告菜单

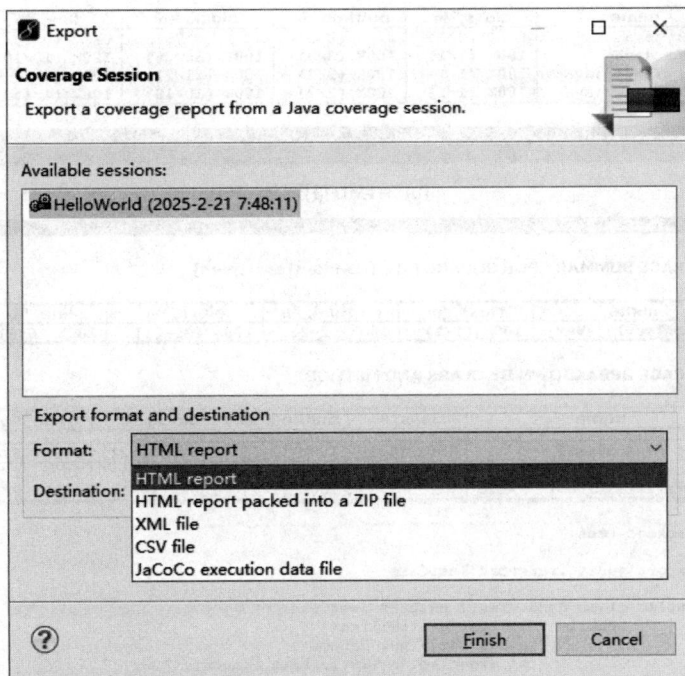

(b) 导出报告界面

图 3-20　导出报告

下面以 HTML 报告为例进行说明，如图 3-21 所示。报告中可以看到覆盖率的情况，点击相应的数字，可以打开详细情况，为测试数据收集与分析提供支撑。

OVERALL COVERAGE SUMMARY

name	class, %	method, %	block, %	line, %
all classes	60% (3/5)	64% (7/11)	83% (67/81)	77% (20/26)

OVERALL STATS SUMMARY

total packages:	2
total executable files:	5
total classes:	5
total methods:	11
total executable lines:	26

COVERAGE BREAKDOWN BY PACKAGE

name	class, %	method, %	block, %	line, %
other	0% (0/1)	0% (0/2)	0% (0/7)	0% (0/3)
test	75% (3/4)	78% (7/9)	91% (67/74)	87% (20/23)

[all classes]
EMMA 2.0.5312 EclEmma Fix 1 (C) Vladimir Roubtsov

(a) HTML 报告-项目

[all classes]

COVERAGE SUMMARY FOR PACKAGE [test]

name	class, %	method, %	block, %	line, %
test	75% (3/4)	78% (7/9)	91% (67/74)	87% (20/23)

COVERAGE BREAKDOWN BY SOURCE FILE

name	class, %	method, %	block, %	line, %
Other.java	0% (0/1)	0% (0/2)	0% (0/7)	0% (0/3)
Random.java	100% (1/1)	100% (3/3)	100% (36/36)	100% (10/10)
RandomTest1.java	100% (1/1)	100% (2/2)	100% (21/21)	100% (6/6)
RandomTest2.java	100% (1/1)	100% (2/2)	100% (10/10)	100% (4/4)

[all classes]
EMMA 2.0.5312 EclEmma Fix 1 (C) Vladimir Roubtsov

(b) HTML 报告-包

[all classes][test]

COVERAGE SUMMARY FOR SOURCE FILE [RandomTest1.java]

name	class, %	method, %	block, %	line, %
RandomTest1.java	100% (1/1)	100% (2/2)	100% (21/21)	100% (6/6)

COVERAGE BREAKDOWN BY CLASS AND METHOD

name	class, %	method, %	block, %	line, %
class RandomTest1	100% (1/1)	100% (2/2)	100% (21/21)	100% (6/6)
RandomTest1 (): void		100% (1/1)	100% (3/3)	100% (1/1)
testParitialLine (): void		100% (1/1)	100% (18/18)	100% (5/5)

```
1  package test;
2
3  import junit.framework.TestCase;
4
5  public class RandomTest1 extends TestCase{
6      public void testParitialLine() {
7          Random ran = new Random();
8          int expected = ((int) (Math.random()*100))%2;
9          int actural = ran.paritialLine();
10         TestCase.assertEquals(actural, expected);
11     }
12 }
13
14
15
```

[all classes][test]
EMMA 2.0.5312 EclEmma Fix 1 (C) Vladimir Roubtsov

(c) HTML 报告-类/方法

图 3-21 报告格式

Session 也可以导入，即将该 Session 的测试覆盖率数据从外部导入，如图 3-22 所示。

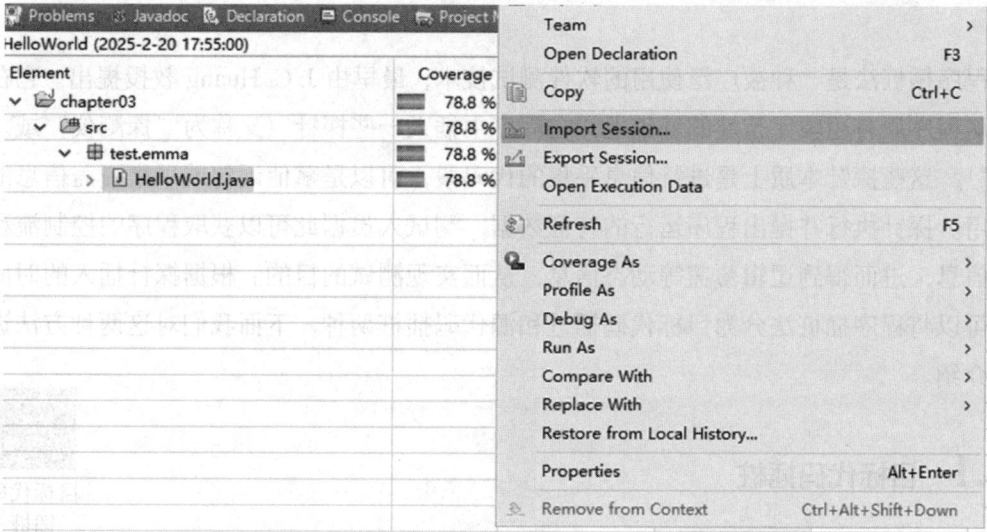

(a) 导入菜单

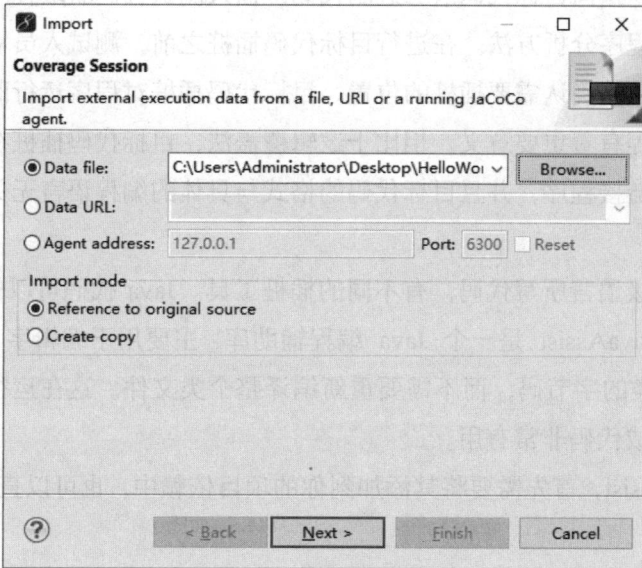

(b) 导入对话框

图 3-22 导入 Session

由于需要在 JVM 中插入统计代码，EclEmma 可能会对程序的性能产生一定影响。因此，在进行性能测试时，建议关闭 EclEmma 或使用其他性能分析工具。虽然高覆盖率并不一定意味着高质量的代码，但过低的覆盖率往往意味着存在未被测试的代码路径。因此，建议根据项目的实际情况设定合理的覆盖率阈值，并确保测试覆盖率达到该阈值以上。

EclEmma 覆盖工具是一款功能强大、易于使用的 Java 代码测试覆盖率分析工具。它能够帮助开发者全面了解代码的测试情况，提高代码质量和稳定性。

3.5 程序插桩法

程序插桩法是一种被广泛使用的软件测试技术，最早由 J. C. Huang 教授提出。它在保证被测程序原有逻辑完整性的基础上，在程序中插入一些探针（又称为"探测仪"或"桩代码"），这些探针本质上是进行信息采集的代码段，可以是赋值语句或采集覆盖信息的方法调用。探针执行并抛出程序运行的特征数据，测试人员据此可以获取程序的控制流和数据流信息，进而得到逻辑覆盖等动态信息，从而实现测试的目的。根据探针插入的时间，我们可以将程序插桩法分为目标代码插桩和源代码插桩两种，下面我们对这两种方法进行详细介绍。

3.5.1 目标代码插桩

目标代码插桩是指向目标代码（二进制代码）插入测试代码获取程序运行信息的测试方法，也称为动态程序分析方法。在进行目标代码插桩之前，测试人员需要对目标代码逻辑结构进行分析，从而确认需要插桩的位置。目标代码插桩对程序运行时的内存监控、指令跟踪、错误检测等有着重要意义。相比于逻辑覆盖法，目标代码插桩在测试过程中不需要代码重新编译或链接程序，并且目标代码的格式与具体的编程语言无关，主要和操作系统相关。

对于不同的高级语言所写代码，有不同的插桩工具。Java 代码可以使用 JavaAssist 进行目标代码插桩。JavaAssist 是一个 Java 编程辅助库，主要用于编辑字节码。它可以动态生成或修改 Java 类的字节码，而不需要重新编译整个类文件。这在运行时动态改变类的行为或在编译时生成代码非常有用。

要使用 JavaAssist，首先需要将其添加到你的项目依赖中，也可以直接将相关的 jar 包加入到项目中。

ClassPool 类，是 CtClass 对象的容器。JavaAssist 使用 javassist.ClassPool 类跟踪和控制所操作的类，ClassPool 使所装载的类可以通过 Javassist API 作为数据使用。可以使用默认的 ClassPool。

获取方式：ClassPool.default()。

CtClass 类，装载到 ClassPool 的类由 javassist.CtClass 实例表示。与标准的 Java java.lang.Class 类一样，CtClass 提供了检查类数据的方法，它还定义了在类中添加新字段、方法和构造函数以及改变类、父类和接口的方法。

获取方法语句为：get（"默认是从 JVM 加载 class 路径加载"）。

CtMethod 类，字段、方法和构造函数分别由 javassist.CtField、javassist.CtMethod 和 javassist.CtConstructor 的实例表示。这些类定义了修改由它们所表示的对象的所有的方法，包括方法或者构造函数中实际字节码内容。

获取方法语句为：类.getDeclaredMethod（"方法名"）。

有两个常用的方法，分别为：

①insertBefore（String src）：在方法的起始位置插入代码；

②insertAfter（String src）：在方法的所有 return 语句前插入代码以确保语句能够被执行，除非遇到 exception。

JavaAssist 目标代码插桩的步骤如图 3-23 所示。

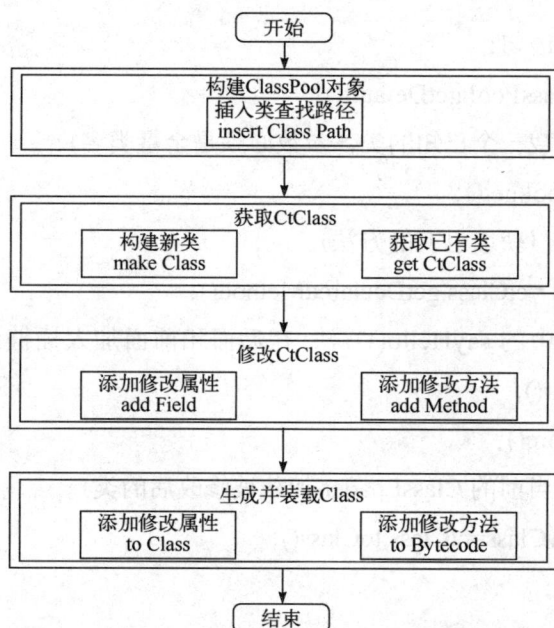

图 3-23　JavaAssist 目标代码插桩步骤

案例：对 Student 类进行目标插桩

下面是一个简单的示例，展示如何对一个学生（Student）类进行插桩，在 sayHello() 方法执行前后进行相应的操作。

①定义一个简单的学生类。

```
1    public class Student {
2        private int age;
3        private String name;
4        public int getAge() {
5            return age;
6        }
```

```
7        public void setAge(int age) {
8            this.age = age;
9        }
10       public String getName() {
11           return name;
12       }
13       public void setName(String name) {
14           this.name = name;
15       }
16       public void sayHello(){
17           System.out.println("Hello World!");
18       }
19   }
```

②接着，加类库池语句：

ClassPool pool = ClassPool.getDefault();

③获取类文件（加载一个已知的类，参数必须是全量类名）：

CtClass ctClass = pool.get();

④获取相应的方法（获取已有的方法）：

CtMethod ctMethod =ctClass.getDeclaredMethod();

⑤调用 Student 类中的 sayHello()方法，在后面和前面加入插桩语句，影响被测方法。

ctMethod.insertAfter();

ctMethod.insertBefore();

⑥生成对象（使用当前的 ClassLoader 加载被修改后的类）。

Class<Student> newClass=ctClass.toClass();

插桩代码如下所示：

```
1    public class StudentStub {
2        public static void main(String[] args) throws Exception {
3            ClassPool pool=ClassPool.getDefault();
4            CtClass ctclass=pool.get("entity.Student");
5            CtMethod ctMethod=ctclass.getDeclaredMethod("sayHello");
6            ctMethod.insertBefore("System.out.println(\"***插桩开始,姓名:\"+
7    this.name +\",年龄:\"+ this.age);");
8            ctMethod.insertAfter("System.out.println(\"***插桩结束,可以回收资
9    源***\");");
10           Class newClass=ctclass.toClass();
11           Student stu=(Student)newClass.newInstance();
12           stu.setAge(26);
13           stu.setName("诸葛亮");
14           stu.sayHello();
15       }
```

此代码不修改被测试代码，通过 JavaAssist 直接进行调用。

3.5.2 源代码插桩

源代码插桩

源代码插桩是在对源文件进行完整的词法分析和语法分析的基础上进行的，这就保证对源文件的插桩能够达到很高的准确度和针对性。但是源代码插桩需要接触到源代码，工作量较大，而且随着编码语言和版本的不同需要做一定的修改。

3.5.2.1 源代码插桩的目的及优势

源代码插桩的目的是增强对程序内部工作状态的理解和控制，帮助开发者定位难以复现的错误、理解复杂系统的行为、分析性能瓶颈等。源代码插桩的优势是具有针对性和精确性，能够直接针对特定代码段进行插桩。同时，具有灵活性，可以根据需要来插入不同类型的探针代码，实现日志记录、性能测量和异常检测等多种功能。

3.5.2.2 源代码插桩的实现步骤

（1）分析源代码：对源文件进行完整的词法、语法分析，确定插桩的位置。

（2）设计探针行为：根据需要收集的信息或监控的行为，设计探针的具体行为，如记录日志、发送通知和统计指标等。

（3）植入探针代码：在源代码的指定位置植入探针代码。这通常可以通过手动编写代码或使用脚本自动完成。

（4）编译与运行：编译插入探针后的源代码，并运行程序以收集所需信息。

3.5.2.3 源代码插桩的应用场景

（1）性能分析：收集程序运行时的性能指标，如代码执行耗时、CPU 使用率和内存消耗等。

（2）调试与诊断：帮助开发者定位错误、理解复杂系统的行为、分析性能瓶颈等。

（3）测试覆盖率：在测试阶段计算代码覆盖率，评估测试的全面性。

（4）安全与合规性：实施细粒度的访问控制、审计追踪和反作弊机制等。

综上所述，源代码插桩法是一种强大的软件开发工具和技术，它通过在源代码中插入特殊逻辑以实现调试、监控、性能分析和安全增强等目标，在软件测试过程中具有广泛的应用价值。

3.5.3　实例: 对学生类插入代码

下面是一个简单的示例, 展示如何对一个学生类进行插桩, 以记录方法的调用次数和执行时间。

使用 3.5.1 定义的 Student 类, 然后, 对这个类进行插桩, 假设插桩代码直接嵌入到原类中:

```java
1   import java.util.HashMap;
2   import java.util.Map;
3   import java.util.concurrent.TimeUnit;
4   public class InstrumentedStudent {
5       private String name;
6       private int age;
7       private static final Map<String,Integer> methodCallCounts = new HashMap<>();
8       private static final Map<String,Long> methodExecutionTimes = new HashMap<>();
9       public InstrumentedStudent(String name,int age) {
10          this.name = name;
11          this.age = age;
12      }
13      public void study() {
14          long startTime = System.nanoTime();
15          System.out.println(name + " is studying.");
16          long endTime = System.nanoTime();
17          recordMethodCall("study",startTime,endTime);
18      }
19      public void sleep() {
20          long startTime = System.nanoTime();
21          System.out.println(name + " is sleeping.");
22          long endTime = System.nanoTime();
23          recordMethodCall("sleep",startTime,endTime);
24      }
25      private void recordMethodCall(String methodName,long startTime,long endTime)
26  {
27          methodCallCounts.put(methodName,
28  methodCallCounts.getOrDefault(methodName,0) + 1);
29          methodExecutionTimes.put(methodName,methodExecutionTimes.
30  getOrDefault(methodName,0L) +(endTime - startTime));
31      }
32      public String getName() {
33          return name;
34      }
35      public int getAge() {
36          return age;
37      }
38      public static void printStatistics() {
```

```
39    for(Map.Entry<String,Integer> entry:methodCallCounts.entrySet()) {
40        String methodName = entry.getKey();
41        int callCount = entry.getValue();
42        long totalTime = methodExecutionTimes.getOrDefault(methodName,0L);
43        System.out.printf("Method %s was called %d times,total execution
44  time:%d ms%n",methodName,callCount,TimeUnit.NANOSECONDS.toMillis(totalTime));
45        }
46    }
47    public static void main(String[] args) {
48        InstrumentedStudent student = new InstrumentedStudent("Alice",20);
49        student.study();
50        student.sleep();
51        student.study();
52        printStatistics();
53    }
54 }
```

在这个示例中，我们进行了以下插桩：

①记录方法调用次数：使用 methodCallCounts 字典来记录每个方法被调用的次数。

②记录方法执行时间：使用 methodExecutionTimes 字典来记录每个方法的总执行时间。

③在方法调用时插入记录代码：在 study 和 sleep 方法的开始和结束位置插入记录时间的代码。

④打印统计信息：添加一个 printStatistics 方法来打印每个方法的调用次数和总执行时间。

运行 main 方法后，我们会看到类似图 3-24 的输出。

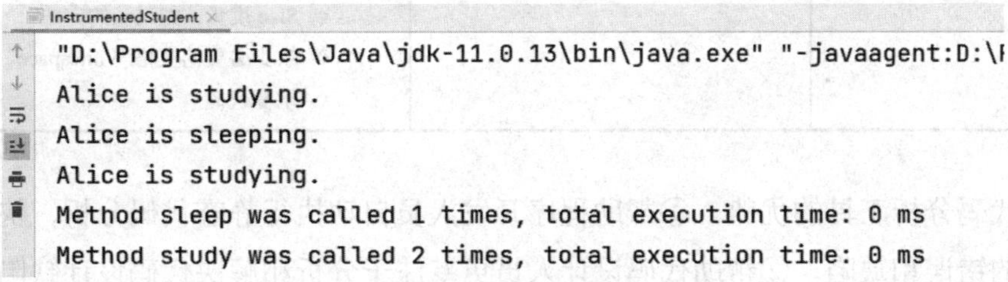

```
InstrumentedStudent ×
"D:\Program Files\Java\jdk-11.0.13\bin\java.exe" "-javaagent:D:\
Alice is studying.
Alice is sleeping.
Alice is studying.
Method sleep was called 1 times, total execution time: 0 ms
Method study was called 2 times, total execution time: 0 ms
```

图 3-24　运行结果

这个输出显示了每个方法的调用次数和执行时间，从而实现了对学生类方法的插桩分析。

3.6　静态测试工具

静态代码分析是指无须运行被测代码，仅通过分析或检查源程序的语法、结构、过程、接口等来检查程序的正确性，找出代码隐藏的错误和缺陷，如参数不匹配、有歧义的嵌套语句、错误的递归、非法计算、可能出现的空指针引用等。

在软件开发过程中，静态代码分析往往先于动态测试之前进行，同时也可以作为制定动态测试用例的参考。统计证明，在整个软件开发生命周期中，30%～70%的代码逻辑设计和编码缺陷是可以通过静态代码分析来发现和修复的。

但是，由于静态代码分析往往要求大量的时间消耗和相关知识的积累，因此对于软件开发团队来说，使用静态代码分析工具自动化执行代码检查和分析，能够极大地提高软件可靠性并节省软件开发和测试成本。静态代码分析工具对比见表 3-9。

表 3-9　静态代码分析工具对比

工具	目的	主要检查内容
FindBugs	基于 bug patterns 概念，查找 java bytecode 中的潜在 bug。在目前版本中，它不检查 Java 源文件	主要检查 bytecode 中的 bug pattems，像 NullPoint 空指针检查、没有合理关闭资源、字符串相同判断错(用的是==,用不是 equals 方法)等
PMD	检查 Java 源文件中的潜在问题	主要包括： ◇ 空 try/catch/finally/switch 语句块 ◇ 未使用的局部变量、参数和 private 方法 ◇ 空 if/while 语句 ◇ 过于复杂的表达式，如不必要的 if 语句等 ◇ 复杂类
CheckStyle	检查 Java 源文件是否与代码规范相符	主要包括： ◇ Javadoc 注释 ◇ 命名规范 ◇ 多余没用的 Imports ◇ Size 度量，如过长的方法 ◇ 缺少必要的空格 Whitespace ◇ 重复代码

静态代码分析工具的优势：①帮助程序开发人员自动执行静态代码分析，快速定位代码中隐藏的错误和缺陷。②帮助代码设计人员更专注于分析和解决代码设计缺陷。③显著减少在代码逐行检查上花费的时间，提高软件可靠性并节省软件开发和测试成本。

3.6.1　FindBugs

FindBugs 是由马里兰大学提供的一款开源 Java 静态代码分析工具，它检查类或者 JAR 文件，将字节码与一组缺陷模式进行对比以发现可能的问题（先对编译后的 class 进行扫描，然后进行对比），寻找出真正的缺陷和潜在的性能问题。在开发阶段和维护阶段都可使用。专门用于 Java 程序的静态分析工具，能够检查代码中的空指针引用、资源未关闭、不一致的同步、使用了错误的 API 等问题。

FindBugs 用来进行代码走查的自动化，能够提示垃圾代码或者提供代码优化的建议。

3.6.1.1　使用 FindBugs

①在 Eclipse 中的 Package Explorer 或者 Navigater 里面，右键点击项目，在弹出的右键菜单中即可选中 FindBugs 运行。

②运行完成后代码中会有相应 Bug 级别的虫子样式标识(红色图标表示 Bug 较为严重，黄色的图标表示 Bug 为警告程度)，鼠标移动到相应的虫子上，可查看详细描述和建议方案。

要查看 FindBugs 检查出了哪些 Bug，可以选择 Windows 菜单->Show View->Bug Explorer，打开 Bug Explorer 面板。

如果想要查看某个 Bug 详细的信息，则可以选择 Windows 菜单->Open Perspective，然后选择 FindBugs 就可以打开 FindBugs 的 Properties 面板，在这个面板里面可以看到最详尽的 Bugs 信息。

3.6.1.2　FindBugs 常见错误

（1）Dead store to local variable（变量是多余的）

例如：String abc = "abc";

　　　String xyz = new String();

　　　xyz = abc;

编译肯定通过，运行也不会出问题。

来分析一下这个语句。"String xyz = new String();" 这一句执行 3 个动作：

①创建一个引用 xyz；

②创建一个 String 对象；

③把 String 的引用赋值给 xyz。

其中，后面两个动作是多余的，因为后面的程序中没有使用这个新建的 String 对象，而是重新给 xyz 赋值。

xyz = abc;

所以，只需要 String xyz = abc;　就可以完成整个操作了，可以把上面的语句修改为：

String abc = "abc";

xyz = abc;

这样，FindBugs 就不会报错了。

FindBugs 的提示：Dead store to local variable。

意思是：本地变量存储了闲置不用的对象，也就是说这个变量是多余的。

（2）Method invokes inefficient new String() constructor[方法中调用了低效的 new String() 构造方法]

例如，"String abc = new String（"abc"）；"这个语句会去调用 String 的构造方法 String（String）在值栈创建一个对象，并把这个对象的引用赋给 abc。

如果直接采用"String abc = "abc";"的方式就不用在堆栈中新创建一个对象了，而是直接在值栈中创建一个"abc"对象，把"abc"赋给变量 abc。

所以，在没有特殊需要的时候就不要去创建新的对象，尽量在值栈中寻找需要的内容。比如，在一个方法返回值为"abc"时，不要采用"return new String（"abc"）；"的方法，而改变为使用"return "abc";"的方法，提高执行效率。

（3）XXX mail fail to close stream[（输入）流可能没有关闭]：在进行文件流的操作时，没有对输入输出流进行关闭，或者关闭过程可能出错，就会报这个 Bug。最好是在 finally 中将所有的输入输出流关闭。

（4）Possible null pointer dereference in method on exception（在有异常的情况下，可能调用的引用是一个空指针）：这个很容易理解，比如在 try 块中对一个空引用的变量进行赋值，而在 try 块之后才引用这个变量，就可能会出现空指针异常。

3.6.2 PMD

PMD 是一种开源分析 Java 代码错误的工具。与其他分析工具不同的是，PMD 通过静态分析获知代码错误。也就是说，PMD 在不运行 Java 程序的情况下报告错误。PMD 附带了许多可以直接使用的规则，利用这些规则可以找出 Java 源程序的许多问题。此外，用户还可以自己定义规则，检查 Java 代码是否符合某些特定的编码规范。

PMD 是一款 Java 程序代码检查工具。该工具可以用于检查 Java 代码中是否含有未使用的变量、是否含有空的抓取块、是否含有不必要的对象等。该软件功能强大，扫描效率高，是 Java 程序员 Debug 的好帮手。

支持多种编程语言的静态代码分析工具，包括 Java、C/C++、JavaScript 等。它提供了大量的规则来检查代码中的潜在问题，如未使用的变量、重复的代码、未处理的异常等。

3.6.2.1 安装

下载之后，把解压后的 plugins 和 features 文件中的压缩文件分别复制到 $ECLIPSE_HOME/plugins/目录和$ECLIPSE_HOME/features 下，重启 My Eclipse。

使用方法：在 Myeclipse 中的 Package Explorer 或者 Navigater 里面，右键点击项目，在弹出的右键菜单中即可选中 PMD—>Check Code with PMD 运行。

使用流程：①首先将要使用的窗体导入到 MyEclipse 页面。集体操作 Window—>show

view—>other—>PMD—>Violations OutLine，Violations Overview。②PMD 检查方式。对一个项目进行检查，对项目的下级文件进行检查，对展开的类进行检查。③集体检查方法。右键点击将要检查的文件，选择 PMD 选项，选择 Check Code With PMD 选项进行代码检查。错误信息显示在 Violations Overview 框体中，如图 3-25 所示。

Element	# Violations	# Violations/LOC	# Violations/Met...	Project
component.com.sinosoft.FXQ.action	1350	446.7 / 1000	32.14	Example
DealCharacterAction.java	51	784.6 / 1000	51.00	Example
DownloadAction.java	23	134.5 / 1000	7.67	Example
LargeDataCATIQueryAction.java	30	697.7 / 1000	30.00	Example
LargeDataHandleAction.java	25	480.8 / 1000	25.00	Example
LargeDataHandleAction2.java	95	395.8 / 1000	95.00	Example
LargeDataHandleAction3.java	91	443.9 / 1000	91.00	Example
LargeDataHandleAction4.java	91	397.4 / 1000	91.00	Example
LargeDataHTCRQueryAction.java	30	714.3 / 1000	30.00	Example
LargeDataInputAction.java	54	312.1 / 1000	27.00	Example
LargeDataInputAction2.java	22	3142.9 / 1000	22.00	Example
LargeDataQuery2Action.java	59	440.3 / 1000	11.80	Example

图 3-25 PMD 提示信息

图 3-25 中，Element 为检查的文件，#Violation/LOC(Line of Code)为警告个数/源代码行数×1000，#Violations/Method 为警告个数除以方法个数（类中每个方法中的平均错误），Project 为所在项目。

右键点击框体 Violations Overview 的任意位置显示 3 个选项按钮对应的功能分别为：

Filter Resource：是否展示下列工程。

Filter Priorities： 想要展示的警告等级（5 个等级，红色为最严重的警告）。

Presentation Type：展示的结构。

④Violations Outline 视图中，右键点击框体中显示的警告信息时，有以下四个功能选项：

Show Details： 显示错误的详细信息，如图 3-26 所示。

Mark as Reviews：标记警告信息。

Remove Violation(s)：清除错误信息。

Clear Violations Reviews：清除之前标记。

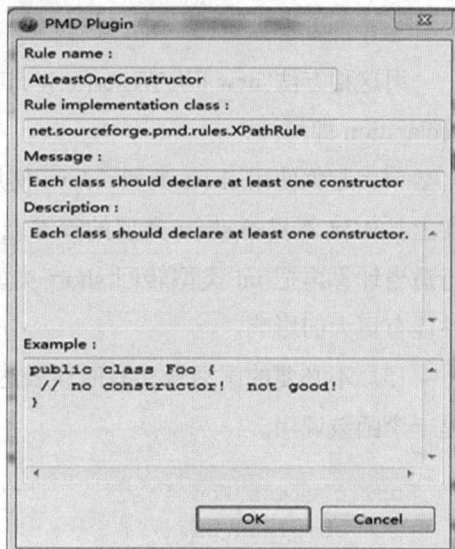

图 3-26 错误的详细信息

3.6.2.2 常见问题

（1）空 if 语句

```
if(true) {
```

```
        }
```

（2）空 Catch 语句

```
catch(Exception e) {
        }
```

（3）日志记录

如果发现代码当中使用了 System.（out|err）.print，应考虑使用日志记录代替。避免使用 printStackTrace（），使用日志记录器代替。

解决方法一：

```
import java.util.logging.Logger;
class Foo{
    private static final Logger LOG = Logger.getGlobal();
    public void testA() {
        System.out.println("Entering test");
        LOG.info("Entering test");
    }
}
```

解决方法二：

```
nFileWriter myFw=new FileWriter(new File("/pmd/test.txt"));
myFw.append("Hello World!\n");
```

用这种方法"new FileWriter(new File("/pmd/test.txt")); "出现错误时,直接添加 add throws declaration 即可。

（4）避免使用 short 类型：Java 使用 short 类型来减少内存开销，而不是优化计算。事实上，JVM 不具备 short 类型的算术能力：JVM 必须将 short 类型转化为 int 类型，然后进行适当计算再把 int 类型转回 short 类型。因此，和内存开销比起来，使用 short 类型会对性能有更大的影响。

（5）不必要的圆括号：有时候表达式被包在一个不必要的圆括号中，使它们看起来像是一个函数调用。

```
public class Foo {
    boolean bar() {
        return(true);
    }
}
```

（6）在操作中赋值：避免在操作中赋值，这会使代码复杂并且难以阅读。

```
public class Foo {
```

```
    public void bar() {
     int x = 2;
     if((x = getX()) == 3) {
      System.out.println("3!");
     }
    }
    private int getX() {
     return 3;
    }
   }
```

3.6.2.3 在控制台中对触发规则的代码数目进行统计

点击控制台右上角五个按钮可以控制显示出错信息的级别，如图 3-27 所示。实际开发中，我们选择第二个 Erroy 级别。

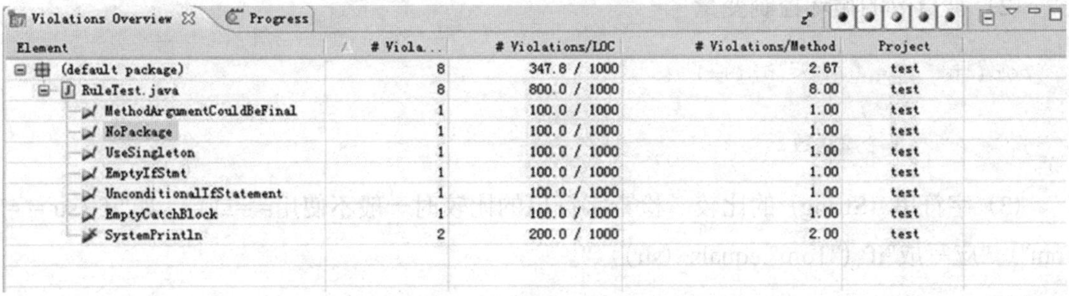

Element	# Viola...	# Violations/LOC	# Violations/Method	Project
(default package)	8	347.8 / 1000	2.67	test
RuleTest.java	8	800.0 / 1000	8.00	test
MethodArgumentCouldBeFinal	1	100.0 / 1000	1.00	test
NoPackage	1	100.0 / 1000	1.00	test
UseSingleton	1	100.0 / 1000	1.00	test
EmptyIfStmt	1	100.0 / 1000	1.00	test
UnconditionalIfStatement	1	100.0 / 1000	1.00	test
EmptyCatchBlock	1	100.0 / 1000	1.00	test
SystemPrintln	2	200.0 / 1000	2.00	test

图 3-27　错误级别信息

3.6.2.4 生成报告

鼠标右键点击工程，选择 PMD->Generate reports，在当前工程的根目录下生成一个 reports 目录，该目录下存放了代码检查的结果报告。PMD 给我们提供了 CSV、HTML、TXT、VB.HTML、XML 五种格式供我们选择。根据报告，可以定位错误所处的包、所处的类以及错误的级别、触发的规则集及规则，便于我们统计。

PMD 十分严格，不少公司在真正使用时都会对规则进行过滤，以减少报错数量。

3.6.3 CheckStyle

CheckStyle 是 SourceForge 下的一个项目，提供了一个帮助 Java 开发人员遵守某些编码规范的工具。它能够自动进行代码规范检查，从而使得开发人员从这项重要但是枯燥的任务中解脱出来。

CheckStyle 是用于检查和强制执行编码规范的静态代码分析工具，主要关注 Java 代码。它检查命名规范、代码布局、注释格式等问题，以确保代码的一致性和可读性。

3.6.3.1 CheckStyle 检验的主要内容

CheckStyle 检验的主要内容：Javadoc 注释、命名约定、标题、Import 语句、体积大小、空白、修饰符、块、代码问题、类设计、混合检查（包括一些有用的比如非必需的 System.out 和 printstackTrace）。

从上面可以看出，CheckStyle 提供的大部分功能都是对于代码规范的检查，对于团队开发尤其是强调代码规范的公司来说，它的功能已经足够强大。

3.6.3.2 常见错误

（1）类名大写，方法名小写

```
int i = 1 > 2?1:2;
String s = String.valueOf(i = 2);
```

（2）被更改的循环控制变量

```
for(int i = 0;i < 5;i++) {
        i++;
}    // 5 是个魔法数
```

（3）字符串（String）的比较 检查字符串的比较时一般不使用==或!=。如"if（str＝＝"Tom"）"应写成"if（"Tom".equals（str））"。

3.6.4 其他静态测试工具

（1）SonarQube：一个开源的静态代码分析平台，支持多种编程语言。它提供了全面的代码质量评估功能，包括代码复杂度、重复代码、单元测试覆盖率等指标，并生成可视化的仪表盘和报告。

（2）Cppcheck：专用于 C 和 C++的开源静态分析工具，操作简单且假正率低，适合初学者和经验丰富的开发者使用。

（3）Klocwork：在静态代码分析领域具有领先地位，特别是针对大型代码库。它提供了大量的检查器和定制检查方案，以及差异分析等功能，帮助节省分析时间。

（4）PVSStudio：专长是深度检测，能够挖掘一般注意不到的隐藏 Bug，如打字错误、复制粘贴错误。同时，它提供了丰富的文档内容，并与流行的 CI 工具集成。

这些工具通过解析源代码、建立语法树或抽象语法树，并根据预定义的规则、模式或代码范式进行检查和分析，一旦发现潜在问题，工具通常会给出相应的警告、错误或建议，帮助开发人员提高代码质量。

本章小结

　　本章深入探讨了白盒测试，作为基于程序内部结构和逻辑路径的测试方法，白盒测试对软件质量保障至关重要。我们介绍了白盒测试的基本概念、测试方法以及测试工具。白盒测试是软件测试中不可或缺的一部分，它通过深入了解程序的内部结构来确保软件的质量和稳定性。在未来的软件测试实践中，我们应继续探索和完善白盒测试方法和技术，为软件质量保障提供更加有力的支持。

本章习题

一、填空题

　　1. 白盒测试又称为_____测试，它主要针对软件的_____进行测试。

　　2. 在白盒测试中，_____覆盖要求每个语句至少被执行一次。

　　3. 判定覆盖不仅要求每个语句被执行，还要求每个_____至少取得一次"真"和一次"假"。

　　4. 路径覆盖是白盒测试中的一种高级覆盖标准，它要求程序中所有可能的_____都被执行。

　　5. 进行白盒测试时，常用的工具有_____、_____等（请列举两个）。

二、判断题

　　1. 在白盒测试中，达到100%的语句覆盖就意味着程序没有错误。（　　）

　　2. 目标代码插桩需要重新编译、链接程序。（　　）

　　3. 语句覆盖可以测试程序中的逻辑错误。（　　）

　　4. 判定-条件覆盖没有考虑判定语句与条件判断的组合情况。（　　）

　　5. 对于源代码插桩，探针具有较好的通用性。（　　）

三、单项选择题

　　1. 下列选项中，哪一项不属于逻辑覆盖（　　）。

　　A. 语句覆盖

　　B. 条件覆盖

　　C. 判定覆盖

　　D. 判定-语句覆盖

　　2. 关于插桩法，下列说法中错误的是（　　）。

　　A. 插桩法就是往被测试程序中插入测试代码以达到测试目的的方法。

　　B. 插桩法可分为目标代码插桩和源代码插桩两种。

　　C. 源代码插桩的程序需要经过编译、链接过程，但桩代码不参与编译、链接过程。

D. 目标代码插桩是往二进制程序中插桩代码。

3. 关于逻辑覆盖，下列说法中错误的是（　　）。

A. 语句覆盖的语句不包括空行、注释、空行等。

B. 相比于语句覆盖，判定覆盖考虑到了每个判定语句的取值情况。

C. 条件覆盖考虑到了每个逻辑条件的取值的所有组合情况。

D. 在逻辑覆盖中，条件组合覆盖是覆盖率最大的测试方法。

4. 白盒测试的主要目的是（　　）。

A. 验证软件功能是否符合用户需求。

B. 检查软件内部逻辑结构是否正确。

C. 评估软件的性能表现。

D. 测试软件的易用性。

5. 下列哪种测试技术属于白盒测试？（　　）

A. 等价类划分

B. 边界值分析

C. 语句覆盖

D. 因果图法

四、简答题

1. 什么是语句覆盖、判定覆盖、条件覆盖和路径覆盖？并简要说明它们之间的关系。

2. 在进行白盒测试时，如何选择合适的测试用例以达到较高的测试覆盖率？

3. 请列举几个白盒测试常用的工具，并简要说明它们的主要功能。

第4章
黑盒测试

4.1 黑盒测试基础

4.1.1 黑盒测试的应用场景

黑盒测试就是把软件当作一个有输入输出的黑匣子，它把程序当作一个输入域到输出域的映射，只要输入数据后能输出预期的结果即可，不关心程序内部是怎样实现的。

黑盒测试注重于测试软件的功能需求，主要试图发现以下几类错误：功能不正确或遗漏、界面错误、数据库访问错误、性能错误、初始化和终止错误等。

4.1.2 测试需求分析与规格说明书

黑盒测试是在需求分析与规格说明书阶段就开始的。因此，在这个过程中，测试人员必须参考需求分析与规格说明书。

（1）测试需求分析：测试需求分析建立在需求分析之上，首先要理解项目的需求文档，包括业务需求、用户需求、非功能需求等，这是黑盒测试的基础。因为黑盒测试关注的是系统应该做什么，而不是如何做。

（2）规格说明书：这是详细描述系统功能、界面、输入输出及系统行为的文档。测试人员会从中获取测试目标、数据流图、状态转换图等信息，用于设计测试用例。

4.2 等价类划分法

等价类划
分方法

等价类划分法是一种常用的黑盒测试方法，主张从大量数据中选择一部分用于测试，尽可能使用最少的测试用例覆盖更多的数据。

4.2.1　等价类划分法的概念

一个程序可以有多个输入，等价类划分就是将这些输入数据按照输入需求进行分类，将它们划分为若干个子集，这些子集即为等价类，在每个等价类中选择有代表性的数据设计测试用例。这种方法类似于学生站队，男生站左边，女生站右边，老师站中间，这样就把师生群体划分成了 3 个等价类。

使用等价类划分法测试程序需要经过划分等价类和设计测试用例 2 个步骤。

4.2.1.1　划分等价类

等价类可划分为有效等价类和无效等价类两种，其含义如下所示。

（1）有效等价类：有效值的集合，它们是符合程序要求、合理且有意义的输入数据。

（2）无效等价类：无效值的集合，它们是不符合程序要求、不合理或无意义的输入数据。

一般在划分等价类时需要遵循以下原则：

①若程序要求输入的值是一个有限区间的值，则可以将输入数据划分为 1 个有效等价类和 2 个无效等价类。有效等价类为指定的取值区间，两个无效等价类为有限区间两边的值。例如：某程序要求输入值 a 的范围为[1，10]，则有效等价类为 $1 \leqslant a \leqslant 10$，无效等价类为 $a < 1$ 和 $a > 10$。

②若程序要求输入的值是一个"必须成立"的情况，则可以将输入数据划分为 1 个有效等价类和 1 个无效等价类。例如，某程序要求密码正确，则正确的密码为有效等价类，错误的密码为无效等价类。

③若程序要求输入的数据是一组可能的值，或者要求输入值必须符合某个条件，则可以将输入数据划分为 1 个有效等价类和 1 个无效等价类。例如：要求输入的数据必须是在区间[1，1000]内的整数值，则处在区间[1，1000]内的整数值是有效等价类，其他整数值为无效等价类。

④若在某一个等价类中，每个输入数据在程序中的处理方式都不相同，则应该将该等价类划分成更小的等价类，并建立等价表。

同一个等价类中的数据发现程序缺陷的能力是相同的。如果使用等价类中的一个数据不能发现缺陷，那么使用等价类中的其他数据也不能发现缺陷；同样，如果等价类中的一个数据能够发现缺陷，那么该等价类中的其他数据也能发现同样的缺陷。也就是说等价类中的所有输入数据都是等效的。

正确地划分等价类可以极大地降低测试用例的数量，测试会更加准确有效。划分等价类时不但要考虑有效等价类，还要考虑无效等价类。对于等价类要认真分析、审查，过于粗略地划分可能会漏掉软件缺陷。

4.2.1.2 设计测试用例

确立了等价类之后，需要建立等价类表，列出所有划分出的等价类，用以设计测试用例。基于等价类划分法的测试用例设计步骤如下所示。

①确定测试对象，保证非测试对象的正确性。

②为每个等价类编制唯一的编号。

③设计有效等价类的测试用例，使其尽可能多地覆盖尚未被覆盖的有效等价类，直到测试用例覆盖了所有的有效等价类。

④设计无效等价类的测试用例，使其覆盖所有的无效等价类。

实例：三角形问题的等价类划分

4.2.2 实例：三角形问题的等价类划分

三角形问题是广泛使用的一个经典案例，对该案例进行如下分析：它要求输入 3 个正数 a、b、c 作为三角形的 3 条边，判断该三条边构成的是一般三角形、等边三角形、等腰三角形或者不构成三角形。程序要求输入 3 个数，并且是正数，在输入 3 个正数的基础上判断这 3 个数是否能构成三角形，如果能够构成三角形，再进一步判断它构成的三角形是一般三角形、等边三角形还是等腰三角形。若使用等价类划分法设计三角形程序的测试用例，可以按照以上逻辑将所有输入数据划分为不同的等价类。

（1）判断是否输入了 3 个数：可以将输入情况划分为 1 个有效等价类，具体如下。

①有效等价类：输入 3 个数。

②无效等价类：输入不足 3 个数。

③无效等价类：输入超过 3 个数。

（2）在输入 3 个数的基础上，判断 3 个数是否为正数：可以将输入情况划分为 1 个有效等价类，3 个无效等价类，具体如下。

①有效等价类：3 个数均为正数。

②无效等价类：有 1 个数小于等于 0。

③无效等价类：有 2 个数小于等于 0。

④无效等价类：3 个数都小于等于 0。

（3）在输入 3 个数都是正数的基础上，判断 3 个数是否能构成三角形：可以将输入情况划分为 1 个有效等价类，1 个无效等价类，具体如下。

①有效等价类：任意两个数之和大于第三个数，即 $a+b>c$、$a+c>b$、$b+c>a$。

②无效等价类：任意两个数之和小于等于第三个数。

（4）在 3 个数可以构成三角形的基础上，判断 3 个数是否能构成等腰三角形：可以将输入情况划分为 1 个有效等价类，1 个无效等价类，具体如下。

①有效等价类：其中有两个数相等，即 $a=b$ 或 $a=c$ 或 $b=c$。

②无效等价类：3 个数均不相等。

（5）在构成等腰三角形的基础上，判断 3 个数是否能构成等边三角形：可以将输入情况划分为 1 个有效等价类，1 个无效等价类，具体如下。

①有效等价类：三个数相等，$a=b=c$。

②无效等价类：三个数不相等。

上述分析一共将三角形划分为了 13 个等价类，给这些等价类确定编号，并建立等价类表，如表 4-1 所示。

表 4-1　三角形输入等价类表

要求	有效等价类	编号	无效等价类	编号
输入 3 个数	输入 3 个数	1	输入少于 3 个数	2
			输入多于 3 个数	3
3 个数是否都是正数	3 个数都是正数	4	有 1 个数小于 0	5
			有 2 个数小于 0	6
			3 个数都小于 0	7
3 个数是否能构成三角形	任意 2 个数之和大于第 3 个数	8	任意 2 个数之和小于等于第 3 个数	9
3 个数是否能构成等腰三角形	其中有 2 个数相等	10	3 个数均不相等	11
3 个数是否能构成等边三角形	3 个数相等	12	3 个数不相等	13

建立了等价类表后，可以适当设计测试用例覆盖等价类。尽可能用最少的测试用例覆盖最多的等价类。在设计时，既要考虑测试输入情况的全面性，又要考虑对有效等价类的覆盖情况。根据表 4-1 中的有效等价类设计测试用例，如表 4-2 所示。

表 4-2　有效等价类的测试用例

测试用例	输入 3 个数	覆盖有效等价类的编号
Test1	2, 3, 5	1, 4
Test2	3, 4, 5	1, 4, 8
Test3	5, 5, 7	1, 4, 8, 10
Test4	5, 5, 5	1, 4, 8, 10, 12

表 4-2 设计了 4 组测试用例覆盖了全部的有效等价类。无效等价类测试用例的设计原则与有效等价类的测试用例相同，无效等价类的测试用例如表 4-3 所示。

表 4-3　无效等价类的测试用例

测试用例	输入 3 个数	覆盖有效等价类的编号
Test5	−1, −2, −3	7
Test6	−1, −2, 5	6
Test7	−1, 5, 6	5
Test8	11, 20	2
Test9	1, 2, 5	9
Test10	1, 3, 5, 7	3
Test11	5, 6, 7	11
Test12	6, 6, 9	13

由表 4-3 可知，设计的 8 个测试用例覆盖了全部的无效等价类。用户在测试三角形程序时，使用上述测试用例可最大程度地检测出程序中的缺陷与不足。

4.3　边界值分析法

4.3.1　边界值分析法的概念

边界值分析法是对软件的输入或输出边界进行测试的一种方法，通常作为等价类划分方法的一种补充。程序的一些错误往往发生在边界处理上，例如，某程序输入数据要求取值范围为 1～1000，当取值在 1～1000 内部时没有问题，然而取边界值 1 或者 1000 时会发生错误，这就是在代码编写时边界值问题没有处理好。边界值分析法就是对边界值进行测试的一种方法，即在等价类的边界上执行软件测试工作，它的所有测试用例都是针对等价类的边界进行规划和设计的。

在等价类划分方法中，无论是输入等价类还是输出等价类，都会有多个边界，而边界值分析法就是在这些边界附近寻找某些点作为测试数据。

在等价类中选择边界值时，若输入条件规定了取值范围或值的个数，则在选取边界值时可选取 5 个或 7 个测试值。若选取 5 个测试值，即在两个边界值内选取 5 个测试数据：最小值、略大于最小值、正常值、略小于最大值、最大值。例如，输入条件规定取值范围为 1～1000，则可以取 1、2、500、999、1000 这 5 个值作为测试数据。若选取 7 个测试值，即在取值范围内外再各选取一个测试数据，分别是略小于最小值、最小值、略大于最小值、正常值、略小于最大值、最大值、略大于最大值。对于上述输入条件，可选取 0、1、2、500、999、1000、1001 这 7 个值作为测试数据。这两种取值方案如表 4-4 所示。

表 4-4 1～1000 边界值选取两种方案

选取方案	选取数据						
选取 5 个值	1		2	500		999	1000
选取 7 个值	0	1	2	500	999	1000	1001

若软件要求输入或输出一组有序的集合，如数组、链表等，则可选取第一个和最后一个元素作为测试数据。如果被测试程序中有循环，则可选取第 0 次、第 1 次、最后两次循环作为测试数据。除上述边界值选取之外，软件还有其他边界值的选取情况，在对软件进行测试时，要仔细分析软件规格需求，找出其可能的边界值。

边界值分析法作为一种单独的软件测试方法，只在边界值上考虑测试的有效性，执行更加简单易行，但缺乏充分性，不能整体全面地测试软件，因此它只能作为等价类划分法的补充。

4.3.2 实例：三角形问题的边界值分析

实例：三角形问题的边界值分析法

在 4.2.2 节中，我们分析了等价类划分法中的三角形问题的等价类划分，在等价类划分中，除了要求输入数据为 3 个正数以外，没有其他的限制条件。那么现在若要求三角形的边长取值范围为 1～1000，则可以使用边界值分析法对三角形边界边长进行测试，分别选取 1、2、500、999、1000，那么三角形边界值分析测试用例如表 4-5 所示。

表 4-5　三角形边界值分析测试用例

测试用例	输入 3 个数	被测边界	预期输出
Tese1	500, 500, 1	1	等腰三角形
Test2	500, 500, 2		等腰三角形
Test3	500, 500, 500	无	等边三角形
Test4	500, 500, 999	1000	等腰三角形
Test5	500, 500, 1000		不构成三角形

在表 4-5 中，Test1 中的边长 1 是最小临界值，Test2 中边长 2 是略大于最小值的数据，Test5 中边长 1000 是最大临界值，使用这几组测试用例基本可以检测出三角形边界存在缺陷。

4.4 因果图与决策表法

等价类划分与边界值分析法主要关注不同的输入条件，没有考虑输入之间的关系，如组合关系或者约束关系等。如果程序输入之间有相互制约关系，等价类划分法与边界值分析法很难描述这些输入之间的作用关系，无法保证测试效果。因果图法可用来描述多个输入之间的制约关系，对于这样的场景，可以使用因果图法。

4.4.1 因果图法

因果图设计法

因果图法是一种利用图解法分析输入的各种组合情况的测试方法，它考虑了输入条件的各种组合及输入条件之间的相互制约关系，并考虑输出情况。

因果图法是一种适合描述多种输入条件组合的测试方法，根据输入条件的组合、约束关系和输出条件的因果关系，分析输入条件的各种组合情况，从而设计测试用例，它适合检查程序输入条件涉及的各种组合情况。因果图法着重分析输入条件的各种组合，每种组合条件就是"因"，它必然有一个输出的结果，这就是"果"。

例如，某一软件要求输入地址，具体到市区，如"北京-海淀区""上海-徐汇区"，其中，第 2 个输入受到第 1 个输入的约束，输入的地区只能在输入的城市中选择，否则地址就是无效的。因果图法就是为了解决多个输入之间的作用关系而产生的测试用例设计方法。

4.4.1.1　因果图

因果图既需要处理输入之间的作用关系，还要考虑输出情况，因此它包含了复杂的逻辑关系，这些复杂的逻辑关系通常用图示来展现，这些图示就是因果图。

因果图使用一些简单的逻辑符号和直线将程序的因（输入）与果（输出）连接起来，一般原因用 c_i 表示，结果用 e_i 表示，c_i 与 e_i 可以取值 "0" 或 "1"，其中 "0" 表示状态不出现，"1" 表示状态出现。

c_i 与 e_i 之间有恒等、非（$\sim$）、或（$\vee$）、与（$\wedge$）4 种关系，如图 4-1 所示。

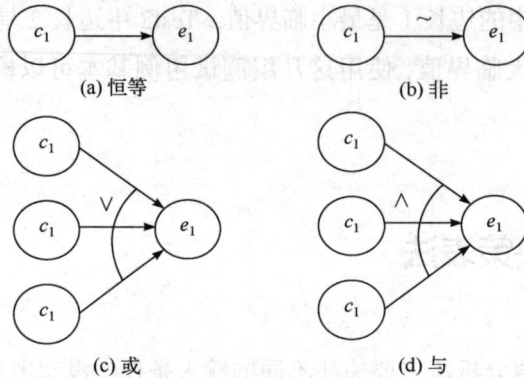

图 4-1　因果图

因果图的 4 种关系，每种关系的具体含义如下所述。

①恒等：在恒等关系中，要求程序有一个输入和一个输出，输出与输入保持一致。若 c_1 为 1，则 e_1 也为 1；若 c_1 为 0，则 e_1 也为 0。

②非：使用符号 "$\sim$" 表示，在这种关系中，要求程序有一个输入和一个输出，输出是输入的取反。若 c_1 为 1，则 e_1 为 0，若 c_1 为 0，则 e_1 为 1。

③或：使用符号 "$\vee$" 表示，或关系可以有任意个输入，只要这些输入中有一个为 1，则输出为 1，否则输出为 0。

④与：使用符号 "$\wedge$" 表示，与关系也可以有任意个输入，但只有这些输入全部为 1，输出才能为 1，否则输出为 0。

在软件测试中，如果程序有多个输入，那么除了输入与输出之间的作用关系之外，这些输入之间往往也会存在某些依赖关系，某些输入条件本身不能同时出现，某一种输入可能会影响其他输入。例如，某一软件用于统计体检信息，在输入个人信息时，性别只能输入男或女，这两种输入不能同时存在。而且如果输入性别为女，那么体检项目就会受到限制。这些依赖关系在软件测试中称为 "约束"，约束的类别可分为四种：E（exclusive，异）、I（at least one，或）、O（one and only one，唯一）、R（requires，要求），在因果图中，用特定的符号表示这些约束关系。

多个输入之间的约束符号如图 4-2 所示，这些约束关系的含义如下所示：

①E（异）：c_1 和 c_2 中最多只能有一个为 1，即 c_1 和 c_2 不能同时为 1。

②I（或）：c_1、c_2 和 c_3 中至少有一个必须是 1，即 c_1、c_2、c_3 不能同时为 0。

③O（唯一）：c_1 和 c_2 有且仅有一个为 1。

④R（要求）：c_1 和 c_2 必须保持一致，即 c_1 为 1 时，c_2 也必须为 1，c_1 为 0 时，c_2 也必须为 0。

除了输入条件，输出条件也会相互约束，输出条件的约束只有一种 M（mask，强制）。在因果图中，使用特定的符号表示输出条件之间的强制约束关系，见图 4-3。

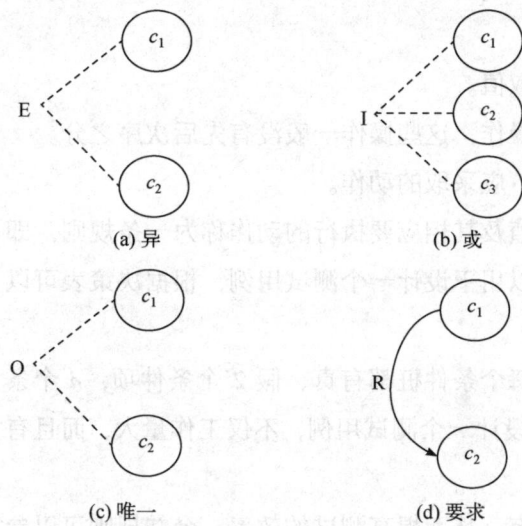

图 4-2　多个输入之间的约束符号　　　　图 4-3　输出条件之间的强制约束关系

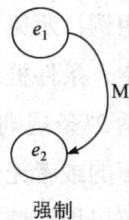

4.4.1.2　因果图法设计测试用例的步骤

使用因果图法设计测试用例需要经过以下几个步骤。

①分析程序规格说明书描述内容，确定程序的输入和输出，确定"原因"与"结果"。

②分析输入条件之间、输入和输出之间的对应关系，将这些关系使用因果图表示出来。

③由于语法与环境的限制，有些输入与输入之间、输入与输出之间的组合情况是不可能出现的，对于这种情况，使用符号标记它们之间的限制或约束关系。

④将因果图转换为决策表。

⑤根据决策表来设计测试用例。

因果图法考虑了输入情况的各种组合以及各种输入情况之间的相互制约关系，可以帮助测试人员按照一定的步骤高效率地开发测试用例，避免设计出无效的测试用例。此外，因果图是由自然语言规格说明转化成形式语言规格说明的一种严格方法，它能够发现规格说明书中存在的不完整性和二义性，可以帮助开发人员完善软件的相关文档。

4.4.2 决策表的构建

决策表法

决策表也称判定表，其实质是一种逻辑表。在程序设计初期，判定表就已经被当作程序开发的辅助工具，帮助开发人员整理开发模式和流程。它可以把复杂的逻辑关系和多种条件组合的情况表达得既具体又明确，因此，利用决策表可以设计出完整的测试用例集合。

决策表通常由 4 个部分组成，具体如下所述。

①条件桩：列出问题的所有条件，除了某些问题对条件的先后次序有要求之外，通常决策表中所列的先后次序都无关紧要。

②条件项：条件项就是条件桩的所有可能取值。

③动作桩：动作桩就是对问题可能采取的操作，这些操作一般没有先后次序之分。

④动作项：指出在条件项的各组取值情况下应采取的动作。

在决策表中，任何一个条件组合的特定取值及其相应要执行的动作称为一条规则，即决策表中的每一列就是一条规则，每一列都可以用于设计一个测试用例，根据决策表可以高效率设计测试用例，避免遗漏。

在实际测试中，条件桩通常有多个，而且每个条件桩都有真、假 2 个条件项，n 个条件桩的决策表包括 2^n 条规则。如果为每个规则设计一个测试用例，不仅工作量大，而且有些工作可能是重复的或者无意的。

有关规则，可以根据情况进行合并或者舍弃，从而提高测试的效率，合并规则可以参考图 4-4。

(a) YN合并

(b) Y—合并

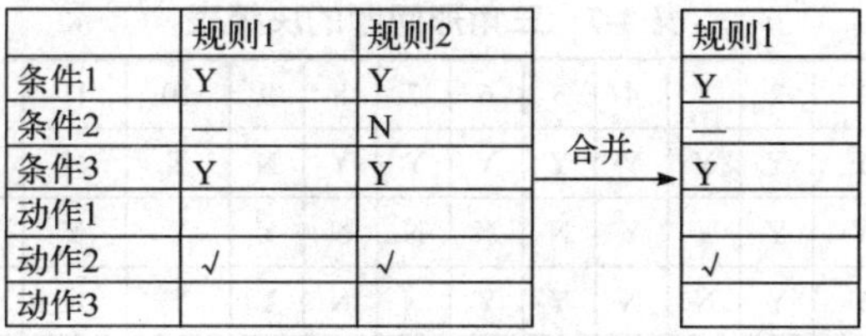

	规则1	规则2		规则1
条件1	Y	Y		Y
条件2	—	N		—
条件3	Y	Y	合并	Y
动作1				
动作2	√	√		√
动作3				

(c) N—合并

图 4-4　合并规则

YN 合并：在图 4-4（a）中可以看到，规则 1 和规则 2 涉及的条件取值，在条件 1 和条件 2 不变的情况下，虽然条件 2 取值不同，但是对应的动作没有变化，因此，可以合并规则 1 和规则 2，此时条件 2 的取值设定为"—"即可。

图 4-4（b）Y—合并、（c）N—合并原理，与图 4-4（a）类似。

这样合并后，规则数量减少，对应的测试用例数量也会相应的减少，这样可以大幅降低软件测试的工作量。

相比于因果图法，决策表法能够把复杂问题的情况通过表格列举出来，简明且易于理解，也可以避免遗漏。在多逻辑条件下执行不同动作时，决策表法使用的机会较多。实际测试中，可以将因果图法和决策表法结合使用。

下面通过经典的三角形问题，来演示决策表的使用。假设三角形的三条边分别为 a、b 和 c，那么三角形问题有 4 个原因（是否构成三角形、$a=b$? $b=c$? $c=a$?）和 5 个结果（不构成三角形、一般三角形、等腰三角形、等边三角形、不符合逻辑），三角形问题的原因与结果如表 4-6 所示。

表 4-6　三角形问题的原因和结果分析

原因		结果	
是否构成三角形	c_1	不构成三角形	e_1
$a=b$?	c_2	一般三角形	e_2
$b=c$?	c_3	等腰三角形	e_3
$c=a$?	c_4	等边三角形	e_4
		不符合逻辑	e_5

在表 4-6 中，每个原因可取值"Y"或"N"，表示"是"或"否"。4 个原因，共有 2^4=16 条规则。由此，构建的三角形问题的决策表如表 4-7 所示。

实例：三角形决策表

表 4-7 三角形问题的决策表

原因与结果		1	2	3	4	5	6	7	8	9	10	11	12	13	14	15	16
原因	c_1	Y	Y	Y	Y	Y	Y	Y	Y	N	N	N	N	N	N	N	N
	c_2	Y	Y	Y	Y	N	N	N	N	Y	Y	Y	Y	N	N	N	N
	c_3	Y	Y	N	N	Y	Y	N	N	Y	Y	N	N	Y	Y	N	N
	c_4	Y	N	Y	N	Y	N	Y	N	Y	N	Y	N	Y	N	Y	N
结果	e_1									√	√	√	√	√	√	√	√
	e_2								√								
	e_3				√		√	√									
	e_4	√															
	e_5		√	√		√											

在表 4-7 中，规则 9～16 中，只要 c_1 为 N，c_2、c_3 和 c_4 不论取什么值，结果均为 e_1。因此，规则 9～16 可以合并为一条规则，新规则中 c_2、c_3 和 c_4 为无关条件项。规则 1～8 无法合并简化，简化后的决策表如表 4-8 所示。

表 4-8 优化后的三角形问题的决策表

原因与结果		1	2	3	4	5	6	7	8	9
原因	c_1	Y	Y	Y	Y	Y	Y	Y	Y	N
	c_2	Y	Y	Y	Y	N	N	N	N	—
	c_3	Y	Y	N	N	Y	Y	N	N	—
	c_4	Y	N	Y	N	Y	N	Y	N	—
结果	e_1									√
	e_2								√	
	e_3				√		√	√		
	e_4		√							
	e_5			√		√				

根据表 4-8 优化后的决策表，设计 9 个测试用例，三角形问题的测试用例如表 4-9 所示。

表 4-9 三角形问题的测试用例

测试用例	a	b	c	预期结果
test1	6	6	6	等边三角形
test2	?	?	?	不符合逻辑
test3	?	?	?	不符合逻辑
test4	3	3	5	等腰三角形

测试用例	*a*	*b*	*c*	预期结果
test5	?	?	?	不符合逻辑
test6	5	7	7	等腰三角形
test7	9	10	9	等腰三角形
test8	3	5	7	一般三角形
test9	2	3	5	不构成三角形

在表 4-9 中，测试用例 test2、test3 和 test5 无法找到对应的测试数据，这 3 个测试用例可以忽略不计，只要设计出 6 条测试用例即可。

4.5 错误推测法

错误推测法是一种基于经验和直觉推测程序中可能存在的各种错误，从而有针对性地设计测试用例的方法。这种方法高度依赖测试人员的经验和直觉，通过分析以往项目中出现的错误类型、常见问题以及测试经验，推测软件中可能存在的错误情况，并设计相应的测试用例。

错误推测法的基本思想是列举出程序中所有可能有的错误和容易发生错误的特殊情况，根据这些情况选择测试用例。例如，输入数据和输出数据为 0 的情况、输入表格为空或输入表格只有一行等，这些都是容易发生错误的情况，可以选择这些情况下的例子作为测试用例。

4.5.1 基于经验的错误预测

基于经验的错误预测是一种非正式的软件测试技术，它依赖于测试人员的专业知识、直觉和以往经验来预测软件中可能存在的错误。这种方法不依赖于正式的测试方法或详细的测试计划，而是更多地依赖于测试人员的洞察力和对软件行为的理解。

在开始基于经验的错误预测之前，测试人员首先需要对被测试的软件系统有深入的了解，包括其需求、功能和相关文档。其次，测试人员利用他们以往的测试经验和领域专业知识来指导他们的直觉，即考虑在以往类似的系统或者应用场景下，出现过的潜在缺陷或错误。

在实际开发中，当文档不完整、需要处理非典型情况或寻求额外的测试覆盖时，可以使用基于经验的错误预测。

基于经验的错误预测方法的优点在于它可以创造性开展测试工作，增加测试覆盖率，有针对性地检查软件系统。同时，利用测试人员的经验和洞察力，发现可能的缺陷，提高软件系统的总体质量。同时要注意，由于它是基于测试人员的主观经验和判断，因此，结果可能和预期未必一致。另外，这种测试方法的测试范围有限，主要针对测试人员熟悉的领域，对于测试人员未涉足或者是不熟悉的部分，可能会遗漏其系统组件中存在的缺陷。

基于经验的错误预测是一种创造性和直观的软件测试方法，它基于测试人员的专业知识和领域知识进行。通过基于经验的错误预测，可以处理不寻常的情况，一般作为一种补充工具，用于识别正式测试用例可能遗漏的潜在缺陷。它应该与其他正式测试方法一起使用，以实现更加全面的测试覆盖。

4.5.2 错误推测法的应用示例

错误推断法适用于测试初期或回归测试阶段，能够快速定位并修复潜在的问题。据此设计测试应用实例——用户登录系统测试。

首先，根据测试人员的经验进行错误推测：用户可能输入错误的用户名或者密码，使用特殊字符或超长字符串作为用户名或密码，或者尝试多次登录失败后系统是否有限制登录次数的机制。

其次，根据错误推测对应地设计出以下测试用例：

①输入错误的用户名或密码进行登录，验证系统是否给出正确的错误提示；

②输入特殊字符或超长字符串作为用户名或密码进行登录，验证系统是否能正确处理这些情况；

③尝试多次输入错误的用户名或密码进行登录，验证系统是否有限制登录次数的机制，并在达到限制次数后给出相应的提示。

错误推测法能够充分发挥测试人员的直觉和经验，快速定位潜在的错误点。然而，它也存在一些缺点，如难以评估测试覆盖率、可能遗漏未知的错误区域、带有主观性且难以复制等。因此，错误推测法通常作为其他测试方法的补充，而不是单独用来设计测试用例。

4.6 正交实验设计方法

正交实验
设计法

4.6.1 正交实验设计方法概述

正交实验设计法（Orthogonal Experimental Design）是指从大量的实验点中挑选出适量

的、有代表性的点，依据 Glois 理论导出"正交表"，从而合理安排实验的一种实验设计方法。这些有代表性的点具备"均匀分散，齐整可比"的特点，能够确保试验结果的可靠性和有效性。正交表是一种特殊的表格，用于安排多因素实验，每个因素的不同水平在表中均匀分布，且任意两列中各水平出现的次数相同，这种性质称为"正交性"。正交实验设计法是一种研究多因素多水平实验的设计方法，以最少的实验次数达到与全面试验等效的结果。

正交实验设计广泛应用于多个领域，特别是在工业生产和科研中。例如，化工、纺织、医药、电子、机械等行业都广泛使用这种方法来优化生产条件、提高产品质量和效率。通过正交实验设计，可以在减少实验次数的同时，获得比全面试验更多的信息，从而快速找到最优的生产条件。

正交实验设计法包含三个关键因素，具体如下所示。

①指标：判断实验结果优劣的标准。

②因子：也称为因素，是指所有影响实验指标的条件。

③因子的状态：也称为因子的水平，它指的是因子变量的取值。

利用正交实验法设计测试用例的步骤如下所述。

（1）提取因子，构造因子状态表：分析软件的需求，可以得到影响软件功能的因子，确定因子可以取哪些值，即确定因子的状态。例如，某一软件的运行受到操作系统和数据库的影响，因此影响其运行是否成功的因子有操作系统和数据库两个，而操作系统有 Windows、Linux、Mac 三个取值，数据库有 MySQL、Oracle、SQL Server 三个取值，因此操作系统的因子状态为 3，数据库因子状态为 3。据此构造该软件运行功能的因子-状态表，如表 4-10 所示。

表 4-10　因子-状态表

因子	因子的状态		
操作系统	Windows	Linux	Mac
数据库	MySQL	Oracle	SQL Server

（2）加权筛选，简化因子-状态表：在实际软件测试中，软件的因子及因子的状态都会有很多，每个因子及其状态对软件的测试作用也不一样，如果把这些因子及因子的状态都写进因子-状态表中，那么最后生成的测试用例会非常庞大，进而会影响到软件测试的效率。因此，需要根据因子及其状态的重要程度进行加权筛选，选出重要的因子和状态，从而简化因子-状态表。

加权筛选就是根据因子或状态的重要程度、出现频率等因素计算因子和状态的权值，权值越大，表明因子或状态越重要。加权筛选之后，可以去掉权值比较小的因子或状态，最后生成的测试用例可以随之进行缩减，提高测试效率。

（3）构建正交表，设计测试用例：正交表的表示形式为 $L_n(t^c)$。其中，L 为正交表；n 为正交表的行数，正交表的每一行可以设计一个测试用例，因此行数 n 也表示可以设计的测试用例的数量；c 表示正交试验的因子数目，即正交表的列数，因此正交表是一个 n 行 c 列的表；t 称为水平数，表示每个因子能够取得的最大值，即因子有多少个状态。

例如 $L_4(2^3)$ 是一个最简单的正交表。它表示该实验有 3 个因子，每个因子有两个状态，可以做 4 次实验，如果用 0 或 1 表示每个因子的两种状态，则该正交表就是一个 4 行 3 列的表，如表 4-11 所示。

表 4-11 $L_4(2^3)$ 正交表

序号	1	2	3
1	1	1	1
2	1	0	0
3	0	1	0
4	0	0	1

在表 4-11 中，每个因子的状态有两种，这样的正交实验比较容易设计正交表，但在实际软件测试中，软件有多个因子，每个因子的状态数目都不相同，即各列的水平数不相等，这样的正交表称为混合正交表。混合正交表通常难以直接确定测试用例的数目，即 n 值，这种情况下，可以登录正交表的一些权威网站，查询 n 值。例如，图 4-5 为一个正交表查询网站主页。

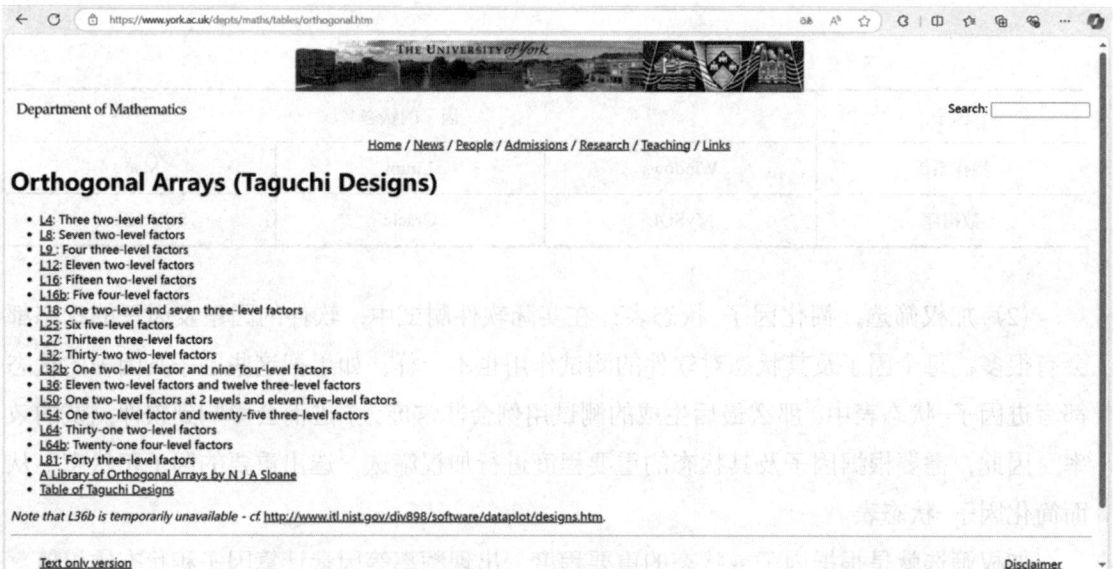

图 4-5 正交表查询网站

正交表最大的特点就是取点均匀分散，每一列中每种数字出现的次数都相等，即每种状态的取值次数一样。例如，在表 4-11 中，每一列都是取 2 个 0 和 2 个 1。此外，任意两列组成的对数出现的次数相等，例如，在表 4-10 中，第 1~2 列共组成 4 对数据：（1，1）、（1，0）、（0，1）、（0，0），这 4 对数据各出现一次，其他任意两列也如此。

在正交表中，每个因子的每个水平与另一个因子的各水平都"交互"一次，这就是正交性，它保证了实验点均匀分散在因子与水平的组合之中，因此具有较强的代表性。

对于多因子多水平影响的软件，正交实验法可以高效地生成适量有代表性的测试用例，减少测试工作量，提高工作效率。并且利用正交实验法得到的测试用例具有一定的覆盖度，检错率可达 50% 以上。在选择正交表时要注意先要确定实验因子、状态及它们之间的交互作用，选择合适的正交表，同时还要考虑实验的精度要求、费用和时长等因素。

4.6.2　实例：微信 Web 页面运行环境正交实验设计

对于多因素多水平的测试可以选择正交实验法，正交实验法的第一步就是提取有效因子。微信是一款手机应用软件，也有 Web 版，如果要测试微信 Web 页面运行环境，需要考虑多种因素。本案例选择影响比较大的因素，如服务器、操作系统、插件和浏览器。对于这四个影响因素，每个因素又有不同的取值。同时在每个因素的多个不同取值中，选出几个比较重要的值，具体如下。

①服务器：IIS、Apache、Jetty。

②操作系统：Windows 11、Windows 10、Linux。

③插件：无、小程序、微信插件。

④浏览器：IE 11、Chrome、Firefox。

实例：微信 Web 页面运行环境正交实验设计法

由上述分析可知，微信 Web 版运行环境正交实验中有 4 个因子，即服务器、操作系统、插件、浏览器，每个因子又有 3 个水平，因此该正交表是一个 4 因子 3 水平正交表，在正交表查询网站中可查询得到其 n 值为 9，即该正交表是一个 9 行 4 列的正交表，所生成的正交表如表 4-12 所示。

表 4-12　$L_9(3^4)$ 正交表

序号	1	2	3	4
1	0	0	0	0
2	0	1	2	1
3	0	2	1	2
4	1	0	2	2
5	1	1	1	0
6	1	2	0	1

序号	1	2	3	4
7	2	0	1	1
8	2	1	0	2
9	2	2	2	0

表 4-12 中的水平编号分别代表因子的不同取值，将因子、状态映射到正交表，可生成具体的测试用例，如表 4-13 所示。

表 4-13　微信 Web 页面运行环境测试用例

序号	服务器	操作系统	插件	浏览器
1	IIS	Windows 11	无	IE 11
2	IIS	Windows 10	微信插件	Chrome
3	IIS	Linux	小程序	Firefox
4	Apache	Windows 11	微信插件	Firefox
5	Apache	Windows 11	小程序	IE 11
6	Apache	Linux	无	Chrome
7	Jetty	Windows 11	小程序	Chrome
8	Jetty	Windows 11	无	Firefox
9	Jetty	Linux	微信插件	IE 11

对于该测试案例，如果使用因果图法要设计 3^4=81 个测试用例，但是使用正交实验法，只需要 9 个测试用例就可以完成测试。

正交实验法虽然高效，但并不是每种软件测试都适合使用该方法。在实际测试中，正交实验测试法使用得并不多。

4.6.3　工具：正交设计助手的使用

在实际测试中，我们通常会因为测试情况的复杂程度不同而生成不同的混合正交表。由于情况复杂，在设计正交表时可以借助外部工具，比如正交设计助手，可以大大提高实际测试工作中的效率。

正交设计助手是专为此设计打造的工具，能够帮助用户高效、系统地进行各种实验方案的规划与分析。它通过精巧的实验安排，能以最少的试验次数获取最多的信息，减少资源消耗，提高实验效率。

正交设计助手主界面如图 4-6 所示。

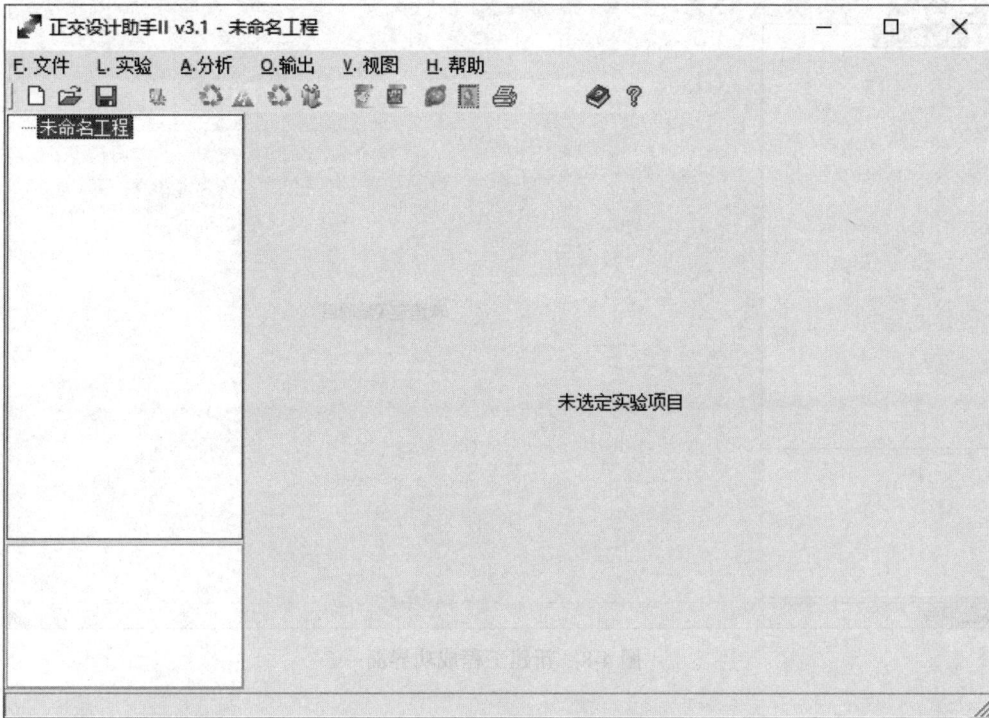

图 4-6　正交设计助手主界面

主界面包括菜单栏、工具栏等，与一般的应用软件界面类似。

首先，选择文件菜单，选择新建工程，首先新建一个工程，如图 4-7 所示。

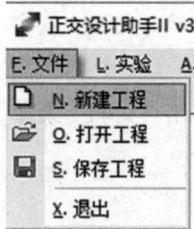

图 4-7　新建工程界面

操作后的界面如图 4-8 所示。

工程默认名字为"未命名工程"，如需修改，在工程名上面右键单击，选择"修改工程"菜单项，如图 4-9 所示。

弹出修改工程对话框，在文本框中输入新工程名，如图 4-10 所示。

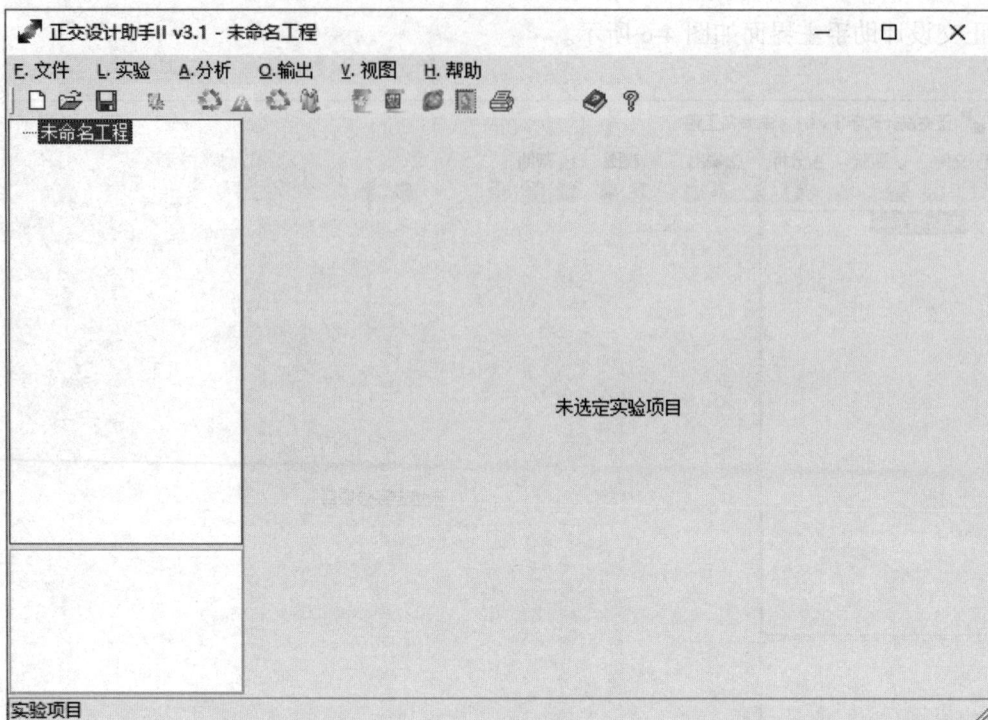

图 4-8　新建工程成功界面

图 4-9　修改工程菜单

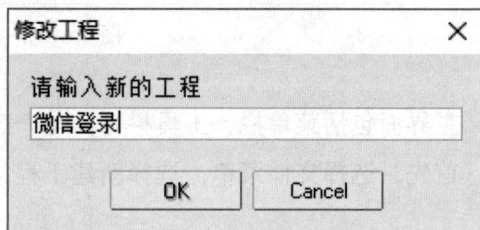

图 4-10　修改工程对话框

工程建好以后，需要新建实验。单击"实验"菜单，选择"新建实验"菜单项，如图 4-11 所示。

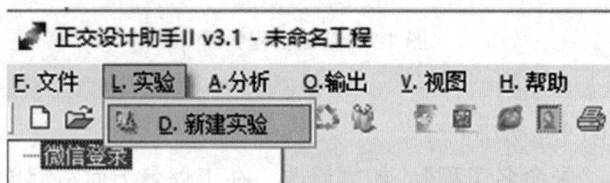

图 4-11　新建实验菜单

接下来，可以进入实验设计向导，如图 4-12 所示。

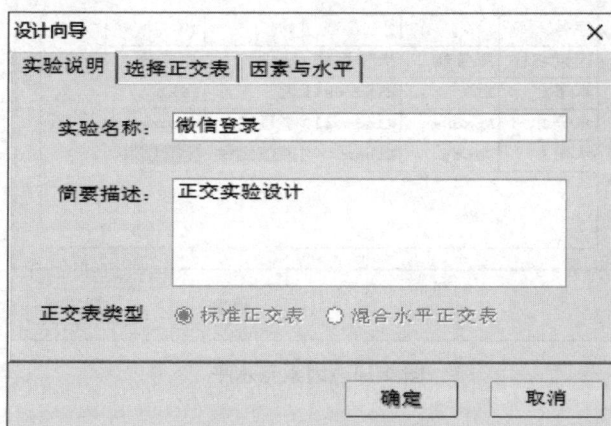

图 4-12　设计向导窗口

在图 4-12 窗口中，单击"实验说明"选项卡，可以输入实验名称和简要描述。单击"选择正交表"选项卡，在下拉列表中选择对应的正交表，本案例对应前面所述微信登录，因此选择 L9_3_4，如图 4-13 所示。

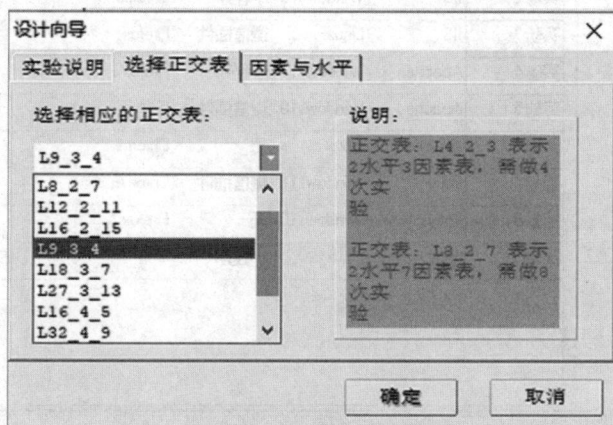

图 4-13　选择正交表

单击"因素与水平"选项卡，在因素名称中输入服务器、操作系统、插件和浏览器等值。在服务器对应的水平 1、水平 2 和水平 3 中输入 IIS、Apache 和 Jetty。其他因素照此操作，输入完成后的界面如图 4-14 所示。

单击"确定"按钮，可以直接得出相应的实验计划表，如图 4-15 所示。

在"实验结果"列输入响应的值，即可完成测试用例的设计。

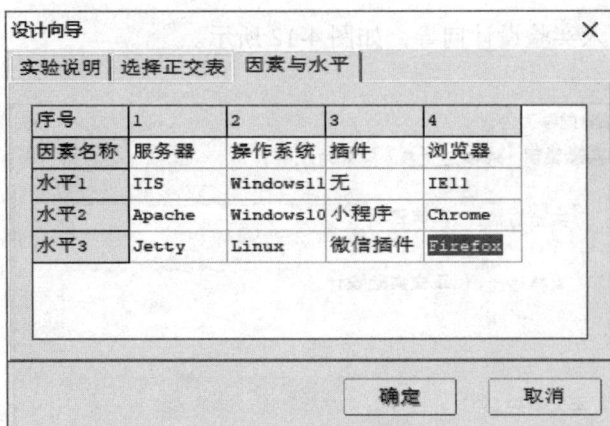

图 4-14　因素与水平

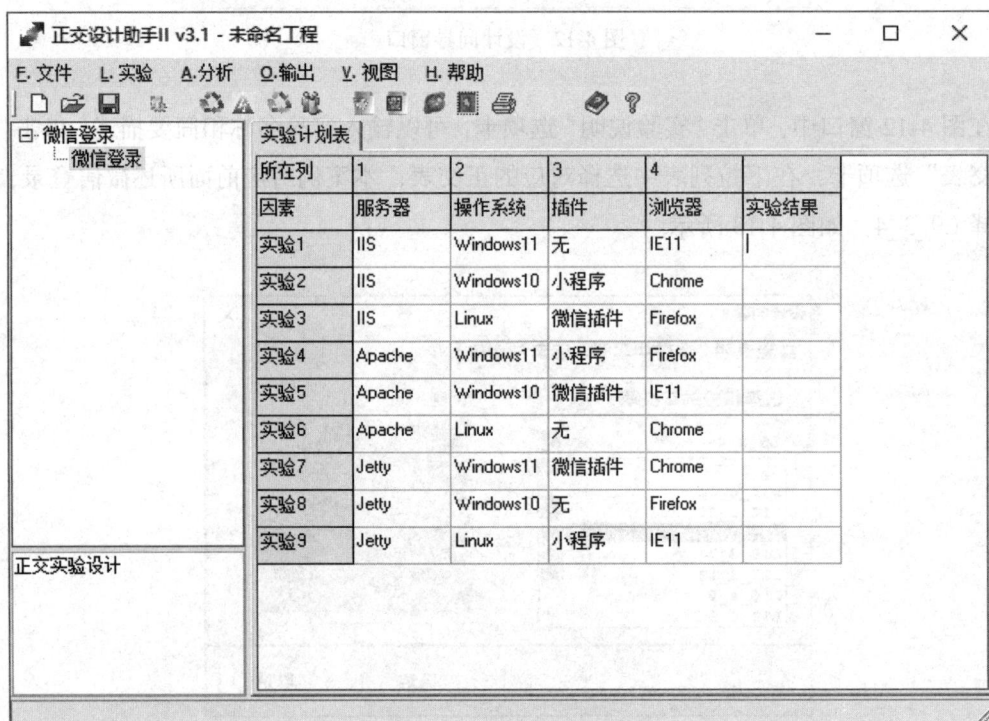

图 4-15　实验计划表

4.7　组合测试方法

4.7.1　基本概念

组合测试是软件测试中常用的设计方法之一，它能够有效地发现系统中的潜在错误和缺陷。在软件测试过程中，组合测试设计方法可以帮助测试人员更加高效地进行测试，提高测试的覆盖率和准确性。

组合测试是一种基于组合的测试设计方法，其核心思想是将系统的输入条件进行各种组合，并对不同的组合进行测试。在软件测试中，系统的输入条件可以是系统的功能、接口、参数取值和配置等。通过对不同输入条件的组合测试，可以发现不同组合之间可能出现的交互问题和异常情况，从而有针对性地进行缺陷修复和改进。

4.7.2 详细方法

组合测试旨在从大量的可能测试组合中选择一个较小的、有代表性的子集来执行测试，以发现大多数的缺陷。这种方法特别适用于处理有多个输入参数且每个参数有多个可能值的情况，也就是所谓的"组合爆炸"问题。组合测试的目的是在保证较高检测率的同时，减少测试用例的数量，从而提高测试的效率。

组合测试的实施步骤通常包括以下几个阶段。

①识别测试参数：识别出影响软件功能的各个参数。

②确定参数取值范围：确定每个参数的所有可能取值。

③识别参数间的约束：分析参数之间的依赖关系和约束条件。

④选择组合测试方法：根据参数间的约束关系和测试需求，选择合适的组合测试策略，如单一选择、基本选择、成对组合或全组合等。

⑤生成测试用例：根据选定的组合测试策略，生成测试用例，确保每个测试覆盖项都被至少一个测试用例覆盖。

下面介绍几种常见的组合测试方法。

（1）两因素组合测试（Pairwise 算法）：又称两两测试或结对测试，是一种软件测试的组合方法，通过对系统的一组组输入参数两两组合生成相互独立的参数集而开展的测试。

这种方法要求测试用例集能够覆盖任意两个参数的所有可能取值组合。理论上，这种测试用例集可以发现所有由两个参数共同作用引发的缺陷。两因素组合测试是最常用的组合测试方法，因为它在测试用例数量和错误检测能力之间取得了较好的平衡。

Pairwise 算法基于如下 2 个假设：每一个维度都是正交的，即每一个维度互相都没有交集；根据数学统计分析，73%的缺陷（单因子是 35%，双因子是 38%）是由单因子或 2 个因子相互作用产生的，19%的缺陷是由 3 个因子相互作用产生的。因此，Pairwise 算法是基于覆盖所有 2 因子的交互作用产生的用例集合性价比最高而产生的。

Pairwise 算法是针对软件测试中的黑盒测试提出来的一个行之有效的测试方法。用它测试设计能够带来以下的好处：

①能够有效地应对复杂环境下的测试。

②能够有效地提高"测试性价比"。

③关注于系统的"变量"，同时考虑"变量"所有可能的"取值"。

例如：现有接口 S，有三个输入变量 X、Y、Z，取值分别为 $D(X) = \{X1, X2\}$；$D(Y)= \{Y1, Y2\}$；$D(Z) = \{Z1, Z2\}$，如图 4-16 所示。

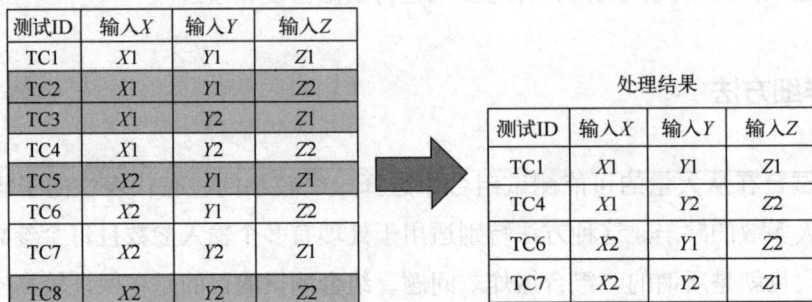

测试ID	输入X	输入Y	输入Z
TC1	$X1$	$Y1$	$Z1$
TC2	$X1$	$Y1$	$Z2$
TC3	$X1$	$Y2$	$Z1$
TC4	$X1$	$Y2$	$Z2$
TC5	$X2$	$Y1$	$Z1$
TC6	$X2$	$Y1$	$Z2$
TC7	$X2$	$Y2$	$Z1$
TC8	$X2$	$Y2$	$Z2$

处理结果

测试ID	输入X	输入Y	输入Z
TC1	$X1$	$Y1$	$Z1$
TC4	$X1$	$Y2$	$Z2$
TC6	$X2$	$Y1$	$Z2$
TC7	$X2$	$Y2$	$Z1$

图 4-16　设计图

Pairwise 算法过程：从表的最后一行开始，如果这行的两两组合值能够在上面的行或此表中找到，那么这行就可从用例集中删除。

例如，TC8 包含的两两组合值为（$X2$-$Y2$，$X2$-$Z2$，$Y2$-$Z2$），$X2$-$Y2$ 在 TC7 中存在，$X2$-$Z2$ 在 TC6 中存在，$Y2$-$Z2$ 在 TC4 中存在，则此行删除。

TC7 包含的两两组合值为（$X2$-$Y2$，$X2$-$Z1$，$Y2$-$Z1$），$X2$-$Y2$ 在此表中已找不到重复的值，所以保留。依此方法，最后得到的测试用例集如图 4-16 的右图。很明显，经过 Pairwise 过程，测试用例数减少了一半。

PICT（Pairwise Independent Combinatorial Testing）是微软开发的用于 Pairwise 用例生成工具，按照规定的数据结构设置，PICT 会按照两两组合的原理设计并输出测试用例，并且可以将结果导出到 Excel。

下载自动化筛选工具 PICT，点击 msi 文件进行安装。打开 cmd，输入 pict，有返回数据，说明安装成功。

在 PICT 安装根目录下建立文件，文件每行以因素名开头，水平是一个数组，用逗号隔开每个水平值。

如果我们给模型文件取名为 test.model，并存储在 D 盘根目录，那么执行命令"pict d:\test.model"即可看到相应的结果。使用"d:\test.model>test.xls"可以把结果导入到 Excel 文件中。

例如，飞机信息的内容如下：

目的地：canada，usa，mexico。

舱位：经济舱，商务舱，头等舱。座位偏好：靠过道，靠窗。

使用 PICT 设计测试用例。

在 PICT 根目录下建立 flight.txt 文件，建立因素名和水平。输入 pict 命令，显示结果如图 4-17 所示。

```
C:\Program Files (x86)\PICT>pict flight.txt
目的地  舱位    座位偏好
canada  头等舱  靠窗
mexico  头等舱  靠过道
canada  经济舱  靠过道
mexico  商务舱  靠窗
usa     商务舱  靠过道
canada  商务舱  靠过道
usa     头等舱  靠窗
mexico  经济舱  靠窗
usa     经济舱  靠窗
```

图 4-17　运行结果

(2) 多因素组合测试：多因素组合测试要求测试用例集能够覆盖任意多个参数的所有可能取值组合，其中参数数量大于 2。这种方法可以发现由多个参数共同作用引发的缺陷。例如，三因素组合测试可以发现由三个参数共同作用引发的缺陷。

(3) 基于选择的覆盖：首先选择一个基础组合，包含每个参数的基础值。然后，基于这个基础组合，每次只改变一个参数值来生成新的组合用例。这种方法可以确保基础值被覆盖，同时生成新的组合来增加覆盖率。

在使用软件测试中的组合测试方法时，要根据实际情况选择合适的组合测试方法，这样才能在测试过程中，更加高效地发现系统中的潜在缺陷和错误，进而保证软件质量和可靠性。因此，在软件测试过程中，合理应用组合测试设计方法至关重要，它能够为测试人员提供更好的测试效果和工作效率，提高软件的可用性和稳定性。

4.8 场景法

场景法是一种以用户实际操作为出发点的测试方法，它通过模拟用户在实际使用中可能遇到的各种情况来进行测试，这种基于用户实际使用场景设计测试用例的方法，能够更真实地反映软件在实际应用中的表现。这种方法适用于业务流程较为清晰的软件系统，能够覆盖系统用例中的主场景和扩展场景，同时考虑正常情况、异常情况和边界情况等多种场景。

场景法包括两个主要概念：基本流和备选流。基本流代表软件正确操作的事件流，从开始到结束无任何差错。备选流指在软件功能执行过程中，除了基本流之外可能遇到的各种情况，包含可能存在问题的各支流。场景法以事件流的形式描述测试用例，使得测试用例更加直观易懂，便于测试人员理解和执行。

场景法可以应用于不同的测试类型，包括功能测试、性能测试等。在功能测试中，场景法能够帮助测试团队更好地覆盖用户的实际使用场景，确保软件功能的完整性和正确性。在性能测试中，场景法可以帮助测试人员模拟出不同场景下的负载情况，评估系统在不同压力下的性能表现，通过设计不同的场景，可以覆盖软件的多种使用场景和边界条件，提高测试的覆盖面。通过模拟真实场景进行测试，可以快速发现软件中的潜在问题，减少后期维护成本。

本章小结

本章主要讲解了黑盒测试常用的技术方法，包括等价类划分法、边界值分析法、决策表法、因果图法、错误推测法、正交实验设计法、组合测试方法、场景法，要掌握每种测试方法的原理与测试用例的设计方法，这对后续章节学习实际软件项目测试会有很大帮助。

本章习题

一、填空题

1. 等价类划分就是将输入数据按照输入需求划分为若干个子集，这些子集称为_____。

2. 等价类划分法可将输入数据划分为_____和_____。

3. _____通常作为等价类划分法的补充。

4. 因果图中的_____关系要求程序有 1 个输入和输出，输出与输入保持一致。

5. 因果图的多个输入之间的约束包括_____、_____、_____、_____4 种。

6. 决策表通常有_____、_____、_____、_____4 种。

二、判断题

1. 有效等价类可以捕获程序中的缺陷，而无效等价类不能捕获缺陷。（   ）

2. 如果程序要求输入值是一个有限区间的值，可以划分为一个有效等价类（取值范围）和一个无效等价类（取值范围之外）。（   ）

3. 使用边界值方法测试时，只取两个边界值即可完成边界测试。（   ）

4. 因果图考虑了程序输入、输出之间的各种组合情况。（   ）

5. 决策表法是由因果图演变而来的。（　　　）

6. 正交实验设计法比较适合复杂的大型项目。（　　　）

三、单项选择题

1. 下列选项中，哪一项是因果图输出之间的约束关系。（　　　）

A. 异

B. 或

C. 强制

D. 要求

2. 下列选项中，哪一项不是因果图输入与输入之间的关系。（　　　）

A. 恒等

B. 或

C. 要求

D. 唯一

3. 下列选项中，哪一项不是正交实验法的关键因素。（　　　）

A. 指标

B. 因子

C. 因子状态

D. 正交表

4. 因为在软件开发的每一环节都有可能产生意想不到的问题，所以（　　　）。

A. 应把软件验证和确认贯穿整个软件开发的全过程中

B. 应尽量由程序员或开发小组测试自己的程序

C. 在设计测试用例时，只需考虑合理的输出条件即可

D. 在设计测试用例时，只需考虑合理的输入条件即可

5. 网页上有个登录的账号输入框，允许输入字母、数字，最多 10 个字符长度。下列哪个属于需要测试的边界值?（　　　）

A. 6 个字母加数字

B. 中文与空格

C. @#¥等特殊字符

D. 11 个字母加数字

四、简答题

1. 请简述等价类划分法的原则。

2. 请简述决策表条件项的合并规则。

3. 请简述正交实验设计法测试用例的设计步骤。

第5章
单元测试

单元测试在软件开发中占据着至关重要的地位。其目的是验证代码单元的正确性，确保软件的各个组成部分能够按照预期工作。通过对最小可测试单元进行测试，如函数、方法或类，可以在早期发现潜在的问题，从而提高软件的质量和可靠性。

单元测试是软件开发中不可或缺的一环，它为提高软件质量、促进代码重构和加速开发过程提供了有力保障。

5.1　单元测试的目的和任务

软件测试是由许多单元构成的，这些单元可能是一个类或是多个类，也可能是类中一个方法，也可能是一个更大的单元——组件或模块。要保证软件的质量，首先就要保证构成系统的"单元"的质量，因此，要开展单元测试活动。通过充分的单元测试，发现并修正单元中的问题，从而为系统的质量打下坚实基础。

5.1.1　单元测试的目的

软件测试的目的之一就是尽可能早地发现软件中存在的错误，从而降低成本。测试越早进行越好，单元测试就显得非常重要，它是功能测试的基础。在实践中，单元测试的大部分工作由开发人员完成，而开发人员更多的兴趣在编程上、把代码写出来，而不愿在测试上花较多的时间，对测试自己的代码也会存在一定的心理障碍。代码编写完成后，开发人员总是迫切希望交给测试人员，让测试人员去执行测试。

如果没有执行好单元测试，软件在后续的测试阶段可能会发现更多的错误，甚至软件无法运行。因为单元是否正确无法保证，因此大量的时间将被花在跟踪那些包含在独立单元内的、简单的错误上面。所以，表面上的进度取代不了实际进度，如果单元测试无效，对于整个项目或系统反而会增加额外的工期，导致软件成本的增加。软件中存在的错误发现得越早，则修改和维护的成本就越低，所以单元测试是早期抓住这些错误的最好时机。

5.1.2 单元测试的目标和要求

单元测试是对软件基本组成单元进行的测试，而且是在与程序的其他部分相隔离的情况下进行的。一般情况下，被测试的单元能够实现一个特定的功能，具有一定的独立性，同时又通过明确的接口定义与其他单元联系起来。调试与单元测试在工作中常交织在一起，操作上有一定的相似性，但两者的目的完全不同。测试是为了找出代码中存在的缺陷，通过某种测试覆盖要求，检查代码或运行代码以验证是否符合规范、符合设计要求等。而调试是为了修正已发现的代码错误，即针对已发现的缺陷来寻找引起缺陷的原因，例如，通过设置断点跟踪程序，检查变量状态，判断是不是某个变量取值不对而导致问题的出现。

检验各单元模块是否被正确地编码，即验证代码和软件系统设计的一致性是单元测试的主要目标，但单元测试的目标不仅是测试代码的功能性，还需要确保代码在结构上可靠且健壮，能够在各种条件下（包括异常条件，如异常操作和异常数据）给予正确的响应。如果这些系统中的代码未被适当测试，则弱点可被用于侵入代码，并导致安全性风险（例如内存泄漏或被窃指针）以及性能问题。执行完全的单元测试，可以比较彻底地消除各个单元中所存在的问题，避免将来功能测试和系统测试问题查找的困难，从而减少应用级别所需的测试工作量，并且减少发生误差的可能性。概括起来单元测试是对单元的代码规范性、正确性、安全性和性能等进行验证，通过单元测试，需要验证下列内容。

①数据或信息能否正确地流入和流出单元。

②在单元工作过程中，其内部数据能否保持其完整性，包括内部数据的形式、内容及相互关系不发生错误。

③在数据处理的边界处能否正确工作。

④单元的运行能否做到满足特定的逻辑覆盖。

⑤单元中发生了错误，其中的出错处理措施是否有效。

⑥指针是否被错误引用、资源是否及时被释放。

⑦有没有单圈隐患？是否使用了不恰当的字符串处理函数等。

单元测试的主要依据是《软件需求规格说明书》《软件详细设计说明书》，同时要参考并符合软件的整体测试计划方案。单元测试的一系列活动如下：

①建立单元测试环境，包括在集成开发环境（Integrated Development Environment, IDE）

中安装和设置单元测试工具（插件）。

②测试脚本（测试代码）的开发和调试。

③测试执行及其结果分析。

在单元测试活动中强调被测试的对象的独立性，软件的独立单元将与程序的其他部分隔离开，以避免其他单元对该单元的影响。这样，就缩小了问题分析范围。在单元测试中，需要关注以下主要内容。

①目标：确保模块被正确地编码。

②依据：详细设计描述。

③过程：经过设计、脚本开发、执行、调试和分析结果等环节。

④执行者：由程序开发人员和测试人员共同完成。

⑤采用哪些测试方法：包括代码控制流和数据流分析方法，并结合参数输入域的测试方法。

⑥测试脚本的管理：可以按照产品代码管理的方法进行类似的配置管理，包括代码评审、变更控制等。

⑦如何进行评估：通过代码覆盖率分析工具来分析测试的代码覆盖率、分支或条件的覆盖率。

何时可以结束单元测试？测试是否充分足够？如何评估测试的结果？每个项目都有自己的特殊需求，但通常除了代码的标准和规范，单元测试中主要考虑的是对结构和数据测试的覆盖率。下面给出是否通过单元测试的一般准则：

①软件单元功能与设计需求一致。

②软件单元接口与设计需求一致。

③能够正确处理输入和运行中的错误。

④在单元测试中发现的错误已经得到修改并且通过了测试。

⑤达到了相关的覆盖率的要求。

⑥完成软件单元测试报告。

5.1.3 单元测试的任务

为了实现上述目标，单元测试的主要任务包括对单元功能、逻辑控制、数据和安全性等各方面进行必要的测试。具体地说，包括单元中所有独立执行路径、数据结构、接口、边界条件和容错性等测试。

5.1.3.1 单元独立执行路径的测试

在单元中应对每一条独立执行路径进行测试，这不仅检验单元中每条语句能够正确执行，还检查下列问题：

①误解或用错了运算符优先级；

②混合类型运算；

③变量初始化错误；

④错误计算或精度不够；

⑤表达式符号错误等。

而且要检验所涉及的逻辑判断、逻辑运算是否正确，如是否存在不正确的比较和不适当的控制流造成的错误。此时判定覆盖、条件覆盖和基本路径覆盖等方法是最常用且最有效的测试技术。比较判断与控制流常常紧密相关，这方面常见的错误主要有以下几种：

①不同数据类型的对象之间进行比较；

②错误地使用逻辑运算符或优先级；

③因变量取值的局限性，期望理论上相等而实际上不相等的两个变量的比较；

④比较运算符或变量出错；

⑤循环终止条件错误或形成死循环；

⑥错误地修改循环变量。

5.1.3.2 单元接口测试

只有在数据能正确输入（方法参数）、输出（方法返回值）的前提下，其他测试才有意义。对单元接口的检验，不仅是集成测试的重点，也是单元测试的不可忽视的部分。单元接口测试应该考虑下列主要因素：

①输入的实际参数与形式参数的个数、类型等是否匹配、一致；

②调用其他单元时所给实际参数与被调单元的形式参数个数、属性是否匹配；

③是否存在与当前入口点无关的参数引用；

④是否修改了只读型参数；

⑤对全局变量的定义，各单元是否一致；

如果单元内包括外部输入输出（如打开某文件、读入文件数据和向数据库写入等）。

5.1.3.3 单元边界条件的测试

众所周知，程序容易在边界上失效，采用边界值分析技术，针对边界值及其左、右设计测试用例，很有可能发现新的错误。如果在单元测试中忽略边界条件的测试，相关错误在系统级测试中很难被发现，即使被发现后对其跟踪、寻其根源也是一件很困难的事。

5.1.3.4 单元容错性测试

在软件构造中强调防御式编程，即要求在编写程序时能预见各种可能的出错条件，并针对这些出错条件进行正确处理，如给予出错提示或设置统一的出错处理函数。针对单元错误处理机制，着重检查下列问题：

①输出的出错信息难以理解；

②记录的错误与实际遇到的错误不相符；

③在程序自定义的出错处理代码运行之前，系统已介入；

④异常处理不当；

⑤错误陈述中未能提供足够的定位出错信息。

5.1.3.5 内存分析

内存泄漏会导致系统运行的崩溃，尤其对于嵌入式系统这种资源比较匮乏、应用非常广泛，而且往往又处于重要部位的系统，将可能导致无法预料的重大损失。通过测量内存使用情况，可以了解程序内存分配的真实情况，发现对内存的不正常使用，在问题出现前发现征兆，在系统崩溃前发现内存泄漏错误；发现内存分配错误，并精确显示发生错误时的上下文情况，指出发生错误的缘由。

5.2 单元测试的原则

（1）独立性：单元测试应该独立于其他测试和开发活动，应确保每个单元测试只针对被测试的单元进行验证，而不依赖于其他单元或外部系统。这意味着测试应该能够在相对独立的环境中运行，不会受到其他模块代码的影响。

例如，如果正在测试一个方法，该方法调用了另一个方法，在单元测试中应该使用模拟对象（mock）来代替被调用的方法，以便专注于测试当前方法的功能。

（2）可重复性：单元测试是可重复的，无论何时运行都应该得到相同的结果。测试时，需确保测试环境的一致性，包括输入数据、配置和依赖项等。

为了实现可重复性，可以使用固定的种子值来生成随机数据，或者使用版本控制工具来管理测试数据和配置文件。这样，当测试人员在不同的时间或不同的环境中运行测试时，都能够得到可复制的结果。

（3）快速性：单元测试应该能够快速执行，由于单元测试通常在开发过程中频繁运行，所以测试的执行时间应该尽可能短，以便开发人员能够及时得到反馈。

可以通过优化测试代码、减少不必要的依赖和使用合适的测试框架等方式来提高测试的执行速度。例如，避免在单元测试中进行耗时的数据库操作或网络请求，可以使用模拟对象来代替这些操作。

（4）全面性：单元测试应该尽可能覆盖被测试单元的各种情况，需考虑不同的输入数据、边界条件和异常情况等，以确保被测试单元在各种情形下都能正确运行。

例如，对于一个接收整数参数的方法，可以测试正数、负数、零、边界值等不同的输入情况，还可以测试输入无效数据时方法的处理方式。

（5）自动化：单元测试应该是自动化的，能够在不需要人工干预的情况下运行。可以使用自动化测试框架来管理和执行单元测试，以便在开发过程中随时运行测试，并及时发现问题。

自动化测试框架可以提供报告和统计信息，帮助了解测试的覆盖度和执行情况。同时，自动化测试还可以与持续集成和持续部署流程集成，确保代码的质量和稳定性。

（6）断言明确原则：在单元测试中，断言应该明确地表示预期结果，应使用清晰、具体的断言语句来验证被测试单元的输出是否符合预期。

例如，不要只使用简单的断言语句如 "assertTrue（result）"，而应该使用更具体的断言语句如 "assertEquals（expectedValue，result）"，以便在测试失败时能够快速定位问题。

总之，遵循这些单元测试原则可以帮助测试人员提高代码的质量和可维护性，减少错误和缺陷的出现，提高开发效率。

5.3　JUnit 框架介绍

JUnit 是单元测试事实上的标准，尤其在 Java 开发领域。它通过简化测试用例的编写、执行和维护过程，促进了测试驱动开发（TDD）的实践。随着版本迭代，JUnit 不断引入新特性以适应现代软件开发的需求。

5.3.1　JUnit 的历史与发展

JUnit 最初由 Erich Gamma 和 Kent Beck 在 1997 年开发，作为极限编程（XP）实践的一部分。从 JUnit 3 到 JUnit 4，框架经历了重大的 API 变化，引入了注解（@Test、@Before、@After 等）来标记测试方法，极大地提高了测试代码的可读性和可维护性。

JUnit 将测试失败的情况分为两种：failure 和 error。failure 一般由单元测试使用的断言方法判断失败引起，表示在测试点发现了问题；而 error 则是由代码异常引起，这是除测试目的之外的发现，可能产生于测试代码本身的错误，也可能是测试代码中的一个隐藏的 bug。蓝色 "×" 代表 failure，红色 "×" 代表 error。例如：

```
@Test
public void testAdd() {
    assertEquals(5,cal.add(1,2));
}
```

运行测试结果显示蓝色 "×"，表示期望值与实际值不一样。

Assert 类中包含一系列的静态方法，其中常用的 assertEquals 方法就是其中之一。一般的使用方式是 Assert.assertEquals()，但是使用了静态包含后，前面的类名就可以省略了，使用起来更加方便。导入语句为 "import static org.junit.Assert.*"。

案例：IntelliJ IDEA 软件下搭建 JUnit 使用环境

（1）新建项目：在 IDEA 软件下，点击 File 菜单，选择 New→Project…，新建一个项目，如图 5-1 所示。

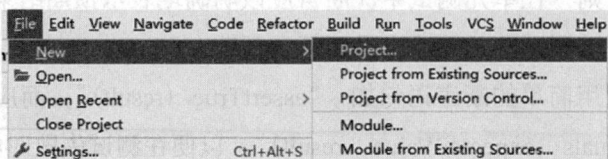

图 5-1　新建项目菜单

在左边列表中选择 Maven，这样可以直接生成相应的项目框架，单击 Next 按钮，如图 5-2 所示。

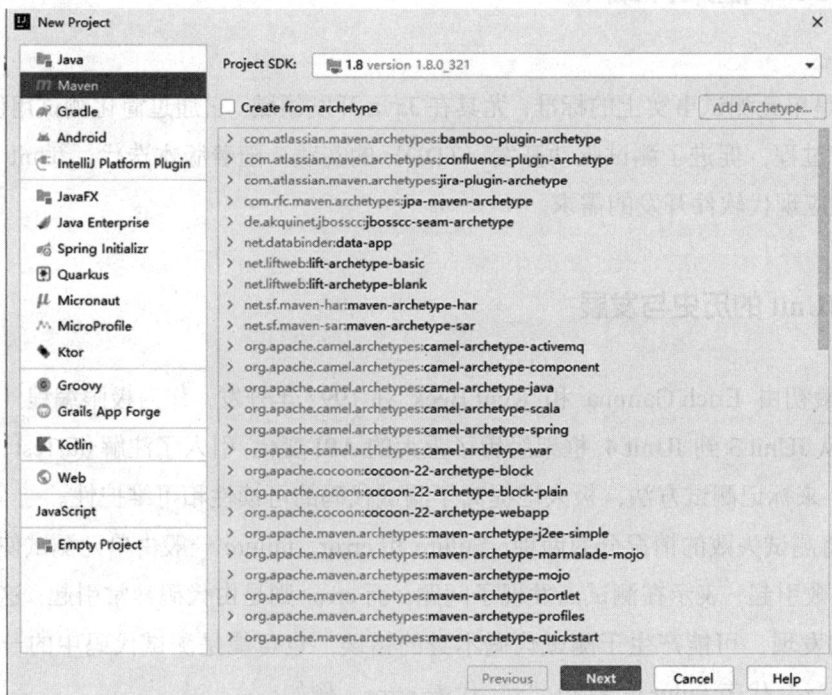

图 5-2　Maven 形式新建项目

选择项目保存的位置，输入相应的项目名，如图 5-3 所示。

（2）创建项目以后，在左侧可以看到新项目的框架结构：在 test 包上单击右键，选择 Mark Directory as—>Test Sources Root，将 test 文件夹设置为测试源代码目录，如图 5-4 所示。

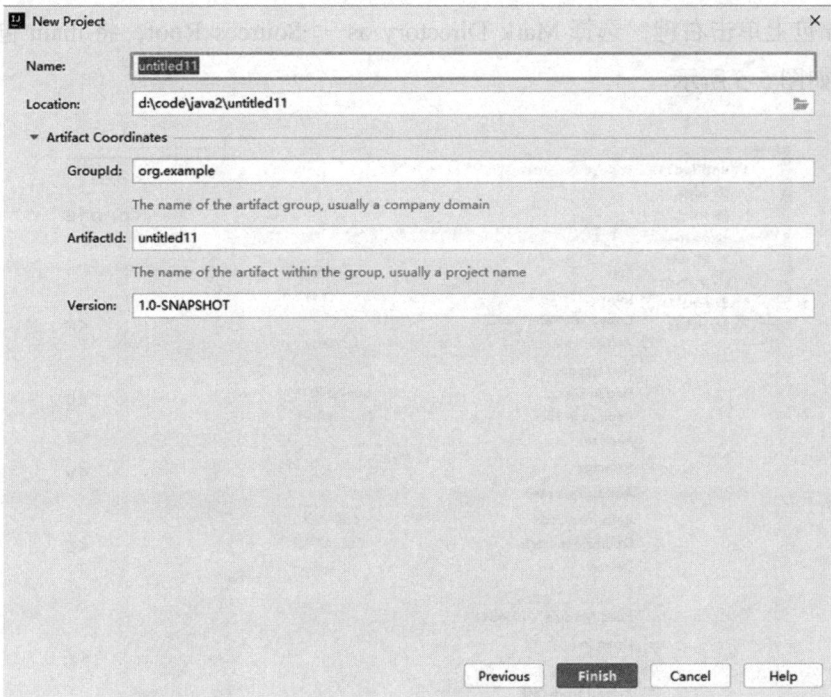

图 5-3　项目命名

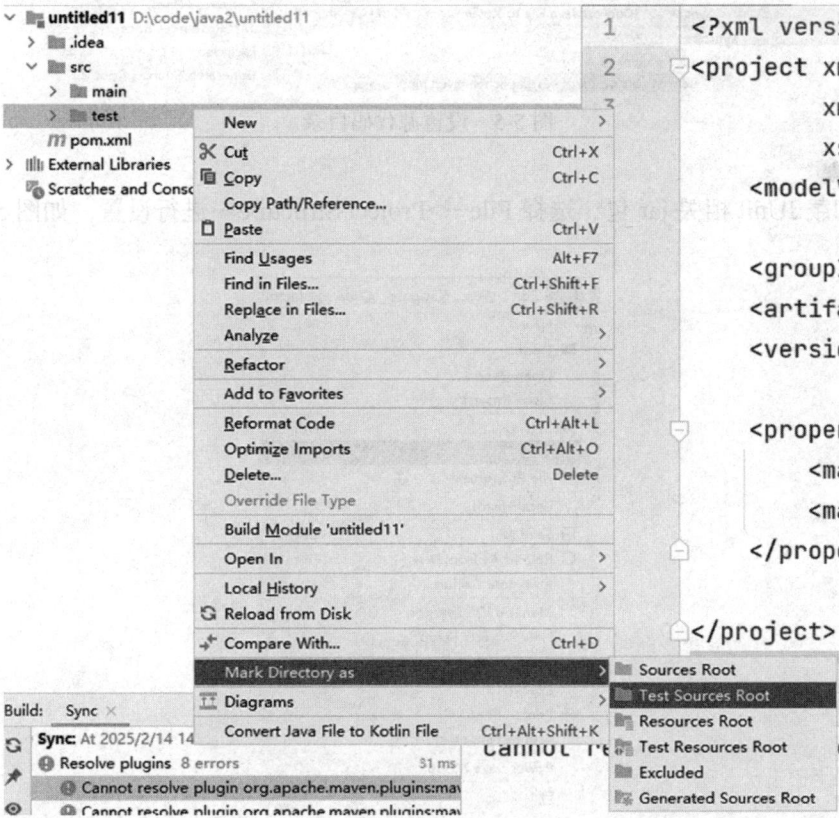

图 5-4　设置测试源代码目录

在 main 包上单击右键，选择 Mark Directory as—>Sources Root，将 main 包设置为源代码目录，如图 5-5 所示。

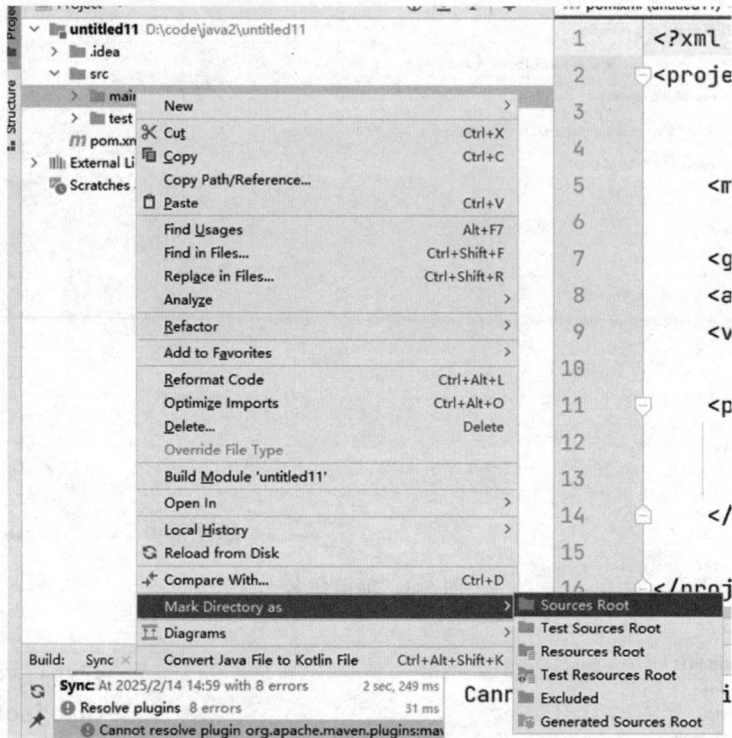

图 5-5　设置源代码目录

（3）加载 JUnit 相关 jar 包：选择 File—>Project Structure…进行设置，如图 5-6 所示。

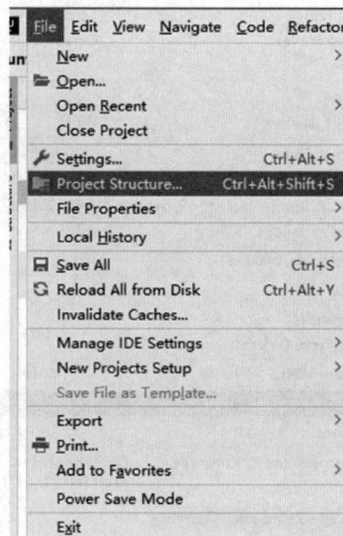

图 5-6　选择项目架构菜单

弹出界面如图 5-7 所示，选择 Project Settings 下的 Modules，右边出现三个选项卡，选择 Dependencies。然后，单击"+"按钮。

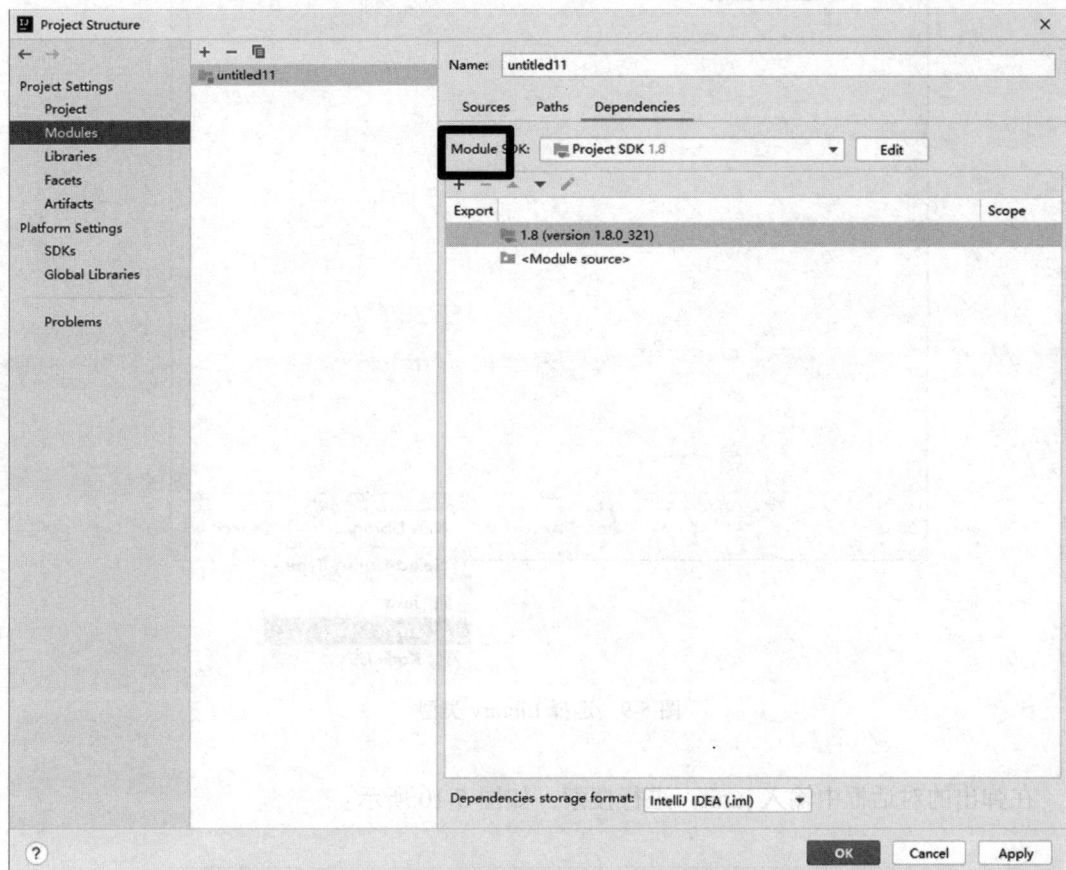

图 5-7　Dependencies 设置

此时，加载方式分为 2 种，一种为在线方式，另一种为离线方式，在实际使用中，根据需要进行选择，下面分别进行介绍。

①在线加载方式。选择 2 Library…，如图 5-8 所示。

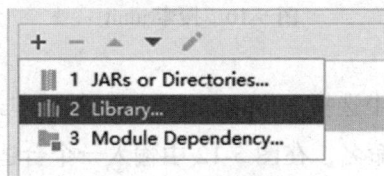

图 5-8　在线设置方式

操作后弹出界面如图 5-9 所示，选择 New Library—>From Maven。

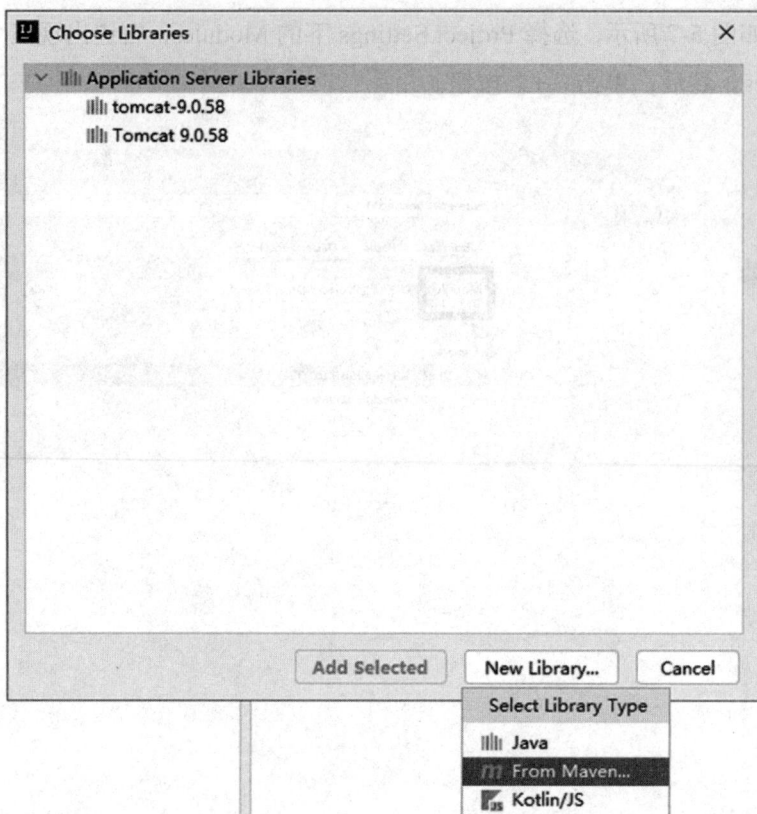

图 5-9　选择 Library 类型

在弹出的对话框中输入 junit，进行搜索，如图 5-10 所示。

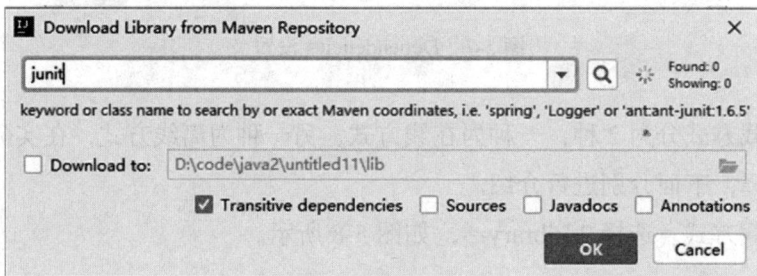

图 5-10　搜索 junit

搜索成功后，在下拉列表中选择 junit:junit:4.13.2，然后单击 OK 按钮，如图 5-11 所示。

可以为导入的 JUnit 类库命名，在图 5-12 中输入一个合适的名字，单击 OK 按钮。

在弹出的对话框（图 5-13）中，选择新增加的类库，单击 Add Selected 按钮。

在图 5-14 所示窗口中，可以看到新增加的 Dependence，先后单击 Apply 按钮和 OK 按钮，即可完成类库的加载。

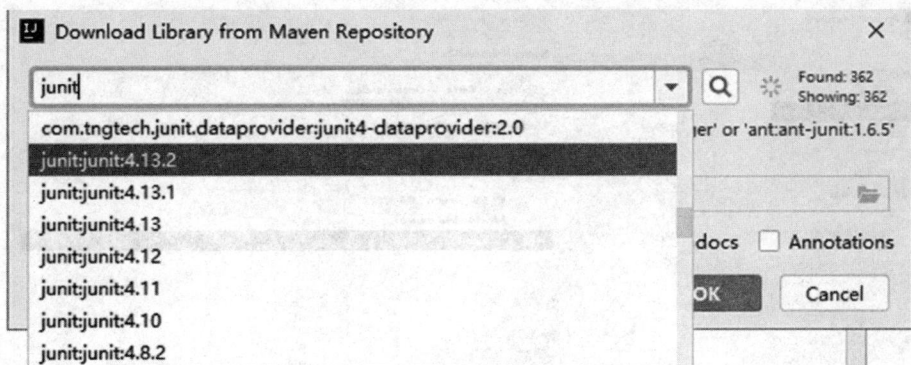

图 5-11 选择 junit

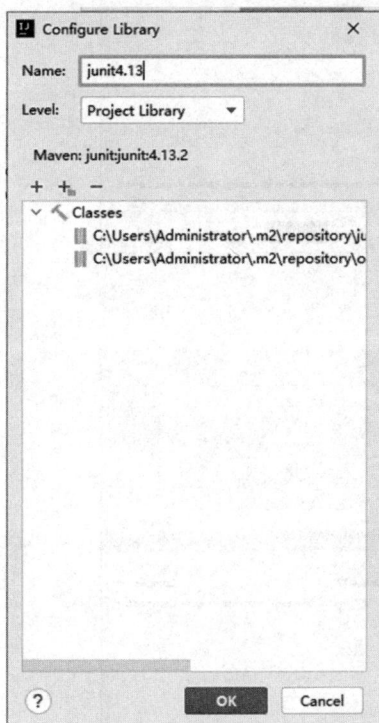

图 5-12 导入类库命名

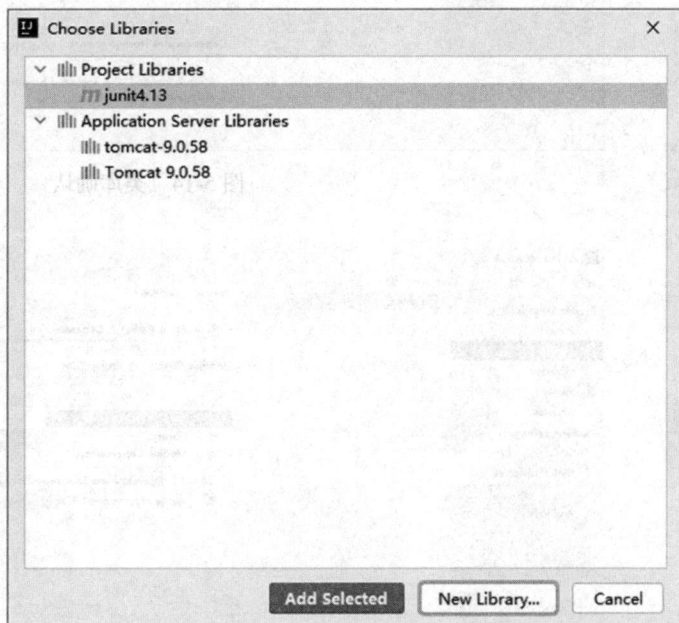

图 5-13 选择新增加的类库

②离线方式加载。在图 5-8 中，选择 1 JARs or Directories，如图 5-15 所示。

选择自己电脑上 JUnit 类库的相关路径，如图 5-16 所示。

用同样的方式加载 hamcrest-core-1.3.jar，如图 5-17 所示。

导入成功后的 jar 包情况如图 5-18 所示。

至此，JUnit 环境搭建成功，可以进行单元测试代码编写和执行。

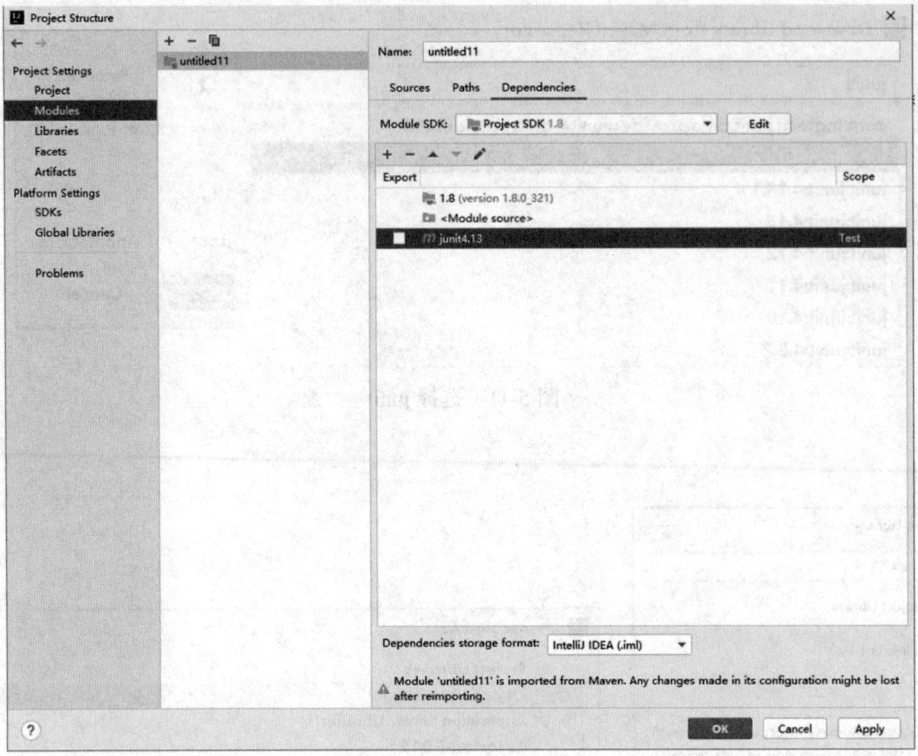

图 5-14 类库确认

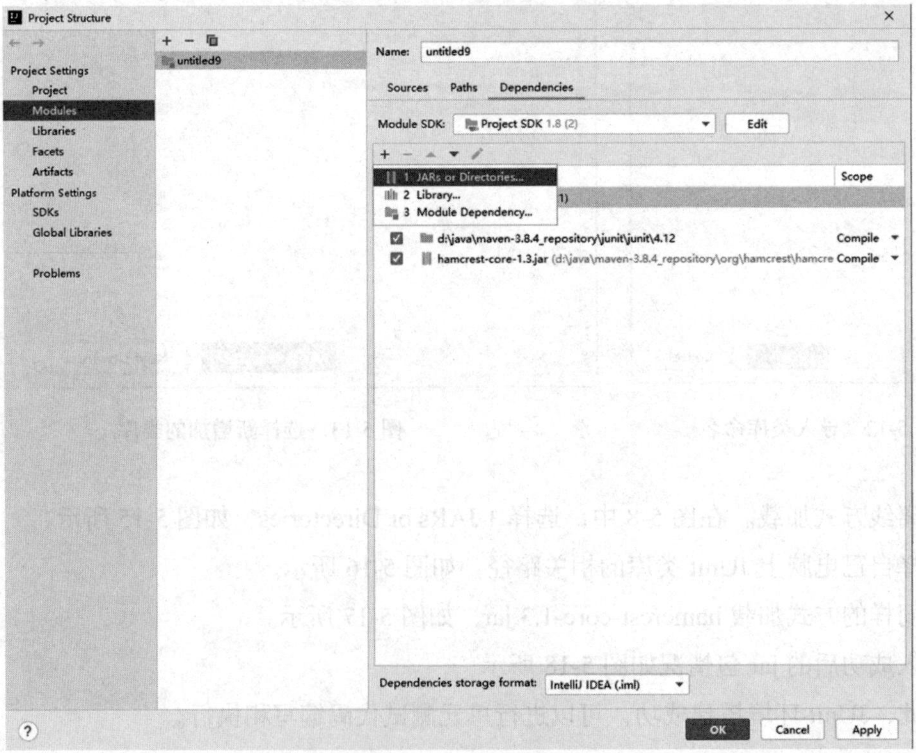

图 5-15 离线方式加载

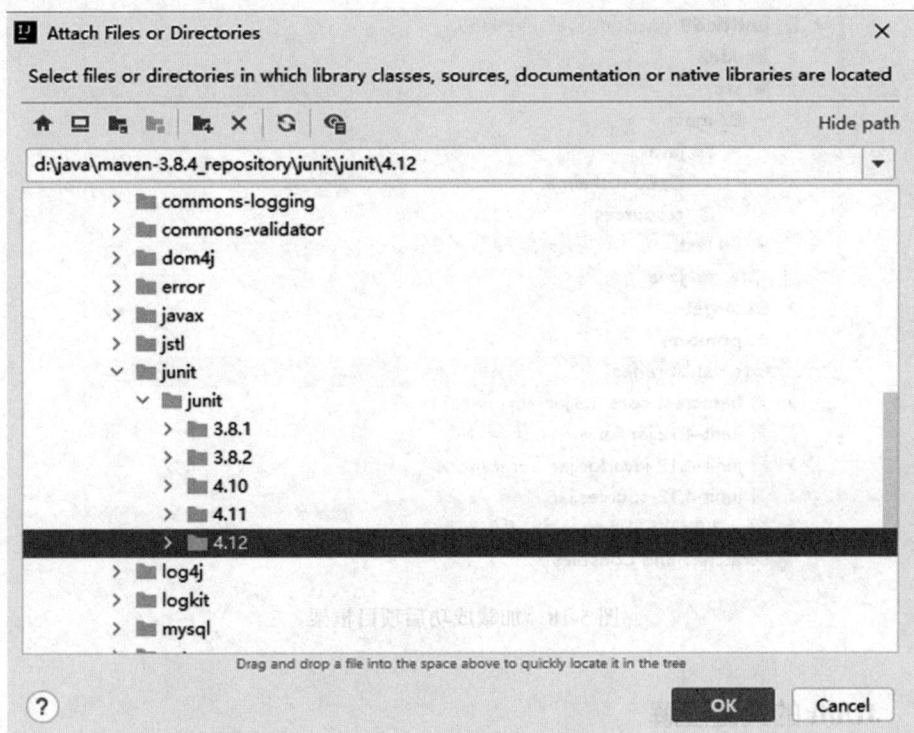

图 5-16 选择 JUnit 路径

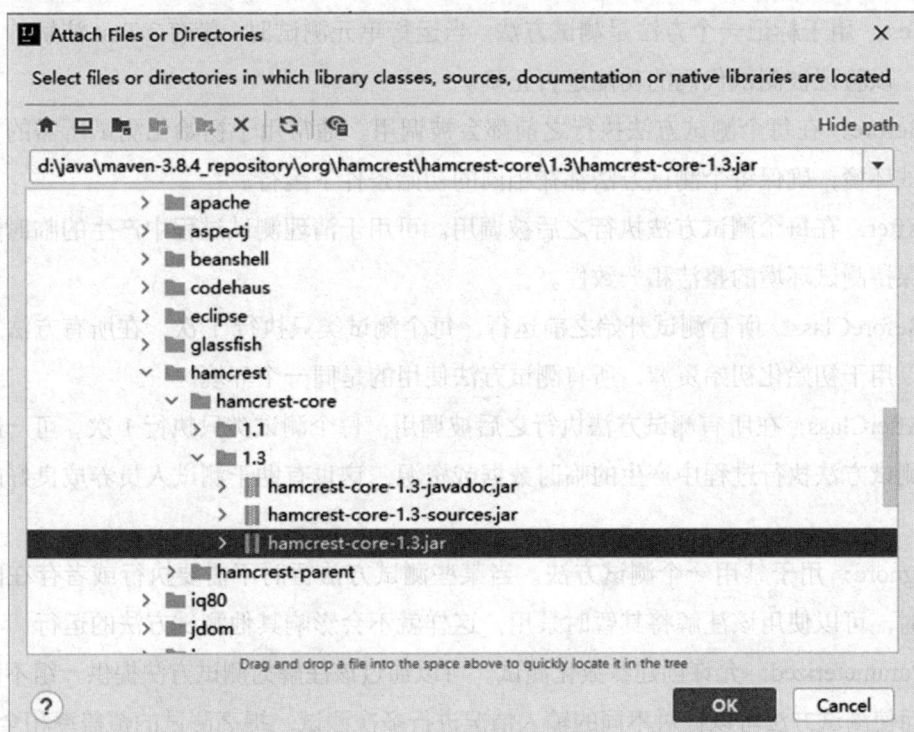

图 5-17 选择 hamcrest 路径

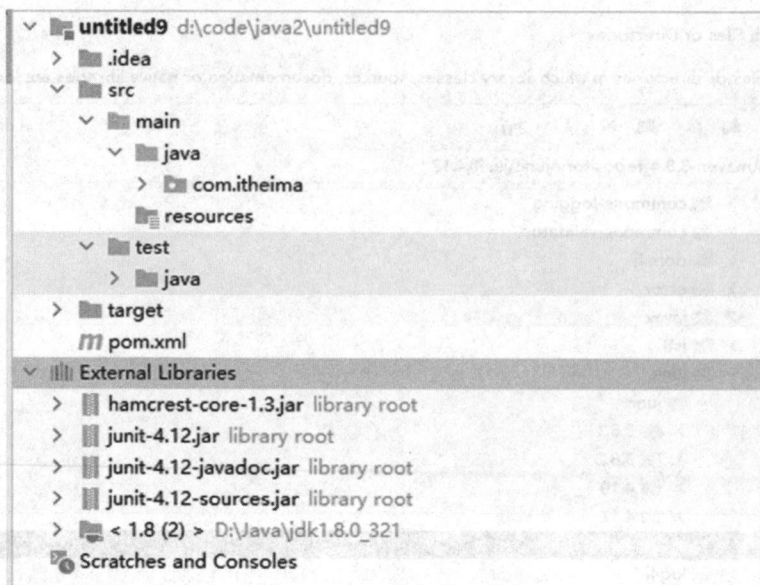

图 5-18　加载成功后项目框架

5.3.2　JUnit 的关键注解

JUnit 中引入了一系列注解，为单元测试提供了更强大和灵活的功能。

@Test：用于标记一个方法是测试方法。当运行单元测试时，带有@Test 注解的方法会被执行，以验证被测试代码的功能是否正确。

@Before：在每个测试方法执行之前都会被调用。通常用于初始化测试所需的资源或设置测试环境，确保每个测试方法都在相同的初始条件下运行。

@After：在每个测试方法执行之后被调用。可用于清理测试过程中产生的临时数据或资源，保持测试环境的整洁和一致性。

@BeforeClass：所有测试开始之前运行，每个测试类只执行 1 次，在所有方法之前执行，可以用于初始化初始资源，所有测试方法使用的是同一个环境。

@AfterClass：在所有测试方法执行之后被调用，每个测试类只执行 1 次。可一次性清理所有测试方法执行过程中产生的临时数据或资源，这也有助于测试人员养成良好的编码习惯。

@Ignore：用于禁用一个测试方法。当某些测试方法暂时不需要执行或者存在问题需要修复时，可以使用该注解将其暂时禁用，这样就不会影响其他测试方法的运行。

@Parameterized：允许创建参数化测试。可以通过该注解为测试方法提供一组不同的参数，从而使测试方法可以针对不同的输入情况进行多次测试，提高测试的覆盖率和全面性。

@RepeatedTest：用于重复执行一个测试方法指定的次数。在需要对某些测试进行多次重复以验证其稳定性或在不同场景下的表现时非常有用。

5.3.2.1 @Test（expected=*.class）

在 JUnit4.0 之前，对错误的测试，只能通过 fail 来产生一个错误，并在 try 块里面使用 assertTrue() 来测试。现在，可以通过@Test 元数据中的 expected 属性进行测试，expected 属性的值是一个异常的类型。

在被测试类中存在异常或者被测试类中抛出了异常的情况下，测试通过；如果没有出现期望的异常，测试不通过。

5.3.2.2 @Test（timeout=xxx）

该元数据传入了一个时间（ms）给测试方法，如果测试方法在制定的时间之内没有运行完，则测试失败。

如果出现死循环怎么办？这时 timeout 参数就有用了。

"@Test（timeout = 1000）"指定被测试方法被允许运行的最长时间是 1000ms，如果测试方法运行时间超过了指定的毫秒数，则 JUnit 认为测试失败。

被测试代码：

```
public void method()
{
    while(1<2)
        ;
}
```

测试代码：

```
@Test(timeout=1000)
public void testMethod()
{
    cal.method();
}
```

5.3.2.3 @Ignore

该元数据标记的测试方法在测试中会被忽略。当测试的方法还没有实现，或者测试的方法已经过时，或者在某种条件下才能测试该方法（比如需要一个数据库连接，而在本地测试的时候，数据库并没有连接），那么使用该标签来标示这个方法。同时，可以为该标签传递一个 String 的参数，来表明为什么会忽略这个测试方法。比如@Ignore（"该方法还没有实现"），在执行的时候，仅会报告该方法没有实现，而不会运行该测试方法。

```
@Ignore("something happens")
@Test
public void testSub() {
```

```
    assertEquals(-1,cal.sub(1,2));
}
```

@Ignore 与@Test 顺序没有特别要求，一般@Ignore 放到@Test 之前。

5.3.2.4 @BeforeClass 和@AfterClass

假设类中的每个测试都使用一个数据库连接、一个非常大的数据结构，或者申请其他一些资源。使用这两个特性后，不需要在每个测试之前都重新创建它，测试人员可以只创建一次，用完后将其销毁清除。

同时，要小心对待这两个特性。它们有可能会违反测试的独立性，并引入非预期的混乱。如果一个测试在某种程度上改变了@BeforeClass 所初始化的一个对象，那么它有可能会影响其他测试的结果。也就是说，由@BeforeClass 申请或创建的资源，如果是整个测试用例类共享的，那么尽量不要让其中任何一个测试方法改变那些共享的资源。

在这里要注意一下，被标注为@BeforeClass 或 @AfterClass 的方法必须用 public static 修饰。

@Before 和@After 标注的方法必须是 public void 修饰的。

对于@BeforeClass、@AfterClass、@Before 和@After 注解的方法，名字没有特殊要求，但是返回值必须为 void ，而且不能有任何参数。如果违反这些规定，运行时会抛出 一个异常。

5.3.3 断言

JUnit 被用来测试代码，并且它是由不同条件的断言方法（Assertion Method）组成。断言是 JUnit 中用于验证测试结果是否符合预期的重要机制。通过使用断言，开发者可以在测试方法中明确指定期望的结果，并与实际运行结果进行比较。如果实际结果与预期结果不一致，断言将会失败，测试框架会报告测试失败，从而帮助开发者快速定位问题。常见的断言方法包括：

（1）assertEquals（String message。Object expected，Object actual）：用于比较两个值是否相等。其中，expected 表示期望的值；actual 表示实际得到的值。如果两者不相等，测试将失败并显示相应的错误信息。

message: 指定的或者是为空的断言错误。

expected: 期待的值。

actual: 真实的值。

例如，可在程序中可以写作：

```
@Test
public void testAdd() {
```

```
    assertEquals("error,两者不等!",3,cal.add(1,12));
}
```

（2）assertTrue（condition）：用于验证一个条件是否为真。如果 condition 为假，测试将失败。此断言可以用于验证某个方法的返回值是否满足特定的条件。

定义形式为 assertTrue（String message，boolean condition）。conditon 如果不是为真（true），就抛出指定的异常错误 message。

message：指定的或者是为空的断言错误。

condition：检测的条件。

（3）assertFalse（condition）：与 assertTrue 相反，用于验证一个条件是否为假。如果condition 为真，则测试失败。

定义形式为 assertFalse（String message，boolean condition）。如果 conditon 不是假就抛出指定的异常错误 message。

message：指定的或者是为空的断言错误。

condition：检测的条件。

（4）fail 断言：public static void fail（String message），用指定的信息去使一个测试失败。下面的代码将会强制结束当前的测试方法，后续代码不再执行。

```
@Test
public void testSub() {
    ......
    fail("出错!!");//该方法被强制结束,后面语句不再执行
    ......
}
```

（5）assertNull（object）：用于验证一个对象是否为 null。如果 object 不为 null，测试将失败。在测试中，当期望某个方法返回 null 或者验证对象是否正确初始化时，可以使用该断言。

（6）assertNotNull（object）：用于验证一个对象是否不为 null。如果 object 为 null，测试将失败。该断言可以用来在测试对象创建或获取的方法时，确保返回的对象是有效的。

（7）assertSame 断言：assertSame（String p1, Object p2, Object p3），用于验证两个对象 p2 和 p3 是否指向同一个内存地址，如果不是，提示相应的信息 p1。

（8）assertNotSame 断言：assertNotSame（String message, Object unexpected, Object actual）和 assertSame 功能相反，用来判断两个对象是否不同。

断言在单元测试中起着关键作用，它使得测试具有明确的验证标准，能够准确地检测出代码中的问题，从而提高代码的可靠性和稳定性。正确使用断言可以帮助开发者编写有效的单元测试，确保代码的质量和功能符合预期。

案例：JUnit 测试和执行

（1）书写被测试类代码。

```
1  public class Calculator {
2      public int add(int a,int b){
3          return a+b;
4      }
5      public int sub(int a,int b){
6          return a-b;
7      }
8  }
```

被测试类 Calculator 详情如图 5-19 所示。

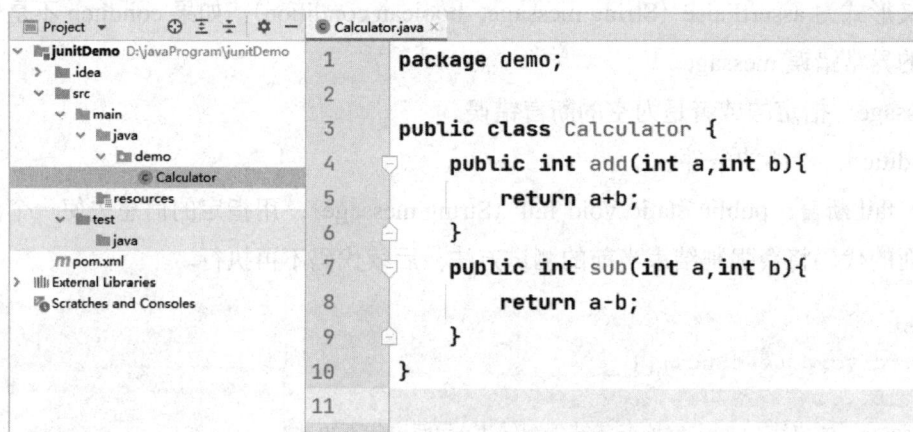

图 5-19 被测试类 Calculator

在被测试类 Calculator 空白处单击右键，选择 Go To—>Test，如图 5-20 所示。

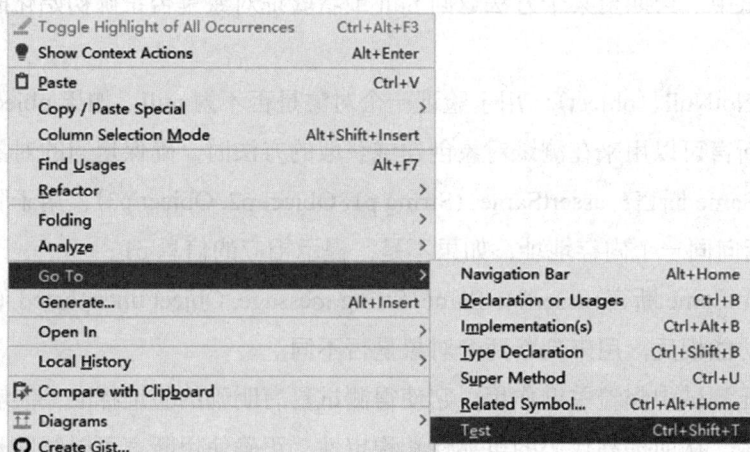

图 5-20 跳转到测试类

（2）创建测试类：弹出创建测试类菜单，如图 5-21 所示。

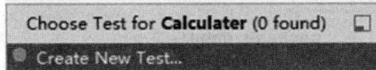

图 5-21　创建测试类

选择 Create New Test...，弹出如图 5-22 所示窗口。

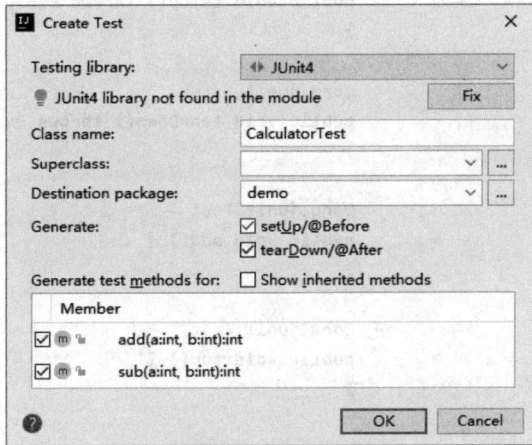

图 5-22　测试类设置

Testing library 下拉列表选择 JUnit4，测试类名字自动生成。选择要测试的方法，同时选中 setUp 和 tearDown 两个复选框，然后单击 OK 按钮。弹出如图 5-23 所示界面，保持默认即可。

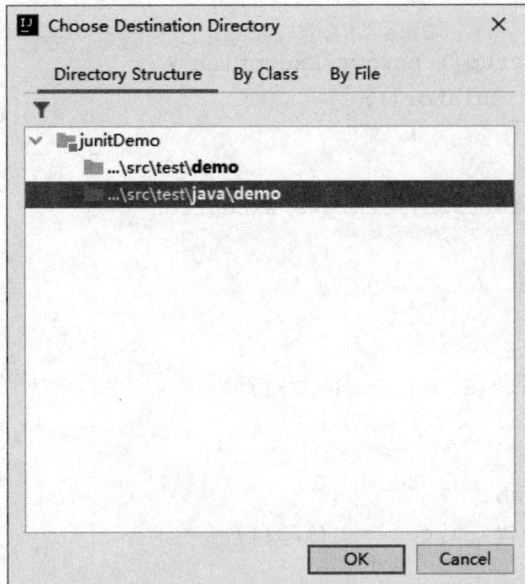

图 5-23　测试类路径设置

单击 OK 按钮，测试类创建成功，如图 5-24 所示。

图 5-24　自动生成的测试类

书写测试类代码，如下所示：

```
1   public class CalculatorTest {
2       Calculator cal;
3       @Before
4       public void setUp() throws Exception {
5           cal=new Calculator();
6       }
7       @After
8       public void tearDown() throws Exception {
9           cal=null;
10      }
11      @Test
12      public void add() {
13          assertEquals(3,cal.add(1,2));
14      }
15      @Test
16      public void sub() {
17          assertEquals(-1,cal.sub(1,2));
18      }
19  }
```

在 add()测试方法和 sub()测试方法中分别增加了断言代码，来对 Calculator 类中的方法进行单元测试。在 setUp()方法中对 cal 对象进行初始化，保证每个测试方法执行之前 cal 都是新的对象，彼此不会相互干扰。tearDown()方法中进行了对象回收操作，用@After 注解进行标识。

（3）运行测试类

①运行整个类。在测试类空白处单击右键或者在右侧测试类名上单击右键，弹出如图 5-25 所示菜单，选择 Run'CalculatorTest'即可运行测试类。

②运行某个方法。在方法内部空白处或者方法名位置单击右键，弹出如图 5-26 所示菜单，选择相应的 Run 菜单项即可运行该方法。

③运行整个文件夹。在测试文件夹（包）上单击右键，弹出如图 5-27 所示菜单，选择相应的 Run 菜单即可运行整个文件夹下的所有测试类。

图 5-25　运行测试类

图 5-26　单独运行测试方法

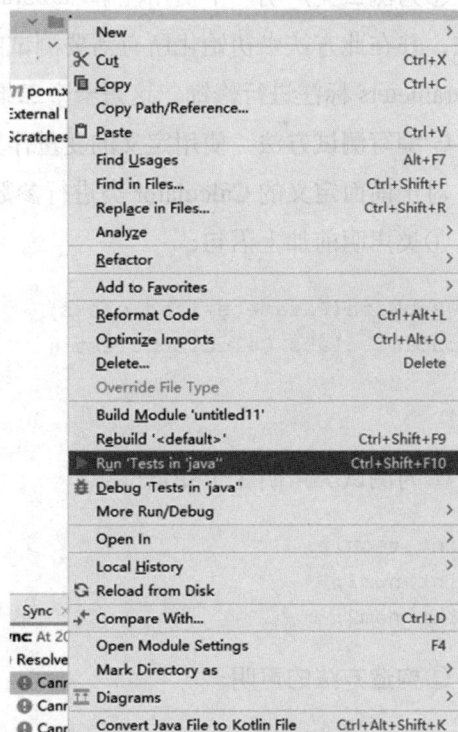

图 5-27　运行测试文件夹

5.3.4 参数化测试

有些测试方法大同小异：代码结构都是相同的，不同的仅仅是测试数据和期望值。有没有更好的方法将测试方法中相同的代码结构提取出来，提高代码的重用度，减少复制粘贴代码的烦恼？

例如，当我们有一个方法需要处理不同类型或范围的输入数据时，传统的做法可能是编写多个相似的测试方法，每个方法针对一种特定的输入数据进行测试。但这样会导致代码冗余，并且维护起来也比较麻烦。而使用参数化测试，我们可以将这些不同的输入数据作为参数传递给同一个测试方法，让测试方法根据不同的参数进行相应的处理和验证。

参数化测试是 JUnit4 中一个非常有用的特性，它可以使用不同的参数多次运行同一个测试方法。这在很多情况下可以大大提高测试的覆盖率和效率。

使用步骤如下：

①为准备使用参数化测试的测试类指定特殊的运行器 @RunWith（Parameterized.class）。

②为测试类声明几个变量，分别用于存放期望值和测试所用数据。

③为测试类声明一个带有参数的公共构造函数，并在其中为步骤②声明的几个变量赋值。

④为测试类声明一个使用注解 @Parameters 修饰的，返回值为 Collection 的公共静态方法，并在此方法中初始化所有需要测试的参数对。该方法可以任意命名，但是必须使用 @Parameters 标注进行修饰。这是一个二维数组，每组数据产生一个测试实例。

⑤编写测试方法，使用定义的变量作为参数进行测试。

对于前面定义的 Calculator 类进行参数化测试，详细代码如下所示：

①类声明前加上语句：

```
@RunWith(Parameterized.class)
public class CalculatorTest {
    ......
}
```

②为测试类声明 3 个变量：

```
int result;
int num1;
int num2;
```

③构造方法的声明：

```
public CalculatorTest(int result, int num1, int num2
{
    this.result = result;
```

```
    this.num1 = num1;
    this.num2 = num2;
}
```

④为测试类声明一个使用注解的方法:

```
@Parameters
public static Collection addUtil() {
    return Arrays.asList(new Object[][] {
        {3,1,2 },{-3,-1,-2},{-1,1,-2 },
        {10,10,0 },{-10,-10,0 }
        });
}
```

⑤编写测试方法:

```
@Test
public void add() {
    assertEquals(result,cal.add(num1,num2));
}
```

对于 Calculator 类中的 add () 方法进行单元测试, 方法中包括 2 个整型参数, 需要考虑整型参数的正、负和 0 的情形, 以及相互组合的情况。这样的测试, 用参数化形式可以大大提高测试的效率。

参数化测试的好处在于, 它可以用更少的代码覆盖更多的测试场景, 减少重复代码的编写, 同时也使得测试用例更加清晰和易于维护。当我们需要测试一个方法在不同输入情况下的行为时, 参数化测试是一个非常强大的工具。

5.3.5 测试套件

在实际项目中, 随着项目进度的开展, 单元测试类会越来越多, 如果一个一个地单独运行测试类, 这样的效率较低。为了解决这个问题, JUnit 提供了一种批量运行测试类的方法, 叫作测试套件。这样, 每次需要验证系统功能正确性时, 只执行一个或几个测试套件便可以了。

我们有时也希望一次把所有测试跑一遍, 这时我们可以写一个打包类。遵循以下规则:

①创建一个空类作为测试套件的入口。

②使用注解 @RunWith 和 @Suite.SuiteClasses 修饰这个空类。

③将 Suite.class 作为参数传入注解 RunWith, 以提示 JUnit 为此类使用套件运行器执行。

④将需要放入此测试套件的测试类组成数组作为注解 @SuiteClasses 的参数。

⑤　保证这个空类使用 public 修饰，而且存在公开的不带有任何参数的构造函数。

实例：

```
@RunWith(Suite.class )
@SuiteClasses( { CalculatorTest.class, CalTest.class, HelloWorldTest.class })
public class CalculatorTestSuite {
}
```

在代码空白处，单击右键可以运行 CalculatorTestSuite，从而运行 CalculatorTest.class、CalTest.class 和 HelloWorldTest.class 多个测试类。

测试套件是一种将多个相关的测试类或测试方法组合在一起进行批量运行的方式。测试套件的主要作用是方便对整个项目或某个模块的测试进行组织和管理。例如，在一个大型项目中，可能有多个不同的测试类分布在不同的包中，可以通过创建一个测试套件，将这些相关的测试类包含进来，然后一次性运行整个测试套件，而不需要逐个去运行每个测试类。

可以根据不同的需求，选择策略来包含测试类或测试方法，比如根据包名、注解等进行筛选。测试套件可以更好地组织和执行大规模的测试，提高测试的效率和可管理性。同时，它也可以用于对不同层次或模块的测试进行分组，以便更有针对性地进行测试运行和结果分析。在实际的项目开发中，合理使用测试套件可以让测试工作更加有序和高效。

本章小结

单元测试在软件开发中具有不可替代的地位，以 JUnit 框架为代表的单元测试工具为我们提供了强大高效的测试方式。通过掌握单元测试的概念、方法和技巧，以及合理运用 JUnit 框架，我们能够在开发过程中不断提高代码质量，降低软件缺陷的风险。在未来的软件开发中，随着软件规模和复杂性的不断增加，单元测试将变得更加重要。我们需要不断深化对单元测试的理解和实践，探索更先进的测试技术和方法，以适应不断变化的软件开发需求。同时，也要注重团队内部对单元测试的重视和推广，形成良好的测试文化，共同推动软件项目的成功交付和持续发展。

本章习题

一、填空题

1. 单元测试主要测试的是_____、_____。

2. 通常单元测试是由_____来执行。

3. JUnit 中通过_____进行同类型数据的测试，无须写多个类似的断言。

4. JUnit 可以同时运行多个测试类，通过＿＿＿＿＿＿＿＿＿实现。

5. JUnit 中的＿＿＿＿＿＿＿＿注解修饰的方法，会在每个测试方法执行之前运行一次。

二、判断题

1. 开发单元测试脚本不需要提前设计测试用例。（　　　　）

2. JUnit 在一个条中显示进度。如果运行良好则是红色；如果运行失败，则变成绿色。（　　　　）

3. 单元测试需要为每个基本单元开发驱动模块或桩模块。（　　　　）

4. 单元测试就是用某一款代码扫描工具将产品代码扫描一遍，看看有没有什么问题。（　　　　）

5. 开发单元测试脚本不需要提前设计测试用例。（　　　　）

三、单项选择题

1. 基于 JUnit4.x 设计单元测试脚本时，用于支持参数化测试的运行器是（　　　　）。

A. Categories

B. Parameterized

C. TestCase

D. Suite

2. 软件组件（单元）测试的主要目的是（　　　　）。

A. 测试组件与组件之间的接口

B. 发现组件内部的缺陷，以及验证组件的实现功能

C. 检查组件与硬件的关联

D. 验证整个系统的功能

3. 关于性能测试，下列说法中错误的是（　　　　）。

A. 软件响应慢属于性能问题

B. 性能测试就是通过性能测试工具模拟正常、峰值及异常负载状态下对系统的各项性能指标进行测试的活动

C. 性能测试可以发现软件系统的性能瓶颈

D. 性能测试是以验证功能实现完整为目的

4. 下列选项中，哪一项不是性能测试指标（　　　　）。

A. 响应时间

B. TPS

C. DPH

D. 吞吐量

5. 下列选项中，哪一项是瞬间将系统压力加载到最大的性能测试（　　　）。

A. 压力测试

B. 负载测试

C. 并发测试

D. 峰值测试

6. 以下 JUnit 使用的注意事项中错误的是（　　　）。

A. 测试类一般使用 Test 作为类名的后缀

B. 测试方法必须使用@Test 修饰

C. 测试方法一般使用 test 作为方法名的前缀

D. 测试方法必须使用 public void 进行修饰，可以带参数

四、简答题

1. 为什么要进行单元测试？单元测试的主要任务有哪些？

2. 单元测试的对象不可能是一组函数或多个程序的组合，为什么？

3. 单元测试一般由开发人员完成，并采用白盒测试技术，这样会获得更高的测试效率和进行更彻底的测试，谈谈其中的道理。

第6章
性 能 测 试

随着科技的飞速发展，互联网和移动应用已经渗透到我们生活的方方面面，从社交娱乐到工作学习，几乎无处不在。这种高度依赖使得软件性能和用户体验成为决定产品成败的关键因素。因此，性能测试作为确保软件质量的重要手段，其重要性不言而喻。

性能测试是通过模拟实际或预期的负载条件，评估软件系统的性能特征。这包括但不限于响应时间、吞吐量、资源利用率、稳定性以及在高负载下的行为。性能测试是确保软件质量、提升用户体验不可或缺的一环。随着技术的不断进步和用户需求的变化，性能测试的方法和工具也在不断演进。作为软件测试工程师，持续学习和实践性能测试技能，将有助于个人职业发展，同时也为企业的数字化转型和产品创新提供坚实的技术保障。

6.1 性能测试概述

6.1.1 性能测试基础

性能测试
的概述

性能测试是一种软件测试类型，旨在评估系统在不同工作负载下的性能，包括响应时间、吞吐量、资源利用率和稳定性等关键指标。它通过模拟预期的用户负载来确定系统在实际运行中的表现，确保软件能够在既定的性能标准下正常运行，同时识别可能的瓶颈和优化方向。性能测试为软件开发的各个利益相关方提供了宝贵的信息，包括软件的运行效率、稳定性和可靠性等关键性能指标。这项测试不仅帮助软件在交付前进行改进，来确保产品的质量，还有助于预防潜在的性能问题，这些问题如果不被及时发现和解决，可能会在软件部署后导致更加严重的后果。

没有经过充分性能测试的软件，在实际使用中可能会遇到各种性能瓶颈，这些问题可能导致系统崩溃、响应缓慢，甚至更严重的信息安全漏洞，如数据泄露。这些问题不仅会给企业带来经济损失和声誉损害，还可能引发公众对企业的信任危机，造成广泛的社会影响。

因此，性能测试是确保软件质量和安全性的重要环节。通过在产品交付前进行全面的性能测试，可以及时发现并解决潜在的软件缺陷，从而降低风险，提高产品的市场竞争力，为企业和用户创造更大的价值。

性能测试
的流程

6.1.2 性能测试失败案例

近年来，由于软件系统的性能问题而引起严重后果的事件时有发生，下面列举几个典型案例。

(1) 亚马逊休假系统错误（2021年）：亚马逊的内部员工请假系统出现混乱，导致员工休假信息错误，薪资计算出现问题，甚至导致一些员工被错误解雇，对亚马逊的企业形象和内部管理造成了严重影响。出现的原因是亚马逊的休假管理系统由多款不同供应商的软件拼凑而成，导致了系统间的不兼容和应用错误。

(2) 法国 LCL 银行账户信息泄露（2021年）：LCL 银行的客户在登录银行应用程序时，意外看到了别人的银行账户信息。虽然银行表示客户只是查看到了信息但是无法进行转账等操作。然而，这一事件暴露了银行软件在安全性和隐私保护方面的巨大漏洞，引发了客户对 LCL 银行信任度的下降。

(3) 京都大学超算系统数据误删（2021年）：由于备份超级计算机系统的程序存在 Bug，京都大学的一些重要数据被误删，约 77TB 数据和 3400 万个文件丢失，对京都大学的科研工作和数据存储造成了严重影响。这一事件凸显了在高性能计算领域中，软件的稳定性和数据保护的极端重要性。

(4) Log4j2 安全漏洞（2021年）：这是一个存在于广泛使用的开源日志框架 Log4j2 中的严重安全漏洞，允许攻击者远程执行代码。这一漏洞影响了全球无数的系统和应用程序，造成了巨大的安全风险和潜在损失。

(5) 波音 737MAX 飞机坠毁（2018年和2019年）：两架波音 737MAX 飞机因软件缺陷导致的坠机事故，造成数百人丧生，波音 737MAX 机型停飞，波音公司声誉受损并面临巨额赔偿。调查发现，飞机的自动防失速系统（MCAS）存在设计缺陷，这表明在关键系统的设计和测试中，软件性能和安全性的重要性。

由此可见，性能测试是确保软件在各种预期使用场景下都能满足用户性能期望的关键环节。性能测试在软件测试过程中具有举足轻重的地位。

它涉及使用特定的工具来模拟用户在不同负载条件下的使用情况，包括正常使用、高峰时段的使用以及极端情况下的使用。这项测试的目的是确保软件在各种预期的使用场景下均能满足用户的性能期望，并且能够承受一定程度的负载压力。

通过性能测试，测试人员可以评估软件是否能够达到预定的性能标准，比如响应时间、处理速度、系统稳定性等。此外，性能测试还能够帮助识别系统中的性能瓶颈，即那些在高负载下可能导致性能下降的环节。一旦发现这些瓶颈，开发团队就可以采取措施进行优化，以提升整体的系统性能。

总的来说，性能测试不仅确保了软件在正常条件下的运行效率，还通过模拟极端情况来预测和防范潜在的性能问题，这对于维护用户体验和系统的可靠性至关重要。

6.1.3 性能测试分类

性能测试
的种类

系统性能是一个综合性的概念，涵盖了软件运行的多个方面，包括程序的执行速度、消耗的资源、运行的稳定性、安全性防护、软件是否能在不同的系统环境中正常工作、在高负荷下能否保持性能以及随着需求增长软件的扩展能力等。性能测试则是对软件的性能特征进行量化分析和评估的过程，以确保软件能够在实际使用中满足既定的性能标准。

性能测试并非单一的测试，而是一个包含多种测试方法的集合，主要包括以下几种类型。

6.1.3.1 负载测试

负载测试是通过逐步增加系统的负载（如用户数量、请求量等），来观察系统性能的变化，并确定在满足特定性能指标的情况下，系统所能承受的最大负载量。这一测试方法旨在模拟实际环境中的高负载情况，以评估系统的稳定性和可靠性。这一过程类似于举重训练，举重运动员在保持身体状态正常的前提下，逐渐增加举重的重量，以找出自己的最大承受能力。同样地，在负载测试中，测试人员通过不断增加系统的负载，来找出系统在保持特定性能指标（如响应时间、吞吐量等）下的最大承受能力。

在进行负载测试时，必须首先设定性能指标。例如，如果一个软件系统的响应时间要求不超过 1s，那么在此基础上，测试人员会不断增加用户访问量。当访问量达到 1 万时，如果系统的响应时间开始超过 1s，就可以确定在保持响应时间不超过 1s 的条件下，系统的最大负载量为 1 万用户。

负载测试是一种重要的性能测试方法，可以帮助开发团队识别系统的性能瓶颈、为优化提供依据，并提高系统的稳定性和可靠性。

6.1.3.2　压力测试

压力测试，也称为强度测试，是一种通过不断增加系统压力来测试其性能变化的方法。作为一种极端的性能测试方法，其核心在于通过不断施加压力来揭示系统在极限条件下的行为和表现。这种测试的目的是将系统推向极限，直至资源饱和或系统崩溃，以此来确定系统在极端条件下的最大承受能力。

与负载测试相比，压力测试不以保持特定的性能指标为前提。负载测试主要关注满足性能要求时系统能处理的最大负载量，而压力测试则更注重系统在极端负载下的行为和表现。负载测试是在保持系统性能稳定的前提下逐步增加负载，而压力测试则是不断施加压力，直至系统达到极限。例如，如果一个软件系统正常响应时间为 1s，通过负载测试可能发现当用户访问量超过 1 万时响应时间开始变慢。而压力测试会继续增加访问量，观察系统在更高压下的性能表现。如用户访问量增加到 2 万，响应时间可能延长到 3s；增加到 3 万，响应时间可能延长到 5s；直到访问量达到 4 万，系统可能崩溃无法响应。通过这样的测试，可以确定系统在实际崩溃前能承受的最大访问量。

压力测试的一个关键作用是揭示那些在高负载条件下才会显现的问题，如同步问题、内存泄漏等。这些问题在系统负载较轻时可能不会表现出来，但在高负载或极端条件下，它们可能导致系统性能急剧下降甚至崩溃。压力测试能够帮助开发团队揭示潜在问题、提高系统稳定性、优化系统性能，并为决策提供重要依据。

6.1.3.3　并发测试

并发测试作为性能测试的一个重要分支，其核心在于模拟多用户同时访问和操作同一应用程序、模块或数据记录的场景。这种测试手段的目的是揭示在高并发环境下可能潜藏的一系列问题，包括但不限于死锁、资源争用、数据不一致以及性能瓶颈等。

并发测试并非简单地遵循某个既定的标准，而是旨在确保系统能够在多用户并发操作的环境下稳定运行，避免任何意外的发生。在现代应用程序的广泛应用中，尤其是那些涉及大量用户交互的场景，并发测试显得尤为重要。它帮助开发团队评估系统在高负载下的表现，从而确保系统在实际应用中能够保持高效、稳定。

在实际的测试过程中，并发测试几乎成为了性能测试不可或缺的一部分。例如，在电子商务平台上，测试团队可能会模拟大量用户同时查询商品信息、添加购物车或进行支付操作，以观察系统能否承受这样的高并发请求。同样，在数据库管理系统中，并发测试也是评估系统性能、稳定性和一致性的关键手段。

在并发测试中，可能会遇到各种问题，如访问错误、写入错误、性能瓶颈等。并发测试通常包括以下几个方面。

①用户操作的并发性：模拟用户同时执行相同或不同的操作，以测试系统的响应能力

和数据处理能力。

②数据访问的并发性：测试系统在多用户同时访问和修改数据时的稳定性和一致性。

③资源争用：评估系统在资源（如数据库连接、内存、CPU）被多个用户争用时的表现。

通过并发测试，开发团队能够及时发现并修复系统在高并发环境下的潜在问题，从而提高系统的健壮性和用户体验。对于在线交易系统、多用户协作平台以及其他需要高并发处理能力的应用程序而言，并发测试更是确保系统可靠性和稳定性的关键手段。

并发测试在现代应用程序的性能测试中占据着举足轻重的地位。它不仅能够帮助开发团队提前发现并解决潜在问题，还能够提升系统的整体性能和用户体验。因此，在进行性能测试时，务必重视并发测试的重要性并充分利用。

6.1.3.4 配置测试

配置测试作为性能测试的一个重要组成部分，其核心在于探究软件系统在不同硬件和软件配置下的运行表现。这种测试手段旨在揭示不同配置对系统性能的具体影响，并据此寻找出最优的资源分配策略，以提升系统的整体性能。

在配置测试中，系统的代码保持不变，而测试人员会改变系统的硬件和软件环境。配置测试的核心目标在于，通过调整系统的外部配置，来发掘那些对系统性能有显著影响的因素，并据此进行优化。这些外部配置可能涵盖硬件环境（如 CPU、内存、存储设备、网络设备等）和软件环境（如操作系统、数据库系统、中间件、框架等）的多个方面。例如，测试可能发现增加内存容量可以显著减少系统的响应时间，或者使用特定的数据库索引可以提高查询效率。

配置测试是提升软件系统性能、优化资源配置的重要手段。通过科学的测试方法和策略，可以更有效地评估不同配置对系统性能的影响，并据此进行有针对性的优化和调整。

6.1.3.5 可靠性测试

可靠性测试的核心在于验证系统在持续的业务压力下长时间运行的稳定性和可靠性。这种测试通常要求系统在一段时间内，如连续 7 天 24 小时不间断运行，以模拟真实的生产环境，对于确保系统在实际生产环境中的稳定运行具有重要意义。

可靠性测试的主要目标是确保系统在长时间运行过程中能够保持稳定，不会出现性能下降、崩溃或数据丢失等问题。通过模拟真实用户操作和业务压力，测试人员可以评估系统在高负荷下的稳定性和可靠性。

在可靠性测试中，系统会被加载一定程度的业务压力，以模拟真实用户的操作。由于测试运行时间较长，它能够揭示那些在短时间测试中不易被发现的问题，尤其是内存泄漏和其他资源耗尽的问题。

可靠性测试是确保系统长时间稳定运行的重要手段。通过科学的测试方法和策略，开发团队可以有效地评估系统的可靠性，并提前发现和解决潜在的问题，从而提高系统的稳定性和用户满意度。

6.1.3.6 容量测试

容量测试作为性能测试的关键一环，其核心在于确定系统在特定软硬件及网络环境下的最大承载能力，包括支持的最大用户数、数据处理量以及存储容量等。这一测试对于评估系统的扩展潜力及适应未来需求增长的能力具有举足轻重的地位。

容量测试的主要目标是揭示系统在特定条件下的极限承载能力，为系统设计和资源分配提供有力依据。通过测试，我们可以了解系统在不同负载水平下的性能表现，从而确保系统在高负载下仍能维持稳定的运行。

容量测试通常涉及逐步增加负载，直到系统性能开始下降或系统无法处理额外的负载为止。通过这种方式，测试人员可以了解系统在不同负载级别下的表现，并为系统设计和资源分配提供依据。

对于需要处理大量用户或数据的系统，如在线交易平台、大型门户网站或企业资源规划（ERP）系统，容量测试尤为重要。它有助于确保系统在高负载下仍能保持可接受的性能水平，并为未来的增长和扩展提供规划。

容量测试是确保系统在高负载下稳定运行的重要手段。通过科学的测试方法和策略，我们可以有效地评估系统的承载能力，并为系统的扩展和升级提供有力支持。

6.1.4 性能测试指标

能测试的
指标

性能测试和功能测试关注点不一样，功能测试侧重于验证软件是否实现了预定的功能，而性能测试则关注这些功能在执行时的效率和速度是否满足既定的标准。以软件的查询功能为例，功能测试会检查查询功能是否能够正常工作，而性能测试则会进一步评估查询操作是否能够迅速且准确地返回结果。

不过，判断查询速度的"快"和查询结果的"准确"是主观的，因此，性能测试需要依赖一系列量化的指标来评估性能。这些指标提供了明确的基准，帮助测试人员判断软件的性能是否达到了用户和业务的需求。性能测试常用的指标包括响应时间、吞吐量、并发用户数、TPS 等，下面分别进行介绍。

6.1.4.1 响应时间

响应时间（response time）是衡量系统性能的关键指标之一，它指用户从客户端发出请求到接收到系统响应的整个过程所耗费的时间。这个时间包括了客户端到服务器的网络传输时间、服务器处理请求的时间、数据库处理时间以及其他中间件的处理时间。

在性能测试中，响应时间的计算可能涉及多个部分，如网络延迟、应用服务器处理时间和数据库服务器处理时间等，如图 6-1 所示。

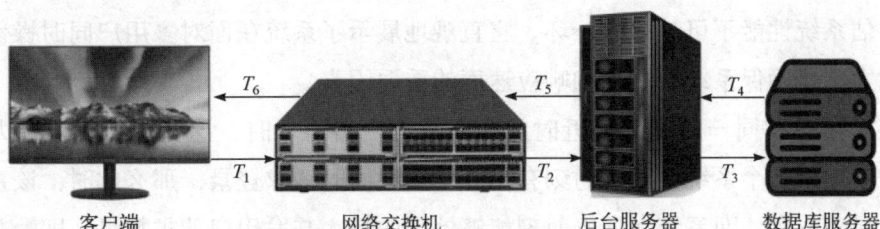

图 6-1　响应时间

图 6-1 中，系统的响应时间为 $T_1+T_2+T_3+T_4+T_5+T_6$。响应时间的长短直接反映了软件的响应速度和性能水平。响应时间越短，表明系统处理请求的速度越快，用户体验越好。然而，响应时间的可接受程度需要根据用户的具体需求和业务场景来确定。例如，火车票订票查询功能的响应时间通常在 2s 内，而在网站下载电影时，用户可能对几分钟的下载时间也是可以接受的。

随着系统访问量的增加或业务量的增长，响应时间可能会变长。因此，在性能测试中，测试人员不仅要关注系统在正常负载下的响应时间是否达到预期，还要关注系统在高负载或压力条件下响应时间的变化。这有助于评估系统在不同负载下的性能表现，并为系统优化提供依据。通过监测响应时间，可以确保系统在实际运行中能够满足用户的期望，特别是在高并发或大数据量处理的场景下。

6.1.4.2　吞吐量

吞吐量（throughput）是衡量软件系统处理能力的重要性能指标，它反映了单位时间内系统能完成的工作量。这个指标直接关联到系统的性能和效率，是评估软件在实际运行中是否满足用户需求的关键因素。

吞吐量的大小直接体现了软件系统的负载能力。一个高吞吐量的系统能够在单位时间内处理更多的数据和请求，这意味着更强的负载能力和更高的效率。例如，一个电子商务网站在高峰时段需要处理大量的订单和支付请求，高吞吐量能够确保系统在这种高负载情况下依然能够稳定运行，提供快速响应。

在性能测试中，吞吐量是一个核心指标，测试人员会通过模拟不同的负载情况来评估系统的吞吐量，并据此优化系统配置和资源分配。通过提高吞吐量，可以提升系统的整体性能，增强用户体验，同时降低系统因负载过高而导致的响应延迟或崩溃的风险。

吞吐量是衡量软件系统性能的一个重要指标，它直接反映了系统的处理能力和效率。通过优化系统架构、升级硬件配置、软件优化和网络优化等方法，可以显著提升系统的吞吐量，从而提供更高效、更稳定的服务。

6.1.4.3　并发用户数

并发用户数，作为衡量软件系统在某一特定时刻能够处理的最大用户请求数量的指标，是评估系统性能不可或缺的一环。它直观地展示了系统在面对多用户同时操作时的负载承受能力，是确保系统稳定性和响应速度的重要因素。

当多个用户在同一时间或相近时间内向系统发出请求时，这些用户就被视为并发用户。例如，如果一个系统在某一时刻有 100 个用户同时请求登录，那么此时，该系统的并发用户就是 100 个。而系统在同一时刻能够处理的最大并发用户请求数量，即为并发用户数。这一指标不仅关乎用户体验，更直接影响到系统的整体性能和稳定性。

并发用户数是评估系统性能的关键因素之一，因为它直接影响到系统的响应时间和稳定性。当并发用户数量增加时，系统资源（如 CPU、内存、数据库连接等）的使用率也会增加，这可能会导致以下问题。

①响应变慢：系统可能无法及时处理所有的用户请求，导致响应时间变长。

②系统不稳定：高并发可能会导致系统资源耗尽，进而影响系统的稳定性，甚至导致系统崩溃。

③服务不可用：在极端情况下，过高的并发用户数可能会使系统变得不可用。

因此，在软件系统的设计和开发过程中，必须考虑到并发访问的情况。开发团队需要确保系统架构能够支持预期的并发用户数，以保证系统在高负载下的性能和稳定性。

测试工程师在进行性能测试时，也会特别关注并发用户数的测试。他们会模拟不同数量的并发用户对系统进行测试，以评估系统在不同并发级别下的表现。这些测试结果对于确定系统的承载能力、优化系统设计以及规划未来的系统扩展至关重要。通过并发测试，可以发现并解决潜在的性能瓶颈，提高系统的并发处理能力，从而提升用户体验。

6.1.4.4　TPS（transaction per second）

TPS，即每秒事务数，是衡量软件系统处理能力的关键性能指标，它表示系统每秒能够处理的事务数量，对于评估系统的交易处理效率至关重要，特别是在金融、电子商务和在线服务等需要处理大量的并发事务的领域。

TPS 直接反映了系统在单位时间内的事务处理能力。高 TPS 值意味着系统能够快速且高效地处理大量事务，这对于提升用户体验和满足业务需求至关重要。相反，一个低 TPS 值可能表明系统在处理高负载时存在性能瓶颈或延迟，这可能导致用户体验下降，甚至影响业务的正常运行。

在性能测试中，测试人员会模拟用户执行各种事务，如数据的增删改查、金融交易、订单处理等，以测量系统的 TPS。通过分析 TPS，测试人员可以评估系统是否能够满足业务需求，并确定在高负载条件下的性能表现。这有助于开发团队及时发现并解决潜在的性能问题，确保系统在实际运行中能够保持稳定和高效。

为了提高系统的 TPS，开发团队可能需要优化数据库查询、改进算法效率、增加硬件资源或使用更高效的系统架构等。通过这些优化措施，可以提高系统的事务处理能力，从而提升整体性能和用户体验。

总之，TPS 是衡量软件系统处理能力的重要指标，它对于评估系统的交易处理效率、优化系统性能以及确保系统在高负载条件下保持稳定运行具有重要意义。通过合理的测试和优化措施，可以提高系统的 TPS 值，从而满足业务需求并提升用户体验。

6.1.4.5　点击率

点击率（click-through rate，CTR）在 Web 应用性能测试中通常指的是用户每秒向 Web 服务器提交的 HTTP 请求数。这个指标专门针对 Web 应用，用来衡量用户活动产生的负载量，从而评估 Web 服务器在面对用户请求时的性能表现。

点击率反映了用户互动的频率和服务器处理这些互动的能力。高的点击率可能意味着用户正在积极地与 Web 应用进行交互，这可能导致服务器接收到大量的并发请求。因此，点击率是理解用户行为和预测系统在高交互期间表现的重要指标。

需要注意的是，点击率并不直接等同于转换率（即用户点击广告后实际购买或采取行动的比率），但在性能测试中，点击率是一个重要的性能指标，它帮助测试人员和开发团队了解和优化 Web 应用在高用户交互环境下的表现，确保 Web 应用能够处理高峰期的用户请求，从而提供连续且高效的服务。通过监控点击率，可以确保 Web 应用能够处理高峰期的用户请求，从而提供连续且高效的服务。

6.1.4.6　资源利用率

资源利用率是衡量软件对系统资源使用效率的关键指标，它包括 CPU、内存、磁盘和网络等资源的使用情况。通过监控资源利用率，可以识别系统的性能瓶颈，优化资源分配，并确保系统在高负载下保持稳定运行。资源利用率的监控通常包括以下几个方面：CPU 利用率、内存利用率、磁盘利用率、网络利用率。

例如，如果一个软件系统预期的最大访问量为 1 万用户，但当访问量达到 6000 时，内存利用率已经达到 80%，这表明内存资源可能已经成为限制系统扩展的瓶颈。在这种情况下，需要进一步分析是否存在内存泄漏或其他优化空间，以提高系统的内存使用效率。

通过优化资源利用率，可以提高系统的性能和稳定性，确保在高负载条件下也能提供良好的用户体验。例如，可以通过优化代码、升级硬件、增加缓存等方式来提高资源的使用效率。资源利用率的监控和分析是性能测试和系统调优过程中的重要步骤，有助于及时发现并解决潜在的性能问题，确保系统在高负载条件下也能提供良好的用户体验。

6.2 搭建性能测试环境

实施性能测试，需要先搭建性能测试环境。目前比较常用的性能测试工具有 LoadRunner、JMeter、Postman 和 kylinTOP 等。其中，JMeter 应用较为广泛，下面以 JMeter 为例介绍性能测试工具。

JMeter 是由 Apache 开发、维护的一款开源、免费的性能测试工具，JMeter 以 Java 作为底层支撑环境，它最初是为测试 Web 应用程序而设计的，但后来逐步扩展到了其他领域。由于 JMeter 是用 Java 开发的，所以在安装 JMeter 之前需要先安装 JDK（Java Development Kit，Java 开发工具包）。

6.2.1 搭建基础环境

搭建基础环境，需要安装 JDK。JDK 包括多种不同的版本，以支持不同的操作系统，不同操作系统的 JDK 在使用上基本类似。下面以 64 位的 Windows 10 操作系统为例演示 JDK 的安装配置过程，详细步骤如下。

6.2.1.1 JDK 安装

从 Oracle 官网下载安装文件"jdk-8u25-windows-x64.exe"，下载完成后，双击文件，进入安装界面，如图 6-2 所示。在图 6-2 所示界面中，单击"下一步"按钮进入 JDK 自定义安装界面，如图 6-3 所示。

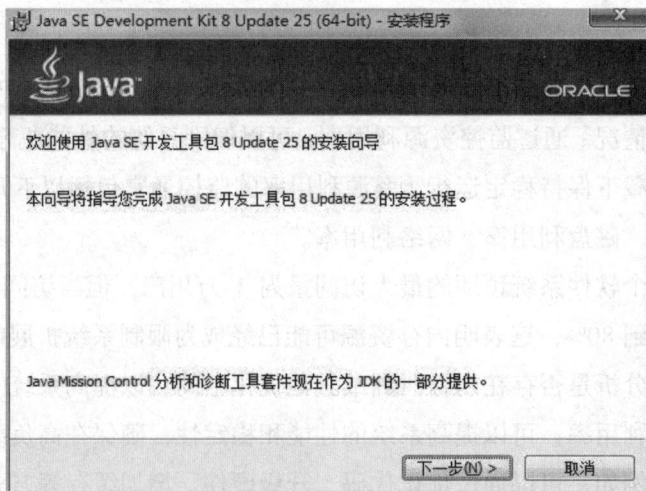

图 6-2　JDK 安装初始界面

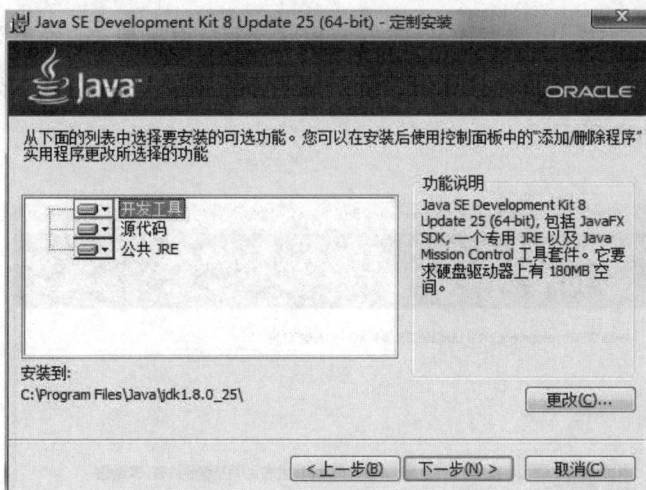

图 6-3　JDK 自定义安装界面

在图 6-3 所示界面中，左侧有 3 个功能模块，每个模块的具体功能如下。

①开发工具：是 JDK 中的核心功能模块，包含一系列可执行程序，例如 javac.exe、java.exe 等，还包含一个专用的 JRE（Java Runtime Environment，Java 运行时环境）。

②源代码：由 Java 提供的公共 API 类的源代码。

③公共 JRE：是 Java 程序的运行环境。由于开发工具中已经包含一个 JRE，所以不需要再安装公共的 JRE 环境，此模块可以不选择。

在图 6-3 所示的 JDK 自定义安装界面中，用户可以根据需求选择所要安装的模块，我们选择"开发工具"模块。另外，在图 6-3 所示界面的右侧有一个"更改"按钮，单击该按钮可以进入更改 JDK 安装目录的界面，如图 6-4 所示。

图 6-4　更改 JDK 安装目录的界面

在图 6-4 所示界面中，更改完 JDK 的安装目录之后，直接单击"确定"按钮，返回图 6-3 所示界面。在图 6-3 所示界面中，单击"下一步"按钮开始安装 JDK。安装完毕后进入安装完成界面，如图 6-5 所示。

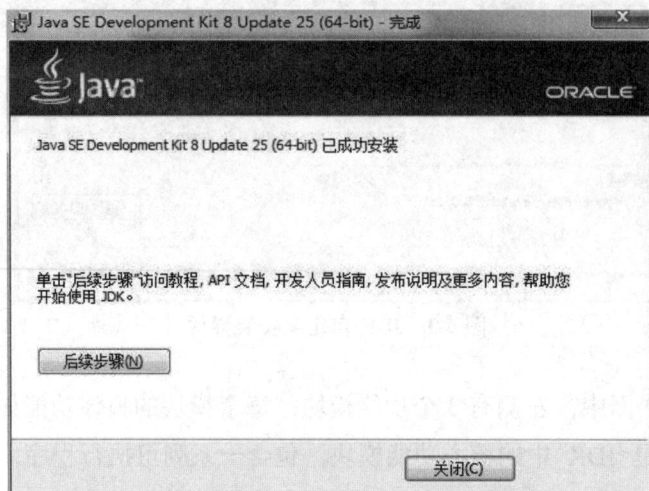

图 6-5　安装完成界面

在 6-5 所示界面中，单击"关闭"按钮就可以关闭当前界面，完成 JDK 的安装。

6.2.1.2　环境变量配置

JDK 安装成功之后，将其路径配置到 Path 环境变量中。配置环境变量后，JDK 在其他目录下也可以正常使用。JDK 的路径配置到 Path 环境变量的具体操作如下。

右键单击桌面上的"此电脑"会弹出一个快捷菜单，选择快捷菜单中的"属性"选项，在弹出的"系统"窗口左侧选择"高级系统设置"选项，弹出"系统属性"对话框，如图 6-6 所示。

在"系统属性"对话框的"高级"选项卡中单击"环境变量（N）..."按钮，弹出"环境变量"对话框，如图 6-7 所示。

在图 6-7 所示的"环境变量"对话框中，在"系统变量"区域选中变量名为 Path 的系统变量，单击"编辑（I）..."按钮，弹出"编辑环境变量"对话框，如图 6-8 所示。

在图 6-8 中，单击"新建（N）"按钮，添加 JDK 的安装路径，依次单击"确定"按钮，完成环境变量的配置。

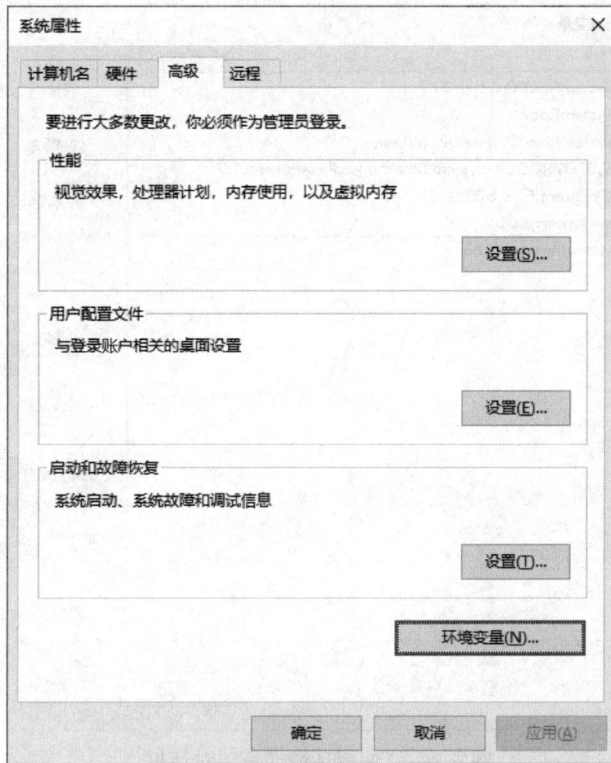

图 6-6 "系统属性"对话框

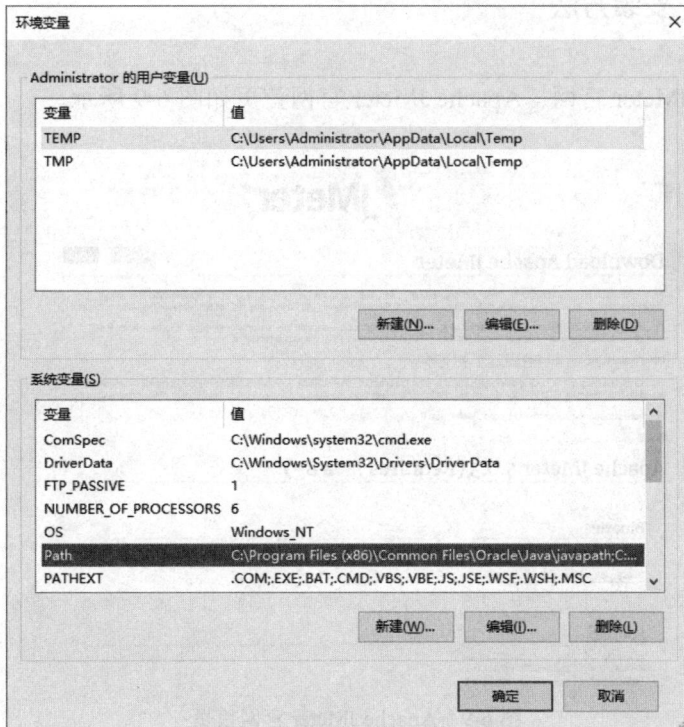

图 6-7 "环境变量"对话框

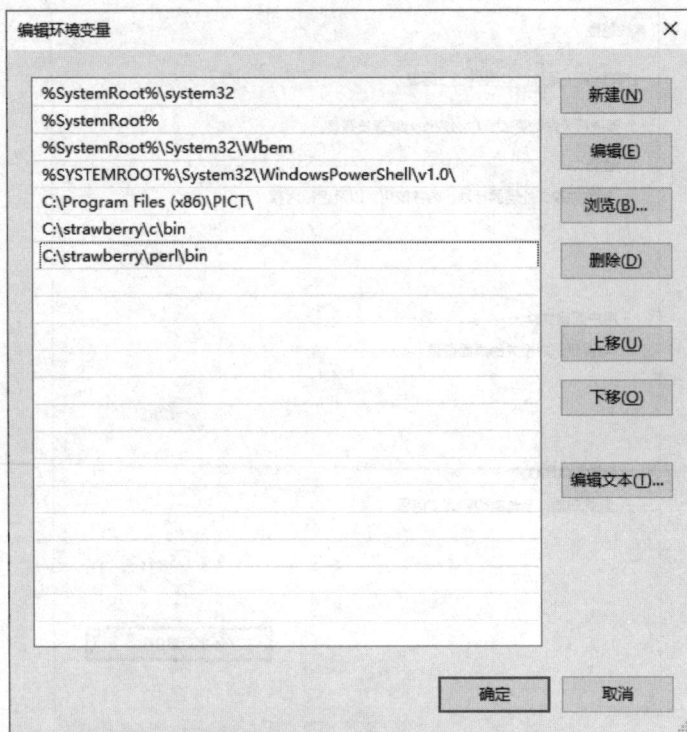

图 6-8　"编辑环境变量"对话框

6.2.2　JMeter 安装方法

登录 Apache JMeter 官网，Apache JMeter 官网首页如图 6-9 所示。

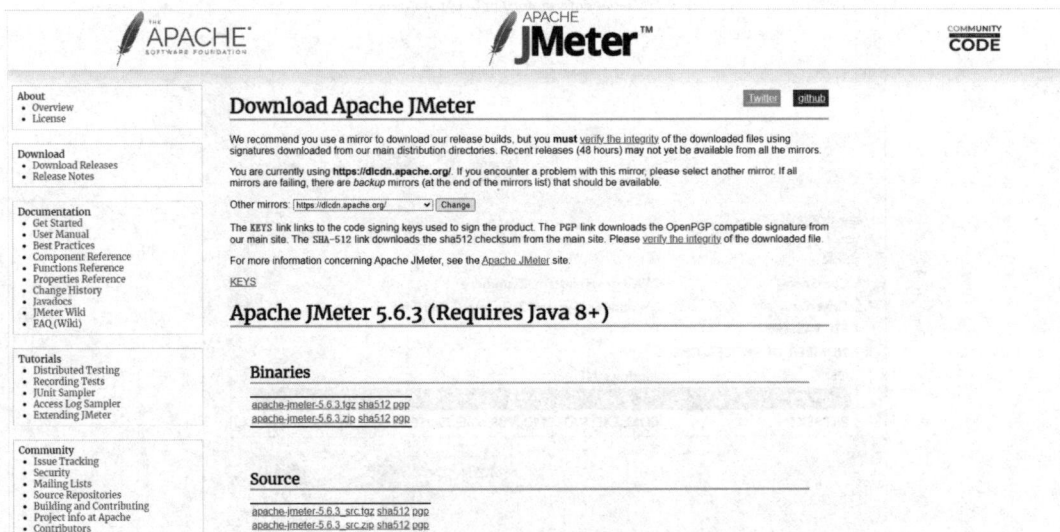

图 6-9　Apache JMeter 官网首页

在图 6-9 所示页面中，单击 "apache-jmeter-5.6.3.zip sha512 pgp" 即可下载 JMeter 的安装文件。JMeter 无须安装，解压下载的文件即可使用。解压之后，找到 bin 目录下的 jmeter.bat 文件，双击该文件即可打开 JMeter 软件，JMeter 启动成功界面如图 6-10 所示。

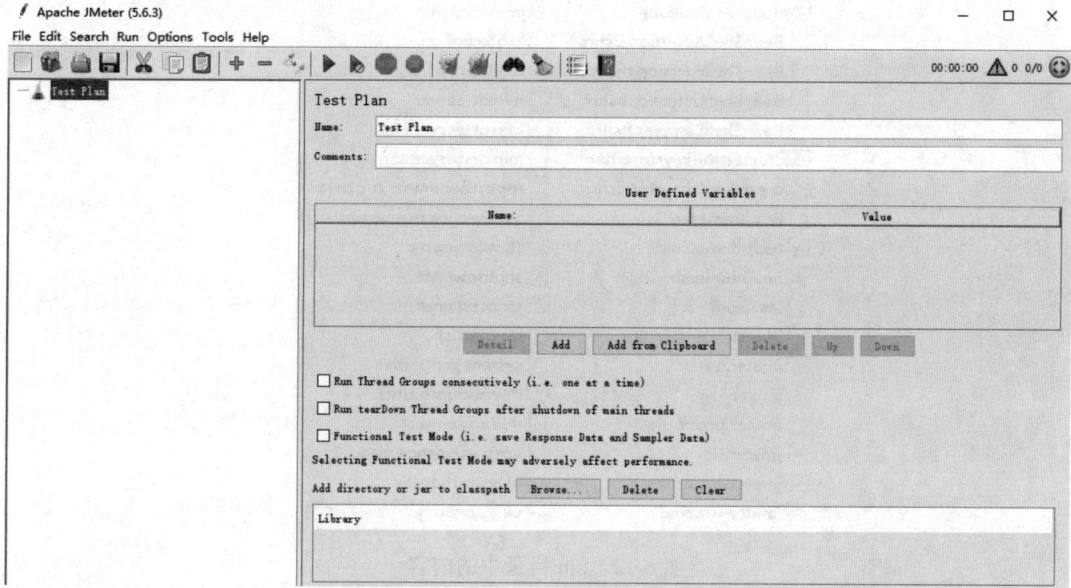

图 6-10　JMeter 启动成功界面

至此，JMeter 安装成功。

6.2.3　JMeter 包含目录

对 JMeter 安装文件进行解压，可以看到如图 6-11 所示目录。为深入了解 JMeter，下面对其目录内容进行介绍。

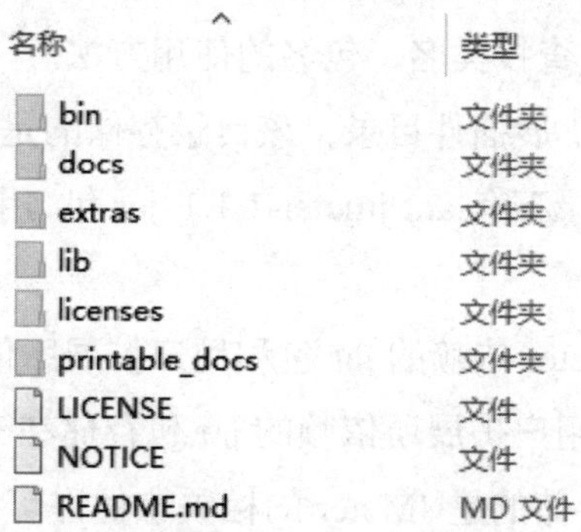

图 6-11　JMeter 目录

（1）bin 目录：bin 目录用于存储可执行文件和相关的配置文件，bin 目录如图 6-12 所示。

examples	jmeter-server
report-template	jmeter-server.bat
templates	jmeter-t.cmd
ApacheJMeter.jar	jmeterw.cmd
BeanShellAssertion.bshrc	krb5.conf
BeanShellFunction.bshrc	log4j2.xml
BeanShellListeners.bshrc	mirror-server
BeanShellSampler.bshrc	mirror-server.cmd
create-rmi-keystore.bat	mirror-server.sh
create-rmi-keystore.sh	reportgenerator.properties
hc.parameters	saveservice.properties
heapdump.cmd	shutdown.cmd
heapdump.sh	shutdown.sh
jaas.conf	stoptest.cmd
jmeter	stoptest.sh
jmeter.bat	system.properties
jmeter.log	threaddump.cmd
jmeter.properties	threaddump.sh
jmeter.sh	upgrade.properties
jmeter-n.cmd	user.properties
jmeter-n-r.cmd	utility.groovy

图 6-12　bin 目录中的内容

bin 目录包括以下常用的文件。

jmeter.bat：Windows 系统下的 JMeter 启动文件，双击该文件可以启动 JMeter 软件。

jmeter.log：JMeter 的日志文件。

jmeter.properties：JMeter 的配置文件，JMeter 的所有配置都在该文件中完成。

jmeter-server.bat：Windows 系统下的分布式测试启动文件。

jmeter.sh：Linux/macOS 系统下 JMeter 软件的启动文件。

jmeter-server：Linux/macOS 系统下的分布式测试启动文件。

（2）docs 目录：它是文档目录，主要用于存储 JMeter 官方的 API 文档，在 docs/api/index.html 文件中，可以查找类名、包名的使用方法。

（3）extras 目录：该目录为扩展插件目录，该目录存储的是 JMeter 与其他工具集成所需要的一些组件。例如，extras 目录下有 ant-jmeter-1.1.1. jar 包，用于 JMeter 集成 Apache Ant 自动化测试工具。

（4）lib 目录：用于存储 JMeter 依赖的 jar 包和用户扩展所依赖的 jar 包。lib 根目录下存储的是 JMeter 自带的 jar 包，用户扩展所依赖的 jar 包存储在 lib 目录下的 ext 文件夹中。

（5）licenses 目录：该目录存储的是 JMeter 的相关软件许可证，在 licenses 目录下可以查看软件的许可文件。

（6）printable_docs 目录：该目录存储的是 JMeter 官方的帮助文档，在该目录中的

index.html 文件中可以查看官方的帮助文档。

<h2 align="center">多学一招：JMeter 背景更改和界面汉化</h2>

（1）背景更改：JMeter 背景默认为黑色，且是英文界面，使用不便。如果想更改 JMeter 背景，采用以下方式：在菜单栏单击 Options，选择 "Look and Feel"，如图 6-13 所示。有很多单选按钮都可以选择，可以尝试后查看修改后的效果，如果不满意，还可以继续调整。

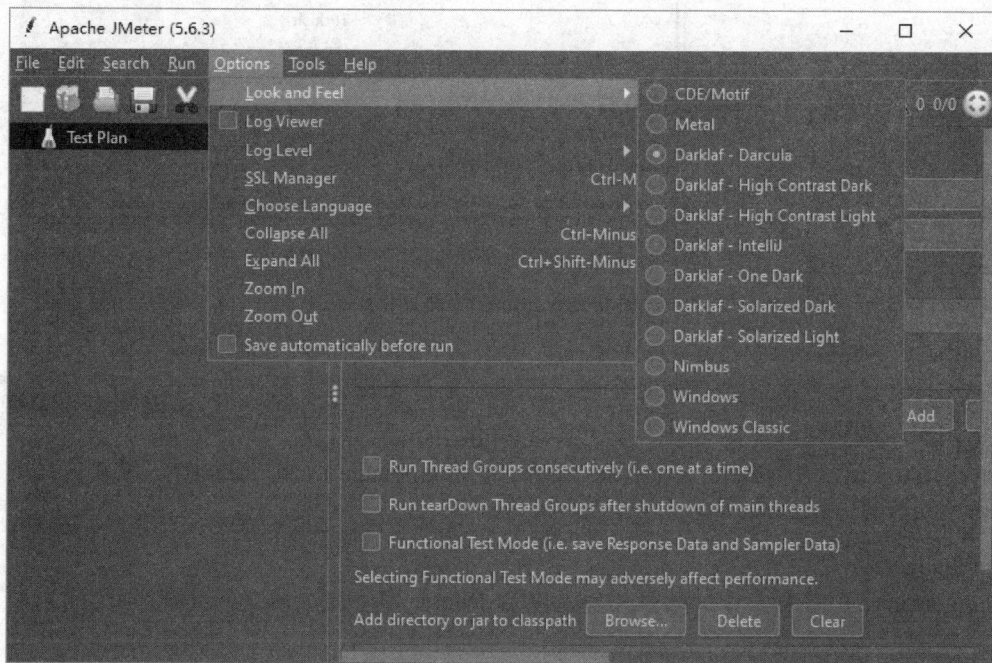

图 6-13　更改 JMeter 背景

如果选择的是 "Windows"，确认以后，弹出 "Exit" 对话框，如图 6-14 所示。

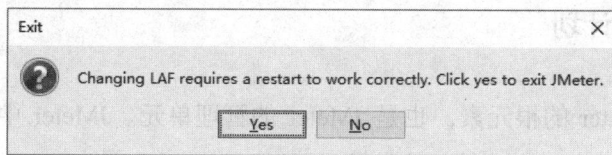

图 6-14　"Exit" 对话框

图 6-14 所示对话框中的内容提示用户需要重启 JMeter，单击 "Yes" 按钮。重启 JMeter，即可将 JMeter 背景更改为浅色。

（2）界面汉化：如果希望汉化 JMeter 界面，在菜单栏单击 Options，然后选择 "Choose Language" —> "Chinese（Simplified）" 来设置简体中文界面，如图 6-15 所示。

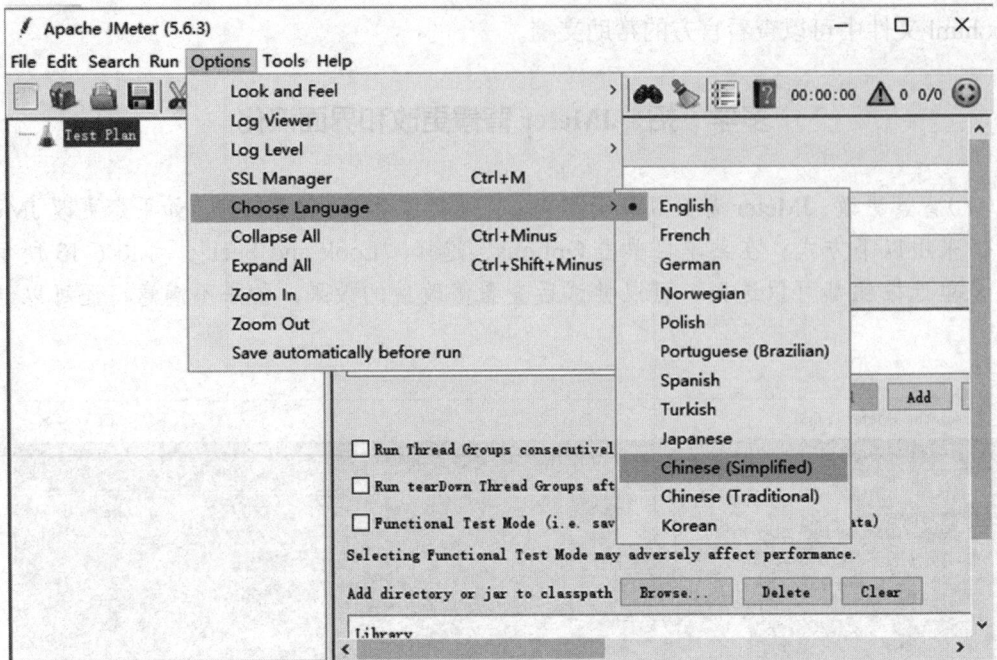

图 6-15　JMeter 界面汉化

　　但这样设置的界面汉化是临时性的，JMeter 重启之后，界面汉化就失效了。如果想永久汉化界面，需要修改配置文件，在 jmeter.properties 文件中进行重新设置。

　　打开 bin 目录下的 jmeter.properties 文件，修改 language 的值为 zh_CN，配置完成之后，取消前面的注释（#符号），修改之后的配置如下：

language=zh_CN

language 设置完成之后，保存文件，重启 JMeter 即可完成永久汉化操作。

6.3　JMeter 测试案例

JMeter

6.3.1　新建测试计划

　　测试计划是 JMeter 的根元素，也是 JMeter 的管理单元。JMeter 中的所有测试内容都基于测试计划，每一个测试计划都可以模拟某种场景。

　　启动 JMeter 后，主界面默认有一个空的测试计划，如图 6-16 所示。此外，在菜单栏单击"文件"，在弹出的下拉菜单中选择"新建"选项，可以新增测试计划。测试计划添加成功之后，命名测试计划的名字，单击保存按钮，即重命名该测试计划。

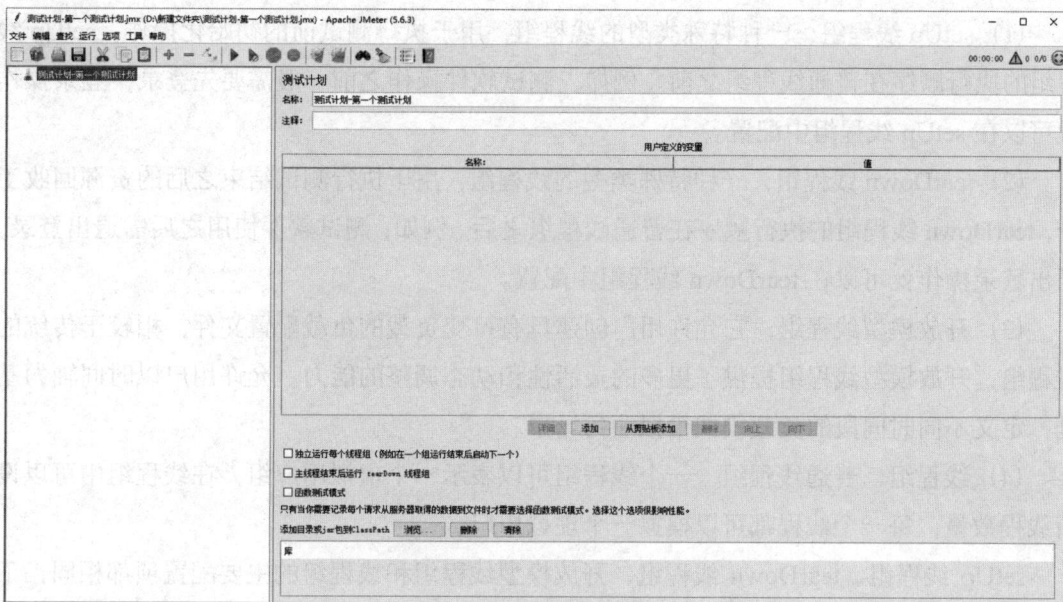

图 6-16　测试计划

6.3.2　添加线程组

线程组是测试计划的入口，有了测试计划，就可以添加线程组。在图 6-17 所示界面中，右键单击 JMeter 主界面左侧的测试计划名称，在弹出的快捷菜单中选择"添加"—>"线程（用户）"—>"线程组"。

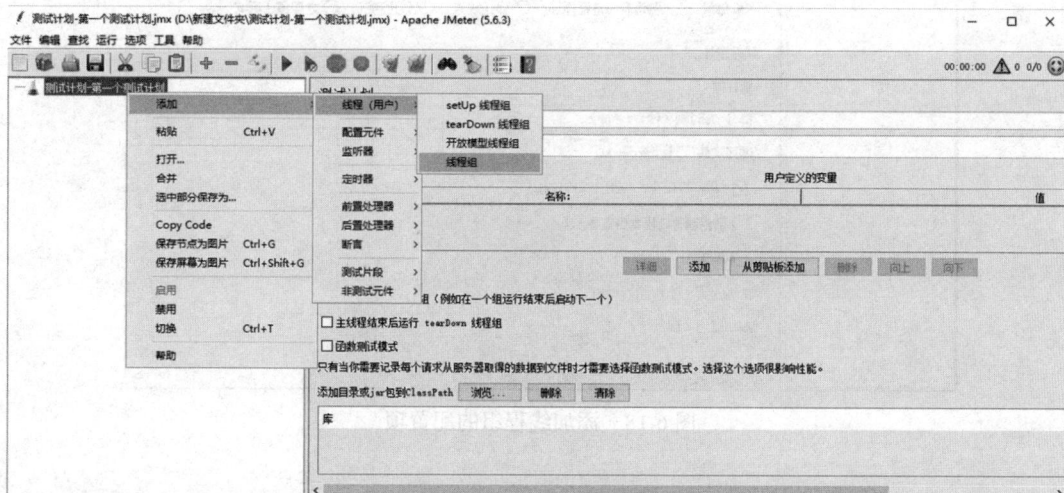

图 6-17　添加线程组

在图 6-17 所示界面中，"线程（用户）"后有 4 个线程组选项，分别是 setUp 线程组、tearDown 线程组、开放模型线程组和线程组，这几个线程组的含义与作用分别如下。

（1）setUp 线程组：一种特殊类型的线程组，用于执行测试前的初始化操作，setUp 线程组的执行顺序在普通线程组之前。例如，测试软件操作之前一般需要先登录，登录操作就可以在 setUp 线程组中配置。

（2）tearDown 线程组：一种特殊类型的线程组，用于执行测试结束之后的资源回收工作，tearDown 线程组的执行顺序在普通线程组之后。例如，测试软件使用之后需退出登录，退出登录操作就可以在 tearDown 线程组中配置。

（3）开放模型线程组：它允许用户创建具有可变负载的负载配置文件，相较于传统的线程组，开放模型线程组提供了更多的灵活性和动态调整的能力。允许用户以时间轴为基础，定义不同时间段的负载模式模拟业务场景。

（4）线程组：普通线程组，一个线程组可以表示一个虚拟用户组，在线程组中可以设置线程数量，每一个线程都可以模拟一个虚拟用户。

setUp 线程组、tearDown 线程组、开放模型线程组和线程组的主要配置项都相同，下面以线程组为例讲解主要配置项。

在图 6-17 所示界面中，单击"线程组"选项添加线程组，线程组添加成功界面如图 6-18 所示。

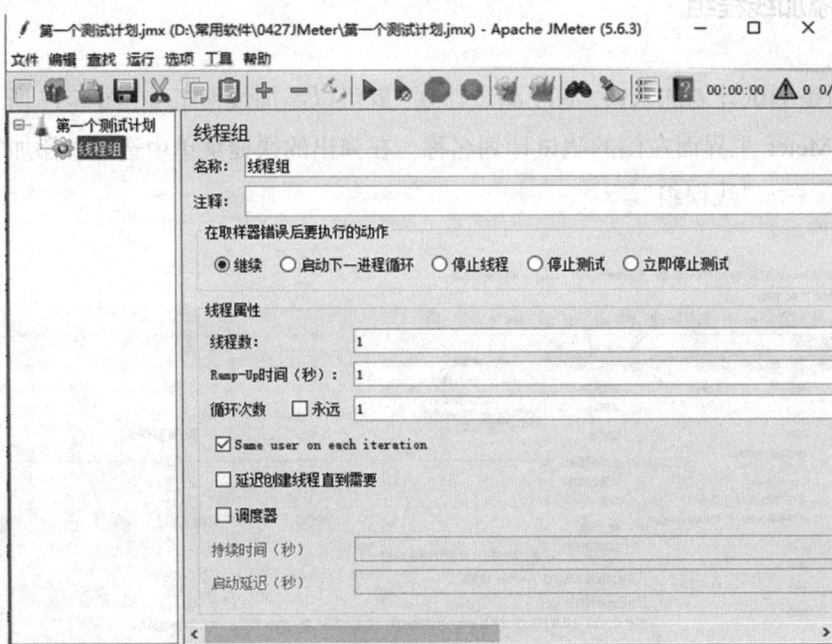

图 6-18   添加线程组的配置项

在图 6-18 所示界面中，线程组的主要配置项的含义与作用如下。

①名称：线程组的名称，建议有一定的意义。

②线程数：用于设置线程的数量，也就是说要模拟多少个用户。

③Ramp-Up 时间（秒）：用于设置线程全部启动的时间。例如，若线程数设置为 1000，

Ramp-Up 时间设置为10,表示在10s内启动1000个线程,每秒启动的线程数为100个(1000/10)。

④循环次数:用于设置线程循环次数。如果勾选了"永远"复选框,则线程会一直循环。

⑤调度器:用于时间调试配置。只有勾选该复选框后,下方的"持续时间(秒)"和"启动延迟(秒)"才能设置。

⑥持续时间(秒):用于设置线程组测试的持续时间。如果设置了持续时间,则以该时间为准,时间到则线程组测试结束。即使在循环次数中勾选了"永远"复选框,线程也不会一直循环。需要注意的是,持续时间设置的时间要比 Ramp-Up 时间设置的时间长,否则线程还未全部启动,测试就结束了。

⑦启动延迟(秒):表示启动测试后多长时间开始创建线程,常用作定时。

第一次测试计划案例中,不需要额外配置,保持默认就可以。在实际测试工作中,一个测试计划可能需要添加多个线程组,用户可以根据测试需求来设置线程组。

6.3.3 添加 HTTP 请求

HTTP 请求是用于发送请求的元件,在图 6-18 所示界面中,选中"线程组"并右键单击,在弹出的快捷菜单中依次选择"添加"—>"取样器"—>"HTTP 请求",如图 6-19 所示。

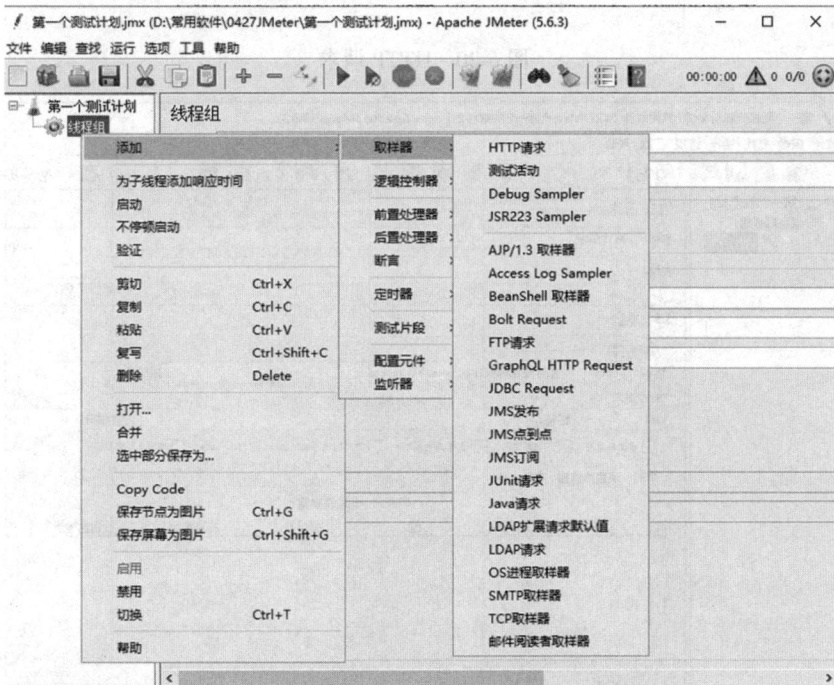

图 6-19 添加 HTTP 请求

HTTP 请求添加成功界面如图 6-20 所示。

在图 6-20 所示界面中，配置要发送的请求，例如，访问百度网站，并将请求的协议、服务器名称或 IP、端口号、请求方式、路径等信息配置到 HTTP 请求中。本次设置是向百度发送一次请求，只需配置协议、服务器名称或 IP 即可，配置信息如图 6-21 所示。

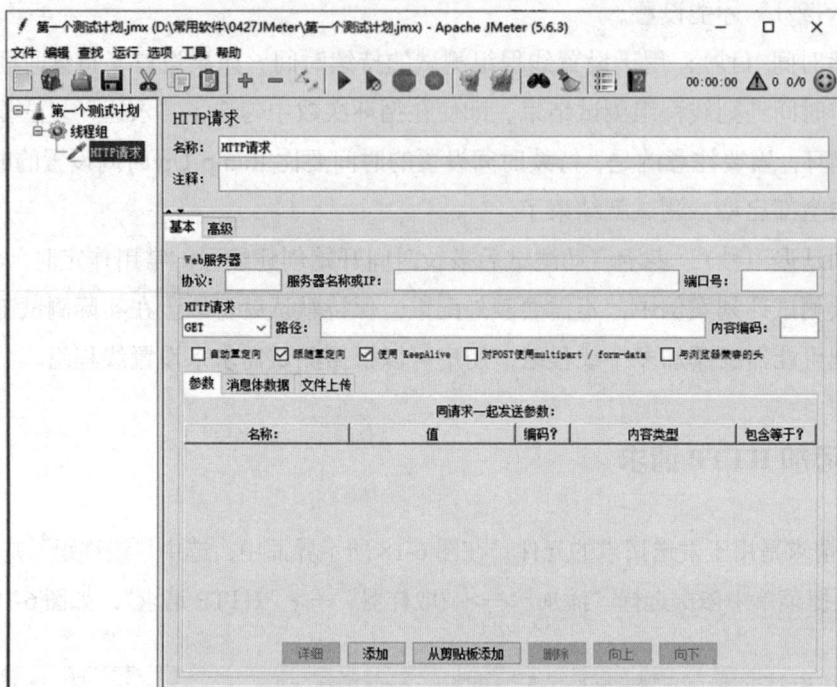

图 6-20　HTTP 请求

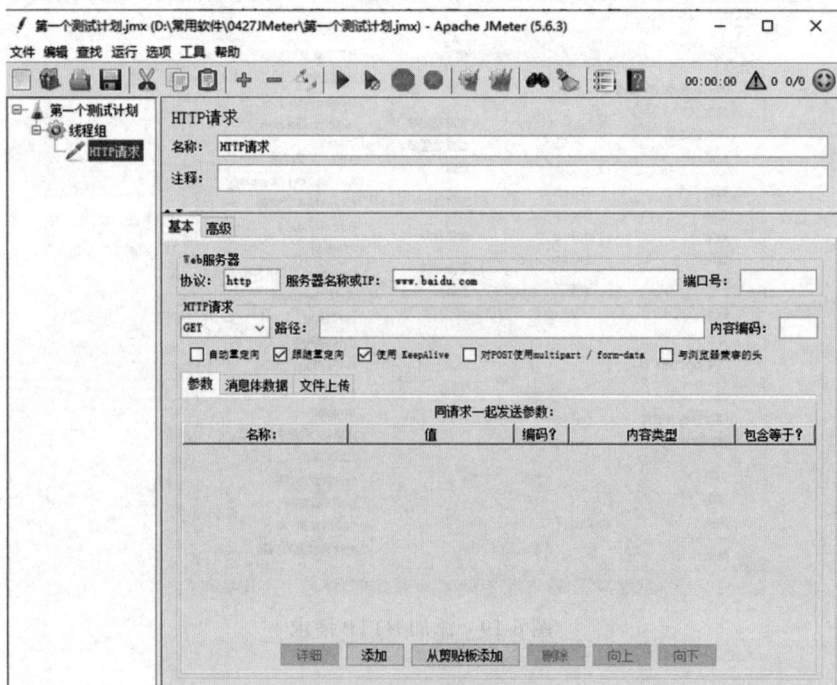

图 6-21　配置信息

6.3.4 添加查看结果树

为了查看请求的结果信息，需要添加查看结果的元件，本次添加查看结果树元件以查看请求结果。在图 6-21 所示界面中，选中"线程组"并单击右键，在弹出的快捷菜单中依次选择"添加"—>"监听器"—>"查看结果树"，如图 6-22 所示。

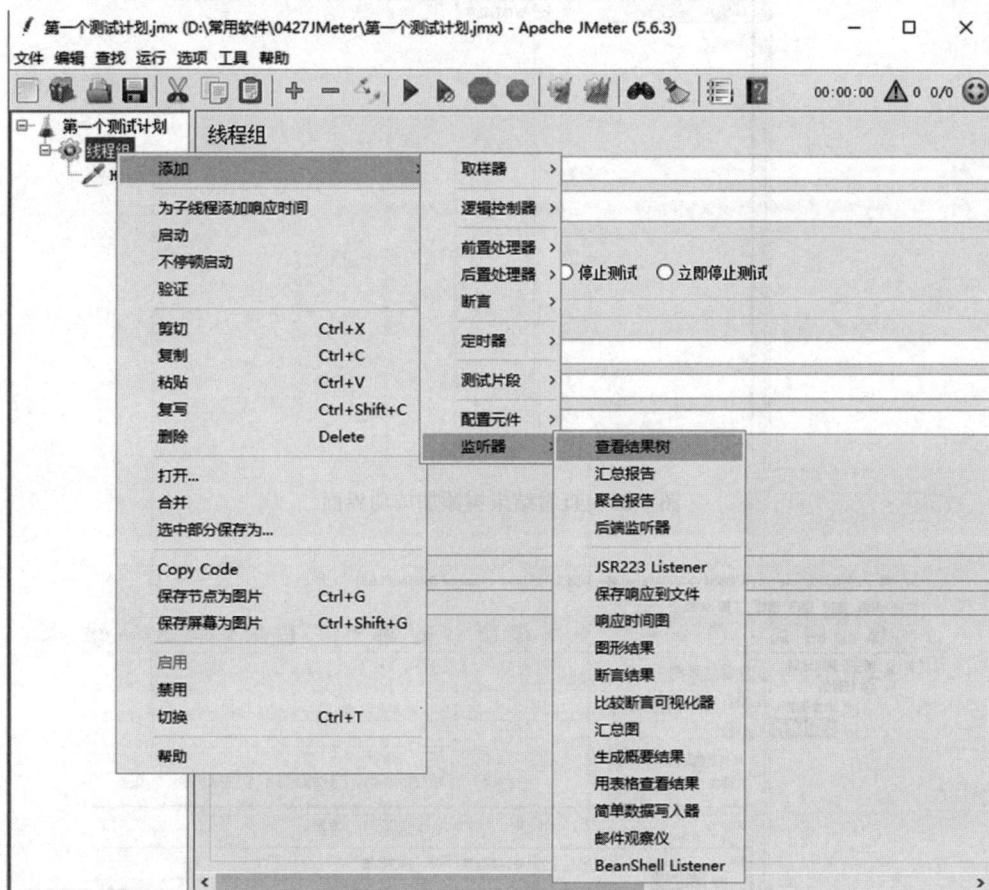

图 6-22　添加查看结果树

查看结果树添加成功界面如图 6-23 所示。

6.3.5 测试执行

查看结果树添加成功之后，在图 6-23 所示界面中，单击工具栏中的启动按钮" ▶ "，JMeter 就会发送请求，并接收百度服务器返回的结果。请求与返回结果的信息可以在查看结果树中显示，如图 6-24 所示。

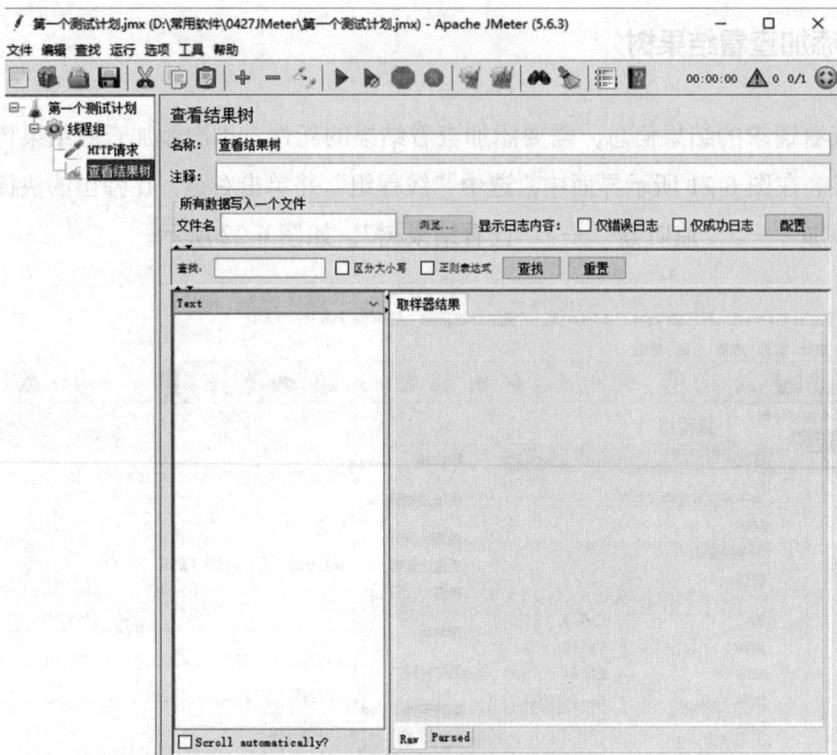

图 6-23　查看结果树添加成功界面

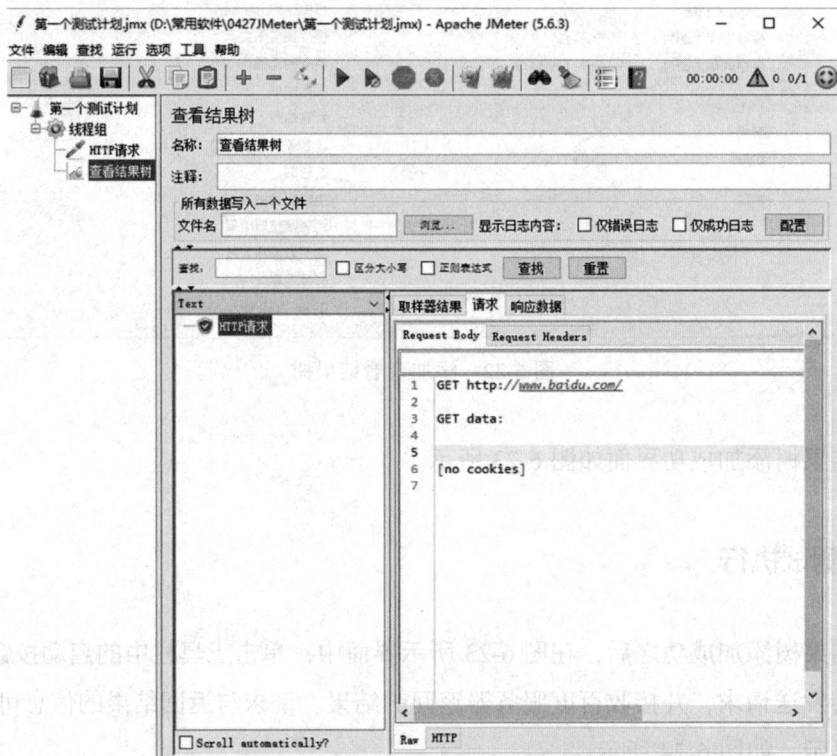

图 6-24　请求与返回结果的信息

在图 6-24 所示界面的查看结果树中，选中所发送的请求，右侧就会出现该请求相关的数据，通过单击取样器结果、请求或响应数据选项卡，可以查看请求和响应的相关数据。例如，单击"请求"标签，可以看到 JMeter 发送的请求的详细信息，类型为 GET 请求。

6.4　JMeter 的核心组件

在实际测试工作中，一个测试计划往往需要添加多个元件。在添加元件之前，首先需要明确元件所归属的组件，即明确元件的位置和作用。JMeter 有 8 个核心组件，每个组件下都有多个元件。

元件是指 JMeter 中的一个无法拆分的子功能，而组件是指一组具有相似功能的元件的集合。例如，取样器是一个组件，用于发送请求，在这个组件中有多个元件，这些元件用于发送不同的请求，HTTP 请求就是其中一个元件。

6.4.1　取样器

取样器也称为采样器，它用于模拟用户操作，向服务器发送请求并接收服务器的响应数据。JMeter 的取样器种类较多，比如 HTTP 请求、FTP 请求和 JUnit 请求等，这些取样器可以通过设置参数向服务器发送不同的请求。

取样器用于模拟用户向服务器发送请求，可以通过线程组添加取样器。其中，HTTP 请求取样器应用较为广泛。以 HTTP 请求为例，讲解取样器的配置。首先在 JMeter 主界面的测试计划中添加一个线程组，然后选中该线程组并单击右键，在弹出的快捷菜单中依次选择"添加"—>"取样器"—>"HTTP 请求"，会弹出 HTTP 请求界面，可在该界面配置 HTTP 请求的信息，如图 6-25 所示。

HTTP 请求中包括多个配置项。

①名称：用来对 HTTP 请求进行命名。

②协议：用于设置 HTTP 请求的协议。HTTP 请求有 HTTP 和 HTTPS 两种协议。用户可以根据实际测试场景设置协议，如果没有设置协议，JMeter 默认使用 HTTP。

③服务器名称或 IP：用于设置请求的地址。

④端口号：用于设置请求的端口号，HTTP 的默认端口号为 80，HTTPS 的默认端口号为 443。

⑤HTTP 请求方式：在"协议"下方有一个"GET"字样的配置项，该配置项用于设置 HTTP 请求方式。HTTP 请求方式主要有 GET、POST、PUT 和 DELETE 等，用户可以

根据实际测试场景选择合适的请求方式。

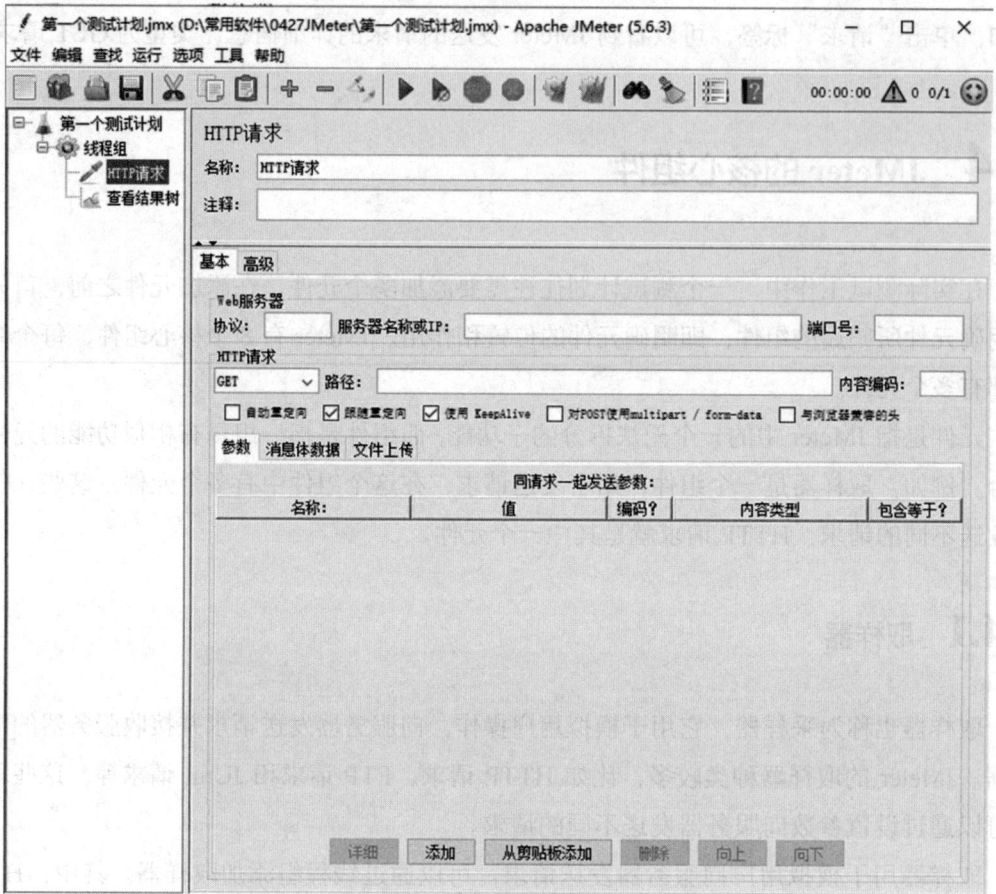

图 6-25　HTTP 请求界面

⑥路径：用于设置请求的下一级地址，与"服务器名称或 IP"配置项结合使用。

⑦内容编码：一般设为 UTF-8。

⑧参数：用于设置请求参数，当请求地址中需要携带参数时，可以单击下方的"添加"按钮添加一个键值对输入栏，输入相应的键和值。也可以选择"从剪贴板添加"。

⑨消息体数据：用于设置请求参数。当在请求体中传递参数时，可以将请求中的参数以 JSON 格式写在"消息体数据"下方的空白处。

⑩文件上传：可将请求中携带的参数以文件的形式进行传递。以文件形式传递参数时，可以单击下方的"添加"按钮添加一个键值对输入栏，输入文件名称和要传递的参数。

下面通过案例演示 HTTP 请求的配置。

第 1 个案例要求使用 JMeter 发送一个 GET 请求。由于请求协议为 http，所以端口号为 80。当使用路径传递参数时，直接将参数"/S?wd=test"写在路径中即可，如图 6-26 所示。

图 6-26　使用路径传递参数的 HTTP 请求界面

当然，也可以使用参数列表传递参数，在路径中配置"/S"，参数"wd=test"则以参数列表的形式设置，如图 6-27 所示。

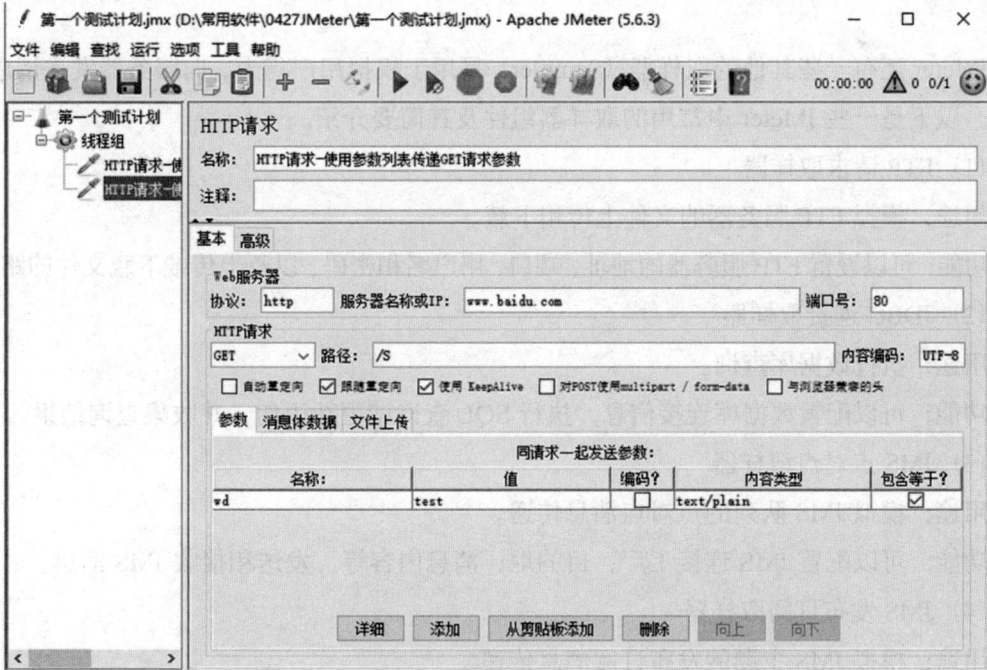

图 6-27　使用参数列表传递参数的 HTTP 请求界面

下面演示第 2 个案例，本案例要求使用 JMeter 发送一个 POST 请求。由于请求协议为 HTTPS，所以端口号为 443。使用消息体传递参数时，路径中只配置"/S"，参数"wd=test"写在"消息体数据"下方的空白处，如图 6-28 所示。

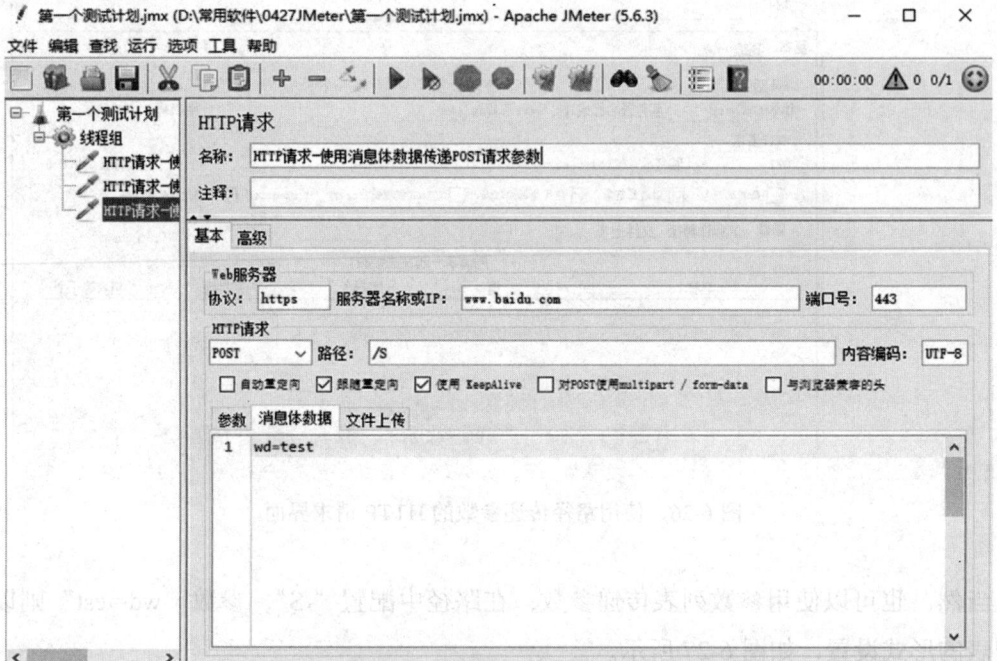

图 6-28　使用消息体传递 POST 请求参数的 HTTP 请求界面

JMeter 还有一些其他的取样器（Sampler）是用于模拟用户行为、向服务器发送请求的组件。以下是一些 JMeter 中常用的取样器组件及其简要介绍。

（1）FTP 请求取样器

用途：模拟 FTP 服务器的文件上传和下载。

功能：可以设置 FTP 服务器的地址、端口、用户名和密码，以及上传或下载文件的路径。

（2）JDBC 连接取样器

用途：执行数据库查询。

功能：可以配置数据库连接信息，执行 SQL 查询或更新语句，并收集查询结果。

（3）JMS 点对点取样器

用途：模拟 JMS 队列的点对点消息传递。

功能：可以配置 JMS 连接工厂、目的地、消息内容等，发送和接收 JMS 消息。

（4）JMS 发布订阅取样器

用途：模拟 JMS 主题的发布订阅消息传递。

功能：与点对点取样器类似，但适用于发布订阅模型。

（5）LDAP 请求取样器

用途：模拟 LDAP 服务的查询和操作。

功能：可以配置 LDAP 服务器信息，执行搜索、添加、删除等 LDAP 操作。

（6）TCP 请求取样器

用途：模拟 TCP 协议的请求。

功能：可以配置服务器地址和端口，发送自定义的 TCP 请求数据，并接收响应。

（7）WebSocket 请求取样器

用途：模拟 WebSocket 协议的通信。

功能：可以建立 WebSocket 连接，发送和接收 WebSocket 消息。

（8）SMB/CIFS 请求取样器

用途：模拟 SMB/CIFS 协议的文件共享操作。

功能：可以配置 SMB 服务器信息，进行文件的上传、下载、删除等操作。

（9）命令行取样器

用途：执行系统命令。

功能：可以配置要执行的系统命令，并收集命令的输出结果。

（10）Java 请求取样器

用途：执行 Java 代码。

功能：可以编写 Java 代码来执行复杂的请求逻辑。

（11）测试行动取样器

用途：模拟用户在 Web 页面上的交互行为。

功能：可以模拟点击、输入文本、提交表单等用户行为。

（12）JSR223 取样器

用途：执行 JSR223 脚本。

功能：可以使用 Groovy、JavaScript 等 JSR223 兼容的脚本语言编写自定义脚本。

（13）BeanShell 取样器

用途：执行 BeanShell 脚本。

功能：可以使用 BeanShell 脚本语言编写自定义脚本。

这些取样器可以根据测试需求进行配置和使用，以模拟不同的用户行为和系统负载。
通过合理组合这些取样器，可以构建出复杂的测试场景，从而全面评估系统的性能。

6.4.2　监听器

JMeter 中的监听器（listener）是用来监听和显示取样器（sampler）测试结果的组件。

它们能够以树形、表格或图形的形式展示测试结果，并且可以将结果保存为文件，如 XML 或 CSV 格式，供用户再次分析时使用。监听器可以在测试计划的任何位置添加，包括直接在测试计划下面添加或在线程组下面添加。监听器只能监听、收集同层级元件或下层级元件的数据，因此，在不同层级添加的监听器的监听范围不同。

JMeter 常用的监听器为查看结果树和聚合报告，下面将对这两个监听器进行讲解。

6.4.2.1 查看结果树（View Results Tree）

查看结果树通常在调试脚本的时候用于观察请求和响应结果是否正确，包括请求头、请求体、响应头、响应体。查看结果树可以在测试计划中添加，也可以在线程组中添加。可以显示线程组下所有请求的结果，或特定请求或控制器节点下的结果。适合用于调试，但在大量请求的压力测试中可能会影响性能。

（1）在测试计划中添加查看结果树　在 JMeter 主界面选中测试计划并单击右键，在弹出的快捷菜单中依次选择"添加"—>"监听器"—>"查看结果树"，即可添加一个查看结果树。

（2）在线程组中添加查看结果树　在 JMeter 主界面的测试计划中，首先添加线程组，然后选中线程组并单击右键，在弹出的快捷菜单中依次选择"添加"—>"监听器"—>"查看结果树"，即可在线程组中添加一个查看结果树。

用上述两种方式添加的查看结果树界面是相同的，如图 6-29 所示。

图 6-29　查看结果树界面

在图 6-29 中，请求中的请求头（Request Body）和请求体（Request Headers）是分开显示的，这样更加清晰明了。查看结果树界面有"取样器结果"。"请求"和"响应数据"3 个选项卡，它们各司其职，其作用描述如下。

①取样器结果：可以查看请求的整体性能指标，例如发送请求的线程名称、请求开始时间、加载时间和延迟时间等。

②请求：有两个子选项卡，分别是"Request Body"和"Request Headers"。"Request Body"为请求体，可以查看请求体信息；"Request Headers"为请求头，可以查看请求头信息。

③响应数据：有两个子选项卡，分别是"Response Body"和"Response Headers"。"Response Body"为响应体，可以查看响应体数据；"Response Headers"为响应头，可以查看响应头数据。

在前面案例的基础上添加两个查看结果树，第一个查看结果树从测试计划添加，第二个查看结果树从"线程组-使用路径传递 GET 请求参数"的线程组添加。添加成功之后，发送请求并查看测试结果。

根据上述要求添加两个查看结果树，目录结构如图 6-30 所示。

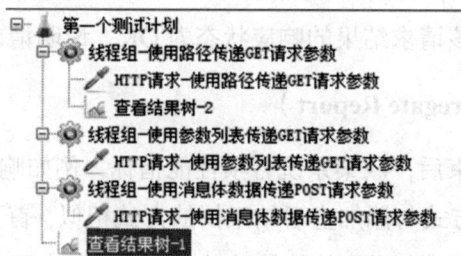

图 6-30　添加查看结果树的目录结构

添加成功之后执行测试，查看结果树-1 的界面如图 6-31 所示。

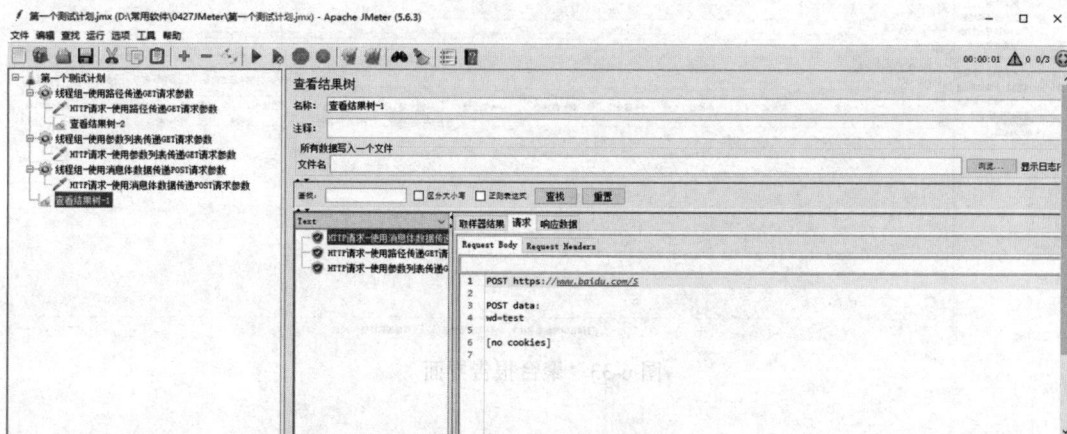

图 6-31　查看结果树-1 的界面

由图 6-31 可知，查看结果树-1 显示了 3 个请求的结果，查看名称为"线程组-使用消息体数据传递 POST 请求参数"的 HTTP 请求体，其请求数据为 wd=test。

查看结果树-2 的界面如图 6-32 所示。

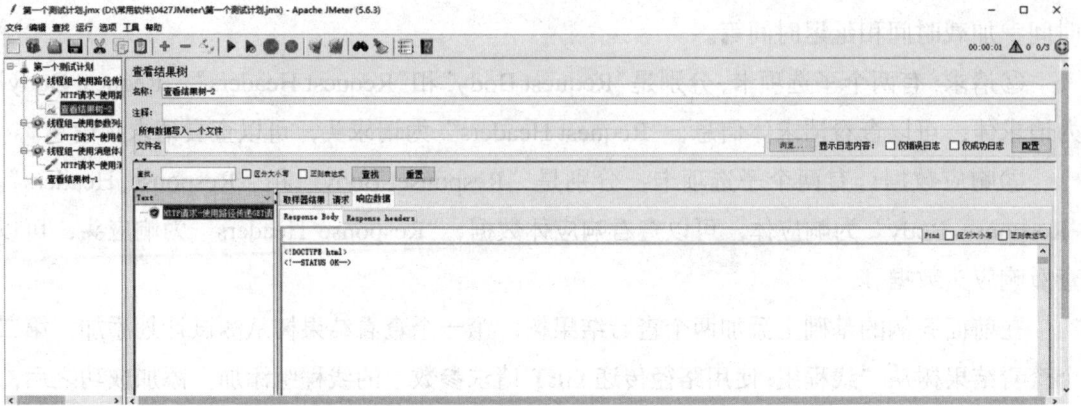

图 6-32　查看结果树-2 的界面

由图 6-32 可知，查看结果树-2 只显示名称为"HTTP 请求-使用路径传递 GET 请求参数"的 HTTP 请求结果，该请求结果的响应状态为 OK，说明请求发送成功。

6.4.2.2　聚合报告（Aggregate Report）

聚合报告用于测试结束后，收集系统各项性能指标，例如响应时间、并发用户数和吞吐量等。添加聚合报告的方式与添加查看结果树的方式相似，首先选中 JMeter 主界面的测试计划或线程组并右键单击，在弹出的快捷菜单中依次选择"添加"—>"监听器"—>"聚合报告"，会弹出一个聚合报告界面，如图 6-33 所示。

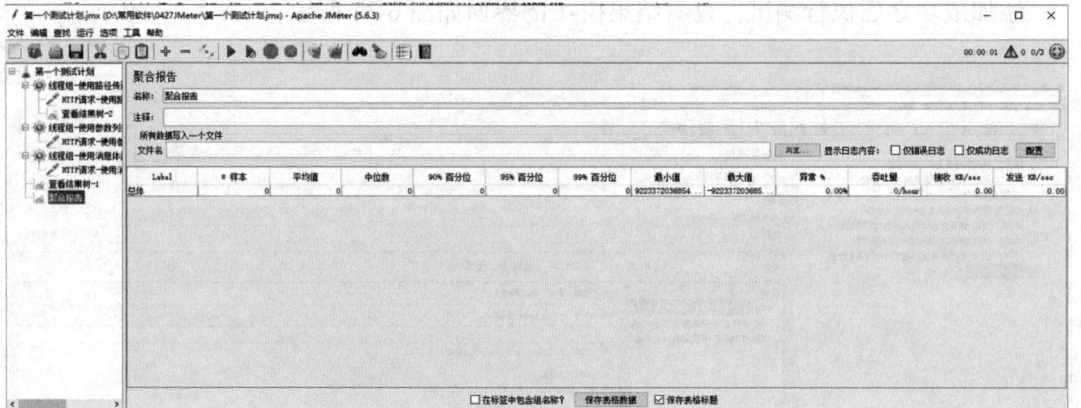

图 6-33　聚合报告界面

聚合报告可以提供详细的测试结果统计，包括请求数、错误率、响应时间的中间值、

90%百分位和吞吐量等。下面结合图 6-33 介绍聚合报告中的各项指标。

①Label：请求的类型，例如 HTTP 请求、FTP 请求和 Java 请求等。

②样本：发送到服务器的请求数量。

③平均值：请求的平均响应时间，单位是 ms。

④中位数：是一个时间值，单位是 ms。有 50%的请求响应时间低于该值，有 50%的请求时间高于该值。例如，中位数为 2，表示有 50%的请求在 2ms 内响应，有 50%的请求的响应时间超过 2ms。

⑤90%百分位：90%的请求的响应时间少于该时间，单位是 ms。

⑥95%百分位：95%的请求的响应时间少于该时间，单位是 ms。

⑦99%百分位：99%的请求的响应时间少于该时间，单位是 ms。

⑧最小值：请求响应的最小时间，单位是 ms。

⑨最大值：请求响应的最大时间，单位是 ms。

⑩异常%：请求的错误率。

⑪吞吐量：服务器单位时间内处理的请求数量。默认情况下是每秒处理的请求数量，通常认为吞吐量就是 TPS（Transactions Per Second，每秒处理的事务个数）。

⑫接收 KB/sec：每秒从服务器接收到的数据量。

⑬发送 KB/sec：每秒对外发送的数据量。

其中，平均值是一个比较常用的指标，但是 90%百分位对测试而言更有参考价值，它说明 90%的用户都能在这个时间内得到响应。95%百分位、99%百分位更精确，对测试结果的说明也更准确。

下面通过一个案例演示聚合报告的使用。本案例要求使用 JMeter 发送一个 GET 请求，请求地址为百度官网，模拟 100 个用户发送请求，在 5s 内启动全部线程，运行时间为 1min，查看并分析请求响应时间、吞吐量、错误率等性能指标。使用 JMeter 发送一个 HTTP 请求，HTTP 请求界面信息的配置如图 6-34 所示。

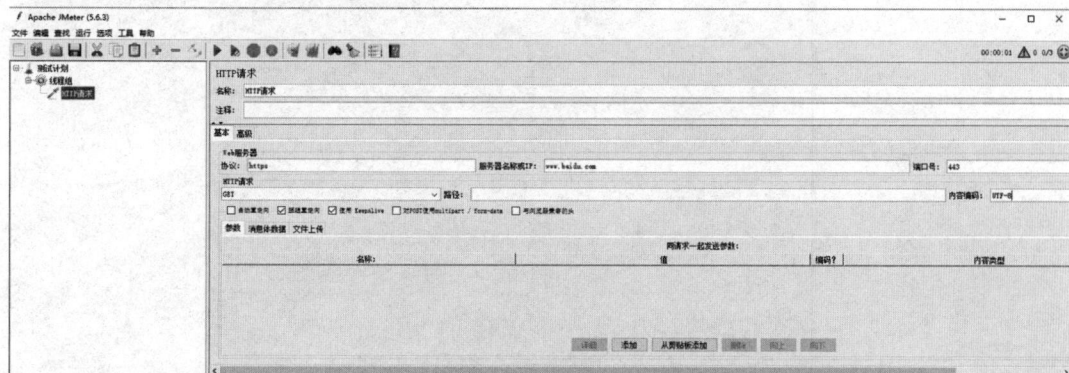

图 6-34　HTTP 请求界面信息的配置

首先在测试计划中创建一个线程组，线程组的配置信息如图 6-35 所示。

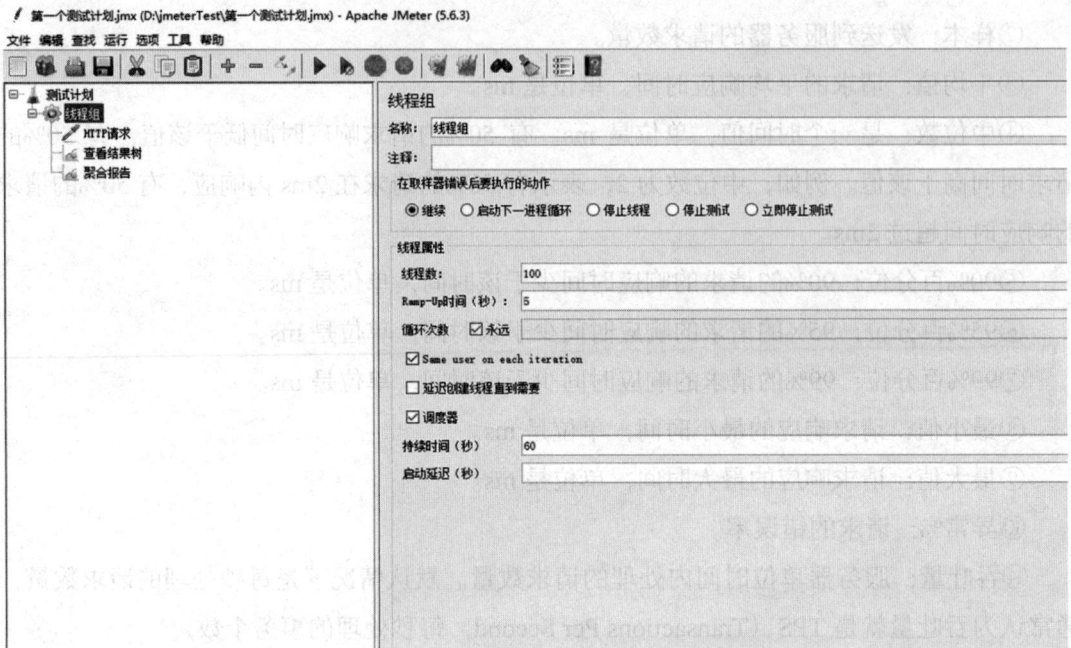

图 6-35　线程组的配置信息

在图 6-35 所示的界面中，配置好 HTTP 请求和线程组之后，选中 JMeter 主界面的"线程组"并单击右键，在弹出的快捷菜单中依次选择"添加"—>"监听器"—>"聚合报告"，可以添加一个聚合报告，添加成功后执行测试。当测试结束后，聚合报告结果如图 6-36 所示。

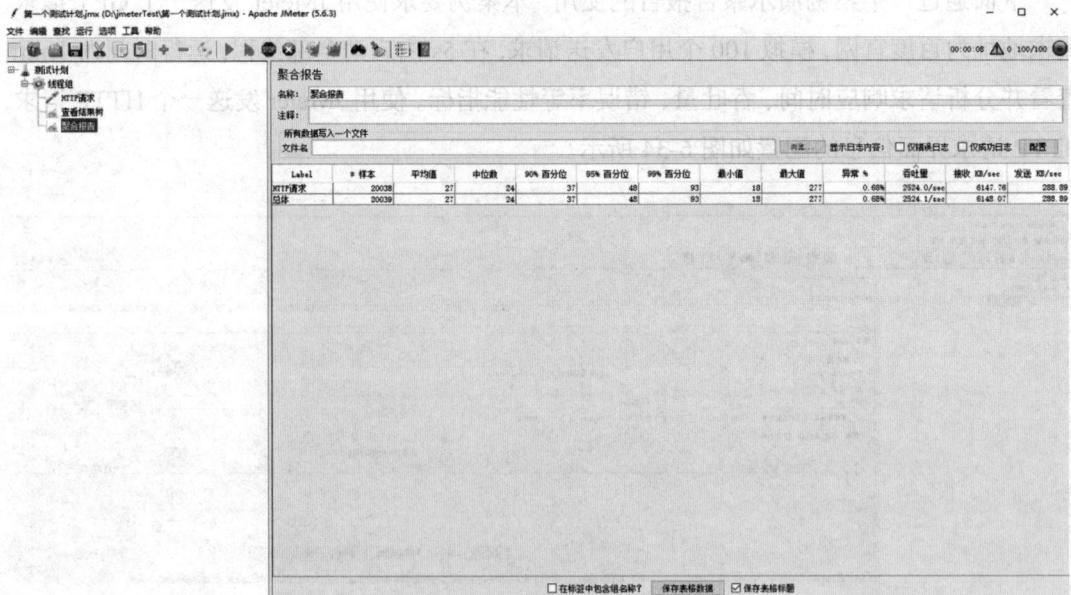

图 6-36　聚合报告结果

由图 6-36 可知，本次测试中，请求的响应时间平均值为 27ms，90%的用户能够在 37ms 内得到响应，服务器每秒处理 2524 个请求。在实际测试工作中，测试人员可以通过分析聚合报告结果，评估系统性能是否满足测试要求。

6.4.2.3　其他监听器

（1）汇总报告（Summary Report）：为每个不同命名的请求创建一个表行，提供简要的测试结果信息。

可以配置将结果保存为 XML 或 CSV 格式的文件。

显示关键参数如平均响应时间、最小响应时间、最大响应时间、错误百分比和吞吐量等。

（2）后端监听器（Backend Listener）：即异步监听器，可以将测试结果数据发送到后端服务器，如 InfluxDB 或 Graphite，进行存储或进一步分析。

支持实时数据传输和数据持久化。

（3）图形结果（Graph Results）：以图形方式展示响应时间，帮助分析性能测试数据的分布情况。

（4）断言结果（Assertion Results）：显示所有断言的通过或失败的结果，帮助验证响应数据是否符合预期。

（5）JSR223 Listener：允许使用 JSR223 脚本语言对示例结果进行处理。

（6）简单数据写入器（Simple Data Writer）：用于记录取样器响应结果，不会以图形方式显示，适合与非 GUI 模式配合使用。

（7）查看表格中的结果（View Results in Table）：以表格形式展示取样器的结果，便于查看和分析。

这些监听器可以单独使用，也可以组合使用，以满足不同的测试需求和分析角度。通过合理配置和使用这些监听器，可以更有效地监控和分析性能测试结果。

6.4.3　配置元件

JMeter 中的配置元件（Config Element）用于提供对静态数据配置的支持，它们可以为取样器（Sampler）设置默认值和变量。

性能测试中为了模拟大量用户操作，往往需要进行参数化，JMeter 的参数化可以通过配置元件完成。配置元件可以配置测试计划的一些公用信息（参数），其配置会影响作用域内的所有元件。配置元件常用的参数化工具有用户定义的变量、HTTP 信息头管理器、HTTP 请求默认值、CSV 数据文件设置和计数器。

6.4.3.1　用户定义的变量

用户定义的变量可以被其作用域范围内的元件引用。如果在测试计划中使用用户定义的变量，则选中 JMeter 主界面的测试计划并单击右键，在弹出的快捷菜单中依次选择"添加"—>"配置元件"—>"用户定义的变量"，会弹出添加一个用户定义的变量界面，如图 6-37 所示。

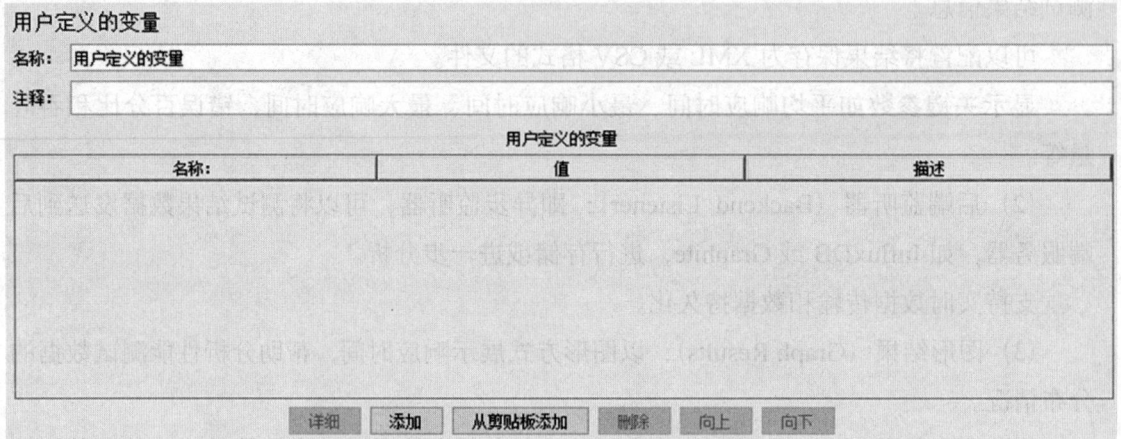

图 6-37　用户定义的变量界面

在图 6-37 所示的界面中，单击下方的"添加"按钮可以添加一个输入栏，用于输入相应的变量名和值。变量定义之后，其他元件就可以引用变量从而实现参数化。引用变量的格式如下：

${变量名}

下面通过一个案例演示用户定义的变量的使用。要求使用 JMeter 发送一个 GET 请求，用户定义变量 protocol（协议）、domain（域名）和 port（端口），使用 3 个变量实现请求的参数化。

在线程组中添加用户定义的变量，并定义 protocol、domain、port 这 3 个变量。首先在 JMeter 主界面添加一个线程组，然后选中该线程组并单击右键，在弹出的快捷菜单中依次选择"添加"—>"配置元件"—>"用户定义的变量"，会弹出一个用户定义的变量界面，在该界面定义变量 protocol、domain 和 port，如图 6-38 所示。

在图 6-38 所示的界面中，定义好变量之后，在线程组中添加一个 HTTP 请求界面，在该界面引用用户定义的变量 protocol、domain 和 port，如图 6-39 所示。

在图 6-39 所示的界面中，HTTP 请求的协议、服务器名称或 IP、端口号不再写成固定值，而通过引用变量来配置各项参数。然后，在线程组中添加一个查看结果树，接着单击工具栏中的启动按钮，执行测试，测试结果如图 6-40 所示。

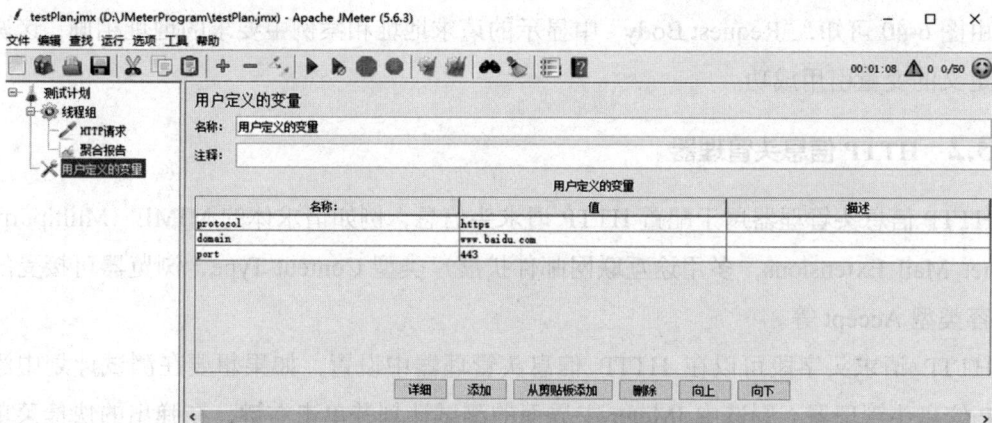

图 6-38　定义变量 protocol、domain 和 port

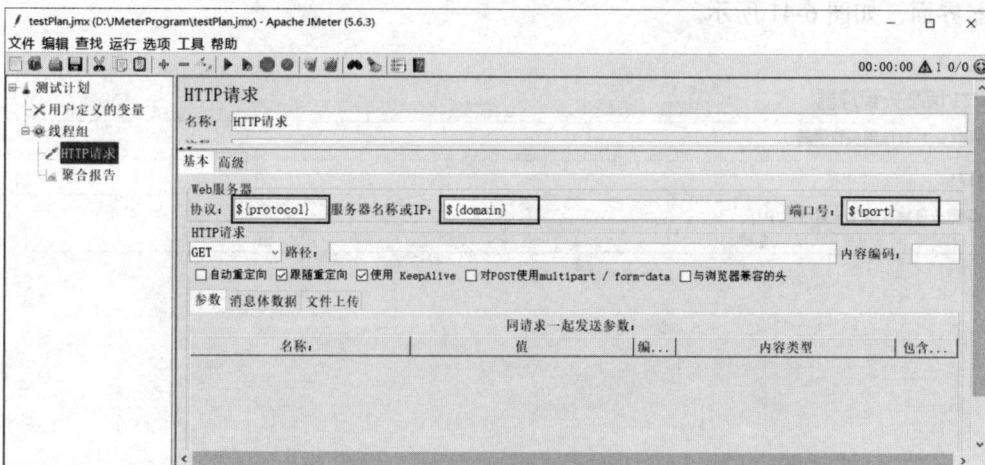

图 6-39　引用用户定义的变量

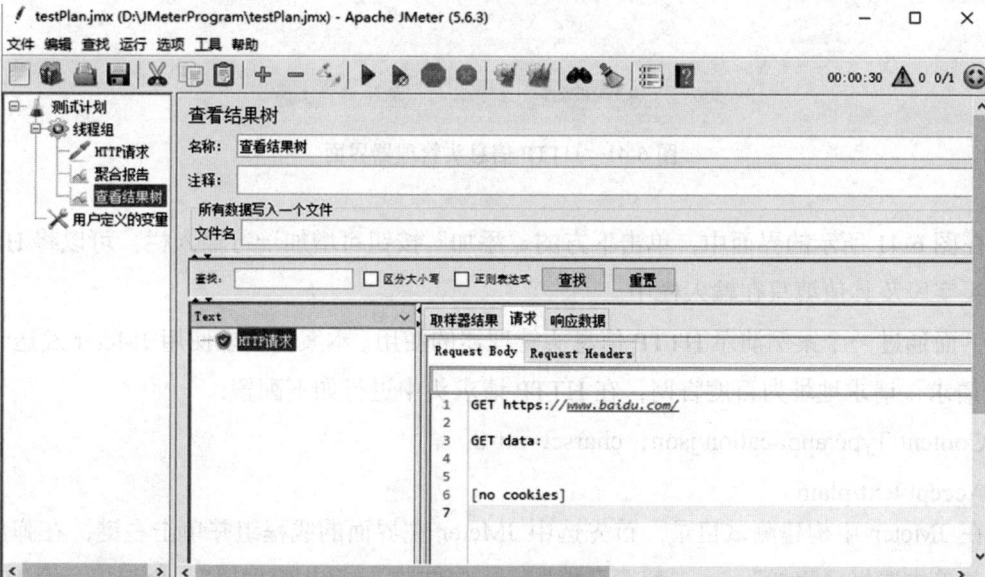

图 6-40　测试结果

由图 6-40 可知，"Request Body"中显示的请求地址和案例中要求的地址相同，这说明用户定义的变量引用成功。

6.4.3.2　HTTP 信息头管理器

HTTP 信息头管理器用于配置 HTTP 请求头信息，例如请求体的 MIME（Multipurpose Internet Mail Extensions，多用途互联网邮件扩展）类型 Content-Type、浏览器可接受的响应内容类型 Accept 等。

HTTP 请求头字段可以在 HTTP 信息头管理器中设置，如果想要在测试计划中添加 HTTP 信息头管理器，则选中 JMeter 主界面的测试计划并单击右键，在弹出的快捷菜单中依次选择"添加"—>"配置元件"—>"HTTP 信息头管理器"，会弹出一个 HTTP 信息头管理器界面，如图 6-41 所示。

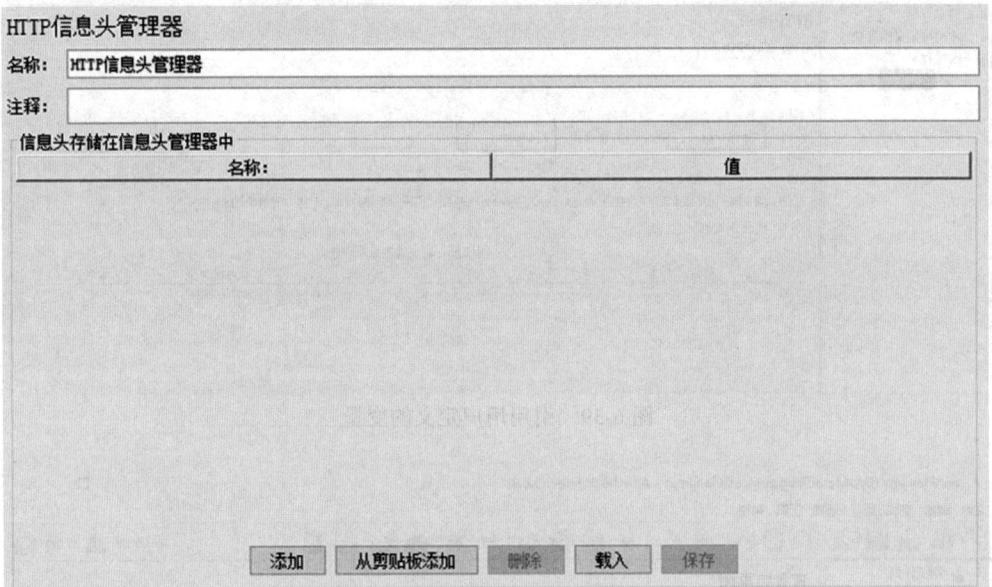

图 6-41　HTTP 信息头管理器界面

在图 6-41 所示的界面中，单击下方的"添加"按钮可增加一行输入栏，可以将 HTTP 请求头字段及其值填写在输入栏中。

下面通过一个案例演示 HTTP 信息头管理器的使用。本案例要求使用 JMeter 发送一个 GET 请求，请求地址为百度官网，在 HTTP 请求头中进行如下配置：

Content-Type:application/json;　charset=utf-8

Accept:text/plain

在 JMeter 中构建测试目录，首先选中 JMeter 主界面的线程组并单击右键，在弹出的快捷菜单中选择"添加"—>"配置元件"—>"HTTP 信息头管理器"，会弹出一个 HTTP

信息头管理器界面，在该界面对 HTTP 信息头进行配置，如图 6-42 所示。

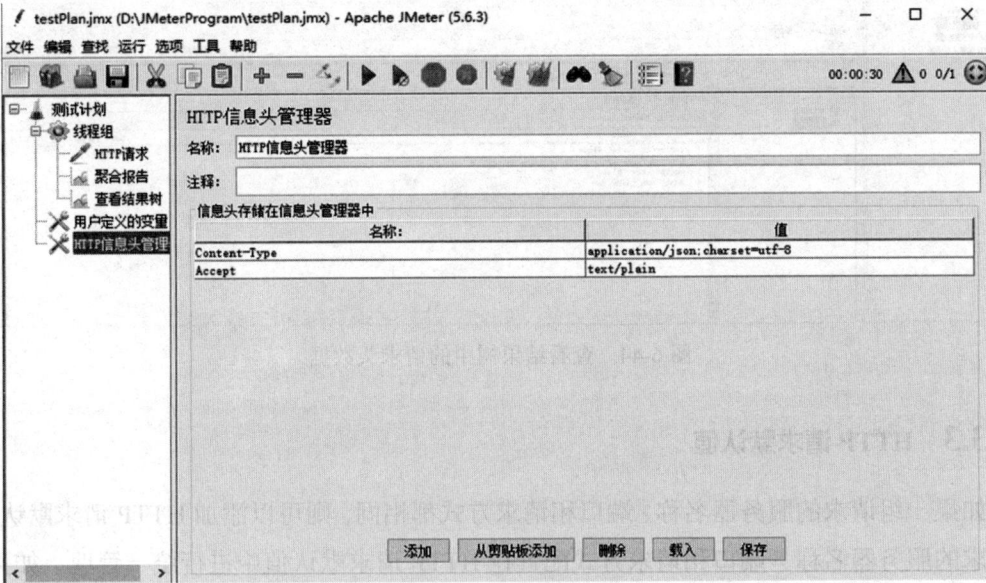

图 6-42　HTTP 信息头的配置

当 HTTP 信息头管理器配置完成后，在线程组中添加一个 HTTP 请求，按照案例配置 HTTP 请求，如图 6-43 所示。

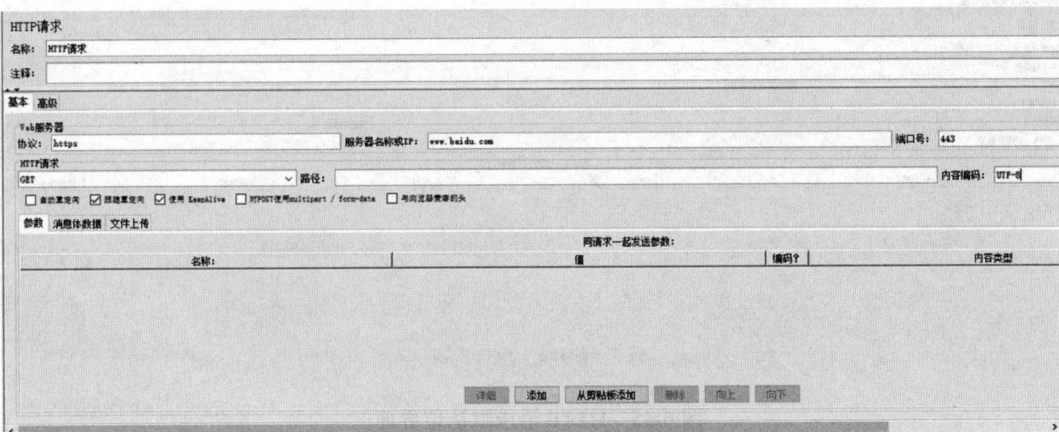

图 6-43　HTTP 请求配置界面

配置完 HTTP 请求信息后，执行测试计划，查看结果树中的请求头数据如图 6-44 所示。

由图 6-44 可知，HTTP 请求发送成功，请求头的数据与图 6-42 中配置的请求头数据相同，这证明通过 HTTP 信息头管理器可以设置请求头数据。

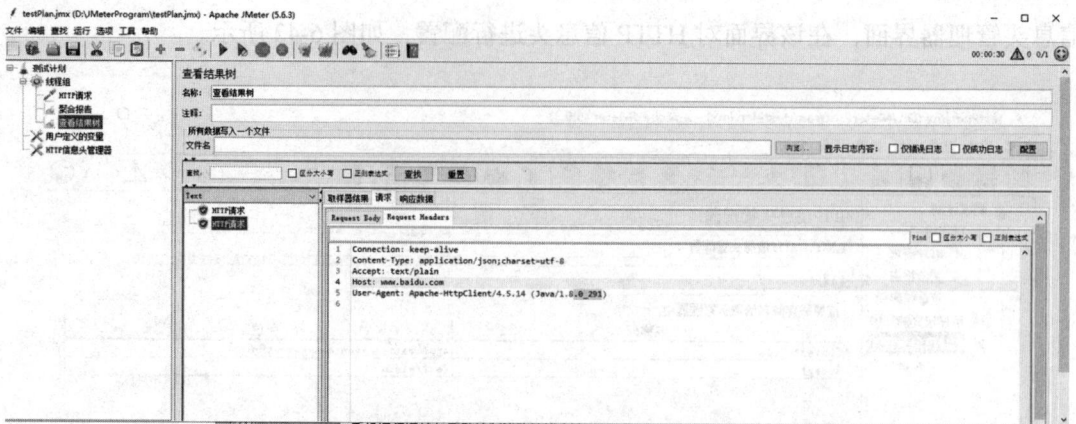

图 6-44　查看结果树中的请求头数据

6.4.3.3　HTTP 请求默认值

如果一组请求的服务器名称、端口和请求方式都相同，则可以添加 HTTP 请求默认值，将请求的服务器名称、端口和请求方式配置在 HTTP 请求默认值中进行统一管理。如果想要在测试计划中添加 HTTP 请求默认值，则选中 JMeter 主界面的测试计划并单击右键，在弹出的快捷菜单中依次选择"添加"—>"配置元件"—>"HTTP 请求默认值"，会弹出一个 HTTP 请求默认值界面，如图 6-45 所示。

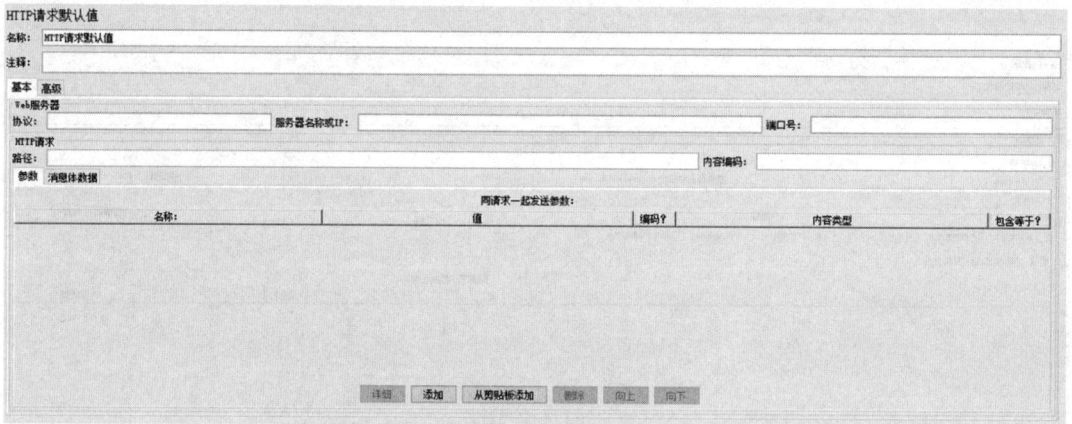

图 6-45　HTTP 请求默认值界面

由图 6-45 可知，HTTP 请求默认值界面与 HTTP 请求界面类似，它可以统一管理 HTTP 请求的共同信息，从而提升请求的复用性。

6.4.3.4　CSV 数据文件配置

使用 JMeter 进行测试时，如果参数较多，可以把参数写到文件中，设置 CSV 数据文件可以从文件中读取参数。如果想要在测试计划中对 CSV 数据文件进行设置，则右键单击 JMeter 主界面的测试计划，在弹出的快捷菜单中依次选择"添加"—>"配置元件"—>"CSV Data Set Config"，会弹出一个 CSV 数据文件设置界面，如图 6-46 所示。

图 6-46 CSV 数据文件设置界面

下面结合图 6-46 介绍 CSV 数据文件设置的主要配置项。

①文件名 数据的文件名称，可以单击"浏览"按钮进行选择。

②文件编码 文件的编码格式，通常是 UTF-8。

③变量名称（西文逗号间隔） 数据文件中每列参数对应的变量名，多个变量名之间使用英文逗号隔开。

④忽略首行（只在设置了变量名称后才生效） 是否从第一行开始读取数据。

⑤分隔符（用'\t'代替制表符） 填写数据文件中的参数之间使用的分隔符。

⑥是否允许带引号? 如果选择"True"，数据文件中有引号，则变量引用后也带引号；如果选择"False"，无论数据文件中是否有引号，变量引用后都不带引号。

⑦遇到文件结束符再次循环? 文件结束后是否从头开始读取数据，通常保持默认值，即 True。

⑧遇到文件结束符停止线程? 文件结束后是否停止线程，通常保持默认值，即 False。

⑨线程共享模式 读取的参数作用范围，通常选择"所有线程"，表示作用于全局。

下面通过一个案例演示 CSV 数据文件设置的使用，本案例要求使用 JMeter 发送一个 POST 请求，请求地址为百度官网。要求循环请求 5 次，每次携带 name、password 和 userID 这 3 个参数，每次的参数值都不相同。

分析上述要求，循环 5 次请求，每次携带的 3 个参数的值都不相同，可以将 3 个参数数据写入 CSV 数据文件，通过添加 CSV 数据文件设置读取 CSV 数据文件实现参数化。

先准备 CSV 数据文件，命名为 data.csv，文件内容如图 6-47 所示。

然后在 JMeter 中添加一个线程组，并在线程组中将循环次数设置为 5。设置完成后，在该线程组中添加一个 CSV 数据文件设置界面，该界面配置完信息后的效果如图 6-48 所示。

图 6-47　data.csv 文件内容

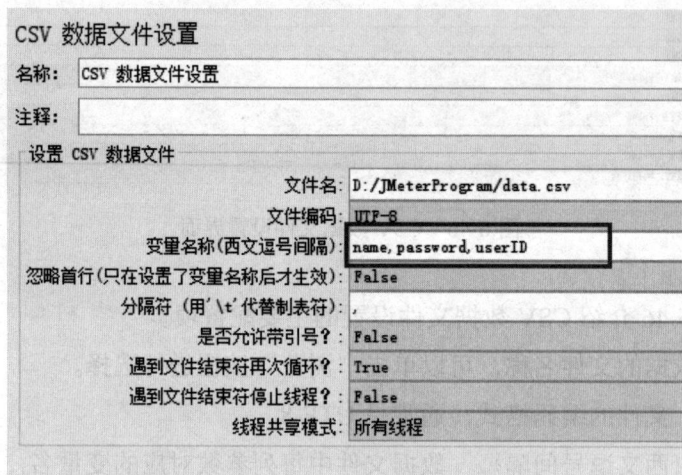

图 6-48　CSV 数据文件设置界面

由图 6-47 可知，data.csv 文件中的第一行就是数据，不能忽略首行。在读取文件时，设置了 3 个变量 name、password、userID 用于携带 data.csv 中的数据。

此外，将线程组循环次数设置为 5，在 HTTP 请求界面引用变量，如图 6-49 所示。

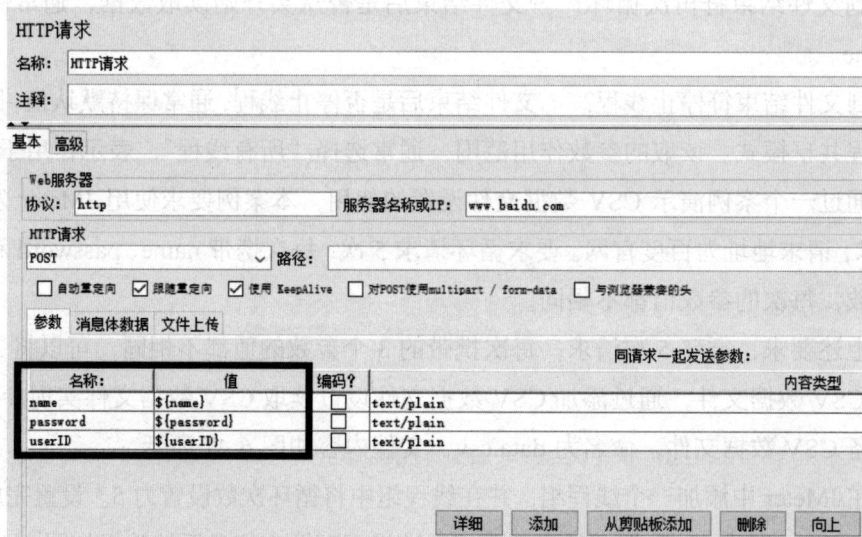

图 6-49　在 HTTP 请求界面引用变量

配置完成之后执行测试，测试结果如图 6-50 所示。

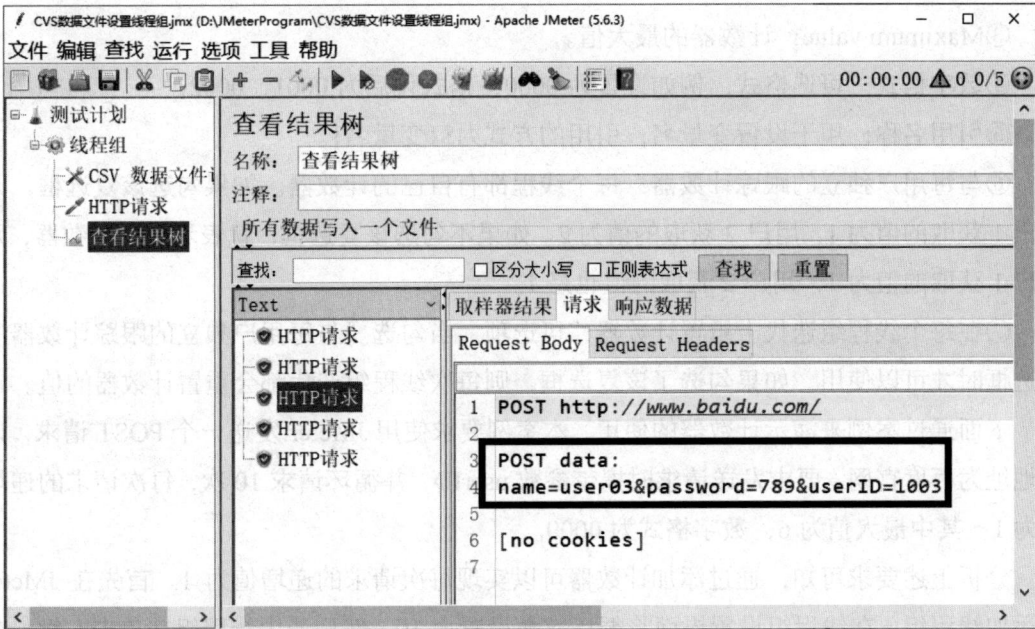

图 6-50　测试结果

由图 6-50 可知，JMeter 一共发送了 5 次请求，在请求的请求体中携带了 name、password 和 userID 这 3 个参数。

6.4.3.5　计数器

使用 JMeter 进行测试时，当需要引用大量的测试数据并要求测试数据能够自增且不能重复时，可以使用计数器来实现，设置界面如图 6-51 所示。

图 6-51　计数器设置界面

①Starting value：计数器的起始值。

②递增：计数器递增的值。

③Maximum value：计数器的最大值。

④数字格式：可选格式，例如设置为 0000，格式化后为 0001、0002。

⑤引用名称：用于设置变量名，引用的方式为${变量名}。

⑥与每用户独立的跟踪计数器：每个线程都有自己的计数器。如果勾选该复选框，则用户 1 获取的值为 1，用户 2 获取的值为 2。如果不勾选该复选框，就表示全局计数器，则用户 1 获取的值为 1，用户 2 获取的值也是 1。

⑦在每个线程组迭代上重置计数器：可选项，当勾选"与每用户独立的跟踪计数器"复选框时才可以使用。如果勾选了该复选框，则每次线程组迭代都会重置计数器的值。

下面通过案例来演示计数器的使用，本案例要求使用 JMeter 发送一个 POST 请求，请求地址为百度官网。要求发送请求时携带参数 userID，并循环请求 10 次，每次请求的递增值为 1，其中最大值为 6，数字格式为 0000。

分析上述要求可知，通过添加计数器可以实现每次请求的递增值为 1。首先在 JMeter 中添加线程组，在线程组设置界面将循环次数设置为 10，然后选中线程组并单击右键，在弹出的快捷菜单中依次选择"添加"—>"配置元件"—>"计数器"，计数器界面如图 6-52 所示。

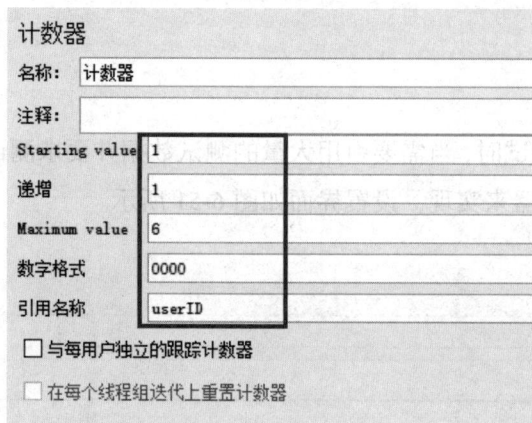

图 6-52　CSV 计数器界面

当添加完计数器后，在线程组中添加一个 HTTP 请求，按照案例要求在 HTTP 请求界面中设置请求的参数，HTTP 请求界面如图 6-53 所示。

当设置完请求参数后，在线程组中添加一个查看结果树，保存之后执行测试，测试结果如图 6-54 所示。

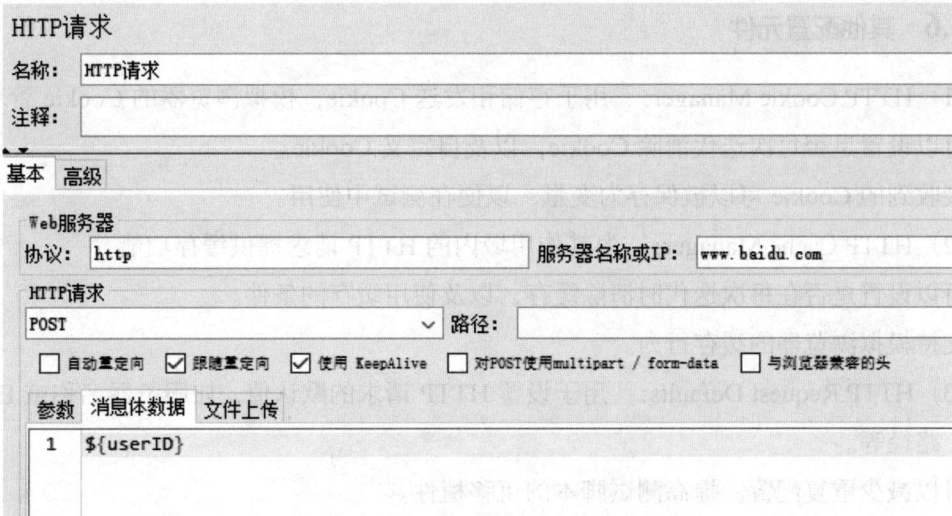

图 6-53　HTTP 请求界面

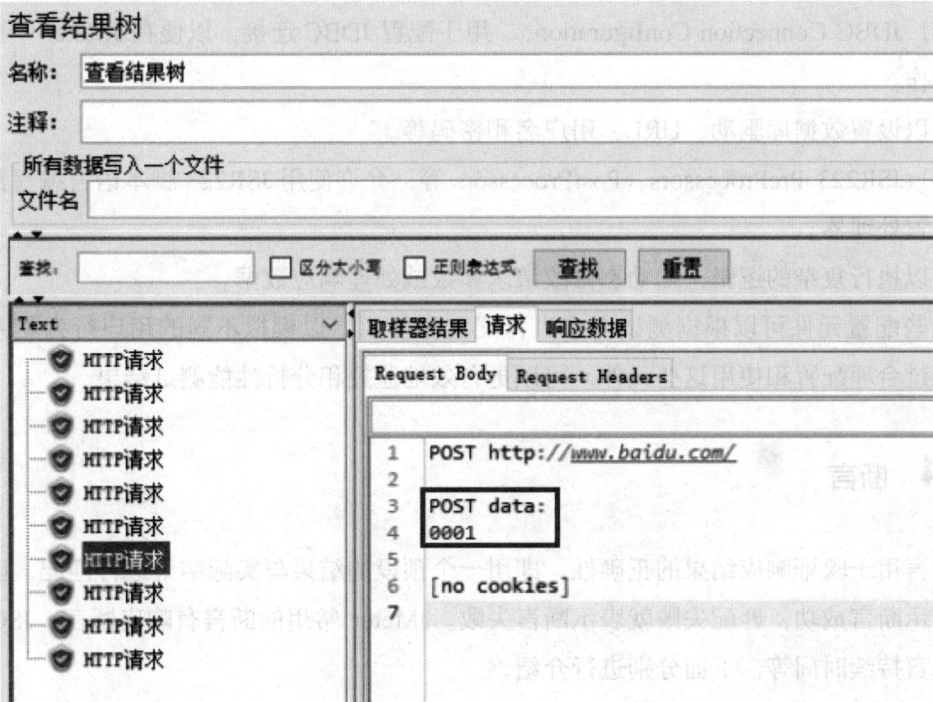

图 6-54　测试结果

由图 6-54 可知，JMeter 共发送了 10 次请求，当查看第 1～6 个请求时，可以发现请求的参数逐个递增，即在图 6-54 所示界面的"POST data:"下方分别显示 0001、0002、0003、0004、0005 和 0006。由于计数器设置了最大值为 6，所以第 7 个请求的参数值不再递增，第 7 个请求下方显示 0001，其他的以此类推。

6.4.3.6　其他配置元件

（1）HTTP Cookie Manager：　用于存储和发送 Cookie，模拟浏览器的 Cookie 管理。可以设置是否每次迭代清除 Cookie，以及自定义 Cookie。

接收到的 Cookie 可以被保存为变量，以便在测试中使用。

（2）HTTP Cache Manager：　为其作用域内的 HTTP 请求提供缓存功能。

可以设置是否在每次迭代时清除缓存，以及使用缓存的条件。

支持模拟浏览器的缓存行为。

（3）HTTP Request Defaults：　用于设置 HTTP 请求的默认值，如服务器名称或 IP、端口号、路径等。

可以减少重复配置，提高测试脚本的可移植性。

（4）TCP Sampler：用于发送 TCP 请求。

可以设置服务器名称或 IP、端口号、重用连接、关闭连接等参数。

（5）JDBC Connection Configuration：　用于配置 JDBC 连接，以便在 JMeter 中执行数据库操作。

可以设置数据库驱动、URL、用户名和密码等。

（6）JSR223 PreProcessors、PostProcessors 等：允许使用 JSR223 脚本语言编写预处理器和后置处理器。

可以执行复杂的逻辑，如动态修改请求参数或处理响应数据。

这些配置元件可以根据测试需求进行配置和使用，以模拟不同的用户行为和系统负载。通过合理配置和使用这些元件，可以更有效地监控和分析性能测试结果。

6.4.4　断言

断言用于验证响应结果的正确性，即用一个预设的结果与实际结果进行匹配，匹配成功就表示断言成功，匹配失败就表示断言失败。JMeter 常用的断言有响应断言、JSON 断言和断言持续时间等，下面分别进行介绍。

6.4.4.1　响应断言

响应断言可以对任意格式的响应数据进行断言。如果想要在测试计划中使用响应断言的方式进行判断，则可以选中 JMeter 主界面的测试计划并右键单击，在弹出的快捷菜单中依次选择"添加"—>"断言"—>"响应断言"，会弹出响应断言界面，如图 6-55所示。

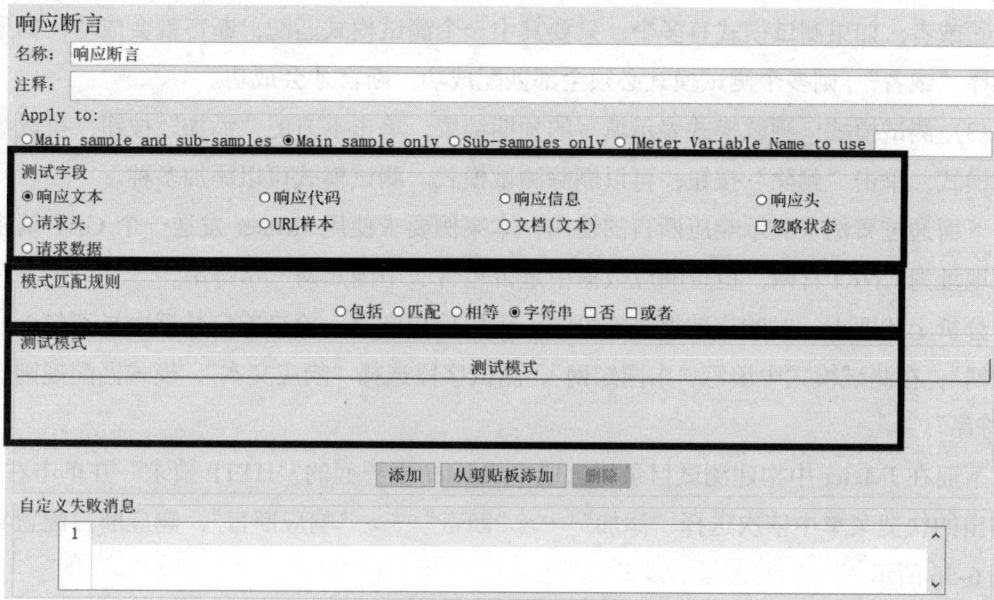

图 6-55 响应断言界面

由图 6-55 可知，响应断言可以分为 3 个部分，下面分别进行讲解。

（1）测试字段：测试字段用于配置要断言的项目，测试字段有多个，包括以下内容。

①响应文本：响应主题。

②响应代码：响应的状态码，例如 200。

③响应信息：响应的状态信息，例如 OK。

④响应头：响应的头部信息。

⑤请求头：请求的头部信息。

⑥URL 样本：请求的 URL。

⑦文档（文本）：响应的整个文档。

⑧忽略状态：忽略返回的响应状态码。

⑨请求数据：请求内容。

（2）模式匹配规则：模式匹配规则是对断言内容进行匹配的方式，模式匹配规则包括以下内容。

①包括：返回结果包括指定的内容，支持正则匹配。

②匹配：预期结果与实际结果匹配，支持正则匹配。

③相等：预期结果与实际结果相等，不支持正则匹配。

④字符串：与包括类似，但不支持正则匹配。

⑤否：取反。如果断言结果为 true，那么在选择"否"之后，最终断言结果为 false。如果断言结果为 false，那么在选择"否"之后，最终结果为 true。

⑥或者：如果测试模式有多个，只要其中一个测试模式匹配，断言就会成功；如果没有选择"或者"，则多个测试模式必须全部匹配成功，断言才会成功。

（3）测试模式：测试模式表示填写的预期结果。单击下方的"添加"按钮，可以添加测试模式；单击"删除"按钮，可以删除测试模式。测试模式可以添加多种。

下面通过案例来演示响应断言的使用，本案例要求使用 JMeter 发送一个 GET 请求，请求地址为 CNKI 官网，检查响应数据中是否包含"中国知网"字符串。

分析上述要求，对响应数据进行检查，可以使用断言。检查响应数据中是否包含"中国知网"，在测试模式中填写"中国知网"，测试字段选择"响应文本"，模式匹配规则选择"字符串"。

下面在 JMeter 中构建测试目录树，选中 JMeter 主界面的"HTTP 请求"并单击右键，在弹出的快捷菜单中依次选择"添加"—>"断言"—>"响应断言"，响应断言配置界面如图 6-56 所示。

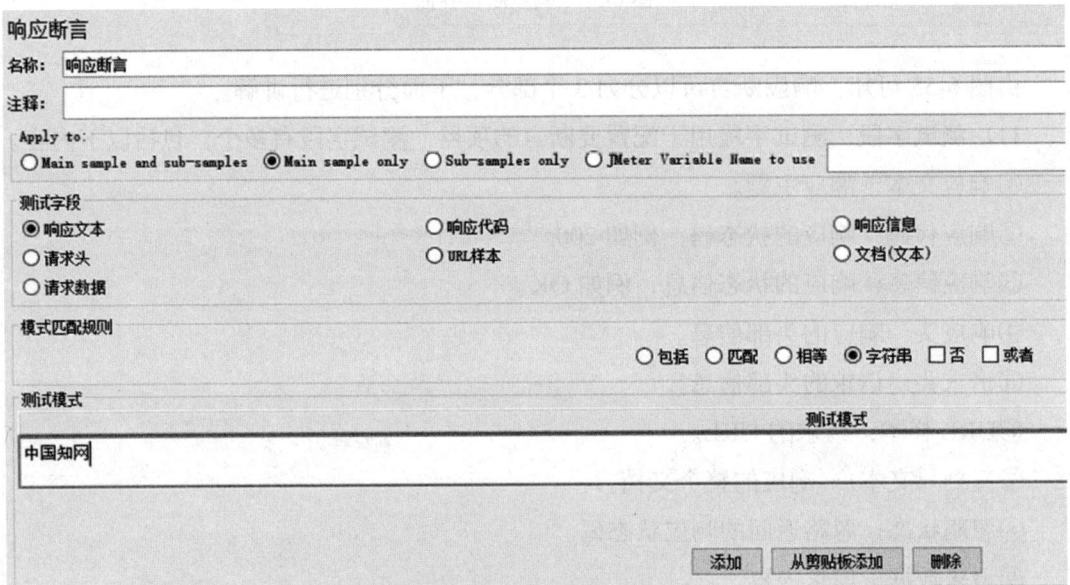

图 6-56　响应断言配置失败界面

HTTP 请求配置比较简单，这里不再展示 HTTP 请求配置界面。配置完成之后，执行测试，会发现测试成功。若测试成功，查看结果树不会显示断言信息。如果想要查看断言信息，可以修改测试模式的内容，例如，将"中国知网"修改为"中国-知网"，再执行测试，则会断言失败，断言失败界面如图 6-57 所示。

由图 6-57 可知，断言失败，提示返回结果中不包含期望的"中国-知网"。

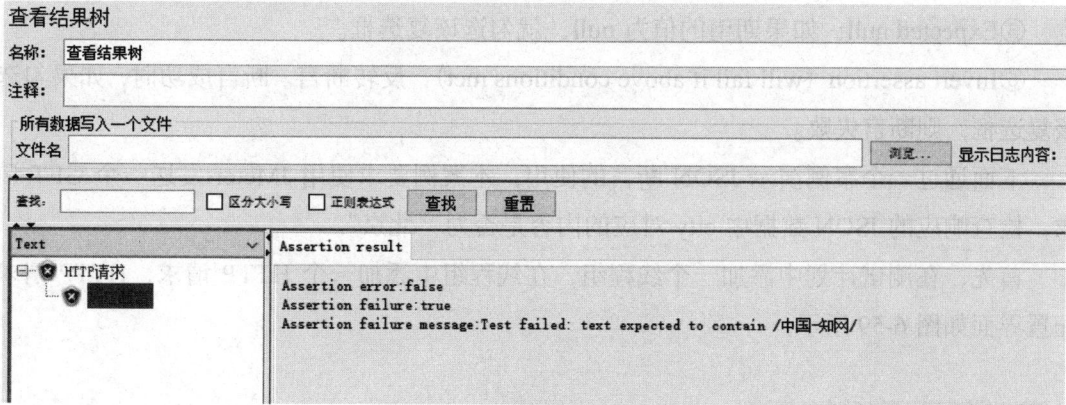

图 6-57　响应断言失败界面

6.4.4.2　JSON 断言

JSON 断言用于对 JSON 格式的响应结果进行断言。如果想要在测试计划中添加 JSON 断言，则可以选中线程组并单击右键，在弹出的快捷菜单中依次选择"添加"—>"断言"—>"JSON 断言"，会添加一个 JSON 断言界面，如图 6-58 所示。

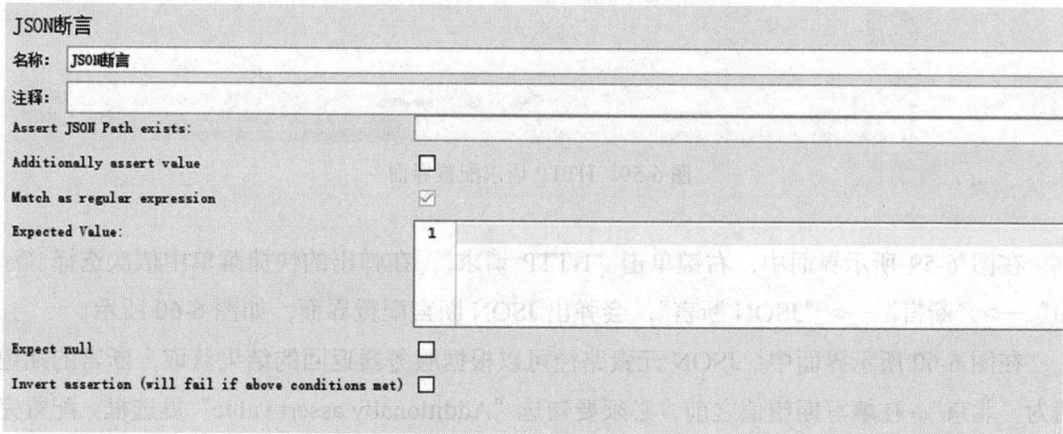

图 6-58　JSON 断言界面

下面结合图 6-58 对 JSON 断言的主要配置项进行介绍。

①Assert JSON Path exists：用于配置要断言的 JSON 元素的路径。

②Additionally assert value：是否要使用指定的值生成断言。

③Match as regular expression：使用正则表达式断言。

④Expected Value：期望值。如果勾选了"Additionally assert value"复选框，就在这里填写期望值。

⑤Expected null：如果期望的值为 null，就勾选该复选框。

⑥Invert assertion（will fail if above conditions met）：反转断言。断言成功时，如果勾选该复选框，则断言失败。

下面通过一个案例演示 JSON 断言的使用，本案例要求使用 JMeter 发送一个 GET 请求，检查响应的 JSON 数据中 city 对应的内容是否为"北京"。

首先，在测试计划中添加一个线程组，在线程组中添加一个 HTTP 请求，HTTP 请求配置界面如图 6-59 所示。

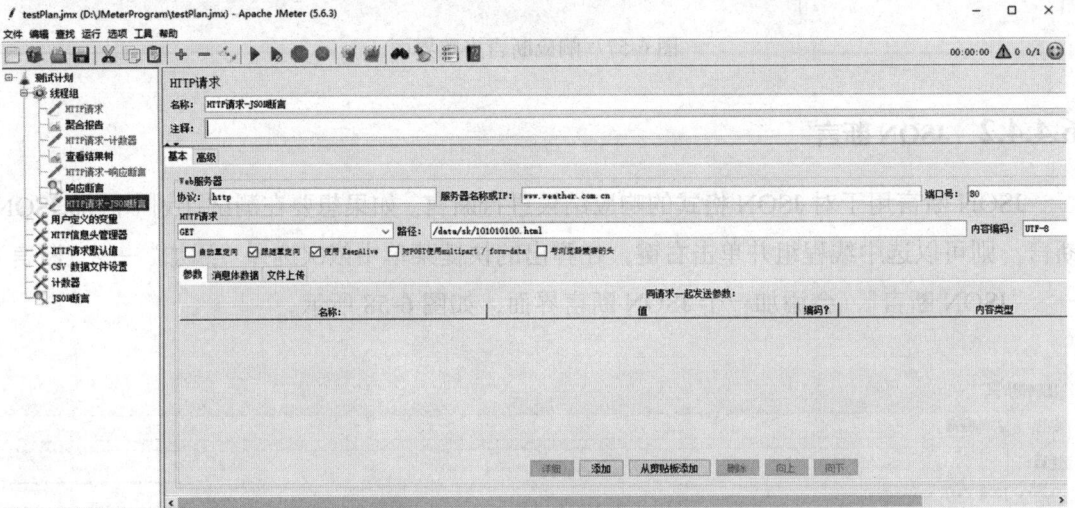

图 6-59　HTTP 请求配置界面

在图 6-59 所示界面中，右键单击"HTTP 请求"，在弹出的快捷菜单中依次选择"添加"—>"断言"—>"JSON 断言"，会弹出 JSON 断言配置界面，如图 6-60 所示。

在图 6-60 所示界面中，JSON 元素路径可以根据服务器返回的结果获取，断言的期望值为"北京"，在填写期望值之前，必须要勾选"Additionally assert value"复选框。配置完成之后，执行测试，测试结果如图 6-61 所示。

由图 6-61 可知，响应数据中包含"北京"，JSON 断言成功。

6.4.4.3　断言持续时间

断言持续时间主要用于断言请求的响应时间是否满足要求。如果在测试计划中需要添加断言持续时间，则选中 JMeter 主界面的测试计划并右键单击，在弹出的快捷菜单中依次选择"添加"—>"断言"—>"断言持续时间"，会添加一个断言持续时间界面，如图 6-62 所示。

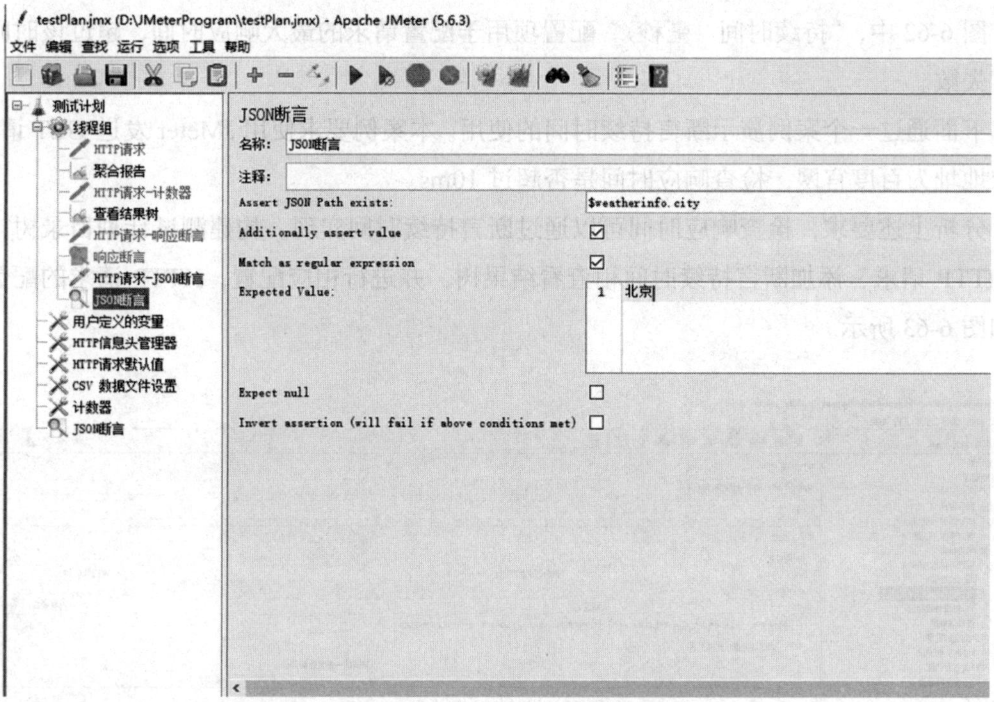

图 6-60　JSON 断言配置界面

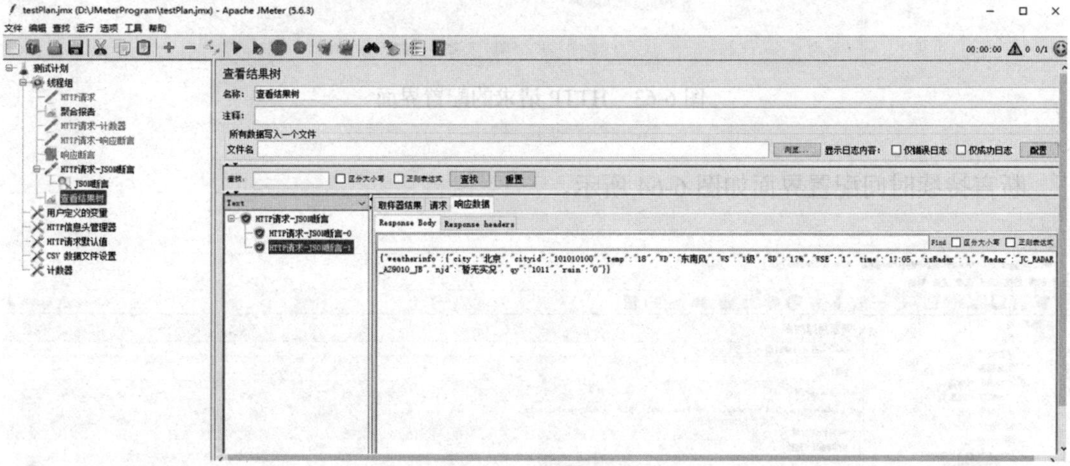

图 6-61　测试结果

图 6-62　断言持续时间界面

图 6-62 中，"持续时间（毫秒）"配置项用于配置请求的最大响应时间，超过该时间则断言失败。

下面通过一个案例演示断言持续时间的使用。本案例要求使用 JMeter 发送 GET 请求，请求地址为百度官网，检查响应时间是否超过 10ms。

分析上述要求，检查响应时间可以通过断言持续时间实现。构建测试计划目录树，添加 HTTP 请求、添加断言持续时间和查看结果树，并进行相应配置，HTTP 请求的配置界面如图 6-63 所示。

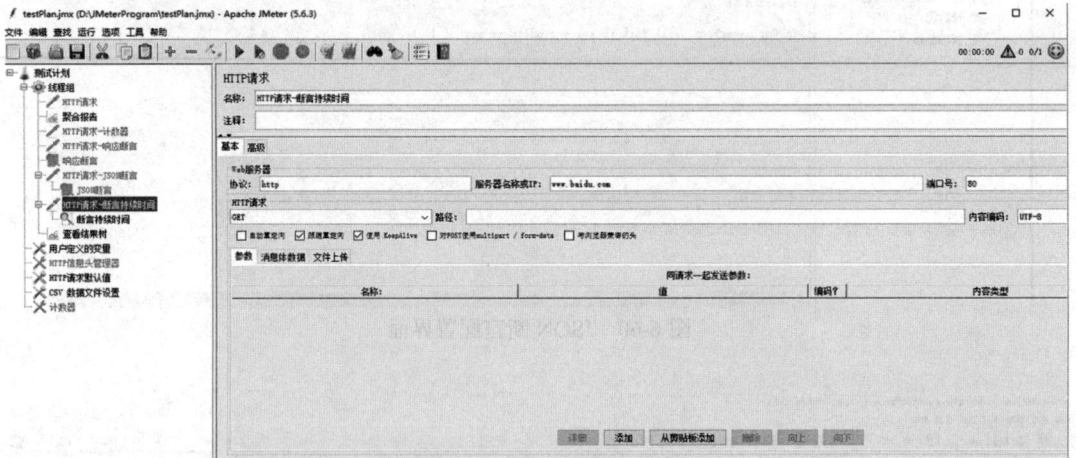

图 6-63　HTTP 请求的配置界面

断言持续时间配置界面如图 6-64 所示。

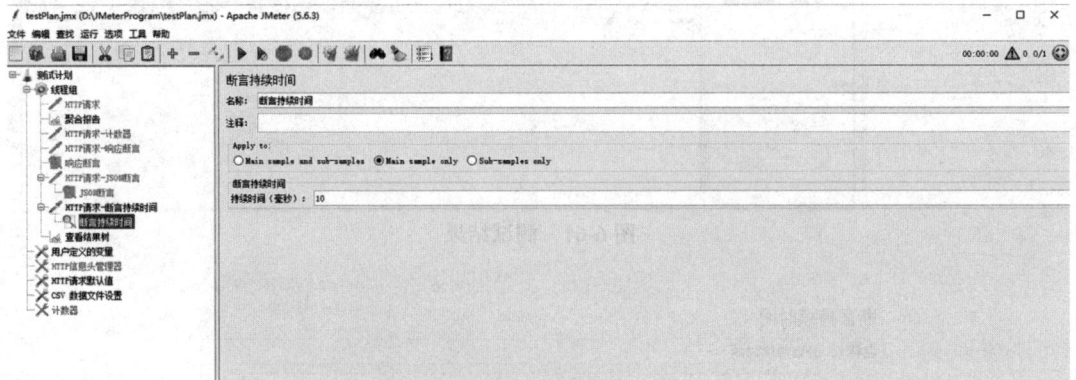

图 6-64　断言持续时间配置界面

配置完成后执行测试，测试结果如图 6-65 所示。

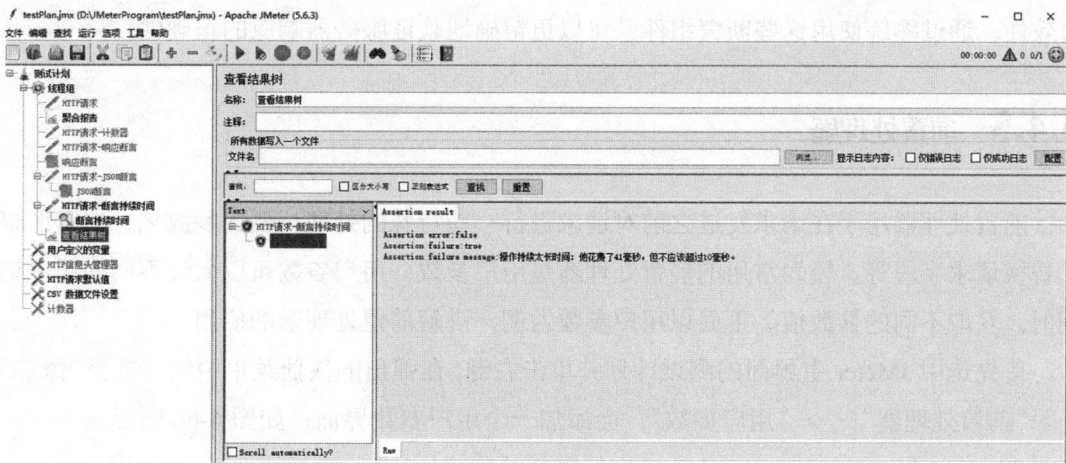

图 6-65　测试结果

由图 6-65 可知，本次请求断言失败，失败原因是请求响应时间为 41ms，超过了 10ms。

6.4.4.4　其他断言

JMeter 中的断言（Assertion）组件用于验证服务器响应数据的正确性。它们可以检查响应是否符合预期，比如特定的字符串、HTTP 状态码、JSON 字段值等。以下是一些常用的 JMeter 断言组件。

（1）大小断言（Size Assertion）：检查响应的大小（字节数）是否符合预期，可以设置等于、不等于、大于、小于等条件。

可以应用于完整响应、响应头、响应体、响应代码或响应信息。

（2）XPath 断言（XPath Assertion）：允许对 Web 服务器响应进行 XPath 评估，确保指定的实体存在或元素属性值符合预期。

适用于测试 SOAP Web Services 的 XML 响应。

（3）比较断言（Compare Assertion）：比较范围内的样本结果，可以比较内容或经过的时间，并在比较之前过滤内容。

负载测试期间不推荐使用，因为它消耗大量资源（内存和 CPU）。

（4）BeanShell 断言（BeanShell Assertion）：提供了编写自定义断言脚本的能力，适合需要复杂逻辑验证的场景。

需要一定的 Java 编程知识来编写脚本。

（5）MD5Hex 断言（MD5Hex Assertion）：验证响应数据的 MD5 散列值是否符合预期。

（6）HTML 断言（HTML Assertion）：检查 HTML 响应是否符合特定的标准或模式。

（7）XML 断言（XML Assertion）：验证 XML 响应是否符合特定的 XML 模式或模式。

断言是性能测试和接口自动化测试中不可或缺的部分，它们帮助确保测试的准确性和有效性。通过熟练使用这些断言组件，可以更精确地验证服务器响应的正确性。

6.4.5　前置处理器

前置处理器用于在请求发送之前对请求进行一些特殊的处理，例如参数化、加密请求和替换请求字段等。较为常用的前置处理器是用户参数，用户参数可以保证不同的用户访问时，获取不同的参数值。下面以用户参数为例，讲解前置处理器的使用。

首先选中 JMeter 主界面的测试计划并单击右键，在弹出的快捷菜单中依次选择"添加"—>"前置处理器"—>"用户参数"，会添加一个用户参数界面，如图 6-66 所示。

图 6-66　用户参数界面

在图 6-66 所示界面中，单击下方的"添加变量"按钮，会增加一个输入栏，在输入栏中配置用户发送请求时需要的参数；单击下方的"添加用户"按钮可以增加用户。在请求中引用用户参数界面配置的变量，也可以实现用户数据参数化。下面通过一个案例演示用户参数的使用。

本案例要求使用 JMeter 发送一个 GET 请求，请求地址为 CNKI 官网，第一个用户携带的参数为"userName=李雷&userID=1001"，第二个用户携带的参数为"userName=韩梅梅&userID=1002"。

分析上述要求可知，需要两个用户发送请求，则线程组数量设置为 2。案例要求不同的用户携带的参数不同，可以通过添加用户参数实现。明确了案例要求后，下面在 JMeter 中构建测试计划目录树，添加线程组、用户参数、HTTP 请求、查看结果树，并进行相应配置。用户参数配置界面如图 6-67 所示。

用户参数配置完成之后，配置 HTTP 请求，HTTP 请求配置界面如图 6-68 所示。

配置完 HTTP 请求之后执行测试，测试结果如图 6-69 所示。

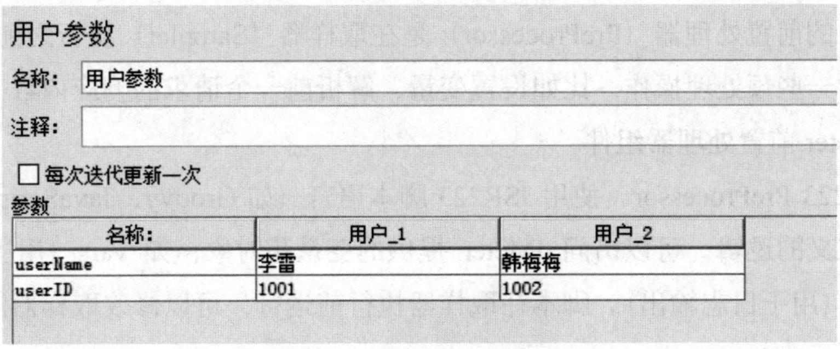

图 6-67　用户参数配置界面

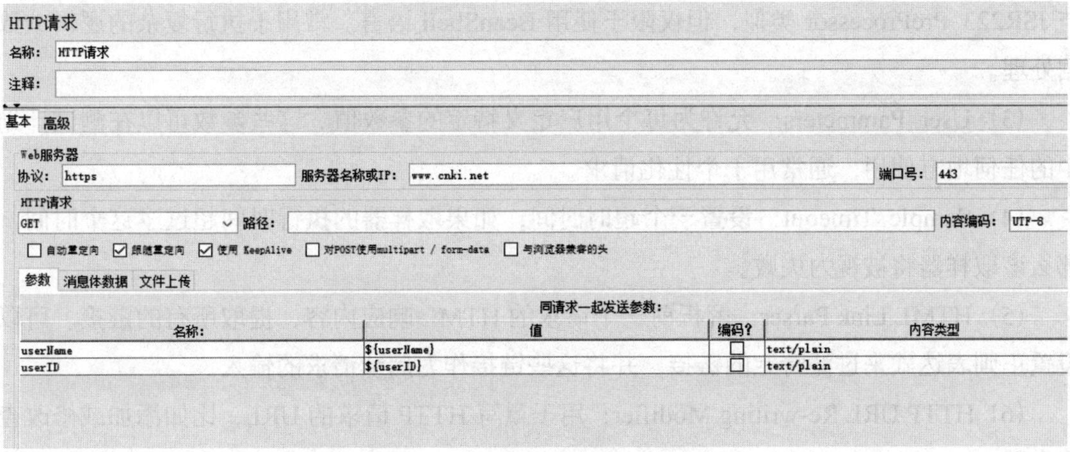

图 6-68　HTTP 请求配置界面

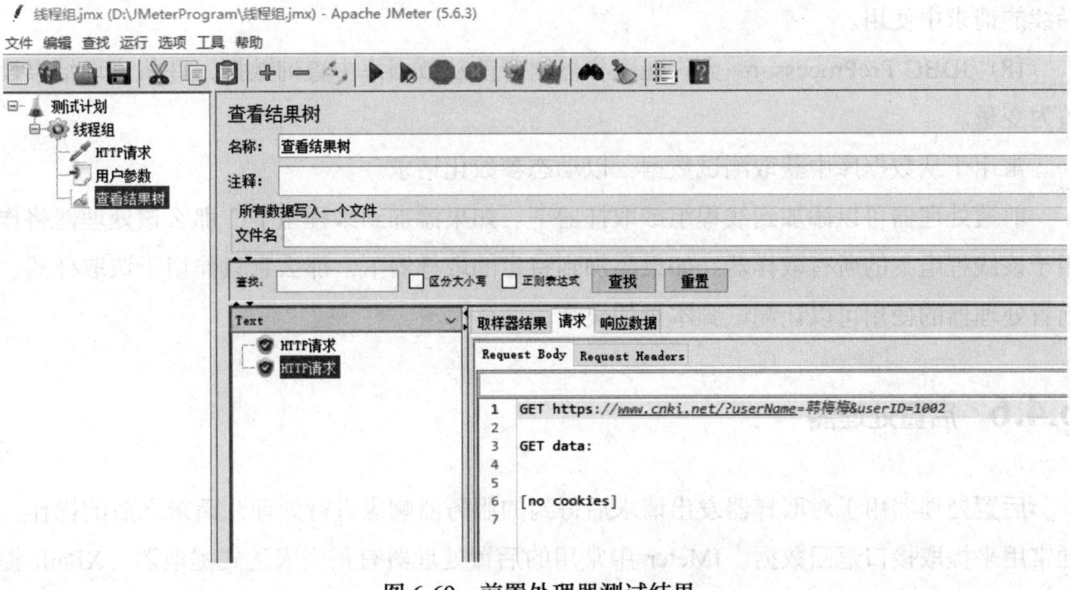

图 6-69　前置处理器测试结果

由图 6-69 可知，本次测试发送了两次 HTTP 请求，且请求中成功携带了用户参数。

JMeter 中的前置处理器（PreProcessor）是在取样器（Sampler）执行之前运行的组件，它们用于执行一些预处理操作，比如设置变量、解析前一个请求的响应内容等。以下是一些常用的 JMeter 前置处理器组件。

（1）JSR223 PreProcessor：使用 JSR223 脚本语言（如 Groovy、JavaScript 等）编写脚本，执行自定义的逻辑。可以访问 JMeter 提供的变量和对象，如 vars（用于访问 JMeter 变量）和 log（用于日志输出）。脚本在取样器执行前运行，可以修改取样器的参数或设置新的变量。

（2）BeanShell PreProcessor：使用 BeanShell 脚本语言编写脚本，执行自定义的逻辑。与 JSR223 PreProcessor 类似，但仅限于使用 BeanShell 语言。常用于执行复杂的逻辑或数据处理。

（3）User Parameters：允许为每个用户定义特定的参数值。这些参数可以在测试计划中的任何地方使用，通常用于个性化请求。

（4）Sample Timeout：设置一个超时时间，如果取样器的执行时间超过了这个时间，那么该取样器将被视为失败。

（5）HTML Link Parser：解析前一个请求的 HTML 响应内容，提取所有的链接。可以设置正则表达式来过滤特定的链接，并将这些链接作为后续请求的输入。

（6）HTTP URL Re-writing Modifier：用于重写 HTTP 请求的 URL，比如添加或修改查询参数。

（7）RegEx User Parameters：使用正则表达式从某个源中提取变量，这些变量可以在后续的请求中使用。

（8）JDBC PreProcessor：允许在取样器执行前从数据库中查询数据，并将查询结果设置为变量。

常用于从数据库中获取测试数据，以动态参数化请求。

前置处理器可以添加到线程组或取样器下。如果添加到线程组下，那么该处理器将作用于该线程组下的所有取样器。如果添加到特定的取样器下，那么它只作用于该取样器。前置处理器的使用可以让测试脚本更加灵活。

6.4.6 后置处理器

后置处理器用于对取样器发出请求后得到的服务器响应进行处理，请求之后的操作，通常用来提取接口返回数据。JMeter 中常用的后置处理器有正则表达式提取器、XPath 提取器和 JSON 提取器等，下面分别进行讲解。

6.4.6.1　正则表达式提取器

（1）正则表达式：它是一种文本模式，它使用普通字符和特殊字符（元字符）描述规则，用于匹配符合该规则的字符串。正则表达式通常用来检索和替换特定规则的字符串。例如，"a."中的元字符"."表示任意字符，则"a."可以匹配"ab""ac""a1""a2"等任何包含两个字符且第 1 个字符是"a"的字符串。

正则表达式的元字符有很多，常用的正则表达式元字符如表 6-1 所示。

表 6-1　常用的正则表达式元字符

元字符	含义
()	封装待返回的字符串
.	匹配除换行符以外的任意字符
+	匹配前面的字符串一次或多次
?	匹配前面的字符串 0 次、1 次
*	匹配前面出现的字符 0 次或多次
^	匹配字符串的开始位置
$	匹配字符串的结束位置
|	模式选择符，从中任选一个匹配

JMeter 中的正则表达式格式如下：

左边界(正则表达式)右边界

在上述格式中，()中的内容是正则表达式，它所匹配的结果就是要获取的字符串。例如，请求知网首页，返回的数据片段如下：

```
<!DOCTYPE html>
<html lang="zh">
<head>
  <meta http-equiv="Content-Type" content="text/html; charset=utf-8" />
  <title>中国知网</title>
</head>
```

如果要从上述片段中提取"中国知网"，则在设置正则表达式时，需要先找出左、右边界。左边界为<title>，右边界为</title>，在()中设置正则表达式为".*"，完整正则表达式如下：

```
<title>(.*)</title>
```

通过上述正则表达式就可以匹配出字符串"中国知网"。上述正则表达式能够匹配出所有的"中国知网"，当它搜索到满足条件的字符串时，不会停止，会继续往后匹配，直到数据结束，这种匹配模式称为"贪婪"模式。

如果只想匹配一次，可以在".*"后面添加"?"，具体如下：

```
<title>(.*?)</title>
```

添加了"?"之后，正则表达式只会匹配一次，一旦搜索到匹配的字符串就会结束搜索，这种匹配模式称为"懒惰"模式。

（2）配置正则表达式提取器：JMeter 中的正则表达式提取器是通过支持正则表达式匹配来提取任意格式的响应数据的元件。如果在测试计划中需要配置正则表达式提取器，则选中测试计划并单击右键，在弹出的快捷菜单中依次选择"添加"—>"后置处理器"—>"正则表达式提取器"，会添加一个正则表达式提取器界面，如图 6-70 所示。

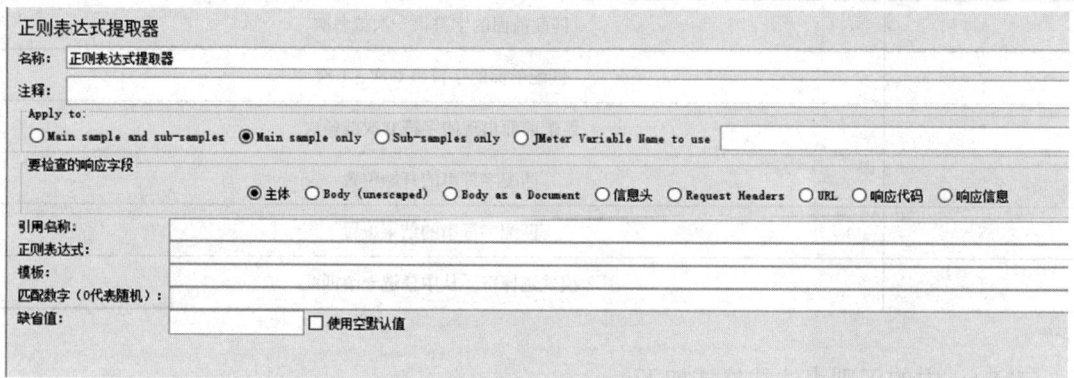

图 6-70　正则表达式提取器界面

由图 6-70 可知，正则表达式提取器的主要配置项有以下 5 个。

①引用名称：引用的名称，可供其他请求引用，引用方式为"${引用名称}"。

②正则表达式：为提取数据而设置的正则表达式。

③模板：用于设置使用提取到的第几个值。如果正则表达式有多个()，就可以提取出多组值。可以指定要使用的数据，格式为"n"，例如，1表示使用第 1 组数据。如果"n"的值为 0（即0），表示使用全部数据。

④匹配数字（0 代表随机）：表示取一组数据中的第几个值。0 表示随机取值，–1 表示取全部值，其他正整数 n 表示取第 n 个值。

⑤缺省值：默认值，如果引用名称没有取到值，就使用该默认值。

通过一个案例演示正则表达式提取器的使用，本案例要求使用 JMeter 发送两个请求，具体如下：

请求一：请求地址为 CNKI 官网，获取网页<title>标签的值。

请求二：请求地址为百度官网，把请求一的<title>标签的值作为请求参数。

分析上述要求可知，两个请求具有关联关系，可以使用正则表达式提取器提取请求一中的数据，再将其作为请求二的参数。构建测试计划目录树，如图 6-71 所示。

测试计划目录树构建完成之后，进行相应配置，其中正则表达式提取器配置界面如图 6-72 所示。

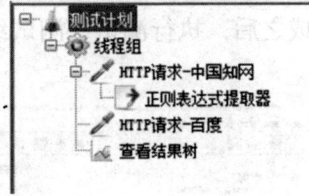

图 6-71　测试计划目录树

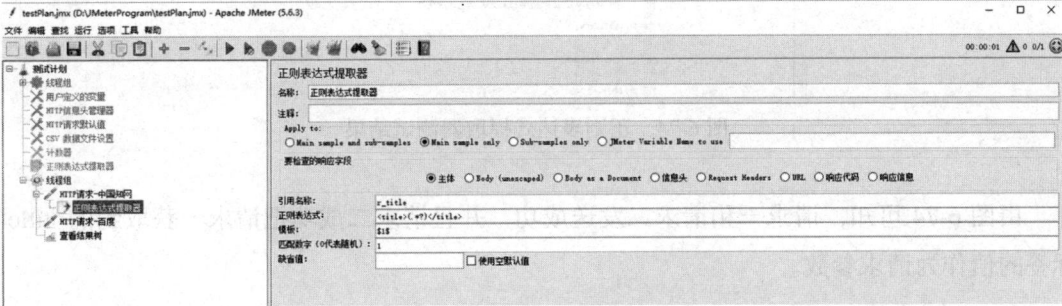

图 6-72　正则表达式提取器界面

在图 6-72 所示的界面中，正则表达式设置为<title>（.*?）</title>，表示只取一次匹配数据，1表示取其中第 1 组数据，匹配数字表示取第 1 组数据中的第 1 个值。

正则表达式的引用名称 r_title 在 HTTP 请求-百度的请求界面中被引用，HTTP 请求-百度的配置界面如图 6-73 所示。

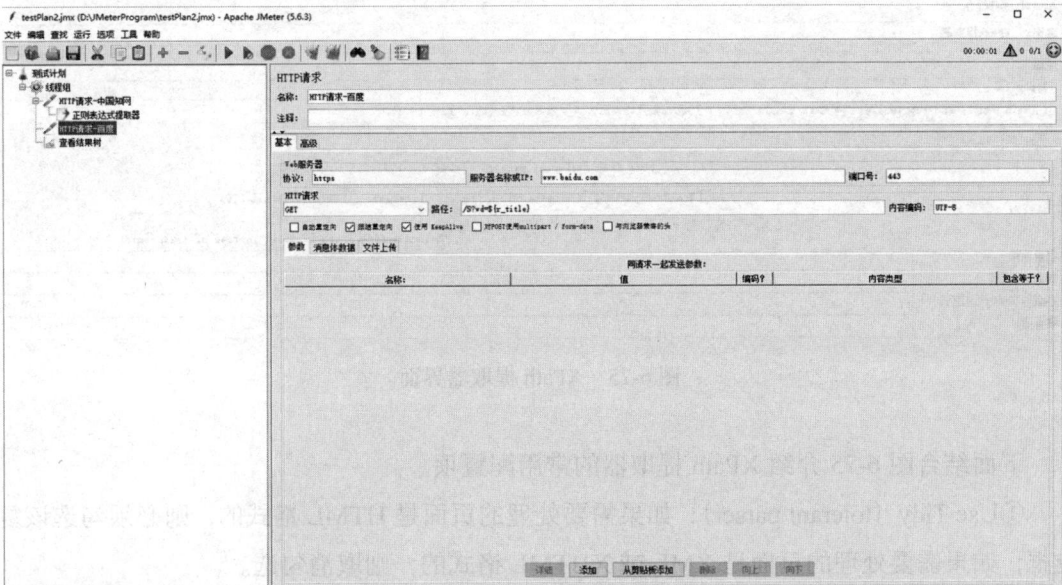

图 6-73　HTTP 请求-百度的配置界面

在图 6-73 所示的界面中，变量可以在路径中引用，也可以在参数列表中引用。配置完成之后，执行测试，测试结果如图 6-74 所示。

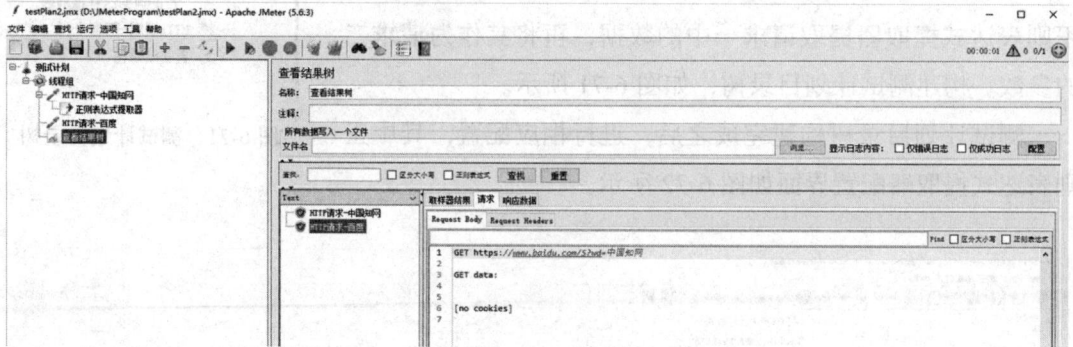

图 6-74　正则表达式提取器测试结果

由图 6-74 可知，请求一和请求二发送成功，并且请求二成功把请求一获取到的<title>标签的值作为请求参数。

6.4.6.2　XPath 提取器

XPath 提取器用于提取 HTML 格式的响应数据，它通过 HTML 文档中的标签来提取数据。如果在测试计划中需要使用 XPath 提取器，则选中测试计划并单击右键，在弹出的快捷菜单中依次选择"添加"—>"后置处理器"—>"XPath 提取器"，会添加一个 XPath 提取器界面，如图 6-75 所示。

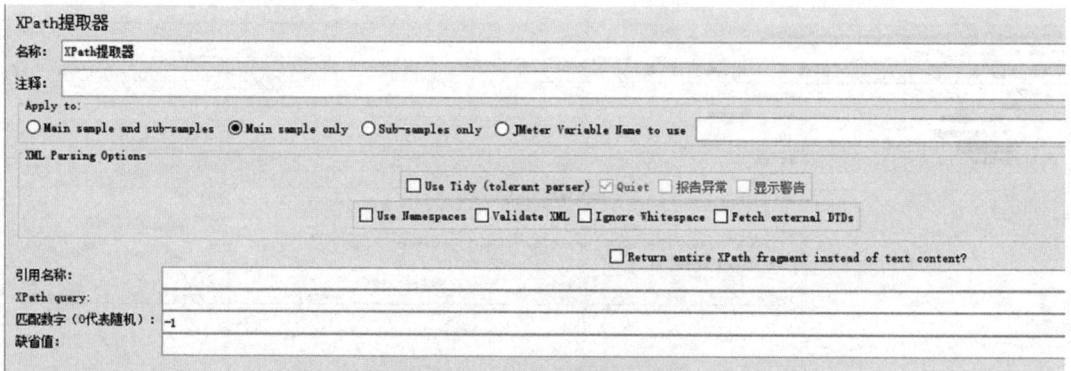

图 6-75　XPath 提取器界面

下面结合图 6-75 介绍 XPath 提取器的常用配置项。

①Use Tidy（tolerant parser）：如果需要处理的页面是 HTML 格式的，则必须勾选该复选框；如果需要处理的页面是 XML 或 XHTML 格式的，则取消勾选。

②引用名称：引用的名称，用来存储提取到的值。

③XPath query：XPath 表达式，即要提取哪些节点元素。

④匹配数字（0 代表随机）：选择提取结果。0 表示随机取值，–1 表示取全部值，其他正整数 n 表示取第 n 个值。

⑤缺省值：默认值，如果引用名称没有取到值，则使用该默认值。

下面通过一个案例演示 XPath 提取器的使用。 以前面正则表达式提取器的案例为例，同样发送两个请求，要求使用 XPath 提取器提取请求一中的<title>标签值。将正则表达式提取器替换为 XPath 提取器，XPath 提取器配置界面如图 6-76 所示。

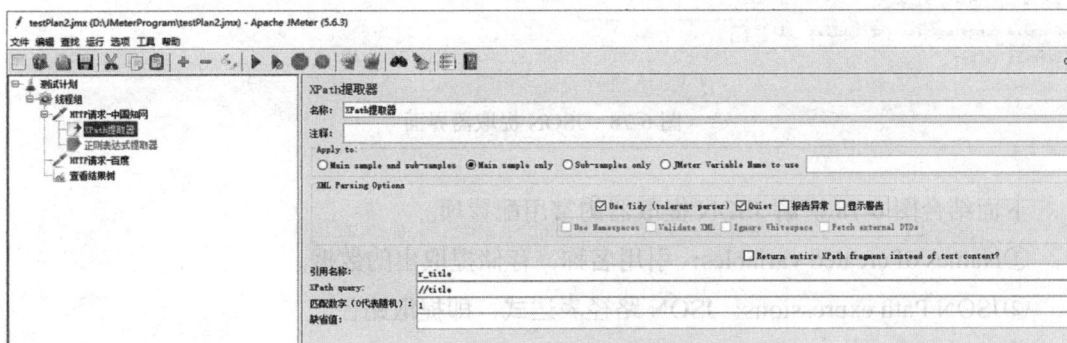

图 6-76　XPath 提取器配置界面

配置完 XPath 提取器之后，执行测试，测试结果如图 6-77 所示。

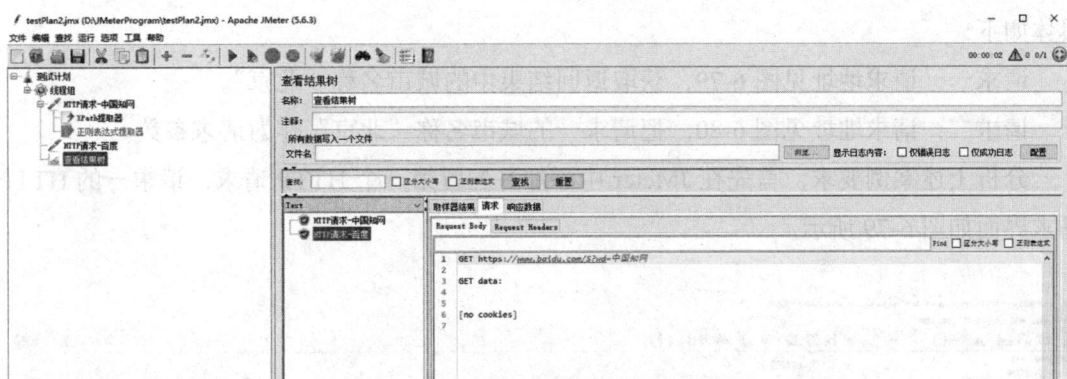

图 6-77　XPath 提取器测试结果

由图 6-77 可知，当使用 XPath 提取器时，请求一和请求二发送成功，并且请求二也能够成功把请求一的<title>标签的值作为请求参数。

6.4.6.3　JSON 提取器

JSON 提取器用于提取 JSON 格式的响应数据，如果在测试计划中需要使用 JSON 提取器，则选中测试计划并单击右键，在弹出的快捷菜单中依次选择"添加"—>"后置处理器"—>"JSON 提取器"，会添加一个 JSON 提取器界面，如图 6-78 所示。

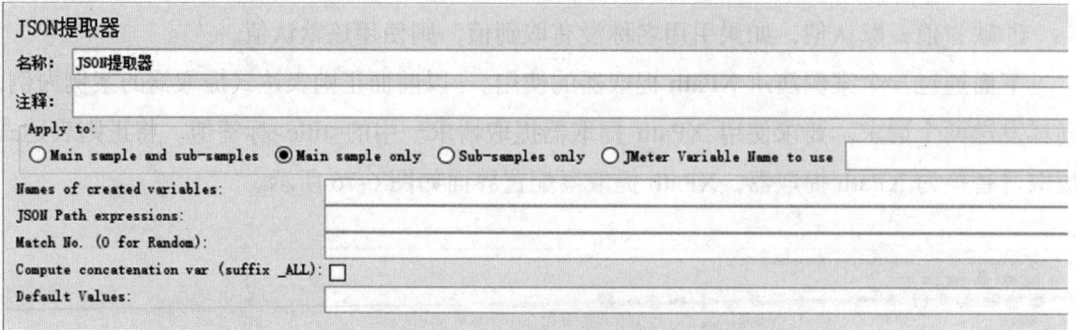

图 6-78　JSON 提取器界面

下面结合图 6-78 讲解 JSON 提取器的常用配置项。

①Names of created variables：引用名称，存储提取出的数据。

②JSON Path expressions：JSON 路径表达式，即提取路径。

③Match No.（0 for Random）：匹配数字，0 表示随机取值，–1 表示取全部值，其他正整数 *n* 表示取第 *n* 个值。

④Default Values：默认值，如果引用名称没有取到值，就使用该默认值。

下面通过一个案例演示 JSON 提取器的使用，本案例要求使用 JMeter 发送两个请求，具体如下：

请求一：请求地址见图 6-79，获取返回结果中的城市名称"北京"。

请求二：请求地址见图 6-80，把请求一的城市名称"北京"作为请求参数。

分析上述案例要求，首先在 JMeter 中添加并配置第一个 HTTP 请求，请求一的 HTTP 请求界面如图 6-79 所示。

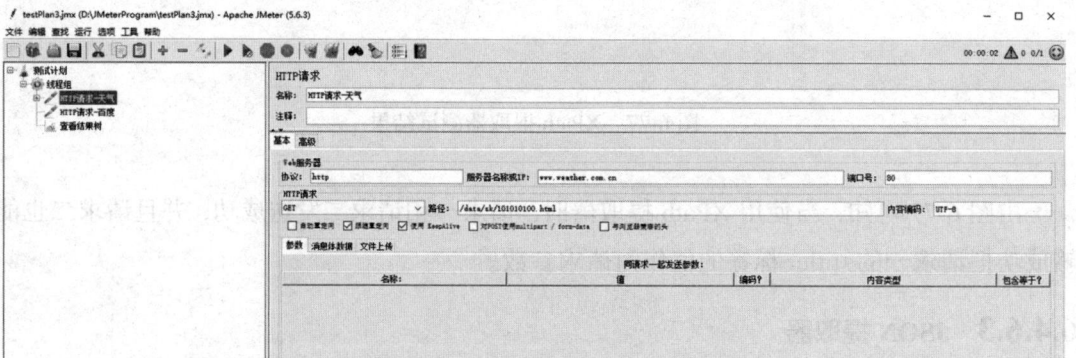

图 6-79　请求一的 HTTP 请求界面

然后在 JMeter 中添加查看结果树并执行测试，请求一的测试结果如图 6-80 所示。

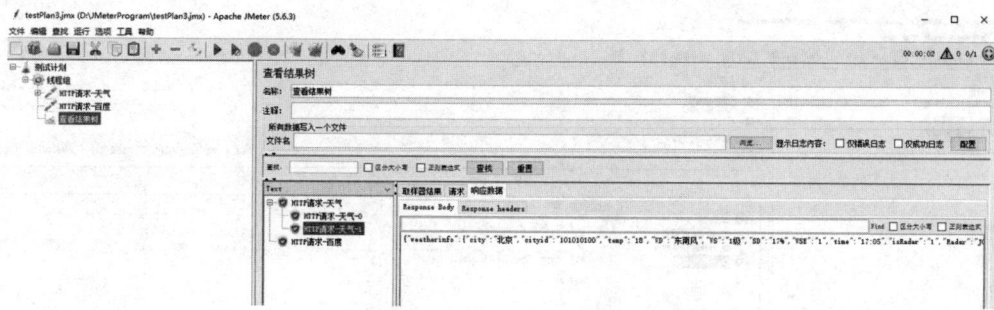

图 6-80　请求一的测试结果

由图 6-80 可知，请求一中的天气服务器返回结果的格式为 JSON 格式，可以添加 JSON 提取器提取需要的数据，JSON 提取器的配置界面如图 6-81 所示。

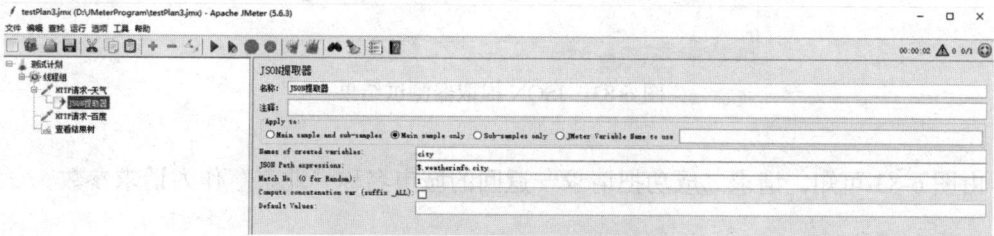

图 6-81　JSON 提取器的配置界面

JSON 提取器配置完成之后，在 JMeter 中添加第二个 HTTP 请求，并按照案例要求在请求二的 HTTP 请求界面中引用 city，请求二的 HTTP 请求界面如图 6-82 所示。

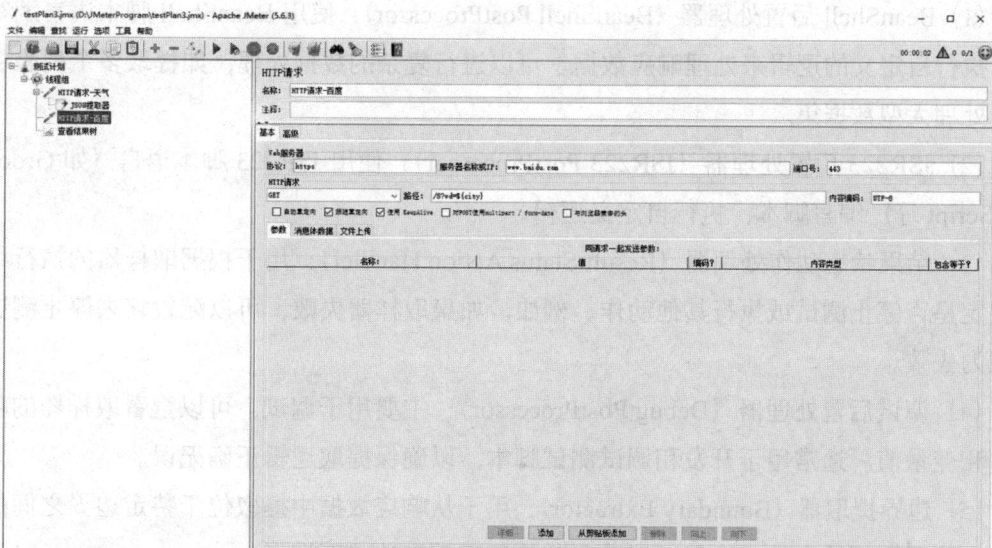

图 6-82　请求二的 HTTP 请求界面

请求二的 HTTP 请求配置完成之后，执行测试，测试结果如图 6-83 所示。

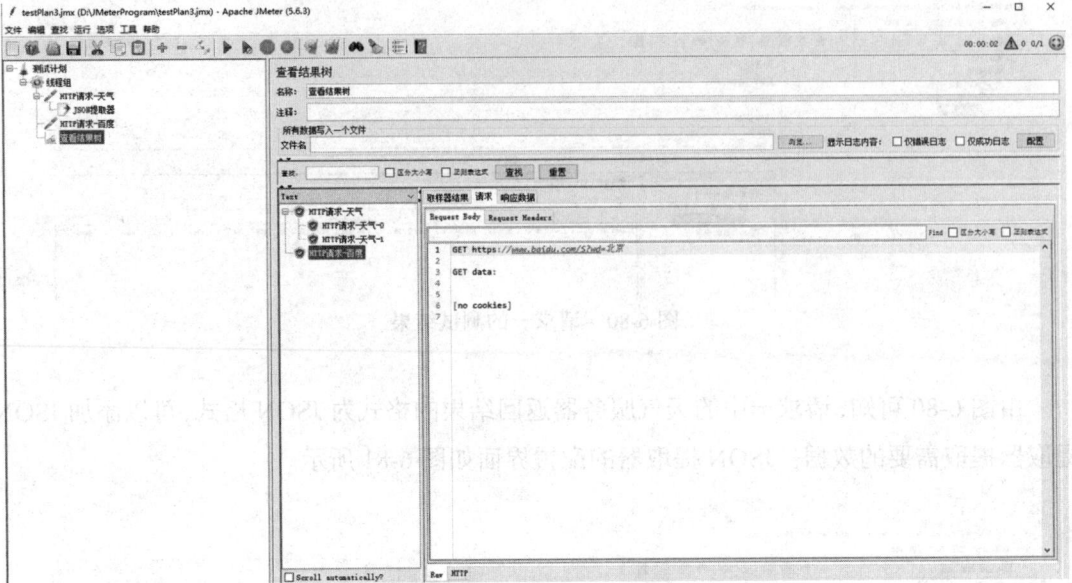

图 6-83　JSON 提取器测试结果

由图 6-83 可知，请求二成功把请求一返回的城市名称"北京"作为请求参数。

6.4.6.4　其他后置处理器

JMeter 中的后置处理器（PostProcessor）是在取样器（Sampler）执行之后运行的组件，它们用于处理响应数据，比如提取响应中的特定信息并保存为变量，以供后续请求使用。以下是一些常用的 JMeter 后置处理器组件。

（1）BeanShell 后置处理器（BeanShell PostProcessor）：使用 BeanShell 脚本语言编写脚本，执行自定义的逻辑来处理响应数据。可以进行复杂的数据处理，如提取多个列表中的值或处理大型数据集。

（2）JSR223 后置处理器（JSR223 PostProcessor）：使用 JSR223 脚本语言（如 Groovy、JavaScript 等）编写脚本，执行自定义逻辑。

（3）结果状态动作处理器（Result Status Action Handler）：用于根据取样器的执行结果来决定是否停止测试或执行其他动作。例如，如果取样器失败，可以配置它来停止测试或标记为失败。

（4）调试后置处理器（Debug PostProcessor）：主要用于调试，可以查看取样器的响应数据和变量值。通常用于开发和调试测试脚本，以确保提取逻辑正确无误。

（5）边界提取器（Boundary Extractor）：用于从响应数据中提取位于特定边界之间的数据。可以设置开始和结束边界，以及是否使用正则表达式匹配。

后置处理器可以添加到线程组或取样器，如果添加到线程组，那么该处理器将作用于该线程组的所有取样器。如果添加到特定的取样器，那么它只作用于这个取样器。后置处理器的使用可以让测试脚本更加灵活和动态，特别是在需要处理复杂响应数据或进行数据关联时。

6.4.7 逻辑控制器

逻辑控制器用于控制脚本的执行顺序，JMeter 中逻辑控制器元件可以分为两类，一类是控制测试计划节点发送请求的逻辑顺序控制器，包括 IF 控制器、循环控制器等；另一类用来对测试计划中的脚本进行分组，方便 JMeter 统计执行结果以及进行脚本的运行时控制等，包括事务控制器、吞吐量控制器等。下面对部分有代表性的逻辑控制器进行讲解。

6.4.7.1 IF 控制器

IF 控制器用于控制测试请求是否执行，条件成立时执行，条件不成立时不执行。如果在线程组中需要使用 IF 控制器，则首先在测试计划中添加一个线程组，然后选中线程组并单击右键，在弹出的快捷菜单中依次选择"添加"—>"逻辑控制器"—>"IF 控制器"，会弹出 IF 控制器界面，如图 6-84 所示。

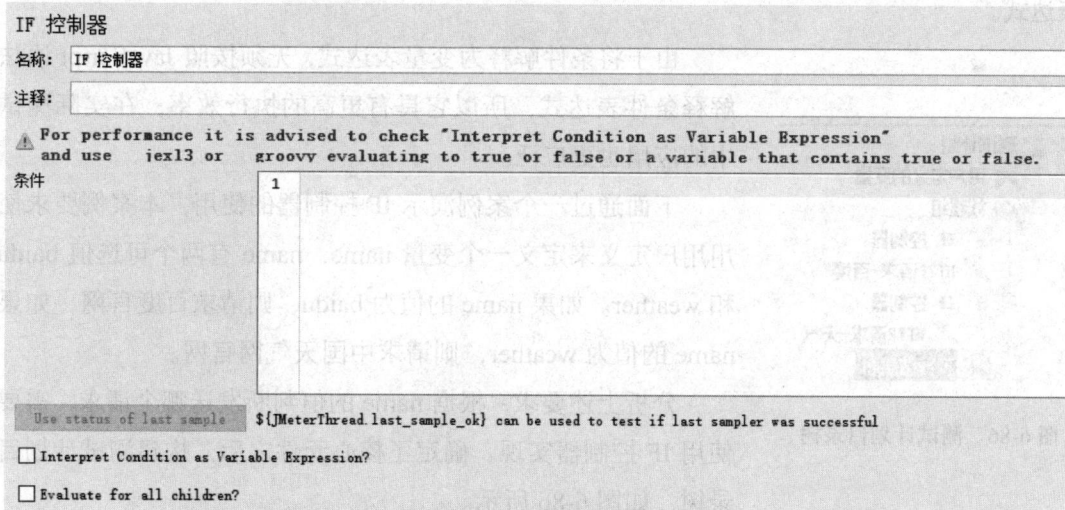

图 6-84 IF 控制器界面

在图 6-84 所示界面中，在"条件"配置项后面的输入框中填写条件表达式，条件表达式遵循 JavaScript 语法，例如"${city}" == "北京"。

除了按照 JavaScript 语法设置条件表达式外，还可以将条件解释为变量表达式。在图 6-84 所示界面中，勾选"Interpret Condition as Variable Expression?"复选框，表示将条件解释为变量表达式。勾选该复选框之后，IF 控制器界面会发生变化，如图 6-85 所示。

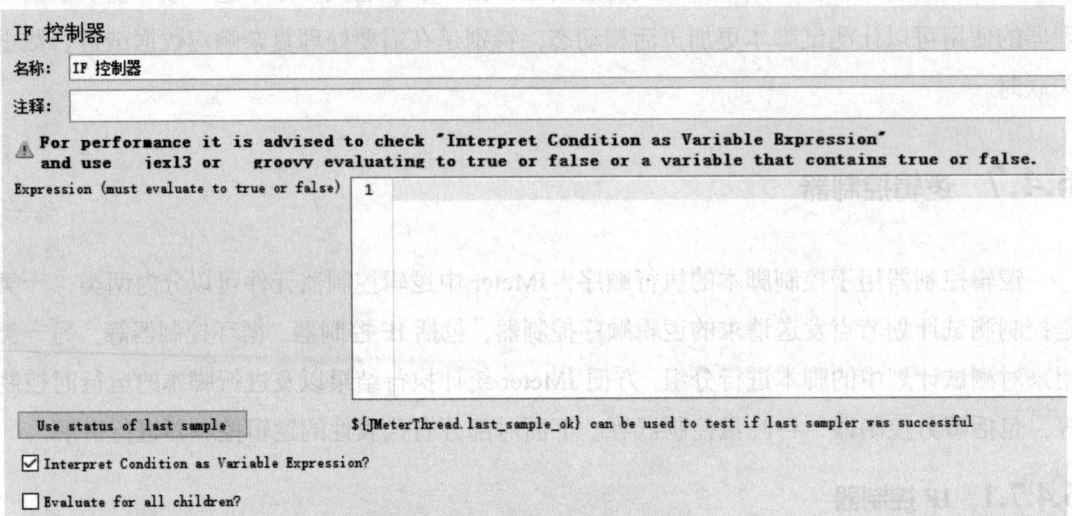

图 6-85　勾选后的 IF 控制器界面

在图 6-85 所示界面中，勾选了"Interpret Condition as Variable Expression?"复选框，输入框中的条件表达式不会再按照 JavaScript 语法进行解析，而是被视为 JMeter 的变量表达式。输入框中不能直接填写条件表达式，而是输入使用_jexl3()或者_groovy()生成的函数表达式。

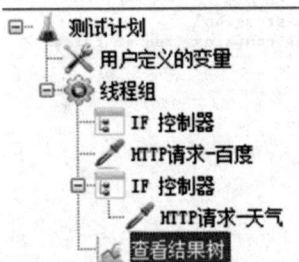

图 6-86　测试计划目录树

由于将条件解释为变量表达式，无须按照 JavaScript 语法解释条件表达式，所以它具有更高的执行效率，在实际测试中的应用也更广泛。

下面通过一个案例演示 IF 控制器的使用，本案例要求使用用户定义来定义一个变量 name，name 有两个可选值 baidu 和 weather。如果 name 的值为 baidu，则请求百度官网；如果 name 的值为 weather，则请求中国天气网官网。

分析上述要求，根据 name 的值判断发送哪个请求，需要使用 IF 控制器实现。确定了核心元件之后，构建测试计划目录树，如图 6-86 所示。

在用户定义的变量界面中定义变量 name，假设初始值为 baidu。由于用户定义的变量、HTTP 请求配置都比较简单，所以本案例不再展示它们的配置。

本案例分别以不同方式配置 IF 控制器-百度和 IF 控制器-天气两个元件。

首先配置 IF 控制器-百度，不勾选"Interpret Condition as Variable Expression?"复选框，直接在输入框中输入条件表达式，配置界面如图 6-87 所示。

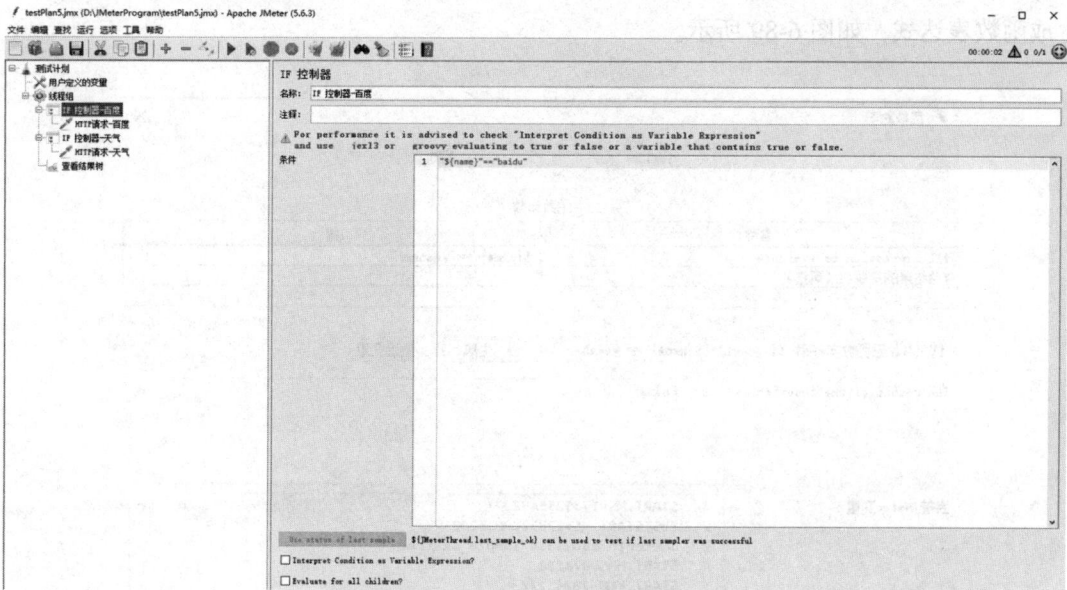

图 6-87　IF 控制器-百度的配置界面

然后配置 IF 控制器-天气，勾选 "Interpret Condition as Variable Expression?" 复选框，需要通过函数生成变量表达式。

在 JMeter 的工具栏中单击 "函数助手" 按钮（），弹出 "函数助手" 对话框，如图 6-88 所示。

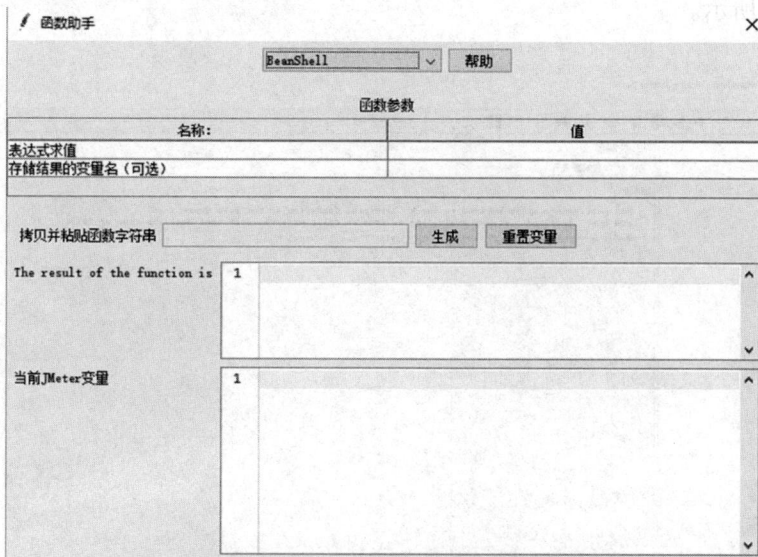

图 6-88　"函数助手" 对话框

在图 6-88 所示界面中，首先单击顶部的下拉列表框右侧的下拉按钮，选择 "jexl3"，在 jexl3 的函数参数列表中输入条件表达式"${name}"=="weather"之后，单击 "生成" 按钮生成函数表达式，如图 6-89 所示。

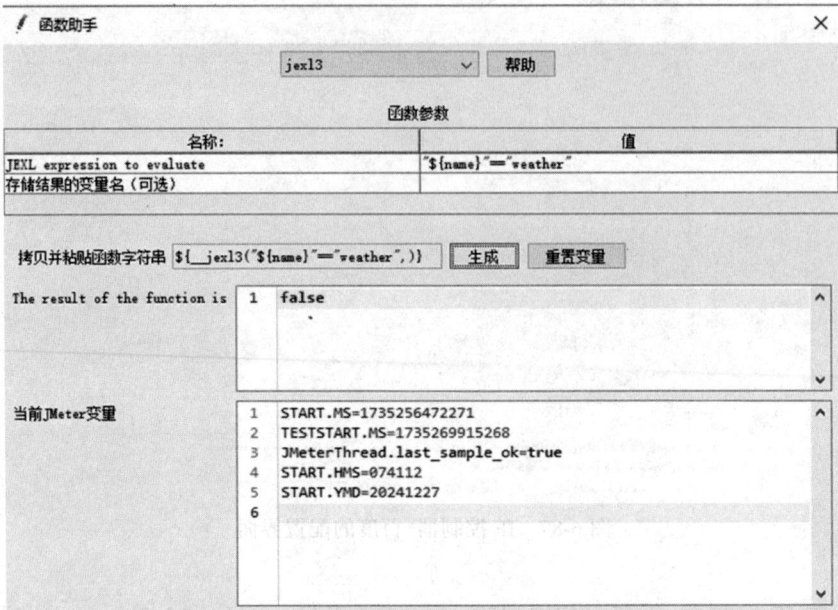

图 6-89　生成函数表达式对话框

由图 6-89 可知，jexl3 生成了一个函数表达式，再次单击"生成"按钮，复制生成的
"${__jexl3（"${name}"=="weather"，）}"表达式，粘贴到 IF 控制器-weather 元件的输入框
中，如图 6-90 所示。

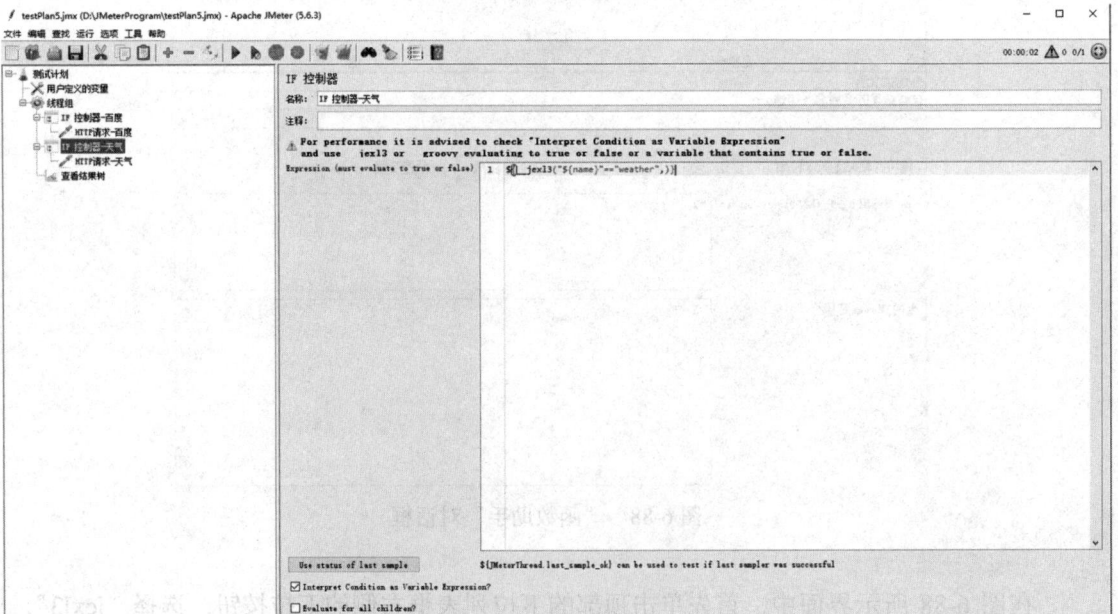

图 6-90　粘贴函数表达式

当配置完成之后，执行测试，可以发现发送的请求为百度官网，这是因为此时 name 的值为 baidu。如果将 name 的值修改为 weather，再次执行测试，则发送的请求就是中国天气网。

6.4.7.2　循环控制器

循环控制器可以通过设置循环次数，实现循环发送请求。如果在线程组中需要使用循环控制器，则选中线程组并单击右键，在弹出的快捷菜单中依次选择"添加"—>"逻辑控制器"—>"循环控制器"，会添加一个循环控制器界面，如图 6-91 所示。

由图 6-91 可知，循环控制器只有一个配置项，该配置项用于设置请求的循环次数。循环控制器的循环次数与线程组的循环次数相同，只是两者的作用域不同，线程组中的循环次数可以控制线程组内的所有请求，而循环控制器的循环次数只能控制其下层的请求。假设有一个测试计划，其目录树结构如图 6-92 所示。

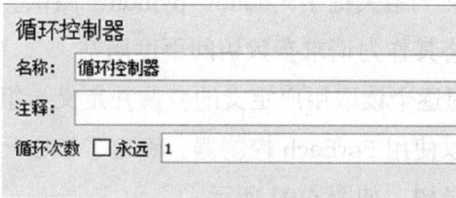

图 6-91　循环控制器界面

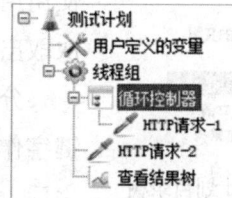

图 6-92　测试计划目录树

如果线程组循环次数设置为 10，循环控制器的循环次数设置为 20，则 HTTP 请求-1 的循环次数为 200（即 10×20），HTTP 请求-2 的循环次数为 10。线程组可以控制 HTTP 请求-1 和 HTTP 请求-2，而循环控制器只能控制 HTTP 请求-1。

6.4.7.3　ForEach 控制器

ForEach 控制器可以遍历读取数据，控制其下层的取样器执行的次数。ForEach 控制器通过与用户定义的变量和正则表达式提取器结合使用，可以从返回结果中读取一系列数据。

如果在线程组中需要使用 ForEach 控制器，则选中测试计划中的线程组并单击右键，在弹出的快捷菜单中依次选择"添加"—>"逻辑控制器"—>"ForEach 控制器"，会添加一个 ForEach 控制器，如图 6-93 所示。

下面结合图 6-93 讲解 ForEach 控制器的常用配置项。

①输入变量前缀：将要遍历的一组数据的前缀。例如，user1、user2、user3 这一组数据的前缀就是 user。

②开始循环字段（不包含）：循环起始的位置，不读取当前位置的数据。例如，填写 0，从第 1 个位置开始读取；填写 1，从第 2 个位置开始读取。

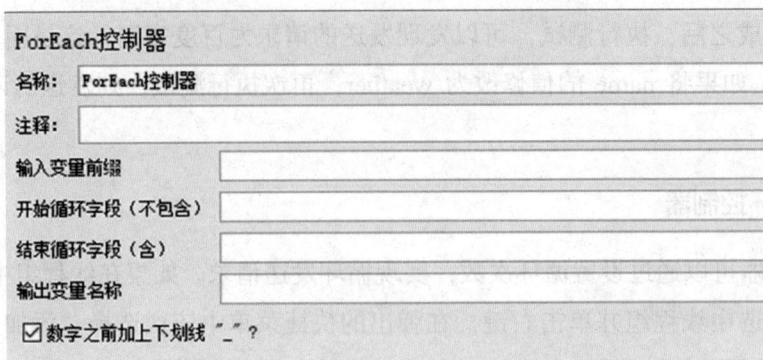

图 6-93　ForEach 控制器界面

③结束循环字段（含）：循环结束的位置。

④输出变量名称：用于保存读取的数据，在请求中可以引用该名称。

下面通过一个案例演示 ForEach 控制器的使用，本案例要求使用用户定义的变量定义一组关键字：hello、python、测试。依次取出这一组关键字，将其作为请求参数访问百度网站。

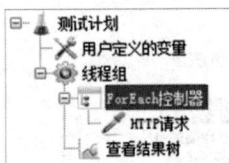

图 6-94　测试计划目录树

分析上述要求，要想逐个读取用户定义的变量并定义一组关键字作为请求参数，可以使用 ForEach 控制器。确定了核心元件之后，构建测试计划目录树，如图 6-94 所示。

在图 6-94 所示的用户定义的变量界面中定义一组关键字，如图 6-95 所示。

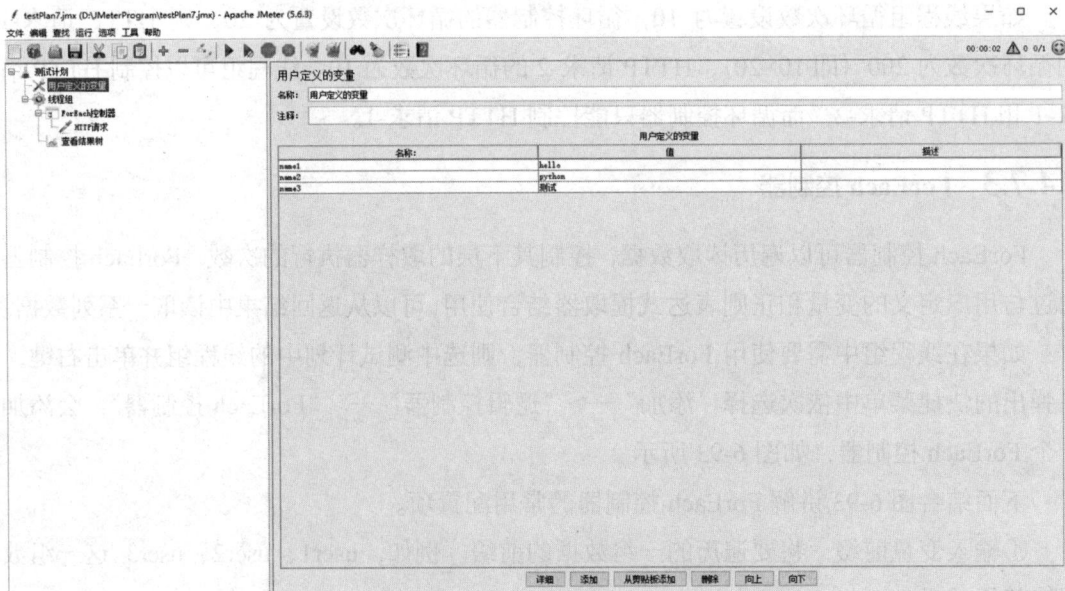

图 6-95　在用户定义的变量界面中定义一组关键字

定义关键字之后，配置 ForEach 控制器，配置界面如图 6-96 所示。

图 6-96　ForEach 控制器配置

在图 6-97 所示界面中，因为要逐个读取 3 个关键字，所以 ForEach 控制器的起始位置和结束位置分别是 0 和 3。需要注意的是，取消勾选"数字之前加上下划线_'?"复选框，因为上述案例中定义的关键字名称为 name1、name2、name3，前缀 name 与数字之间没有下划线。如果关键字名称定义为 name_1、name_2、name_3，就需要勾选此复选框。

配置完 ForEach 控制器后，进行 HTTP 请求的配置，在 HTTP 请求中，传递参数时要引用图 6-96 所示界面定义的输出变量名称 major，如图 6-97 所示。

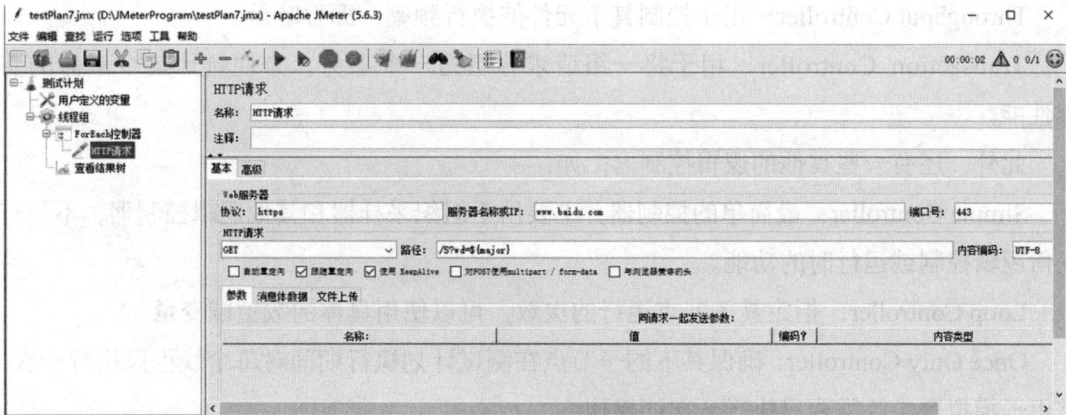

图 6-97　在 HTTP 请求界面引用 major

配置完成之后，执行测试，测试结果如图 6-98 所示。

由图 6-98 可知，本次测试共发送了 3 个请求，第一个请求参数为 hello，后续两个请求参数为 python、测试，说明用户定义的 3 个关键字全部读取成功。

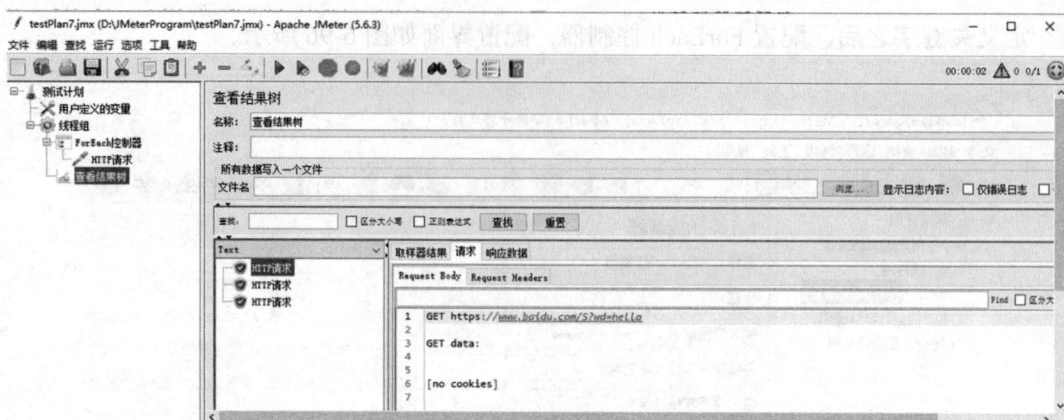

图 6-98　测试结果

6.4.7.4　其他的逻辑控制器

（1）控制测试计划执行过程中节点的逻辑执行顺序

If Controller：根据给定的布尔表达式判断是否执行其下的子节点。支持使用 Jexl3 或 Groovy 语言编写表达式，并通过 JMeter 的函数生成器来生成表达式。

While Controller：在给定的布尔表达式为真时，重复执行其下的子节点。

Switch Controller：根据一个变量的值来决定执行哪个分支下的采样器或控制器，类似于编程中的 switch 语句。

（2）对测试计划中的脚本进行分组，方便 JMeter 统计执行结果以及进行脚本的运行时控制

Throughput Controller：用于控制其下元件的执行频率，即吞吐量。

Transaction Controller：用于将一组请求分组为一个事务，方便统计这个事务的整体性能。

此外，还有一些其他的逻辑控制器，如：

Simple Controller：最简单的控制器，主要用于组织采样器和其他逻辑控制器，不具有任何逻辑控制或运行时的功能。

Loop Controller：指定其子节点运行的次数，可以使用具体的数值或变量。

Once Only Controller：确保其下的子节点在测试计划执行期间对每个线程只执行一次，常用于模拟登录等需要只执行一次的操作。

ForEach Controller：通常与用户自定义变量一起使用，用于遍历一系列相关的变量，每次迭代使用不同的变量值。

Runtime Controller：控制其子元件的执行时长，单位是 s。

Critical Section Controller：确保其子节点下的取样器或控制器在同一时间点只能由一

个线程执行，用于控制并发的场景。

Module Controller：允许快速切换脚本，方便脚本调试，可以理解为引用或调用的意思。

Include Controller：用于引用外部的 JMX 文件，从而控制多个测试计划组合。

逻辑控制器的使用可以让 JMeter 的测试脚本更加灵活和强大，更好地模拟复杂的用户行为和测试场景。

6.4.8 定时器

定时器用于请求设置等待时间，使请求暂停一段时间再发送。定时器的应用范围较广，如果只想要定时器针对某个请求，则需要将定时器添加为请求的子节点。否则，定时器会控制与它同层的所有请求。JMeter 中常用的定时器有同步定时器、常数吞吐量定时器和固定定时器等，下面分别进行介绍。

6.4.8.1 同步定时器

同步定时器（Synchronizing Timer）可以阻塞线程，当线程在规定时间内达到一定数量时，这些线程会在同一时间点一起发送请求。同步定时器通常用于压力测试、并发测试等场景。例如，在模拟电商购物网站的抢购、秒杀活动时，通常会用到同步定时器。

如果在测试计划中需要使用同步定时器，则右键单击测试计划，在弹出的快捷菜单中依次选择"添加"→"定时器"→"Synchronizing Timer"，会添加一个同步定时器界面，如图 6-99 所示。

图 6-99 同步定时器界面

由图 6-99 可知，同步定时器有两个常用配置项，具体介绍如下。

①模拟用户组的数量：用于设置同步的线程数量。若设置为 0，则以线程组中的线程数量为准。需要注意的是，模拟用户组的数量不能多于它所在的线程组的线程数量。

②超时时间以毫秒为单位：用于设置超时时间。如果超时时间设置为 0，则必须等线程数量达到所设置的数量时，才会发送请求；如果设置一个大于 0 的数值，则到了设置时间，即便线程数量没有达到要求，也会发送请求。

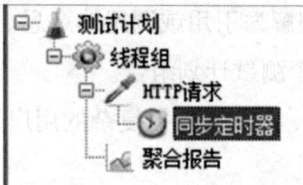

图 6-100　测试计划目录树

下面通过一个案例演示同步定时器的使用，本案例要求使用 JMeter 模拟 100 个用户同时访问知网首页，统计各种高并发情况下的运行情况。

分析上述要求，当模拟 100 个用户同时访问知网首页时，可以使用同步定时器实现。确定了核心元件之后，构建测试计划目录树，如图 6-100 所示。

由于案例要求模拟 100 个用户并发，使用查看结果树显示的报告不易阅读，所以可以使用聚合报告显示结果。

目录树构建完成之后，进行各个元件的配置。线程组的配置界面如图 6-101 所示。

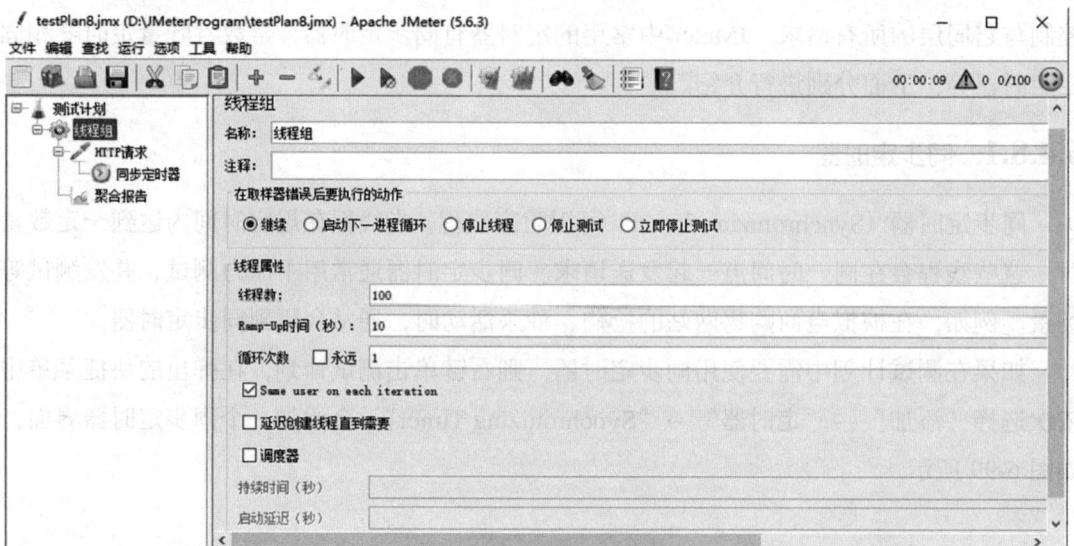

图 6-101　线程组的配置界面

在图 6-101 所示界面中，将线程数设置为 100，为了更好地观察测试结果，将 Ramp-UP 时间设置为 10，不要勾选"永远"复选框。

配置同步定时器时，为了更好地观察测试的执行过程，可以先将同步定时器的模拟用户组的数量设置为 20，超时时间设置为 0，其配置界面如图 6-102 所示。

配置完成之后，执行测试，聚合报告的瞬间截图如图 6-103 所示。

图 6-103 中的样本数量每次增加 20 个，同步定时器设置的模拟用户组的数量为 20，且没有设置超时时间，JMeter 会等待请求数量达到 20 时一同发送。

在图 6-103 所示界面中，如果把同步定时器的模拟用户组的数量设置为 40，则再次执行测试，会发现聚合报告中样本数量到 80 时不再发送请求。这是因为发送 80 个请求以后，只剩下 20 个请求，无法再凑够 40 个请求一同发送，并且同步定时器没有设置超时时间，

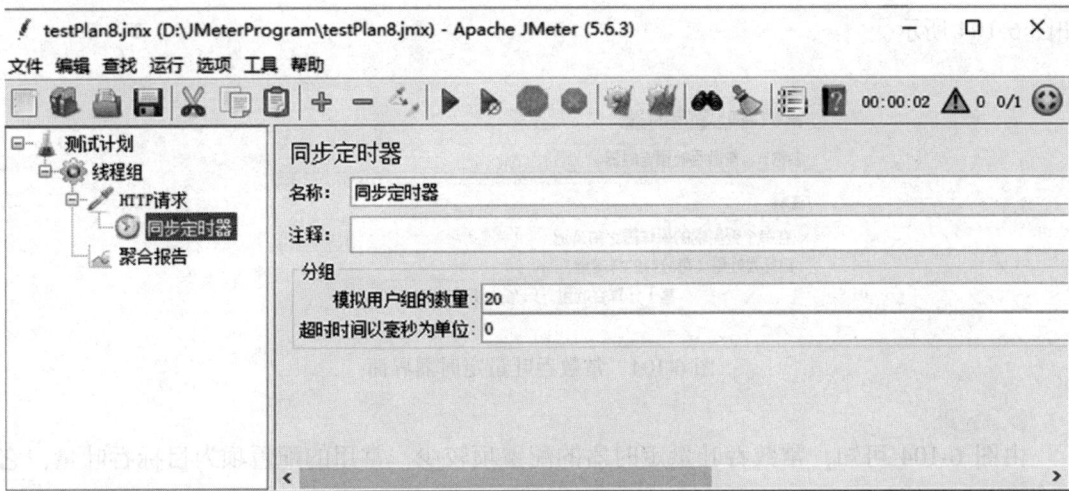

图 6-102　配置同步定时器

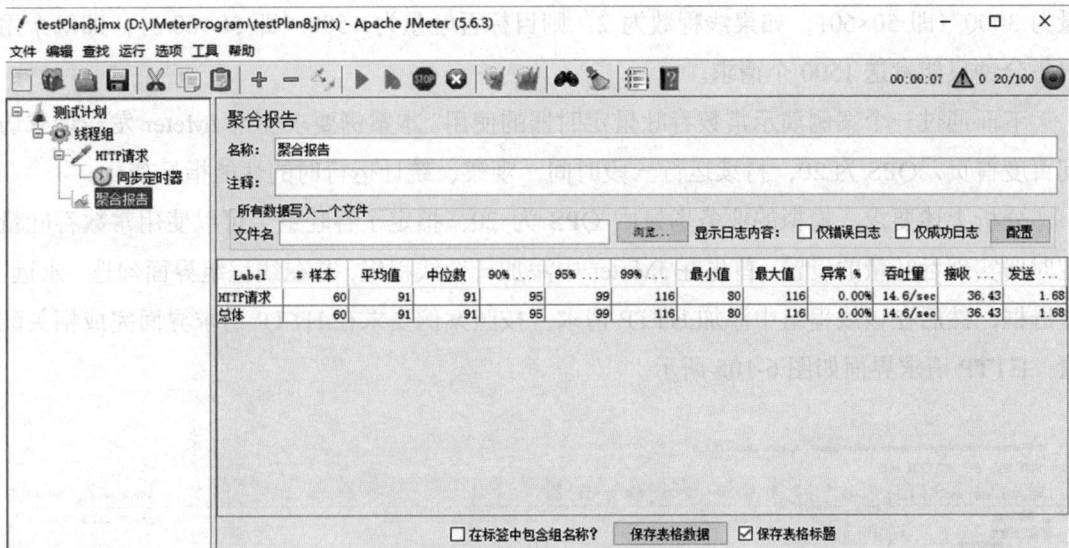

图 6-103　聚合报告的瞬间截图

JMeter 会一直等待。要应对这种死锁情况，可以在图 6-102 所示界面中同时设置超时时间，当时间到达时，即便请求数量没有 40 个，JMeter 也会发送请求。

6.4.8.2　常数吞吐量定时器

常数吞吐量定时器（Constant Throughput Timer）主要用于设置 QPS（Queries Per Second，每秒查询率）限制，它可以让 JMeter 按照指定吞吐量发送请求。常数吞吐量定时器多用于稳定性测试和混合压测过程中同时压测多个接口以测试系统的稳定性。

如果需使用常数吞吐量定时器，则右键单击测试计划，在弹出的快捷菜单中依次选择"添加"—>"定时器"—>"Constant Throughput Timer"，会弹出常数吞吐量定时器界面，如图 6-104 所示。

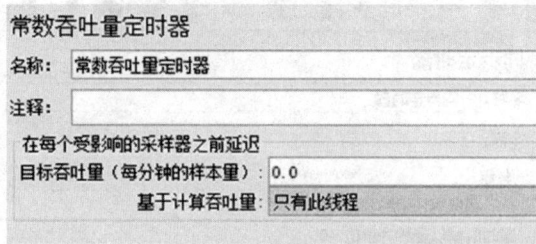

图 6-104　常数吞吐量定时器界面

由图 6-104 可知，常数吞吐量定时器的配置项较少，常用的配置项为目标吞吐量，它用于设置单个用户每分钟的吞吐量。假如要求模拟的业务场景 QPS 为 50，即服务器每秒处理的请求数为 50，则服务器每分钟只能处理 3000 个请求。如果线程数为 1，则目标吞吐量为 3000（即 50×60）；如果线程数为 2，则目标吞吐量为 1500（即 50×60/2），即每个用户每分钟只能发送 1500 个请求。

下面通过一个案例演示常数吞吐量定时器的使用。本案例要求使用 JMeter 发送请求访问百度首页，QPS 为 20，持续运行一段时间，观察、统计运行时的性能指标变化。

分析上述要求，模拟的业务场景中 QPS 为 20，指定了吞吐量，可以使用常数吞吐量定时器实现吞吐量的设置。首先在 JMeter 中添加一个线程组，并在线程组界面勾选"永远"复选框，然后在该线程组中添加 HTTP 请求，按照案例要求在 HTTP 请求界面完成相关配置，HTTP 请求界面如图 6-105 所示。

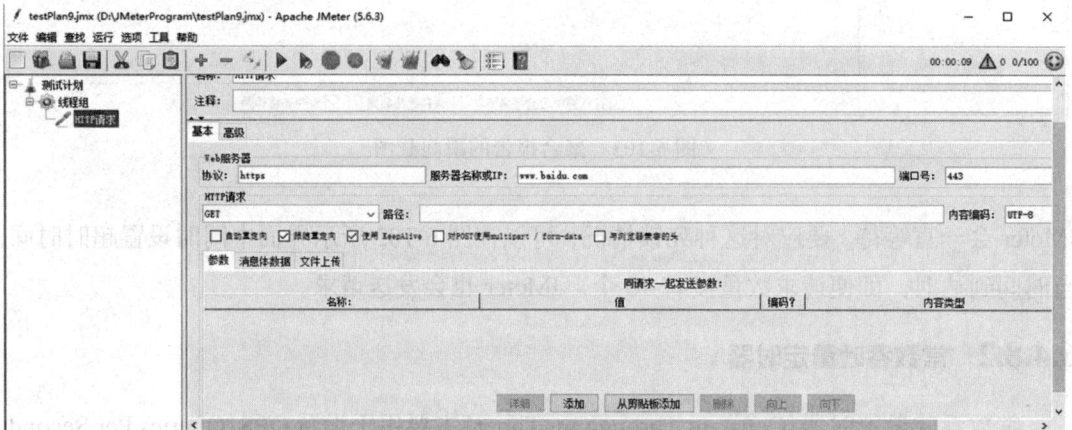

图 6-105　HTTP 请求界面

配置完成后，在 HTTP 请求下添加常数吞吐量定时器，常数吞吐量定时器的配置界面如图 6-106 所示。

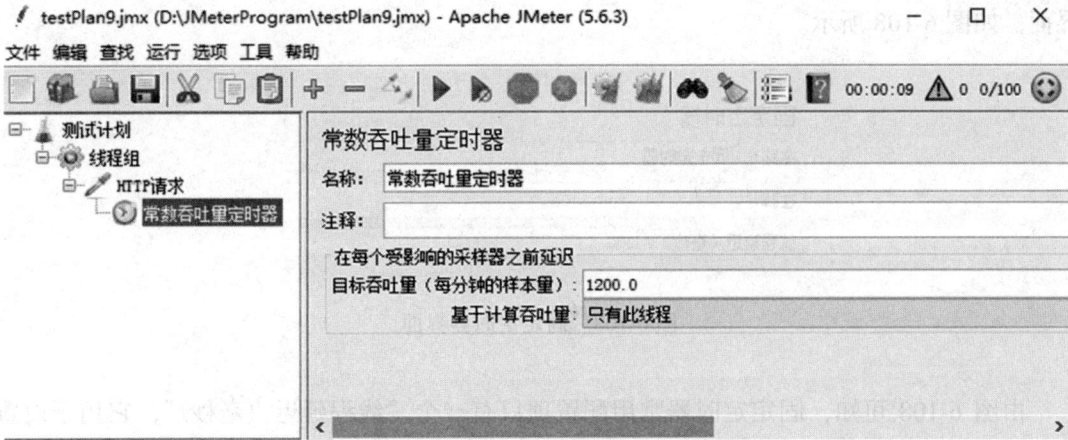

图 6-106　常数吞吐量定时器的配置界面

在图 6-106 所示界面中，设置目标吞吐量为 1200。配置完成保存，在线程组中加一个聚合报告并执行测试，测试结果如图 6-107 所示。

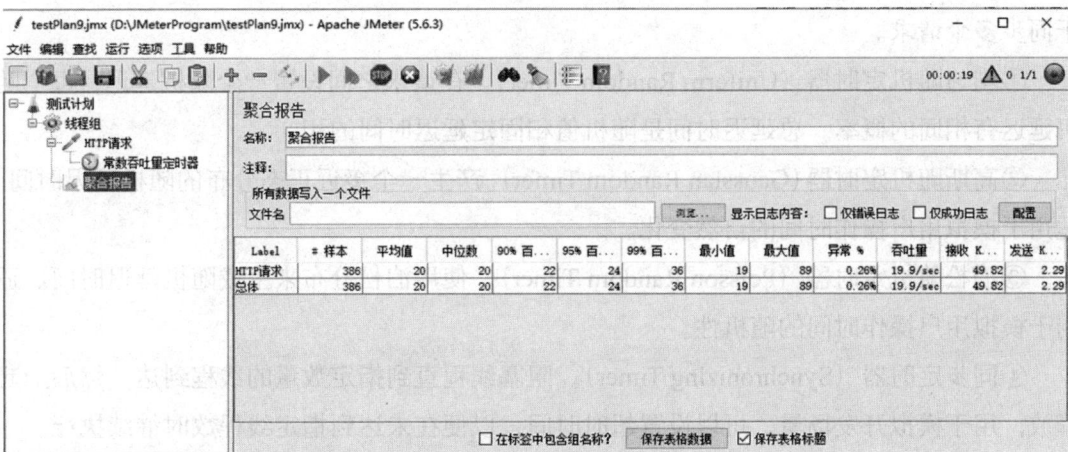

图 6-107　测试结果

由图 6-107 可知，测试运行时的吞吐量为 19.9/sec，符合测试需求。需要注意的是，吞吐量不是精确的 20.0/sec，这是因为 JMeter 自身存在误差。

常数吞吐量定时器只有在线程组中的线程产生足够多请求时才有意义。有时候，即便设置了常数吞吐量定时器的值，也可能由于线程组中的线程数量不够，或定时器设置不合理等因素导致总体的 QPS 不能达到预期目标。

6.4.8.3　固定定时器

固定定时器（Fixed Timer）可以使请求延迟指定时间发送。右键单击测试计划，在弹出的快捷菜单中依次选择"添加"—>"定时器"—>"固定定时器"，会弹出固定定时器界面，如图 6-108 所示。

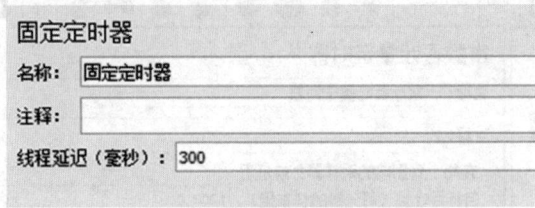

图 6-108　固定定时器界面

由图 6-108 可知，固定定时器常用配置项只有一个"线程延迟（毫秒）"，它用于设置线程发送请求的延迟时间。为每个线程在请求之间提供固定的延迟时间，常用于模拟用户在操作之间的思考时间。不会计入取样器的响应时间，但会计入事务控制器的时间。

6.4.8.4　其他定时器

JMeter 中的定时器（Timer）组件用于在测试计划中模拟用户操作之间的延迟，也可用于同步多个请求。

①均匀随机定时器（Uniform Random Timer）。在请求之间设置一个随机延迟，每个随机延迟有相同的概率。总延迟时间是随机值和固定延迟时间的和。

②高斯随机定时器（Gaussian Random Timer）。产生一个接近正态分布的随机延迟时间。适用于模拟用户操作时间的自然变化。

③泊松随机定时器（Poisson Random Timer）。使用泊松分布来生成随机延迟时间。适用于模拟用户操作时间的随机性。

④同步定时器（Synchronizing Timer）。阻塞线程直到指定数量的线程到达，然后一起释放，用于模拟开发场景。可以设置超时时间，以便在未达到指定线程数时继续执行。

⑤固定吞吐量定时器（Constant Throughput Timer）。控制吞吐量，使得请求以固定的速率发送。适用于模拟特定吞吐量的场景。

⑥精准吞吐量定时器（Precise Throughput Timer）。精确控制吞吐量，确保在指定时间内达到特定的请求数量。适用于需要精确控制请求速率的场景。

⑦JSR223 Timer。使用 JSR223 脚本语言编写自定义的延迟逻辑。提供了灵活性，可以编写复杂的延迟算法。

⑧BeanShell Timer。使用 BeanShell 脚本语言编写自定义的延迟逻辑。适用于需要特定逻辑来决定延迟时间的场景。

定时器的作用域和执行顺序如下：

①定时器在每个取样器（Sampler）之前执行，无论定时器位置在取样器之前还是之后。

②当执行一个取样器之前时，所有当前作用域内的定时器都会被执行。

③如果希望定时器仅应用于其中一个取样器，则把定时器作为子节点加入。

④定时器的执行时间不会计入取样器的响应时间，但会影响整体的测试计划执行。

通过合理使用这些定时器，可以更真实地模拟用户行为和测试不同的性能场景。

6.5 实例：Badboy 结合 JMeter 测试飞机购票系统

6.5.1 Badboy 简介

Badboy 是用 C++开发的动态应用测试工具，拥有强大的屏幕录制和回放功能，可提供图形结果分析功能，同时 Badboy 提供了将 Web 测试脚本直接导出生成 JMeter 脚本的功能。

Badboy 窗口的顶部显示当前是否处于录制状态，如果点击 play 按钮，Badboy 自动关闭录制功能，等到 play 结束后，可以点击 recording 按钮，继续录制脚本。

6.5.2 搭建测试环境

通过 Badboy 的官方网站下载 Badboy 的最新版本，安装 Badboy，如图 6-109 所示。

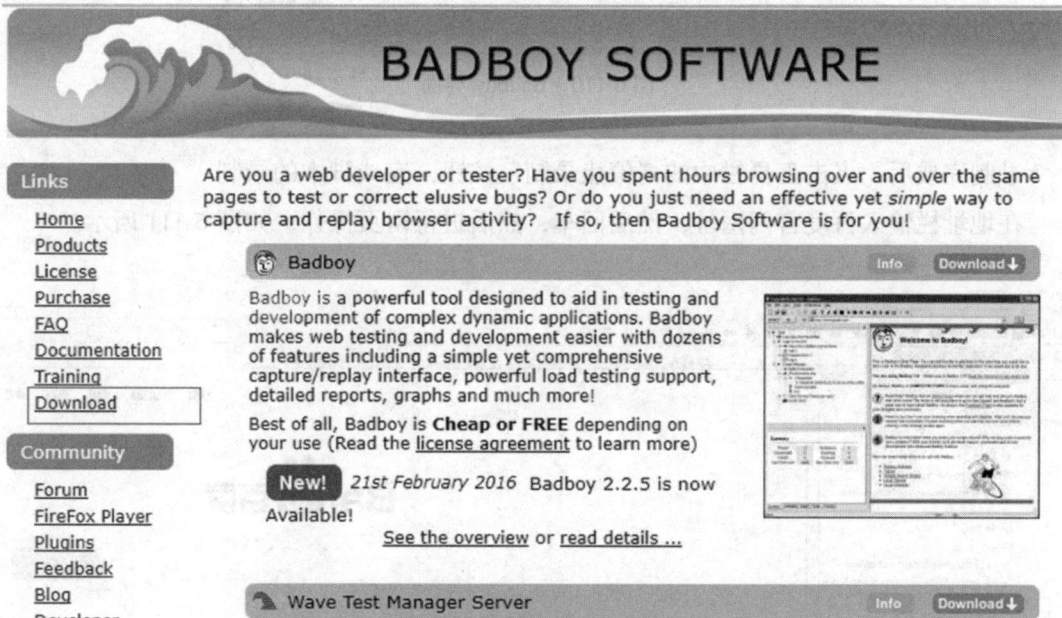

图 6-109　Badboy 下载页面

Badboy 安装过程同一般的 Windows 应用程序没有什么区别，安装完成后可以在桌面和 Windows 开始菜单中看到相应的快捷方式。如果找不到，可以找一下 Badboy 安装目录下的 exe 文件，直接双击启动 Badboy。

启动 Badboy，在地址栏中输入需要录制的 Web 应用的 URL，如图 6-110 所示。

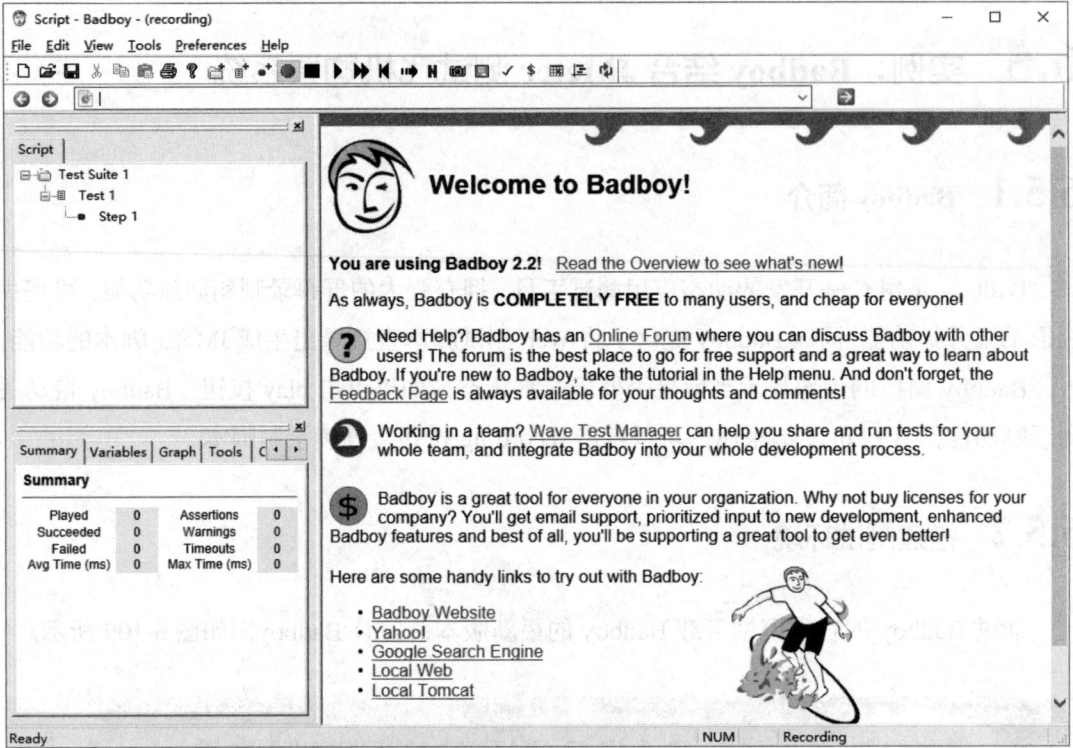

图 6-110　Badboy 界面

录制完成后，点击工具栏中的"停止录制"按钮，完成脚本的录制。

在地址栏输入百度官网网址，然后回车，然后进行网页操作，如图 6-111 所示。

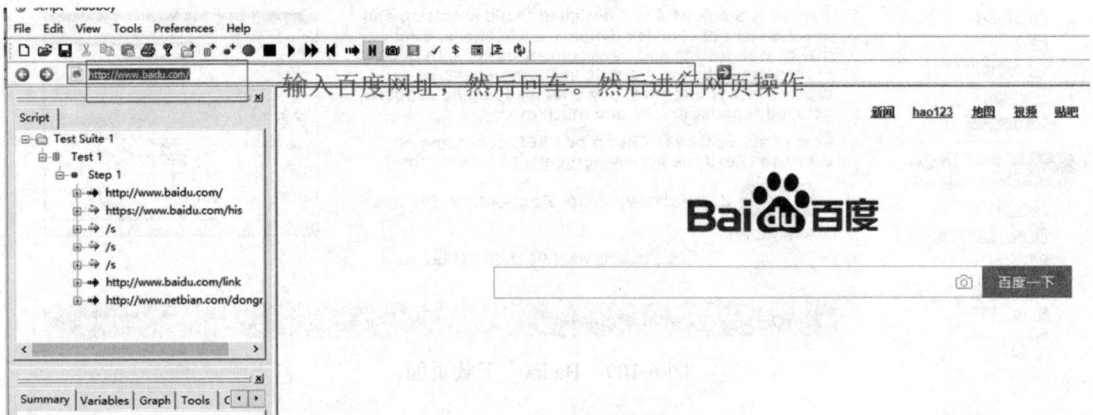

图 6-111　输入测试地址

开始录制后，可以直接在 Badboy 内嵌的浏览器（主界面的右侧）中对被测应用进行操作，所有的操作都会被记录在主界面左侧的编辑窗口中。可以看到，录制下来的脚本并不是一行行的代码，而是一个个 Web 对象。

地址输入完成以后，点击录制按钮，即可开始操作，如图 6-112 所示。

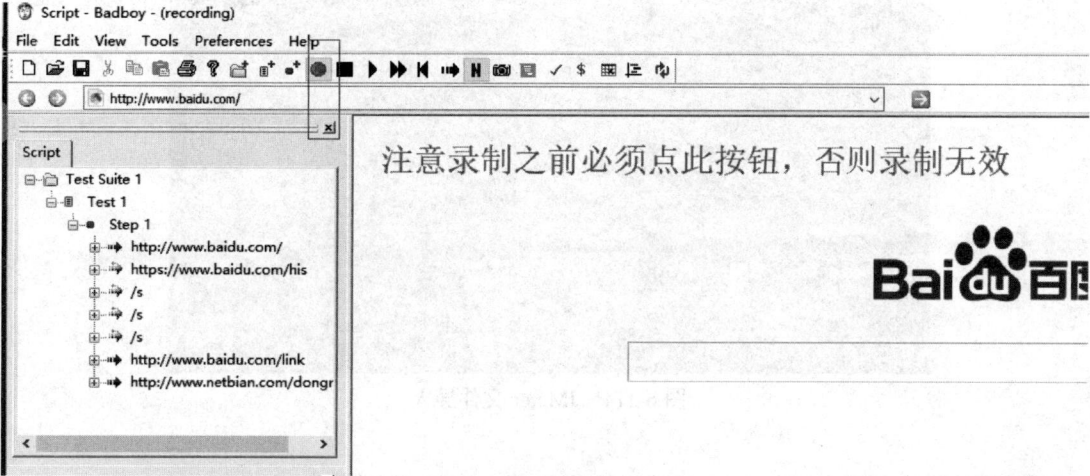

图 6-112　录制操作

在左边 Script 列表中选择对象后，点击鼠标右键，选择 "add test"，再点击 "红色圆点"，可以增加测试脚本。

录制完成后，点击工具栏中的 "停止录制" 按钮，完成脚本的录制。

等到需要测试的网页录制完毕，将文件导出，依次选择 "File—> Export to JMeter"，如图 6-113 所示。

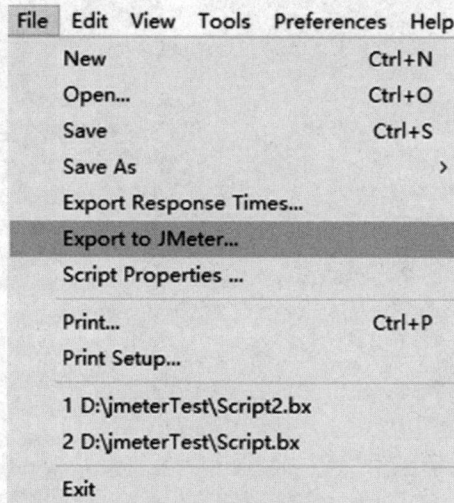

图 6-113　导出 JMeter 文件

在弹出的窗口中填写文件名"baidu.jmx"，将录制好脚本导出为 JMeter 脚本格式。也可以选择"File —> Save"菜单保存为 Badboy 脚本。

启动 JMeter 并导入刚刚生成的测试脚本，如图 6-114 所示。

图 6-114　JMeter 文件导入

同样，在线程组中添加自己所需要的监听器，如图 6-115 所示。

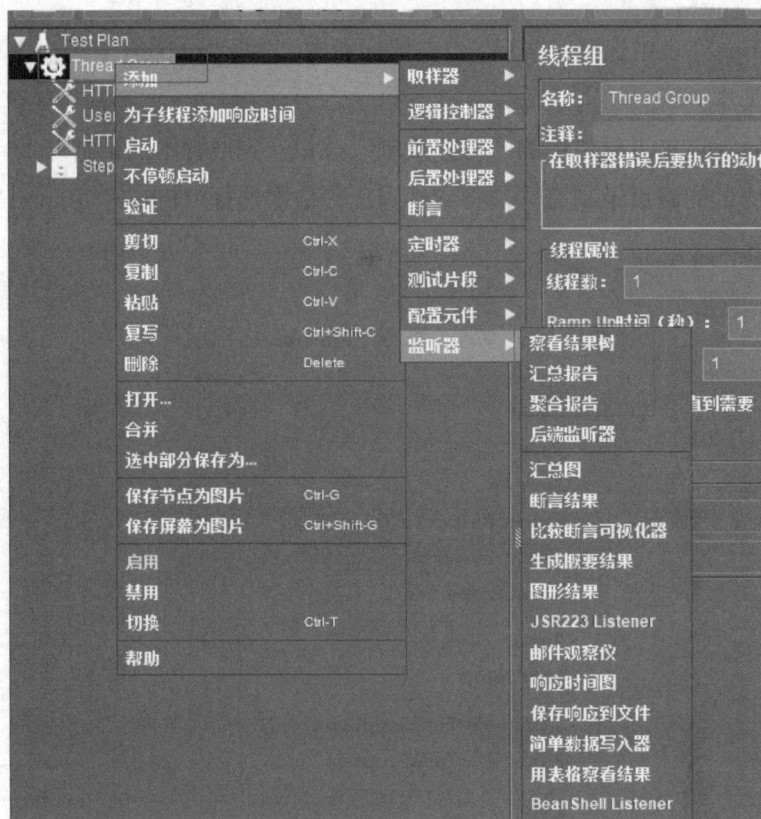

图 6-115　增加监听器

6.5.3 编写测试脚本

我们这里使用 Webtours 订票系统（飞机订票程序），进行脚本录制。

6.5.3.1 第一步：录制脚本

打开 Badboy，输入 Webtours 地址，然后访问，使用默认的用户名和密码完成一次购票流程。启动 Webtours 服务，如图 6-116 所示。

图 6-116　启动 Webtours 服务

打开 Badboy，输入地址信息，可以访问该系统，如图 6-117 所示。

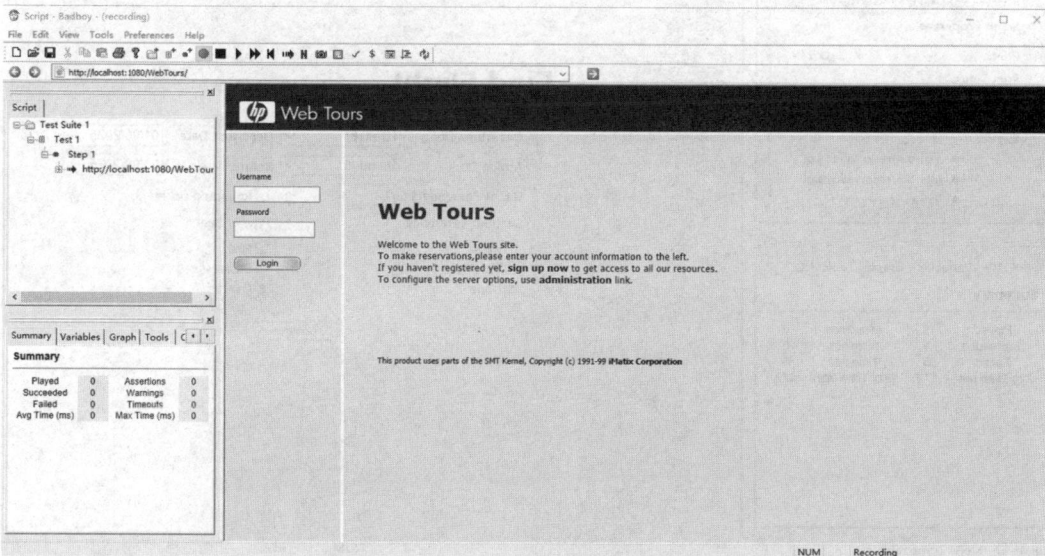

图 6-117　Badboy 中打开 Webtours 系统

启动 Badboy 以后，会看到左上角默认 recording 状态，即默认开启脚本录制，左侧 Script 一栏显示录制的脚本结构。

随后登录并完成整个购票流程。录制好后点击停止按钮停止脚本录制，如图 6-118 所示。

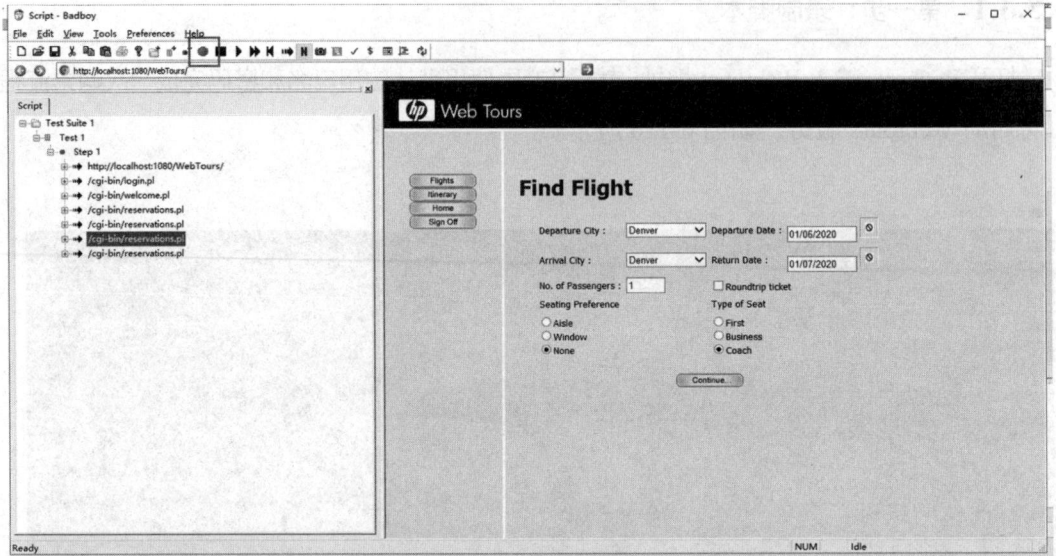

图 6-118　停止录制

然后导出为 Jmeter，也就是将录制好的脚本保存为.jmx 文件格式，如图 6-119 所示。

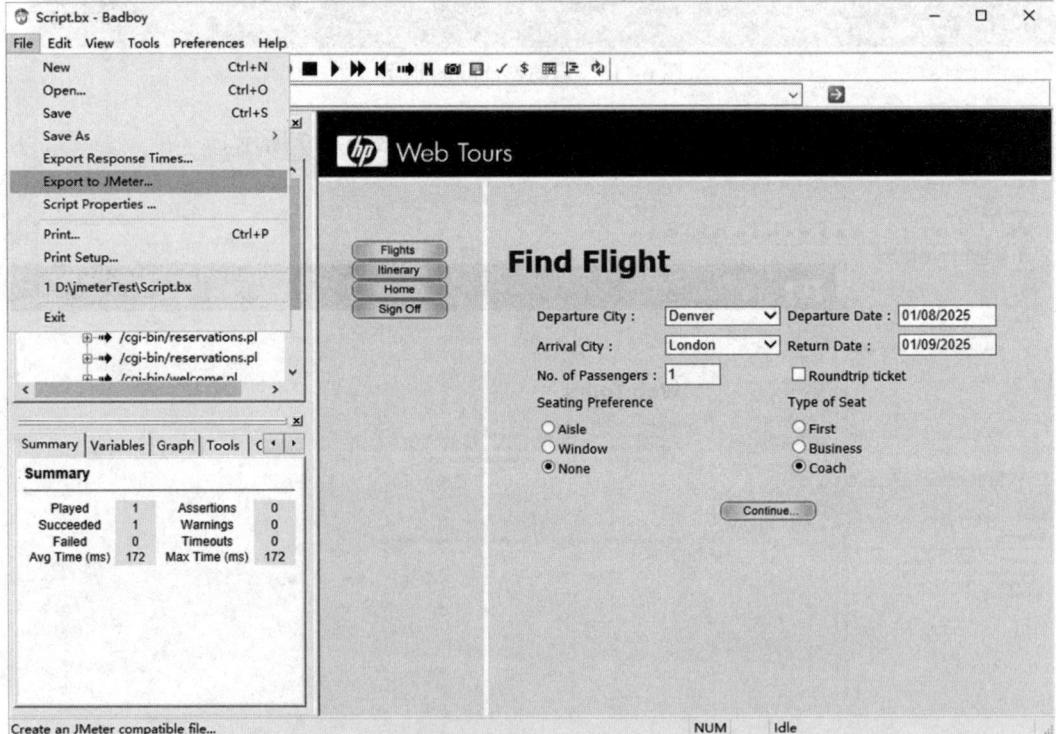

图 6-119　导出 JMeter 文件

6.5.3.2 第二步：打开 JMeter

将保存好的脚本使用 JMeter 打开，如图 6-120 所示。

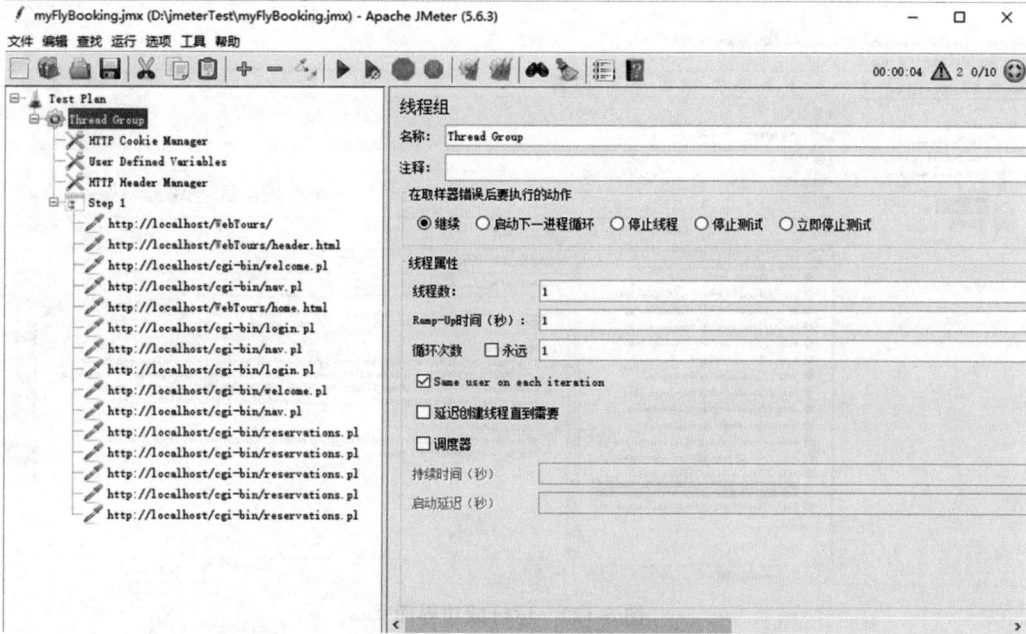

图 6-120　使用 JMeter 打开导出的 JMeter 脚本文件

在 Thread Group 下面添加一个查看结果树和聚合报告，如图 6-121 所示。添加查看结

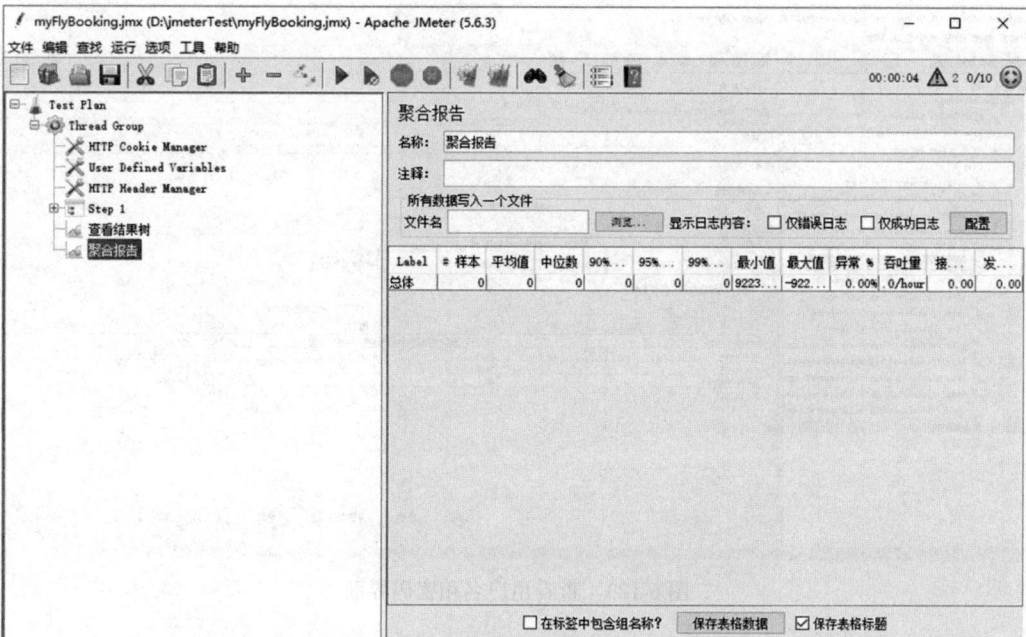

图 6-121　查看结果树和聚合报告添加后界面

果树是为了方便查看每一个请求的响应结果，聚合报告是为了进行多用户并发测试时查看性能指标。

直接启动，看一下整个脚本是否运行正常，如图 6-122 所示，显示运行成功。

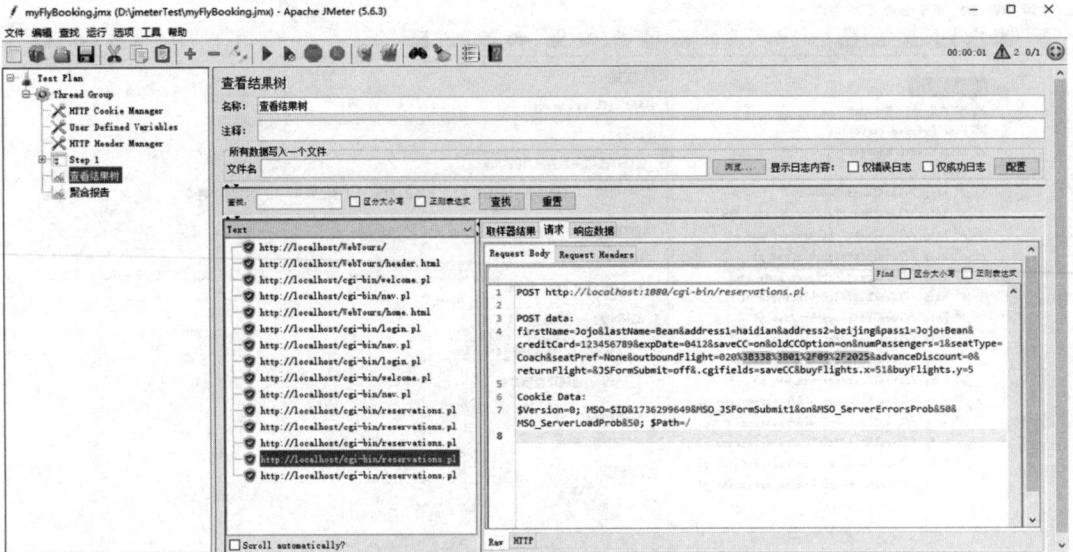

图 6-122　运行成功界面

这时需要模拟很多的用户。注意，这些用于做多用户并发测试的用户都是通过 Webtours 注册好的。首先需要查看用户名和密码是在哪一请求里面发出去的，如图 6-123 所示。

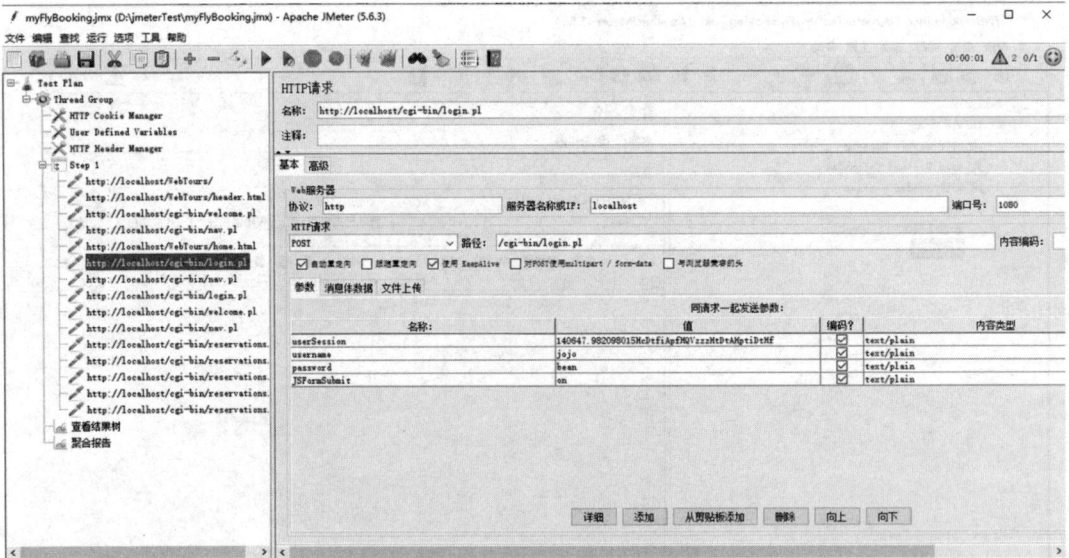

图 6-123　查看用户名和密码界面

查看后发现，除了用户名和密码，还可以验证 userSession，在查看结果树中找到对应的请求，如图 6-124 所示。

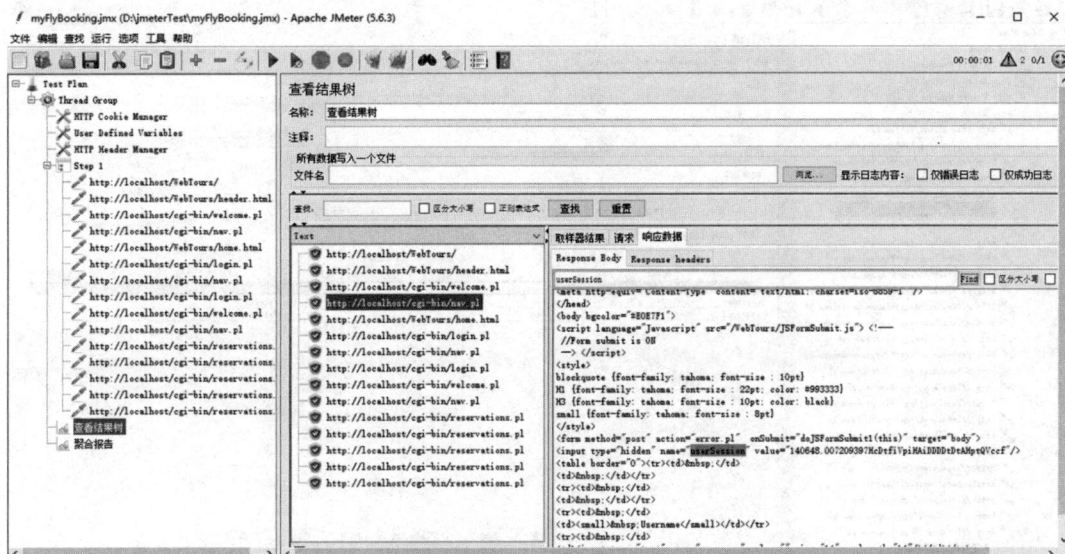

图 6-124　查看 userSession 界面

找到对应的请求后，选中测试计划并右键单击，在弹出菜单中依次选择"添加—>后置处理器—>正则表达式提取器"，将提取 Session 的正则表达式填写进去，如图 6-125 所示。

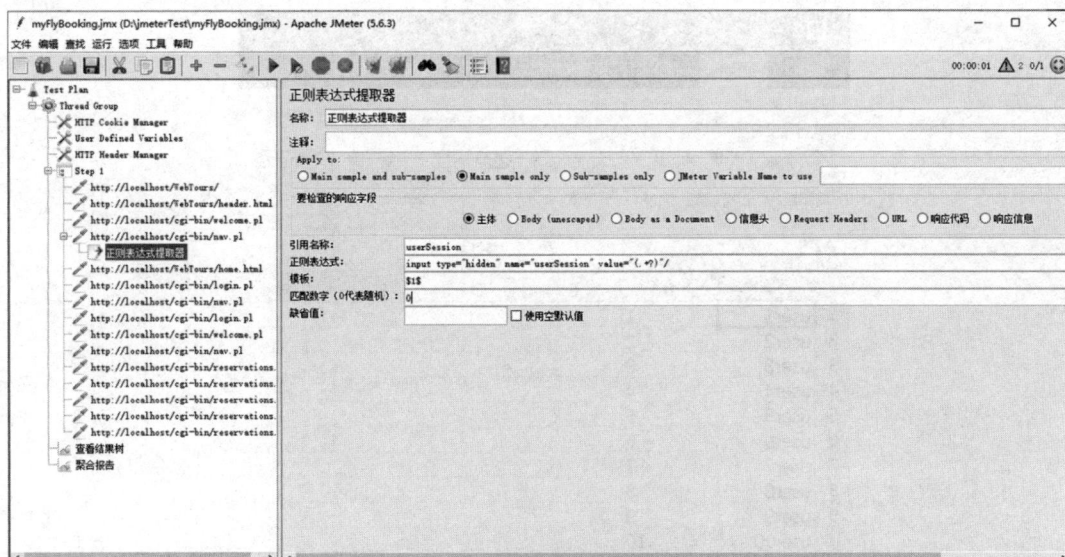

图 6-125　填写正则表达式

之后，在输入用户名和密码的请求中，将 userSession 的值更改为变量名 ${userSession}，如图 6-126 所示。

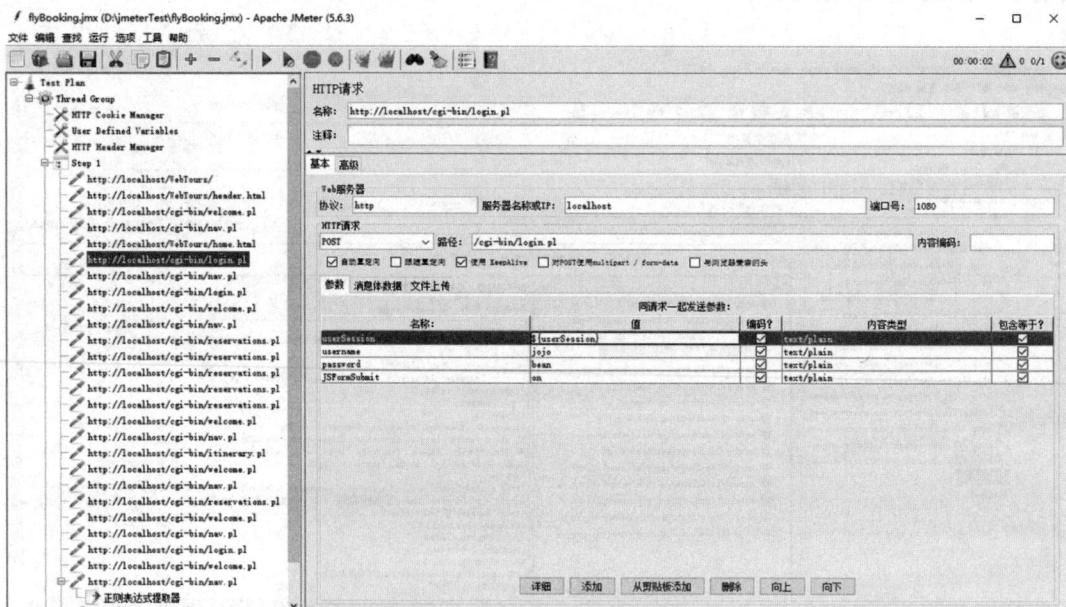

图 6-126　修改 userSession

将注册好的用户名和密码放到一个 csv 文件中，第一列是用户名，第二列是密码，如图 6-127 所示。

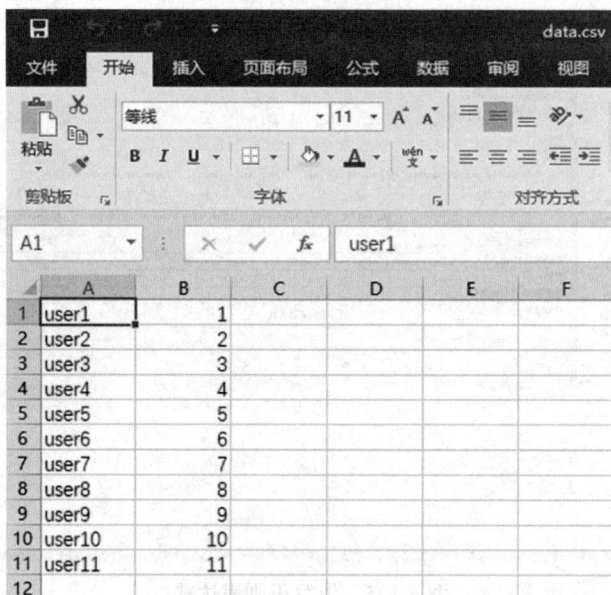

图 6-127　data.csv 文件内容

在线程组上右键单击，在弹出的菜单中依次选择"添加—> 配置原件—> CSV 数据文件设置"，弹出界面如图 6-128 所示。将文件名指定为刚才保存好的文件，变量名按照图 6-128 中进行设置。

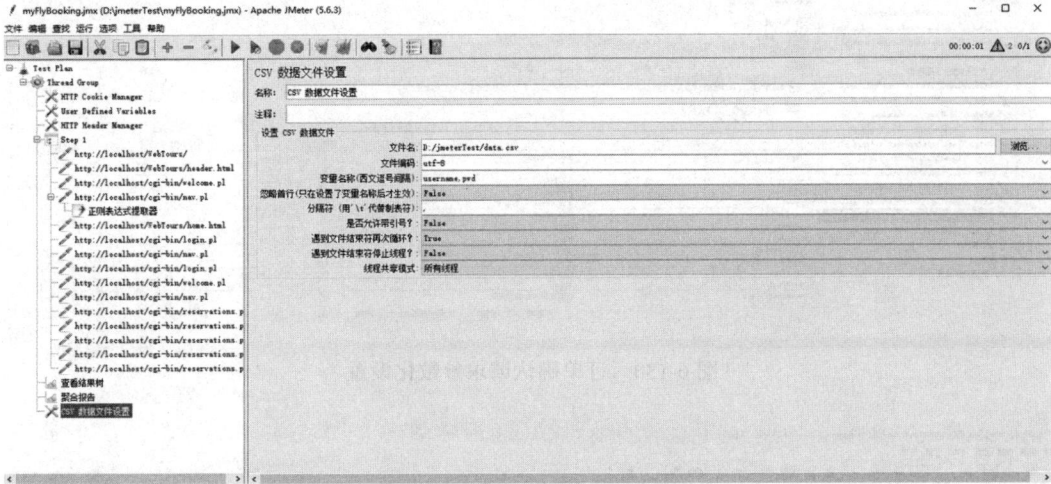

图 6-128　CSV 数据文件设置

完成以后，需要重新设置一下登录请求的用户名和密码，分别设置成为变量名 ${user}和${pwd}。在确认订单的时候也有用户名和密码的输入，所以也需要修改。登录请求参数化设置如图 6-129 所示。

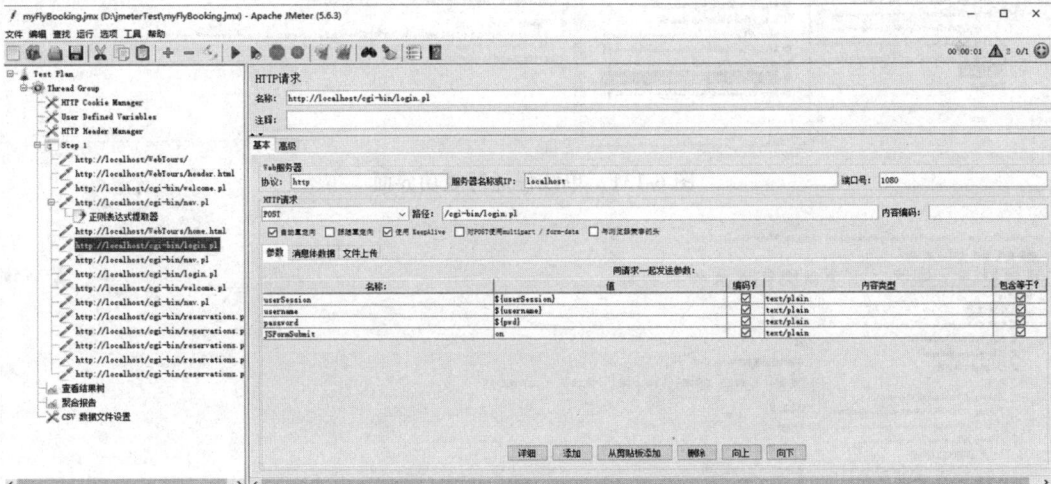

图 6-129　登录请求参数化设置

订单确认请求参数化设置如图 6-130 所示。

至此，购票测试脚本已处理完成，接下来运行。先运行一个线程，使用的信息是用户文件里面的第一个用户信息，如图 6-131 所示，显示订票成功，说明是单线程测试没有问题。

随后我们增加线程数，增加循环次数，多线程设置如图 6-132 所示。

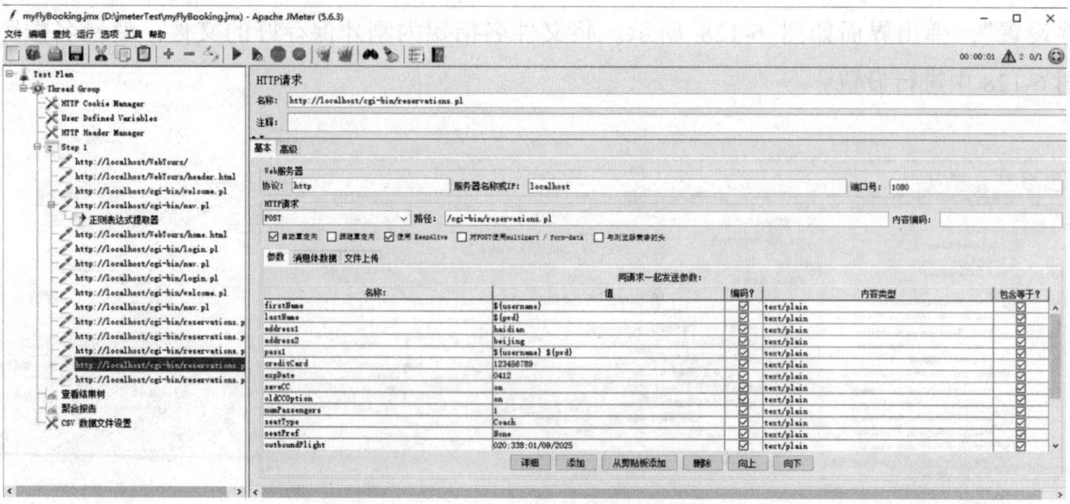

图 6-130　订单确认请求参数化设置

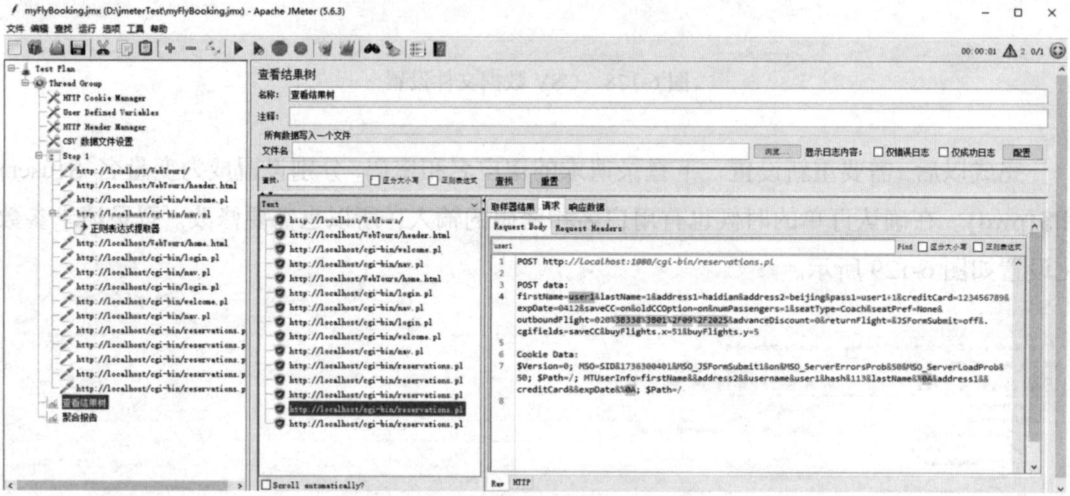

图 6-131　单线程运行成功界面

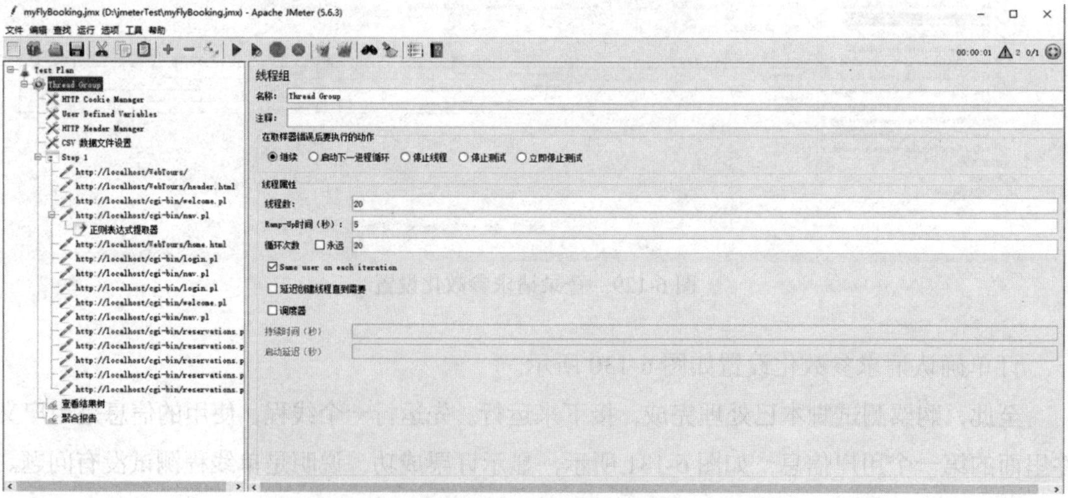

图 6-132　多线程设置

启动测试，查看聚合报告的性能指标信息，如图 6-133 所示。

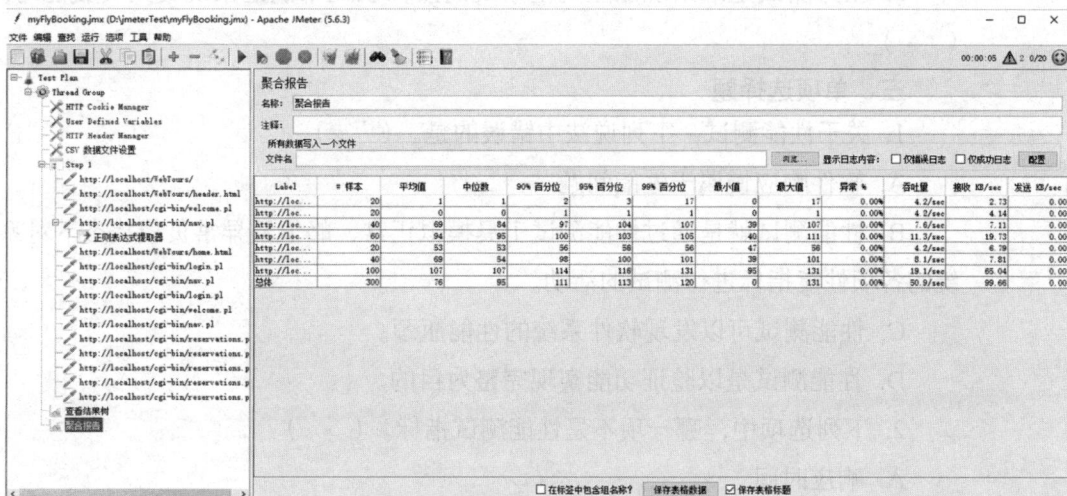

图 6-133　多线程运行的聚合报告

本章小结

　　性能测试是软件测试的重要组成部分，软件在具备功能的基础上，要验证系统的性能是否满足用户需求。首先，介绍了性能测试基础知识、分类和指标。接下来，介绍如何搭建性能测试环境。然后，详细讲解了性能测试工具 JMeter。最后，通过 Badboy 和 JMeter 的案例，讲解了性能测试是如何开展的。性能测试对于整个软件测试来说意义重大，要掌握本章涉及知识点和工具的使用。

本章习题

一、填空题

1. 吞吐量是指_____内系统能够完成的工作量。

2. TPS 是指系统_____能够处理的事务和交易的数量。

3. _____确定在满足系统性能指标的情况下，系统所能够承受的最大负载量。

4. 点击率是指用户每秒向 Web 服务器提交的_____请求数。

5. _____通常与数据库、系统资源有关，用于规划将来需求增长时，对数据库和系统资源的优化。

二、判断题

1. 响应时间是指系统对用户请求做出响应所需要的时间。（　　）

2. 吞吐量的度量单位是请求数/s。（　　）

3. 并发数量增大可能会导致系统响应变慢。（　　）

4. 点击率是 Web 应用特有的一个指标。（　　　）

5. 压力测试是给系统加压直至系统崩溃，以此来确定系统最大负载能力。
（　　　）

三、单项选择题

1. 关于性能测试，下列说法中错误的是。（　　　）

A. 软件响应慢属于性能问题。

B. 性能测试就是通过性能测试工具模拟正常、峰值及异常负载状态下对系统的各项性能指标进行测试的活动。

C. 性能测试可以发现软件系统的性能瓶颈。

D. 性能测试是以验证功能实现完整为目的。

2. 下列选项中，哪一项不是性能测试指标。（　　　）

A. 响应时间

B. TPS

C. DPH

D. 吞吐量

3. 下列选项中，哪一项是瞬间将系统压力加载到最大的性能测试。（　　　）

A. 压力测试

B. 负载测试

C. 并发测试

D. 峰值测试

4. 关于性能测试流程，下列说法中错误的是。（　　　）

A. 性能测试比较特殊，它并不遵循一般测试流程。

B. 性能测试需求分析中，测试人员首先要明确测试目标。

C. 在制定性能测试计划时，一个非常重要的任务就是设计场景。

D. 性能测试通常需要对测试过程执行监控。

5. 关于 JMeter，下列说法中错误的是。（　　　）

A. JMeter 是开源的，使用方便。

B. JMeter 和 Badboy 可以结合使用。

C. JMeter 使用监听器记录服务器的响应。

D. JMeter 报表丰富，可以很好满足测试需要。

四、简答题

1. 性能测试包括哪些方面？

2. JMeter 与 Badboy 结合使用的步骤是什么？

3. JMeter 有哪些常用的监听器？使用场景是什么？

第7章
自动化测试

随着软件行业的快速发展，软件规模越来越庞大，传统的手动测试方式已经无法满足软件开发的需求。自动化测试在当今的软件行业中扮演着至关重要的角色，它不仅能够显著提升测试效率，还能在一定程度上提高测试的质量与可靠性。

7.1 自动化测试概述

自动化测试作为一种新兴的测试方式，逐渐成为软件开发过程中的必备环节。自动化测试相比传统的手动测试具有诸多优势，能够提高软件测试的效率和质量，为软件开发注入新的活力和动力。随着技术的不断发展和完善，自动化测试在软件开发中的应用将会越来越广泛，成为软件开发过程中不可或缺的一部分。

7.1.1 什么是自动化测试

什么是自动化测试

自动化测试是指使用自动化技术来模拟和运行测试任务，以便检测软件的正确性、稳定性和可靠性。它是把以人为驱动的测试转化为机器执行的一种过程，通过特定的测试工具和框架来自动化执行软件测试任务。自动化测试的主要目标是提高测试效率和准确性，以便更好地支持软件开发流程，具体功能如下。

（1）提高测试效率：自动化测试可以快速地执行大量的测试用例，显著缩短测试周期，提高测试效率。尤其是在重复性、烦琐或复杂的测试任务中效果明显。

（2）支持更高的测试覆盖率：自动化测试可以覆盖更多的测试用例和情景，以便检测潜在的问题和错误。

（3）提高测试质量：自动化测试可以确保测试用例的准确性和一致性，避免人为因素导致的测试误差。

（4）支持持续集成和交付：自动化测试可以与持续集成和交付流程集成，实现快速反馈和问题解决。

7.1.2　自动化测试的基本流程

自动化测试是从需求分析到维护更新的完整过程，通过这个过程，可以确保软件的质量和稳定性，提高测试效率和测试覆盖率。自动化测试的基本流程如图 7-1 所示。

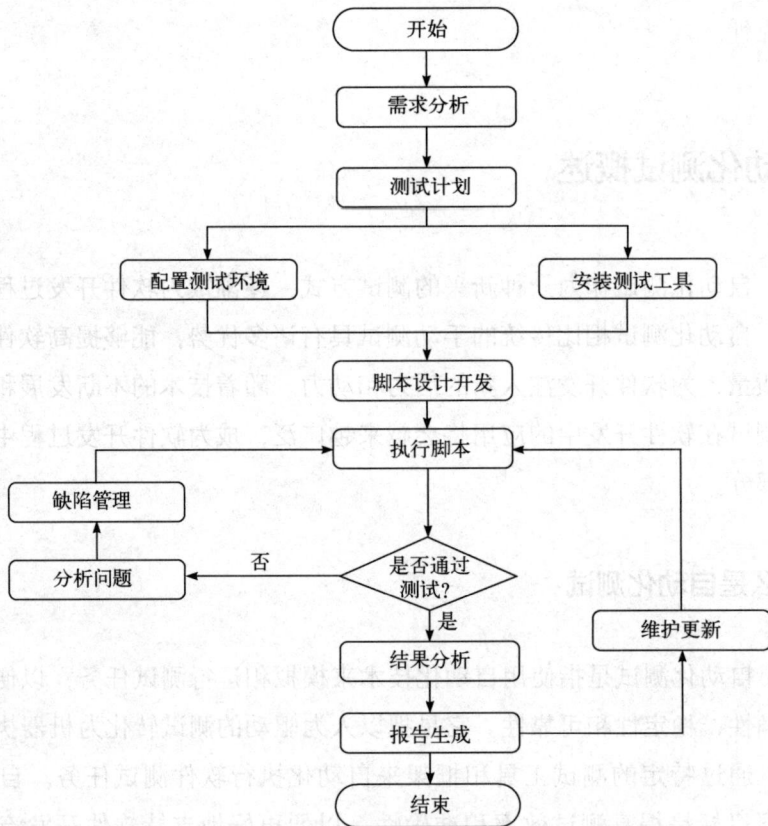

图 7-1　自动化测试基本流程

（1）需求分析：明确测试的目标和范围，包括需要自动化测试的功能、测试类型（如功能测试、性能测试、安全测试等）以及测试的重要模块。

要确定测试策略，基于需求，确定采用何种自动化测试策略，比如基于需求的测试、基于风险的测试或基于场景的测试等。

（2）测试计划：和其他测试一样，要制定详细的测试计划，包括规划测试的时间表、资源分配、测试环境、测试工具选择以及测试风险的管理措施。

同时确定测试范围，明确哪些功能或模块将进行自动化测试，测试的深度和广度。

（3）环境搭建：设置和配置测试所需的硬件、软件、网络等环境。安装和配置测试工具，选择并安装合适的自动化测试工具，如 Selenium、JMeter、QTP 等，并进行必要的配置。

（4）脚本设计：根据需求文档与设计文档，设计详细的测试用例，包括测试步骤和预期结果等。基于测试用例，使用适当的编程语言和自动化测试工具编写测试脚本。

（5）脚本开发：使用编程语言（如 Java、Python 等）和自动化测试框架（如 JUnit、QTP 等）编写具体的测试脚本。同时对编写的测试脚本进行调试，确保其正确性和稳定性，并进行必要的优化以提高测试效率。

（6）执行测试：在测试环境中自动化运行测试脚本，执行测试用例。实时监控测试的执行过程，确保测试顺利进行。

（7）结果分析：检查测试是否通过，分析测试结果和日志，发现潜在的缺陷和问题。对发现的缺陷进行详细记录，包括缺陷的描述、严重性、优先级和状态等。

（8）缺陷管理：跟踪缺陷的修复进度，确保缺陷得到及时高效修复。对修复后的缺陷进行验证，确保问题已得到妥善解决。此阶段要使用回归测试，对相关模块也要进行测试，确保修复动作没有带来其他缺陷。

（9）生成报告：汇总测试结果和统计数据，生成详细的测试报告和结论。根据测试报告评估自动化测试的效果，提出改进意见。

（10）维护更新：根据需求的变化和软件的更新，及时更新和维护测试脚本。根据测试经验和实践，不断优化自动化测试流程。

自动化测试
实施策略

7.1.3 自动化测试的实施策略

我们都知道，在自动化测试中，金字塔测试策略已经越来越受到测试人员的青睐。金字塔测试策略通常要求分三个不同级别进行自动化测试，如图 7-2 所示。

（1）单元测试（Unit Tests）：单元测试位于金字塔的底部，是数量最多的一层。单元测试主要关注软件的最小可测试单元，通常是单个函数、方法或类。这些测试的目的是验证代码的每个独立单元是

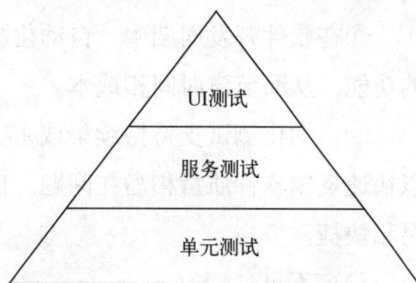

图 7-2　自动化测试金字塔策略

否按预期工作。单元测试通常采用白盒测试方法，主要对代码内部逻辑结构进行测试。由于它们是金字塔的基础，因此也是自动化测试策略中最核心的部分。

（2）服务测试/集成测试（Service/Integration Tests）：服务测试，又叫集成测试，它位于金字塔的中间层，数量上少于单元测试。服务测试或集成测试关注的是各个模块或服务之间的交互。这些测试确保应用程序的不同模块能够协同工作，保障数据在不同组件之间正确传输和处理。接口测试通常结合使用黑盒测试和白盒测试，以确保数据传输和处理的完整性。

（3）UI测试/端到端测试（UI/End-to-End Tests）：UI测试，又称端到端测试，它位于金字塔的顶部，是数量最少的一层。UI测试或端到端测试模拟用户和软件的交互，从用户的角度验证整个应用的流程。这些测试覆盖完整的用户流程，确保整个系统的功能和性能符合用户需求。由于UI测试需要模拟用户的实际操作，因此不会完全自动化，而是结合人工操作来更好地评估用户体验。

金字塔测试策略的核心思想，是通过在较低层次上进行大量的自动化测试，从而更快地发现和修复缺陷，旨在提高测试效率和软件质量。随着金字塔层次的提升，测试的粒度变得更大，测试的数量变少，但每个测试的复杂度和成本在增加。这种分层方法有助于在早期发现问题，减少修复成本，构建一个高效、可靠的自动化测试体系，并提升开发团队的敏捷性和创新能力。

自动化测试的优势和劣势

7.1.4　自动化测试的优势和劣势

在软件测试领域中，自动化测试扮演着重要角色，它相比于人工测试，有优势也有不足，具体如下。

（1）优势

①自动化测试可以快速执行大量测试用例，相比手动测试，能够显著提高测试的速度和效率。可以精确地、一致地重复执行相同的测试用例，减少人为错误。自动化测试可以覆盖大量的测试场景，提高测试覆盖率，尤其是那些手动测试难以或无法执行的场景。

②在软件开发周期中，自动化测试可以快速执行回归测试，确保新代码不会破坏现有的功能，从而节省时间和成本。

③自动化测试支持持续集成/持续部署（CI/CD），是实现CI/CD的关键组成部分，可以快速反馈软件质量和潜在问题。自动化测试用例的维护和更新通常比手动测试用例更容易和快捷。

（2）不足

①自动化测试可能需要高级的技术知识和技能，以设计、实现和维护自动化测试框架，

技术复杂性高。随着应用程序的更新和变化，自动化测试脚本可能需要频繁地更新和维护。自动化测试可能无法完全模拟用户的实际操作和交互，可能会忽略一些用户体验方面的问题。

②过度依赖自动化测试可能导致测试覆盖不全面，忽略了探索性测试的价值。自动化测试通常难以覆盖性能、安全性、可用性和某些视觉设计方面的测试，难以测试非功能需求。自动化测试脚本可能对应用程序的微小变化敏感，导致所谓的"脆弱性"。

③团队需要具备自动化测试工具和框架的专业知识，这可能限制了团队的灵活性。可能不适用于所有测试类型，如验收测试和某些类型的探索性测试，可能不适合自动化。

由此可知，自动化测试提供了一种高效和可重复的测试方法，特别适合于回归测试和持续集成环境。同时也要看到，自动化测试需要认真规划和管理，并补充而不是取代手动测试。

7.2 自动化测试常见技术

自动化测试
常见技术

自动化测试技术的选择和应用取决于测试目标、项目需求、团队技能和预算等因素。随着技术的不断进步，自动化测试领域在不断创新和提升，例如引入了 AI、云测试平台和微服务架构等，下面介绍几种常见的自动化测试技术。

7.2.1 录制回放技术

录制回放是一种基础的自动化测试技术，通过记录用户在应用程序中的操作，自动生成测试脚本，然后通过回放这些脚本来执行测试。录制回放技术操作简单，无须编程知识，适合初学者和非技术背景的测试人员，可以快速生成测试脚本，提高测试用例的创建效率。但是，应用程序的任何更改都可能导致脚本失效，难以处理复杂的测试逻辑和条件判断。

录制回放技术适合进行简单的功能测试，尤其是对于那些变化不大且较为稳定的应用程序。

7.2.2 数据驱动测试

数据驱动测试是将测试数据从测试脚本中分离出来，通常使用外部数据源（如 Excel文件、CSV 文件和数据库等）来存储测试数据，测试脚本在执行时读取这些数据。数据驱动测试提高了测试用例的复用性，可以通过改变数据源中的输入数据来执行多个测试用例，便于测试数据的管理和维护。同时，它需要一定的脚本来控制数据的读取和测试流程的管理，对于复杂的测试场景，可能需要更复杂的脚本来支持。

数据驱动测试适合需要大量测试数据和重复测试不同数据集的场景，如批量数据处理、性能测试等。

7.2.3 关键字驱动测试

关键字驱动测试通过关键字来表示测试步骤，关键字对应具体的操作和测试逻辑，测试脚本由这些关键字和参数组成。它提高了测试脚本的可读性和可维护性，非技术人员也能理解和修改测试脚本，支持测试用例的快速开发和变更。但它可能需要额外的工作来设计和实现关键字库，对于复杂的测试场景，关键字的设计和维护会变得复杂。

关键字驱动测试适合需要快速开发和变更测试用例的场景，尤其是那些需求变化频繁的项目。

7.2.4 行为驱动测试

行为驱动测试是一种敏捷软件开发实践，它鼓励开发者、质量保证人员和非技术人员合作，使用自然语言（如 Gherkin 语言）来描述软件的行为，从而更好地设计测试用例。行为驱动测试可以促进团队成员之间的沟通和理解，确保测试用例与业务需求一致。从用户的角度定义测试，提高了测试的业务相关性。不过，需要团队成员对行为驱动测试框架和语言有一定的了解，需要额外的时间来编写和维护自然语言描述的测试用例。

行为驱动测试适合需要多方协作和沟通的项目，尤其是那些需求不明确或频繁变更的项目。

7.2.5 接口测试技术

接口测试专注于测试系统组件间接口的功能、性能和安全性等，通过模拟发送请求和接收响应来验证接口的行为。它独立于用户界面进行测试，提高了测试的独立性和覆盖率；有助于尽早发现接口设计和实现中的问题。同时，它需要对接口的协议和数据格式有深入的了解，对于复杂的接口，测试脚本的编写和维护会较为复杂。

接口测试技术适合需要测试不同系统组件间交互的场景，如微服务架构、面向服务架构等。

7.2.6 性能测试技术

性能测试旨在评估软件系统在不同负载条件下的性能，包括响应时间、吞吐量和资源利用率等指标。它可以识别系统的性能瓶颈和稳定性问题，帮助优化系统设计，提高系统的性能和可靠性。性能测试通常需要专业的工具和技能，测试环境和测试数据的准备可能较为复杂和耗时。

性能测试技术适合需要评估系统性能和稳定性的场景，尤其是高并发和大数据量处理等情况。

7.3　自动化测试常见工具

自动化测试
常见工具

自动化测试工具种类和数量都很多，可以根据测试需求的不同来选择。以下是一些常用的自动化测试工具：

（1）Selenium：一个开源的 Web 自动化测试工具，支持多种编程语言和浏览器。它可以直接在浏览器中运行测试脚本，模拟用户的操作，适用于功能测试和兼容性测试等。

（2）Appium：一个开源的移动应用程序自动化测试工具，支持 iOS 和 Android 平台。它提供了一套 REST 接口，允许测试人员通过发送 HTTP 请求来控制移动设备上的应用程序。

（3）JMeter：一个开源的测试工具，用于测试静态和动态资源的性能。它可以模拟多种网络协议和大量的用户并发访问，评估系统在不同负载条件下的性能表现。

（4）LoadRunner：一种商业性能测试工具，提供全面的负载测试、压力测试和性能测试等功能。它支持多种应用类型和测试场景，能够模拟大规模用户并发访问，帮助企业发现系统中的瓶颈和问题。

（5）Postman：一个强大的 API 测试工具，支持发送各种类型的 HTTP 请求，并附带参数和 Headers。它还提供测试数据和环境配置数据的导入导出功能，适用于 API 的功能测试和安全性测试等。

7.4　QTP 自动化工具

QTP（Quick Test Professional）是一种自动化测试工具，它广泛应用于软件质量保证流程中的功能测试和回归测试，支持多种应用程序的测试，包括 Web 应用、桌面应用以及企业级应用等。QTP 通过录制用户操作来生成测试脚本，并能够实现测试脚本的回放和结果验证，从而提高测试效率和准确性。

QTP 支持多脚本编辑调试、PDF 检查点和持续集成系统等。QTP 支持功能测试和回归测试自动化。QTP 使用关键字驱动的测试概念，简化了测试创建和维护过程。它使测试人员能够使用专业的捕获技术直接从应用程序屏幕中捕获流程来构建测试案例。测试专家还可通过集成的脚本和调试环境，来访问内在测试和对象属性。

QTP 测试包括的内容如图 7-3 所示。

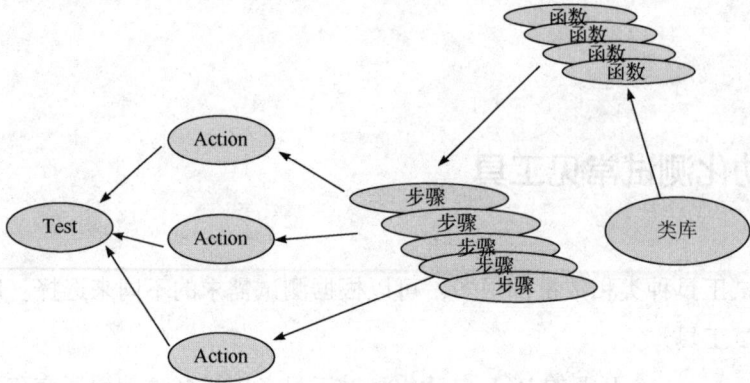

图 7-3　QTP Test 组成

以 Test 为测试运行单位，每个 Test 包含若干类型 Action。以 Action 为最小单位映射对象库，多个 Action 之间可以共享统一对象库。Action 内的 Step（步骤）可以包含用户录制操作或者函数库内对 Function（函数）的调用。

使用 QuickTest 可以加速整个测试的过程，并且修改应用程序或网站后，可以重复使用测试脚本进行测试。以 QuickTest 执行测试，就与人工测试一样，QuickeTest 会仿真鼠标的动作与键盘的输入，不过 QuickTest 比人工测试快了很多。QTP 测试的优势见表 7-1。

表 7-1　QTP 测试的优势

优势	说明
快速	QTP 执行测试比人工测试速度快
可靠	QTP 每一次的测试都可以正确地执行相同的动作，可以避免人工测试的错误
可重复	QTP 可以重复执行相同的测试
可程序化	QTP 可以以程序的方式，撰写复杂的测试脚本，以带出隐藏在应用程序中的信息
广泛性	QTP 可以建立广泛的测试脚本，涵盖应用程序的所有功能
可再使用	QTP 可以重复使用测试脚本，即使应用程序的使用接口已经改变

7.4.1　搭建自动化测试 QTP 环境

搭建 QTP 自动化测试环境通常包括以下几个步骤。

（1）安装 QTP 软件：从官方渠道下载 QTP 安装包，按照安装向导的步骤完成安装。在安装过程中，需要输入许可证密钥，你可以选择试用版许可证或正式版许可证。根据你的系统是 64 位还是 32 位，选择相应的安装路径。

（2）配置测试环境：确保测试环境与录制时的环境一致，包括操作系统、浏览器版本和数据库配置等。如果是 Web 应用程序的测试，需要确保浏览器的设置与 QTP 兼容，例如禁用浏览器的弹出窗口阻止功能。同时，确保操作系统的设置与 QTP 兼容，例如调整屏幕分辨率、禁用屏幕保护程序等。

（3）安装必要的插件和补丁：根据被测应用程序的类型，选择相应的插件。例如，测试 Web 应用程序可能需要安装 Web 插件。有时还需要安装额外的补丁以支持特定的浏览器或功能。例如，安装支持 IE 的保护模式的补丁和提供 IE 支持的补丁。

（4）设置 QTP 选项：在 QTP 中，通过"Tools—> Options"可以设置字体、恢复页面布局、运行速度等。在"Record and Run Settings"中可以设置自动化的录制和运行选项，例如设置步骤之间的运行间隔时间。

（5）确保被测应用程序的稳定性：在开始自动化测试之前，确保被测应用程序处于稳定状态，应用程序的稳定性直接影响测试脚本的可靠性和测试结果的准确性。

（6）创建和配置测试脚本：使用 QTP 的"record"功能开始录制测试用例的每个步骤。在"Record and Run Settings"中选择相应的应用程序类型，并添加被测程序或网页链接。录制完成后，使用"Run"按钮回放测试脚本，检查录制是否成功。

（7）调试和优化测试脚本：在测试脚本回放过程中，可能会遇到各种问题，比如对象无法识别、脚本执行异常等。需要分析和解决这些问题，例如通过日志分析、对象检查和脚本修正等策略。

（8）生成和分析测试报告：QTP 在执行测试后，会生成详细的测试报告，包含测试概况，操作步骤和检查点结果等，通过这些报告和日志分析测试结果验证测试效果和发现问题。

完成以上步骤后，QTP 自动化测试环境就搭建完成了，可以开始进行自动化测试。

7.4.2　QTP 工具的基本应用

下面对 QTP 工具的一些基本应用进行详细说明。

（1）录制和回放

录制：QTP 可以录制用户在应用程序中的操作，如点击、输入文本和选择菜单等，并将这些操作转换成测试脚本。

回放：录制的测试脚本可以被回放，以验证应用程序的行为是否与预期一致。

（2）测试脚本编写：使用 VBScript 或其他支持的脚本语言编写测试脚本，以实现更复杂的测试逻辑和条件判断。

（3）参数化：将测试数据从测试脚本中分离出来，使用参数化技术，以便能够使用不同的数据集多次执行相同的测试脚本。

（4）检查点：设置检查点来验证应用程序的特定状态或输出，如验证文本、图像、表格数据等是否符合预期。

（5）输出值：从应用程序中提取数据，并将其存储为变量，以便在测试脚本中使用或进行进一步的验证。

（6）错误处理：在测试脚本中添加错误处理逻辑，以便在测试执行过程中遇到错误时能够采取相应的措施。

（7）数据驱动测试：使用外部数据源（如 Excel 文件、数据库）来驱动测试，实现对大量测试数据的自动化测试。

（8）关键字驱动测试：通过关键字视图创建测试脚本，使得非技术用户也能够理解和维护测试脚本。

（9）测试报告生成：在测试执行完成后，QTP 可以生成详细的测试报告，包括测试结果、执行步骤、截图等。

（10）测试环境管理：管理不同的测试环境，确保测试脚本可以在不同的应用程序版本或配置中执行。

（11）对象库和描述性编程：使用对象库来存储和重用测试对象，或使用描述性编程技术来提高测试脚本的可维护性和可读性。

（12）集成和持续集成：将 QTP 与版本控制系统（如 SVN、Git）和持续集成工具（如 Jenkins）集成，以实现持续集成和持续部署的自动化测试流程。

（13）跨浏览器和跨平台测试：支持对不同浏览器和操作系统的应用程序进行测试。

（14）性能测试：虽然 QTP 主要用于功能测试，但它也可以与 LoadRunner 等性能测试工具集成，以进行性能测试。

QTP 的基本应用涵盖了从测试脚本的创建、执行到结果分析的整个测试周期，是软件测试工程师的重要工具之一。

7.4.3 QTP 常用的操作方法

掌握 QTP 的常用操作方法对于测试人员至关重要，因为它直接影响到自动化测试的效率、质量和可维护性。下面，对 QTP 操作方法进行讲解。

7.4.3.1　环境设置与启动

安装 QTP 后,通过开始菜单找到 QTP 的快捷方式并双击启动,在进行自动化测试前,需确保 QTP 能够正确地与应用程序进行交互,可能需要进行一些环境配置。

7.4.3.2　对象识别与操作

对象层次结构:通过查看应用程序中的对象层次结构,可以获取对象的父对象、子对象等信息,有助于识别对象。

快速识别:QTP 提供对象识别工具栏,单击"对象识别"按钮后,工具栏上的指针将变为手形,然后单击应用程序中的对象,QTP 会根据对象的属性进行识别。

对象库:QTP 的对象库可以保存已识别对象的信息,以便在后续测试中使用。对象库具有封装性、集中管理、动态识别和版本控制等特点。

智能对象识别:通过机器学习的方式学习对象的多种属性和属性的组合方式,用于识别和定位对象,具有学习能力强、容错性高、重用性高和适应性强等特点。

7.4.3.3　脚本录制与回放

录制脚本:单击 QTP 工具栏上的"录制"按钮,选择要进行录制的应用程序,然后开始执行测试步骤。QTP 会自动记录操作,包括鼠标点击、键盘输入等。

停止录制:录制完成后,单击 QTP 工具栏上的"停止"按钮。

回放脚本:单击 QTP 工具栏上的"回放"按钮,QTP 将自动按照录制时的操作顺序执行脚本。

7.4.3.4　断言与验证

断言:在脚本运行中判断某些条件是否为真。QTP 提供了丰富的断言函数,如 Assert、Verify 等。

验证:验证应用程序的状态,QTP 提供了各种验证操作,如对话框验证、页面验证、文本验证等。

7.4.3.5　数据驱动测试

数据表:QTP 提供数据表,用于存储测试数据。可以使用数据表中的数值作为输入数据,从而重复执行测试脚本。

参数化:在脚本执行期间使用不同的参数值,将参数值添加到测试对象的属性中,实现数据驱动。

7.4.3.6 其他常用操作

屏蔽鼠标键盘输入：使用 SystemUtil.BlockInput 和 SystemUtil.UnblockInput 在脚本运行时屏蔽和恢复鼠标键盘输入。

检查对象可用性：使用 GetTOProperty 方法获取对象的属性值，判断对象是否可用。

对象获得焦点：使用 Object.focus 方法使对象获得焦点。

获取系统内置环境变量：使用 environment.Value 方法获取系统内置环境变量。

调用浏览器：使用 systemutil.run 方法通过浏览器打开指定网址。

编辑共享对象库文件：通过 Resources-Object Repository Manager 编辑共享的对象库文件。

调用其他 Action：使用 call to copy of Action 和 call existing Action 调用其他已保存的 Action。

计算脚本执行时间：使用 Services.StartTransaction 和 Services.EndTransaction 计算 action 或脚本段落的执行时间。

发送回车键：使用 SendKeys 方法或 Type 命令发送回车键。

此外，QTP 还支持丰富的脚本编程功能，可以使用 VBScript 编写复杂的测试脚本，包括条件判断、循环结构、函数调用等。同时，QTP 还提供了丰富的内置函数和对象方法，方便测试人员进行各种操作。

总的来说，QTP 的操作方法非常多样且功能强大，测试人员需要根据具体的测试需求和场景选择合适的操作方法。同时，也需要不断学习和掌握 QTP 的新功能和高级特性，以提高测试效率和质量。

7.4.4 QTP 操作界面

启动 QTP 后，主界面如图 7-4 所示。

主界面包括三部分，第一部分包括标题栏、菜单栏、文件工具条、测试工具条和 Debug 工具条等，此部分提供了丰富的操作按钮和菜单。

第二部分为测试脚本管理窗口，包括 Keyword View（关键视图）和 Expert View（专家视图）两部分，在 Keyword View 下可以看到具体的操作项目，在 Expert View 下可以查看和编辑代码。

第三部分包括 Data Table 窗口、Active Screen 窗口和状态栏三部分。Data Table 窗口类似 Excel 表格，可以在此提供 QTP 测试所需数据或者进行数据的输出等操作。Active Screen 窗口提供的是录制的软件运行期间的截图。状态栏显示 QTP 当前所处的状态。

标题栏：显示了当前打开的测试脚本的名称。

菜单栏：包含了 QuickTest 的所有菜单命令项。

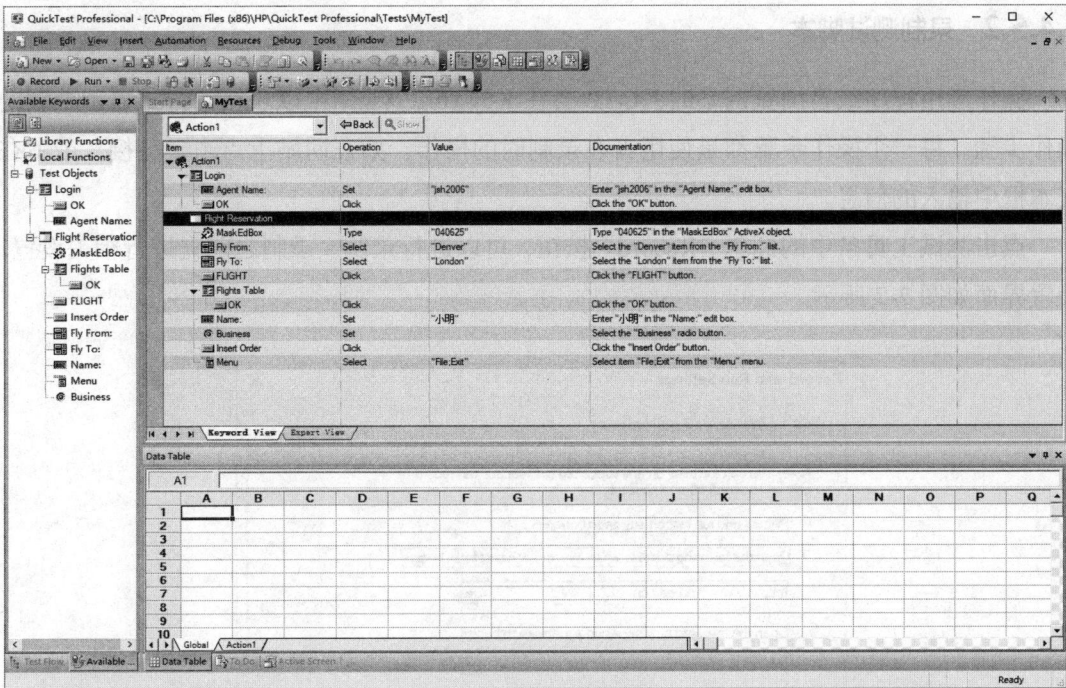

图 7-4　QTP 主界面

文件工具条：包括了多个常用的按钮，如图 7-5 所示。

图 7-5　文件工具条

测试工具条：包含了创建、管理测试脚本时要使用的按钮，如图 7-6 所示。

图 7-6　测试工具条

7.4.5　QTP 工作流程

7.4.5.1　录制测试脚本前的准备

在测试前需要确认应用程序及 QTP 是否符合测试需求，确认测试人员已经知道如何对应用程序进行测试，比如要测试哪些功能、操作步骤和预期结果等。同时也要检查一下 QuickTest 的设置。

7.4.5.2 录制测试脚本

操作应用程序或者浏览网站时，QTP 会在 Keyword View 中以表格的方式显示录制的操作步骤。每一个操作步骤都是使用者在录制时的操作，如在网站上点击了链接，或者在文本框中输入的信息。

点击测试工具条中的红色"Record"按钮，可以进行录制。录制之前先进行相关设置，设置界面如图 7-7 所示。

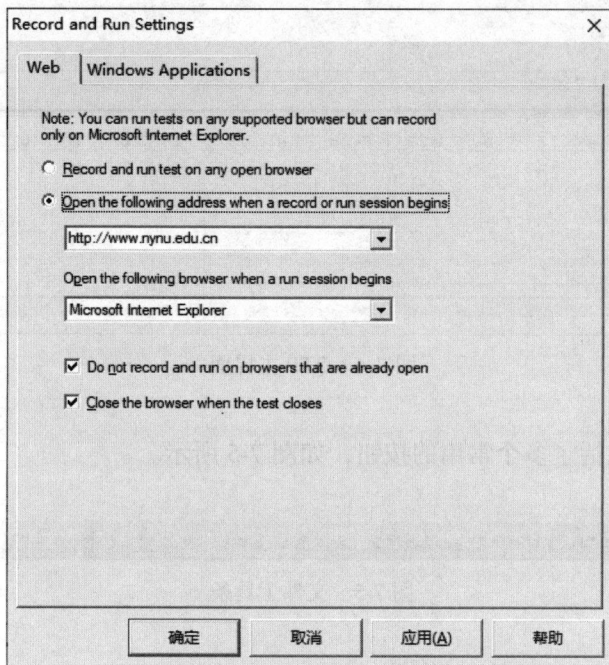

图 7-7　录制和运行设置

Web 选项卡下可以进行 Web 程序的设置，B/S 架构的程序可以在此进行设置。单选按钮"Record and run test on any open browser"代表对任意打开的 Web 程序进行录制；单选按钮"Open the following address when a record or run session begins"选择后，可以在列表中设置 Type（类型）和 Address（访问地址）。下面有两个复选框，"Do not record and run on browsers that are already open"表示不要对已经打开的界面进行录制和运行，"Close the browser when the test closes"表示录制结束后关闭浏览器，对于这两个复选框，可以根据需要进行选择。

Windows Application 选项卡下可以进行 C/S 结构程序的设置。点击"Windows Application"标签项，如图 7-8 所示：

单选按钮"Record and run test on any open Windows-based application"代表对任意打开的 C/S 架构程序进行录制；单击"＋"按钮可以添加要运行或测试的程序，点击"⚙"

按钮可以修改，点击"❌"按钮可以删除。操作完成后，单击"确定"按钮即可。

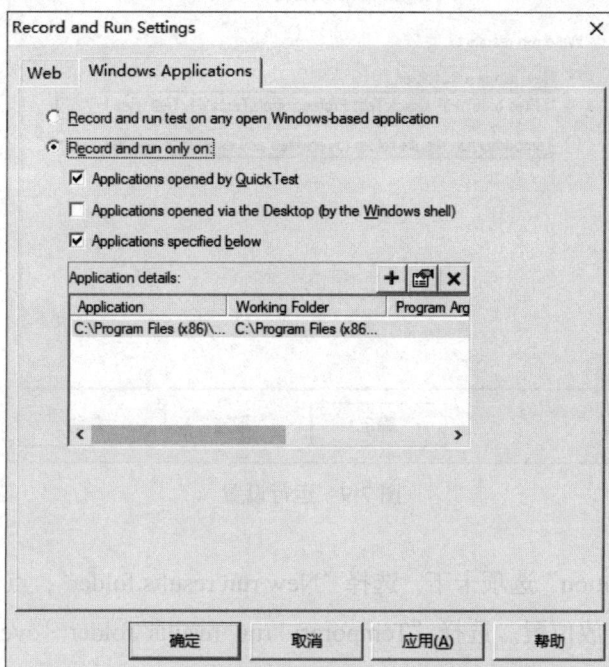

图 7-8 "Windows Application"标签项

7.4.5.3 加强测试脚本

在测试脚本中加入检查点，可以检查网页的链接、对象属性或者字符串，以验证应用程序的功能是否正确。

将录制的固定值以参数取代，使用多组的数据测试程序。使用逻辑或者条件判断式，可以进行更复杂的测试。

7.4.5.4 对测试脚本进行调试

修改过测试脚本后，需要对测试脚本做调试，以确保测试脚本能正常且流畅执行。

7.4.5.5 执行脚本

通过执行测试脚本，QTP 会在网站或者应用程序上执行测试，检查应用程序的功能是否正确。

7.4.5.6 分析测试结果

分析测试结果，找出问题所在。

录制以后，点击测试工具条中的黑色"Run"按钮，会弹出运行设置界面，如图 7-9 所示。

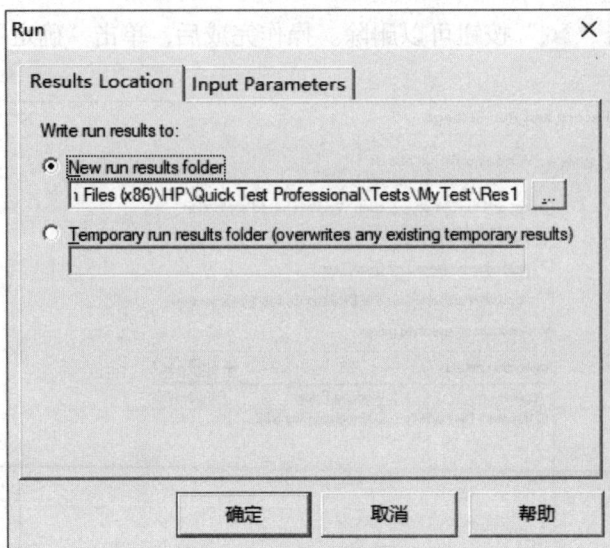

图 7-9　运行设置

在"Results Location"选项卡下，选择"New run results folder"，点击右边的浏览按钮，可以选择测试结果存放位置。选择"Temporary run results folder（overwrites any existing temporary results）"，可以临时存储测试结果。

"Input Parameters"选项卡下，可以进行输入参数的设置。

执行完毕后，自动弹出测试结果，测试结果界面如图 7-10 所示。

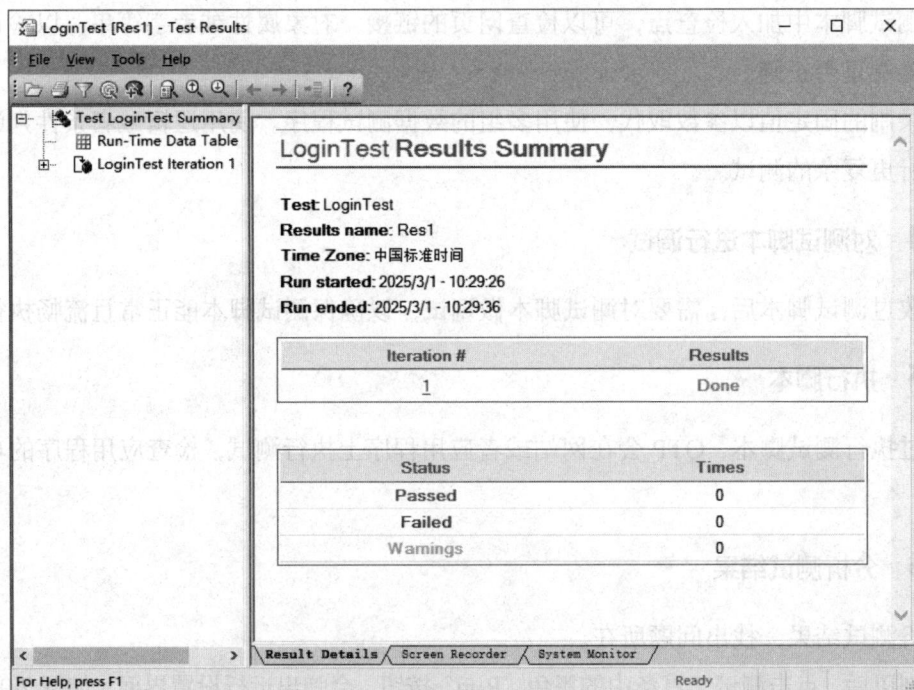

图 7-10　测试结果

在测试结果界面可以看到测试状态，测试状态包括 Passed（通过）、Failed（失败）和 Warnings（警告）。图 7-10 测试结果显示为"Done"，代表测试正常执行。如果测试中包括检查点，结果一般为测试通过或者测试失败，分别用绿色和红色表示。

测试过程中可能会用到正则表达式，常用的正则表达式符号如表 7-2 所示。

表 7-2　正则表达式常用符号含义

符号	含义
.	匹配任意字符
+	重复 1 次或更多次
*	重复 0 次或更多次
?	重复 0 次或 1 次
[]	集合中任何一个字符

7.4.6　Action 知识

QTP 中 Action 是一个可以被重复使用的最小单位，就像是程序中的函数一样。可以参数化整个测试或参数化 Action。

7.4.6.1　Action 操作方式

Action 操作方式有四种，Call 可以理解为调用，与程序中一样。

①Call to New Action：新建 Action。

②Call to Copy of Action：以复制的方式调用外部的 Action，该外部 Action 可以是可复用的，也可以是不可复用的；你可以修改这个 Action 的副本，而且你的修改不会影响原来的 Action，原来的 Action 的改变也不会影响副本。

③Call to Existing Action：直接调用外部 Action，该外部 Action 必须是可复用的。可复用的 Action 都是不可编辑的，你只能在原来的测试中修改被调用的 Action，使用直接调用的方式的测试脚本有较好的维护性。

④Split Action：分割 Action。

在"Select a Action"对话框中，当点选"At the end of the test"前的单选框时，将 Action 添加为选择 Action 的兄弟（sibling）Action；当点选"After the current step"单选框时，将 Action 添加为选择 Action 的子 Action。

分割 Action 时，右键单击 Step，选择 Action—>Split。

当前选择的是可复用 Action 时，调用外部 Action 时，"Select a Action"对话框中"After the current step"单选框显示不可用，这是因为可复用的 Action 是不可编辑的。

Action 的属性可以修改，在 Action 上面单击右键，选择 ActionProperties 可以进行操作，如图 7-11 所示。

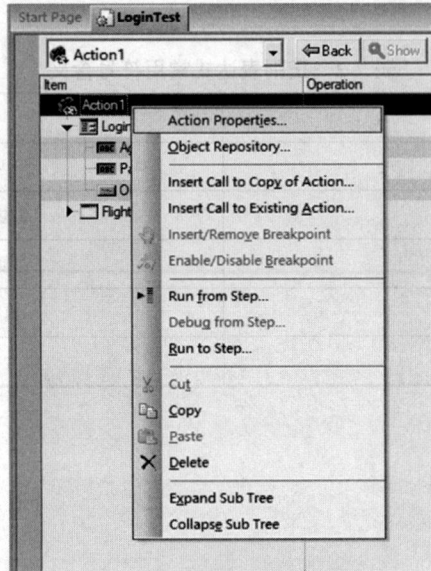

图 7-11　修改 Action 属性

弹出对话框如图 7-12 所示，Action 名字、位置、描述和是否可重复使用等，都可以通过此对话框进行设置。

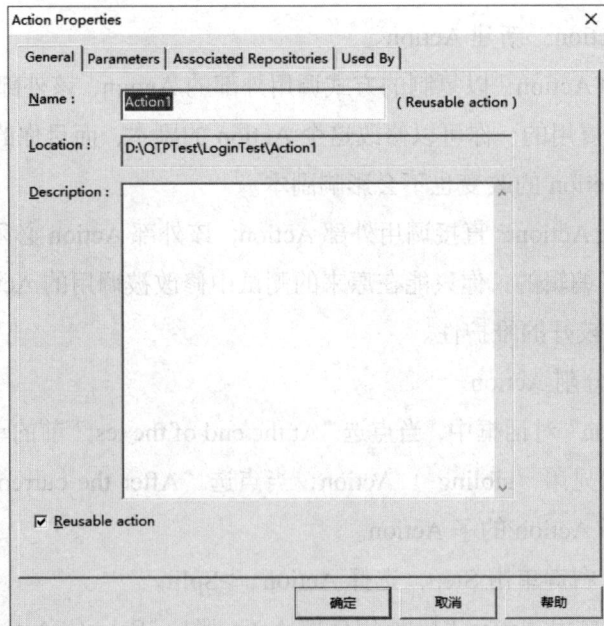

图 7-12　Action 属性修改

7.4.6.2 copy Action 与 call existing Action 的区别

两种方式都是将已被保存的 Action 调用过来，但是 copy Action 是将原本 Action 中的所有属性及其参数值调用过来，并且可以在其上随意更改，而且这些更改并不影响源 Action；而 call existing Action 虽然也是将源 Action 的所有属性及其参数值都调用过来，但是不能更改其中的任何步骤和参数值，如果一定要更改，需要重新打开源 Action，在源 Action 上进行更改，所作的改动将自动体现在调用的 Action 上。

有两种类型的 Action，包括常规的 Action 和可重用的 Action。

可重用的 Action 可以用在如下地方：

①本地调用。

②外部调用。

一个 Action 可以被很多模块调用，如图 7-13 所示。

可以看到 Login 在多个测试中重复使用。如何设置 Action 可以重复使用的属性呢？如图 7-14 所示。

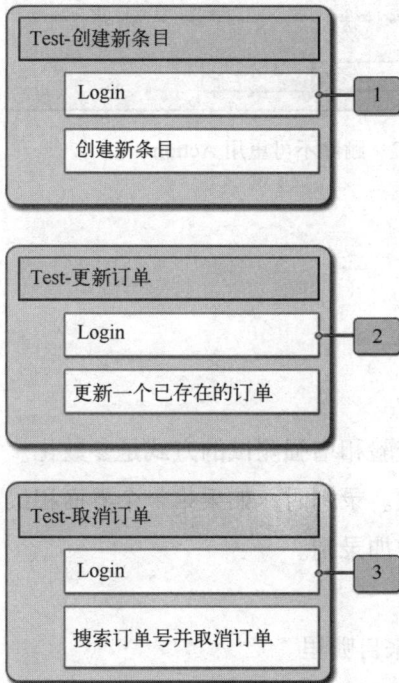

图 7-13 Action 重复调用

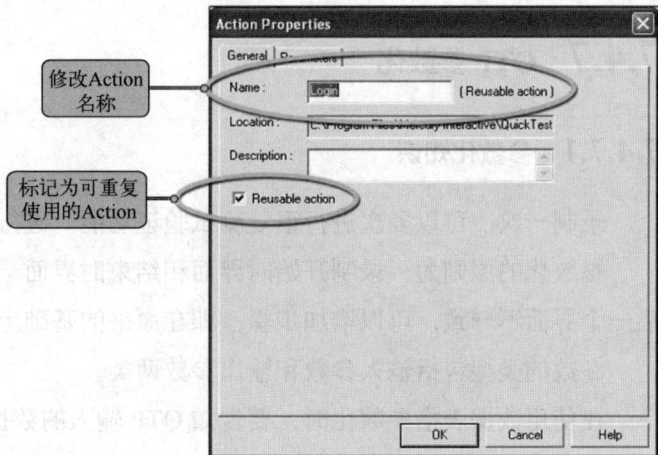

图 7-14 Action 可重复使用设置

设置完成以后，可以供其他 Action 调用，操作方式如图 7-15 所示。

可重用 Action 也可以删除，删除操作对话框如图 7-16 所示。

不可重用 Action 的删除较为简单，提示框如图 7-17 所示。

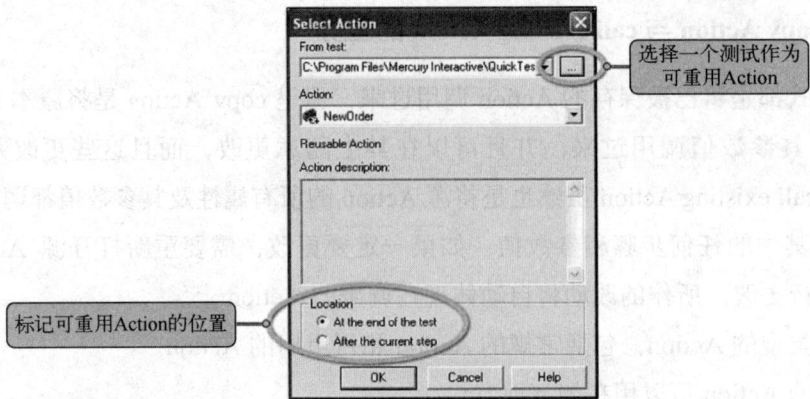

图 7-15　引入到其他 Action

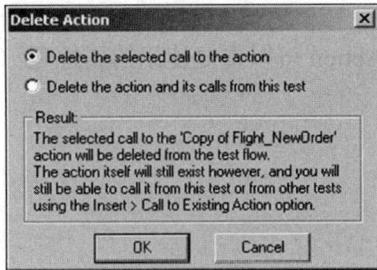

图 7-16　删除可重用的 Action

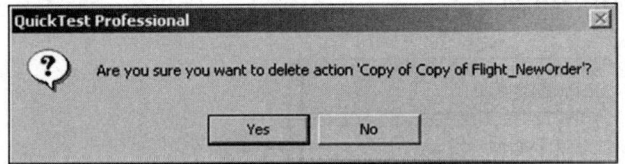

图 7-17　删除不可重用 Action

7.4.7　QTP 参数化

7.4.7.1　参数化知识

录制一次，可以多次进行重复测试验证功能。进行校验和增强测试的方式是参数化。

参数化的原则为：录制开始时界面和结束时界面一致。录制时，如果第一个界面和最后一个界面不一致，可以增加步骤，即在原来的基础上增加录制。

参数的类型包括输入参数和输出参数两类。

在使用数据表格参数化时，要告知 QTP 输入的数据来自哪里。

其他参数类型：随机数参数、环境变量参数和组件参数。

输入参数：Input Parameter。

用户信息参数化如图 7-18 所示。单击 AgentName 右边 Value 列中的按钮，可以对此字段进行参数化设置。

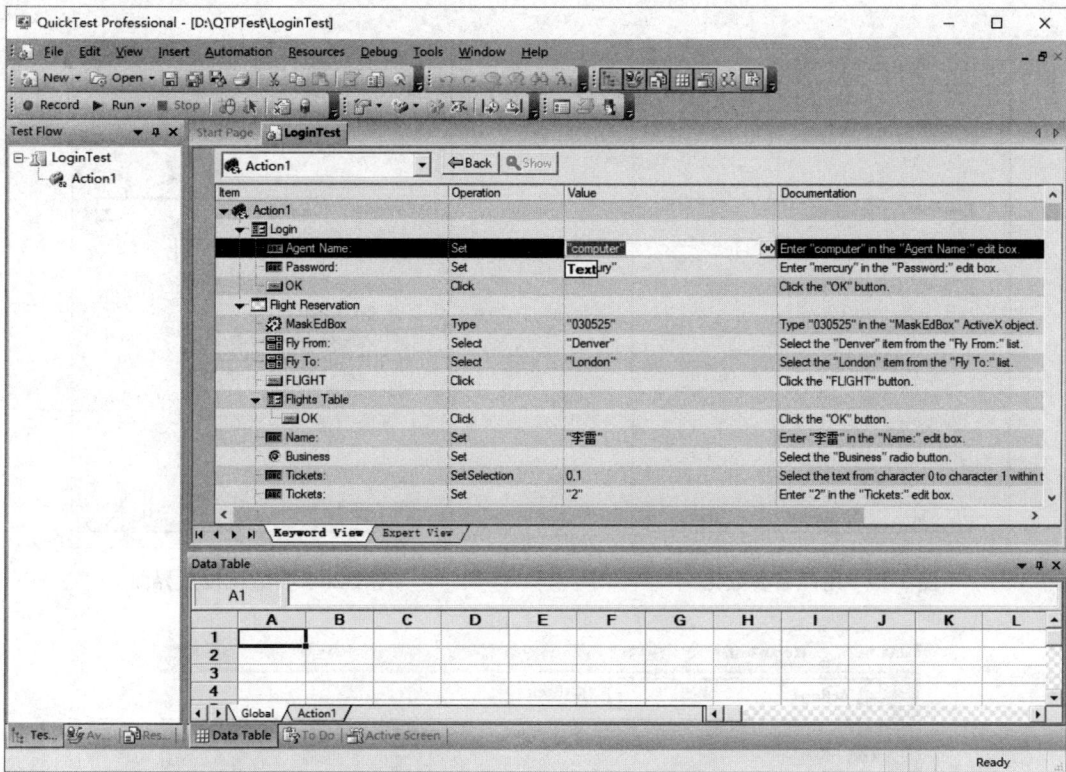

图 7-18　用户信息参数化

参数的值通常存储在数据表里面，方便操作。数据表的操作类似 Excel 软件。

7.4.7.2　输入参数化

点击图 7-18 所示 Value 右侧的按钮后，弹出图 7-19 所示界面。

图 7-19 中，Constant 单选按钮代表常量，Parameter 代表参数化，设置界面如图 7-20 所示。

Parameter：代表参数类型，可以是表格参数，也可以是随机数参数、环境变量参数和组件参数。

Name：表示参数的名称，此处可以输入相应的参数名。

Location in Data Table：表示表格类型，此处有两种类型包括 Global sheet（全局表）和 Current action sheet（local）（局部表）。

在 Name 栏中输入 AgentNames，表格类型选择 Global sheet，选择以后，单击 OK 按钮，设置即可生效，如图 7-21 所示。给参数输入一系列值，用户信息在表格中输入，值可以设置多个。

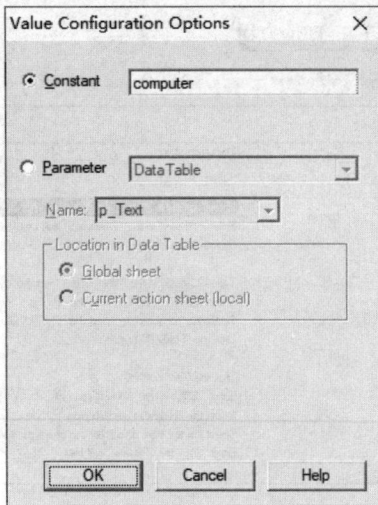

图 7-19　用户名参数化

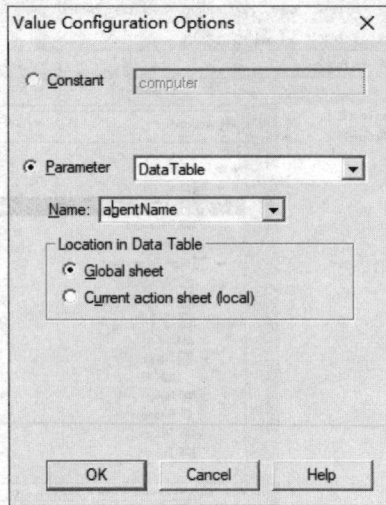

图 7-20　参数化设置界面

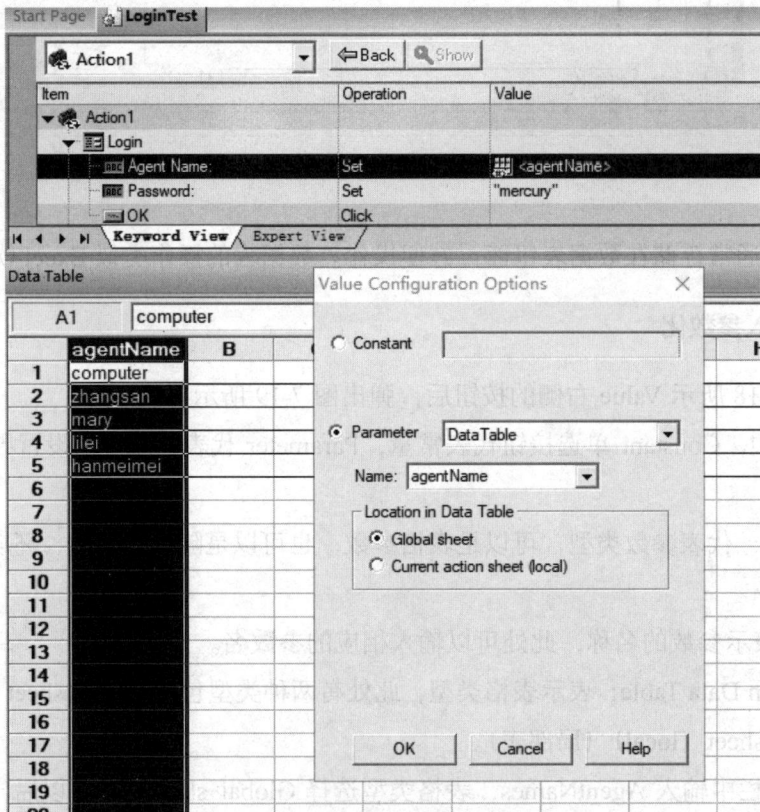

图 7-21　AgentName 参数化设置

运行后，测试结果如图 7-22 所示。

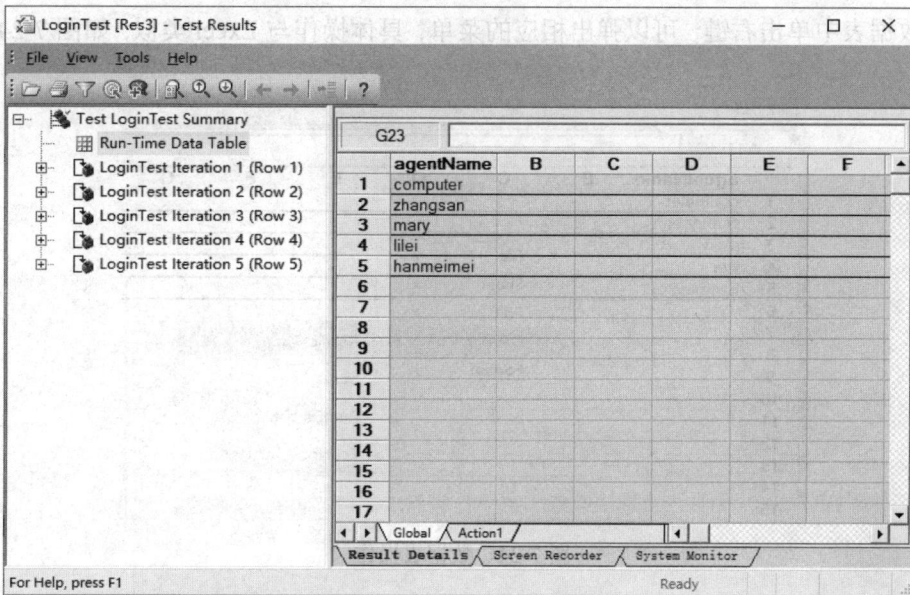

图 7-22　用户名参数化测试结果

表格采用局部表格，如图 7-23 所示。

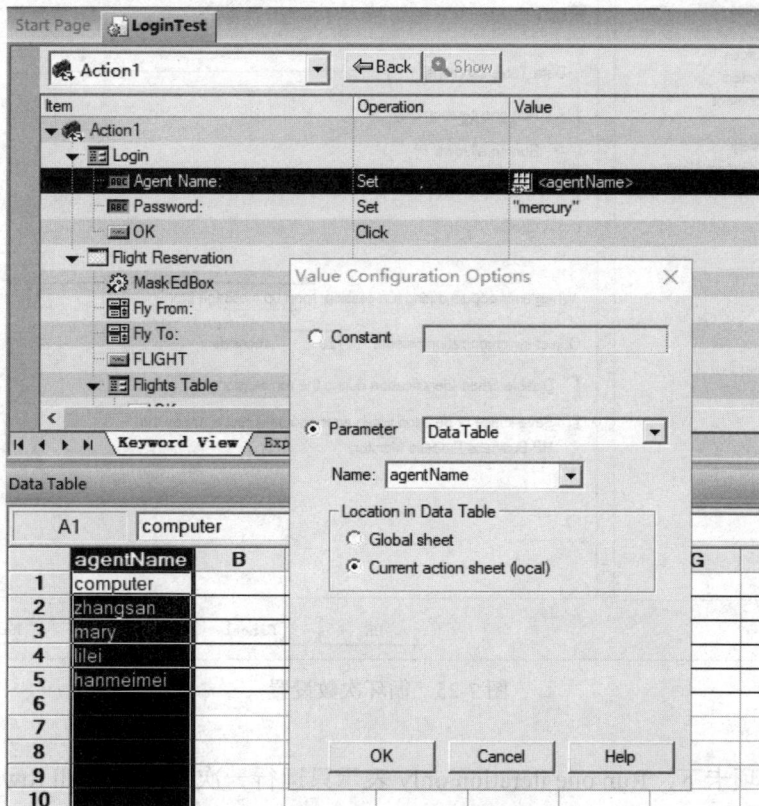

图 7-23　局部表格参数化设置情况

在数据表中单击右键，可以弹出相应的菜单，具体操作与 Excel 类似，如图 7-24 所示。

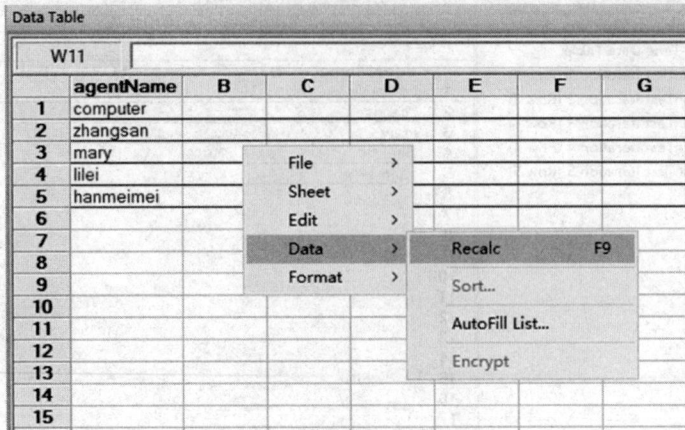

图 7-24　数据表操作

数据进行参数化后，也可以设置循环次数，如图 7-25 所示。

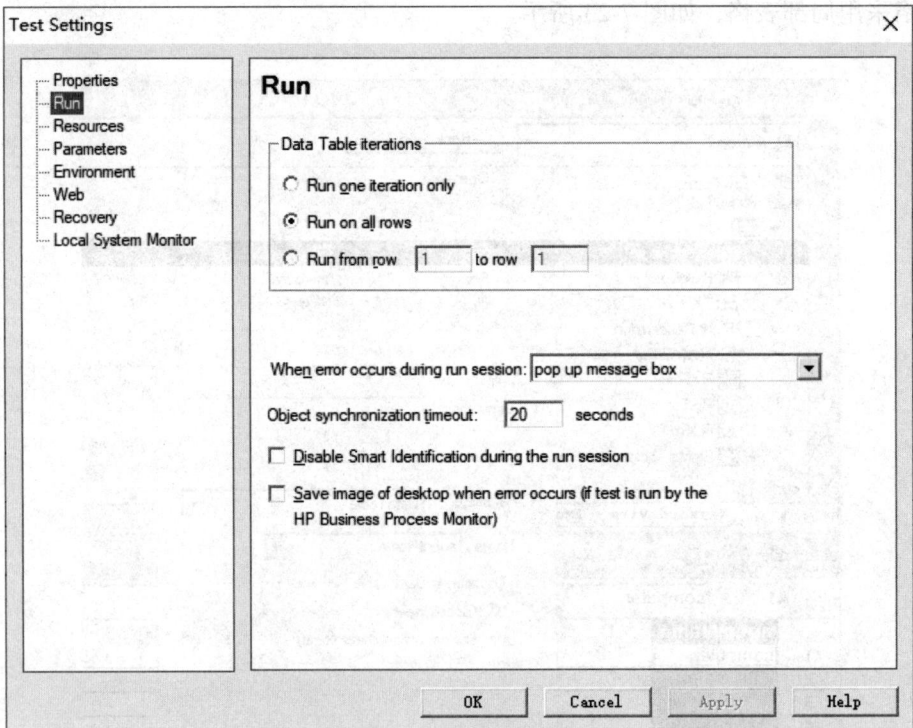

图 7-25　循环次数设置

在 Run 选项卡下，Run one iteration only 表示只运行一次，Run on all rows 表示运行表格中所有行的数据，Run from row...to row...表示可以运行指定行的数据。

满足参数化的原则：保持开始界面和结束界面一致。

7.4.7.3 参数化的方式

对参数化方式进行总结，分为以下方式。

（1）DataTable 方法：这是 QTP 提供的一种方法，也是最容易实现参数化的一种方式。QTP 针对 DataTable 对象提供了很多方法，可以对 DataTable 进行灵活的操作。DataTable 分为 Global 和 Local 两种，Global 表示所有的 Action 都可以使用，而 Local 只能对应 Action 使用，如图 7-26 所示。

在 Parameters 中选择数据来源类型。下拉列表选择 DataTable 后，选择所要使用的数据表，最后选择 Name 参数取自哪列，点击确定后即可完成参数化过程。

图 7-26 参数化设置窗口

自动生成的代码如下：

```
Dialog("Login").WinEdit("Agent
Name:").SetDataTable("agentName",dtGlobalSheet)
```

可以通过代码控制迭代过程中的取值。在脚本开发过程中，这种方式是最常用的，类似如下代码：

```
For i=0 to DataTable.GetCurrentRow
    Dialog("Login").WinEdit("Agent Name:").SetDataTable("user",dtGlobalSheet)
    DataTable.SetNextRow
Next
```

关于 DataTable iterations 的问题：

①File—>Settings—>Run 下 Data table iterations 中设置控制的是数据表中 Global 里数据的运行方式；Global 是全局的，当运行方式设置为运行全部或多行时，运行几行数据"程序"就要回放几次，不能重新设置。

②Edit—>Action—>Action call properties—>Run 下 Data table iterations 中设置控制的是数据表中该 Action 里数据的运行方式。Local 是局部的，当运行方式设置为运行全部或多行时，运行几行数据，"该 Action"就要回放几次，不能重新设置。

当 Global 有多行数据时，可以采取如下操作流程：File—>Settings—>Run On all Rows。Action 有多行数据时 Action Call Property—>Run On all Rows，程序每次运行时，Action 中的每行都要执行一次。

当执行 Action call property→Run one iteration only，而且 Global 的行数>Action 的行数

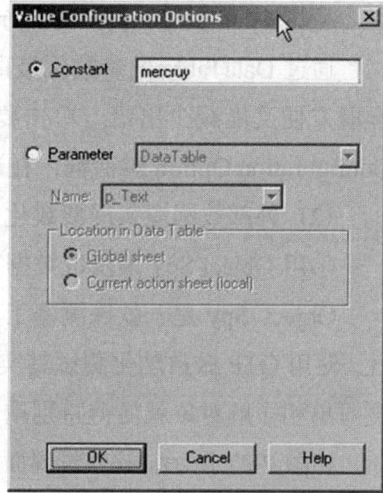

时，当 Action 执行到最后一行后，不管此时 Global 的行数为几，下次回放时 Action 都执行不到最后一行。如果 Global 的行数<Action 的行数，Action 就执行不到最后一行。

Action call property——>Run from rows to rows，设置从开始行执行到结束行。

通过 DataTable 做参数化最直接的方法就是在 Keyword View 视图下通过选项进行，这样既方便又能减少出错。单击要参数化项目的 Value 列，选择出现的箭头，弹出 Value Configuration Option 对话框，在这里可以很方便地进行参数化。

（2）外部数据源实现参数化

①用 Object Spy 来获取数据。

Object Spy 是一款探测器工具，使用它可以轻松地探测到网页或者 C/S 对象空间的属性。使用 QTP 做自动化测试其实就是关注被测试软件的界面对象是否发生了变化，所以探测对象和了解对象就显得特别重要。

如图 7-27 所示，操作框界面右上角是一个手指型按钮，点击用于捕捉测试对象；下方有一个勾选框（Keep Object Spy on top while spying）默认勾选，表示操作方框是否置顶。

设置属性，如图 7-28 所示。对话框下方的空白在捕捉到对象后显示一个浏览器的树形结构；下方的圆形的选择框左侧是本地的属性，右侧是鉴别属性；下方的空白方框显示对象的属性。

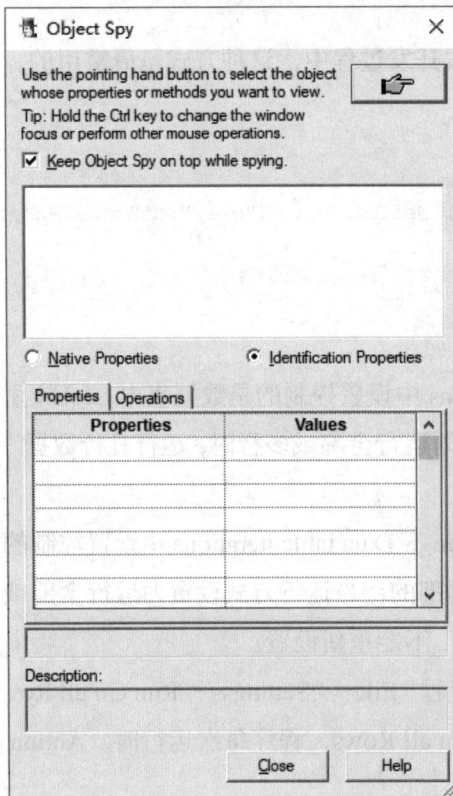

图 7-27 Object Spy 窗口   图 7-28 Object 属性设置窗口

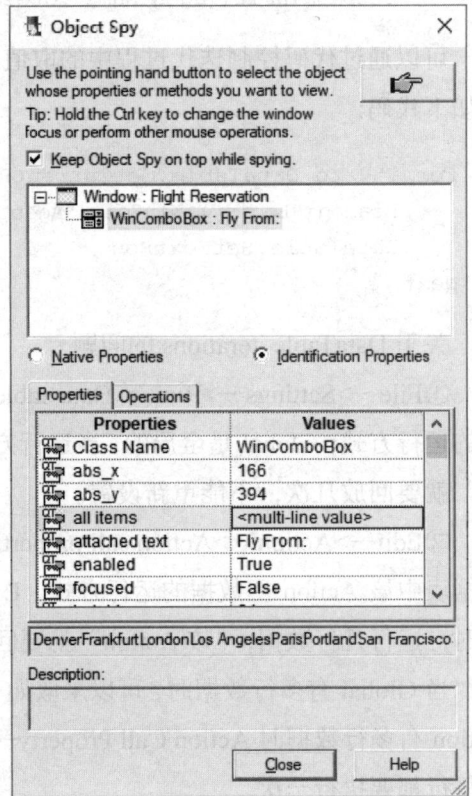

使用 Object Spy 模式切换解决因输入框下拉选择不能点击到的问题，在对测试对象进行捕捉时有两种模式可供选择。

a. 半操作模式，点击手型按钮→按住 CTRL 键，这时鼠标现在可以随意活动了。

b. 全操作模式，点击手型后按住 CTRL 键不放→按住 ALT 键→松开 CTRL 键→松开 ALT 键→然后再次按下 CTRL 键，这个时候可以在移动鼠标的基础上进行输入了。

注意事项：

a. Object Spy 识别出的被测对象，可能有时不是你需要的，因为你可能需要的属性是 page 页的属性或者表格，这个时候需要用鼠标点击属性，选择你需要的具体属性。

b. 在模式切换的时候，全操作模式相对来说比较复杂，需要多进行尝试，熟能生巧。

②数据文件以 Excel 组织。

方式 1：导入到 DataTable 中。

Excel 文件信息可以导入到 Data Table，Data Table 中的数据也可以导出到 Excel 文件中。

首先，打开一个 QTP 界面，如图 7-29 所示。

在 Data Table 中单击右键之后，弹出操作菜单，如图 7-30 所示。

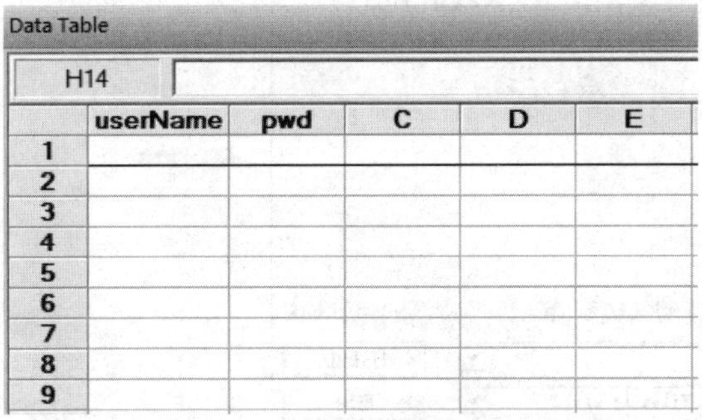

图 7-29　待导入数据界面

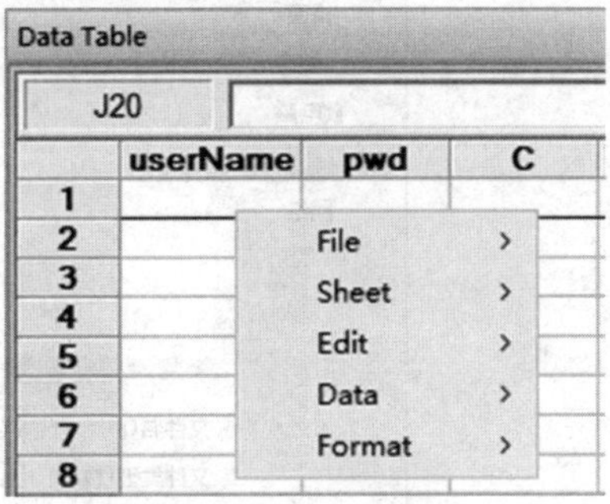

图 7-30　导入菜单

在下拉菜单中选中 File 选项，弹出下一级菜单，选中 Import From File 的选项，如图 7-31 所示。

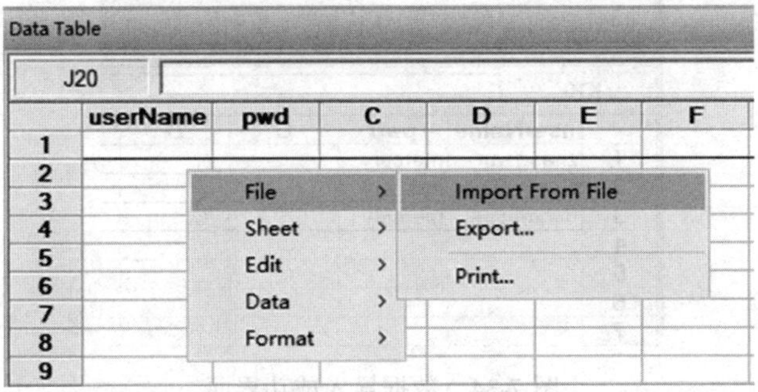

图 7-31　导入子菜单

选择以后，弹出 Data Table 的提示窗口，然后点击确定按钮，如图 7-32 所示。

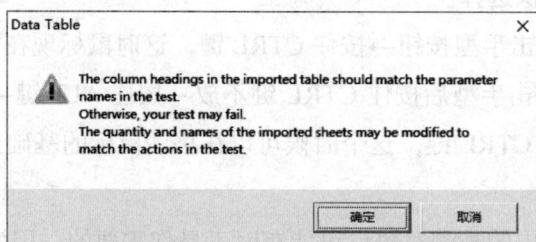

图 7-32　Data Table 告知窗口

单击后，在新窗口的界面中选择需要导入的文件，然后单击"打开"按钮即可，如图 7-33 所示。

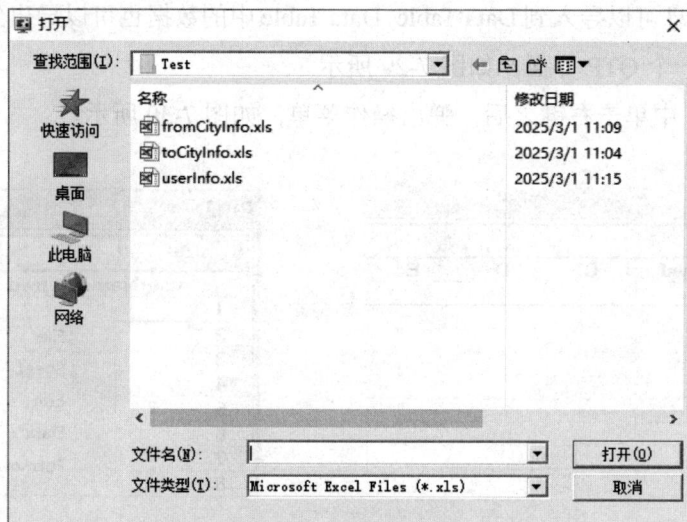

图 7-33　导入文件窗口

操作完成后，可以看到文件导入数据成功，如图 7-34 所示。

图 7-34　数据导入成功界面

用 Excel 组织测试数据是常用的方法。有两种方式：将数据导入到 DataTable 中或是利用 com 来操纵 Excel 文件。

用脚本代码将数据导入到 DataTable 中，代码如下：

```
1   DataStr = Environment("TestDir")&"\userInfo.xls"
2   DataTable.AddSheet("Login")
3   DataTable.ImportSheet DataStr,"Sheet1","Login"
4   rowCount1 = DataTable.GetSheet("Login").GetRowCount
5   For i = 1 to rowCount1
6     datatable.SetCurrentRow(i)
7   user = DataTable.Value("userName","Login")
8     pwd = DataTable.Value("pwd","Login")
9   Dialog("Login").WinEdit("Agent Name:").Set username
10  Dialog("Login").WinEdit("Password:").SetSecure pwd
11  Next
12  Dialog("Login").WinButton("OK").Click
13  Window("Flight Reservation").WinMenu("Menu").Select "File;Exit"
```

待导入的 Excel 文件如图 7-35 所示。

图 7-35　待导入的 Excel 文件

注意：QTP 支持 xls 后缀的 Excel 文档，不支持 xlsx 后缀的 Excel 文档。

方式 2：利用 com 导入 Excel 文件。

```
1   set excel = createobject("excel.application")
2   excel.Visible = trueexcel.DisplayAlerts = false
3   'VBA 如果宏运行时 micresoft excel 显示特定的警告和消息,则该值为 true,bool 类型,可读写。
4   Set book = excel.Workbooks.Open(DataStr)
5   Set sheet = book.Worksheets("Sheet1")
6   count1= sheet.usedrange.rows.count 'VBA VB of Applications 是 VB 的一种宏语言
7   For i = 2 to count1
8     user = excel.Worksheets("Sheet1").Cells(i,1)  '获取 excel 单元格中的内容
```

```
9    pwd = excel.Worksheets("Sheet1").Cells(i,2)
10   Dialog("Login").WinEdit("Agent Name:").Set user
11   Dialog("Login").WinEdit("Password:").SetSecure pwd
12   Next
13   excel.Quit
14   Set excel = nothing
```

③数据文件以 txt 组织。

导入的脚本代码如下:

```
1    Const ForReading=1  '以只读方式打开文件
2    TFilePath= Environment("TestDir")&"\Login.txt"
3    Set Fso = CreateObject("Scripting.FileSystemObject")
4    Set DataFile= Fso.OpenTextFile(TFilePath,ForReading,False)
5    DataFile.SkipLine '在读取 TextStream 文件时跳过下一行。如果读的文件没有打开,则产
6    生一个错误。
7    Do while DataFile.AtEndOfLine<>true
8      ReadString = DataFile.ReadLine '从 TextStream 文件中读取一整行字符,并以字符
9    串返回结果。
10     DataStr=split(ReadString,",") '用于把一个 ReadString 用逗号分割成字符串数组。
11     Dialog("Login").WinEdit("Agent Name:").Set DataStr(0)  '访问字符串数组
12   的第一个字符
13     Dialog("Login").WinEdit("Password:").SetSecure DataStr(1)
14   loop
15   DataFile.close
16   Set Fso=Nothing
```

待导入的 txt 文件如图 7-36 所示。

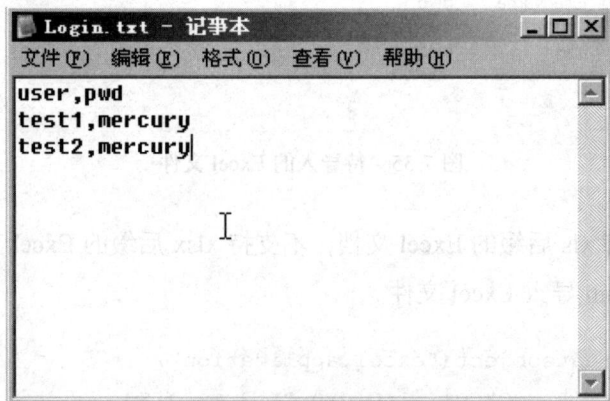

图 7-36　待导入的 txt 文件

④数据文件以数据库组织。

用 access 创建数据库 Login,并创建表 Login,字段分别为 user、pwd,表创建时自动产生主键 ID,如图 7-37 所示。

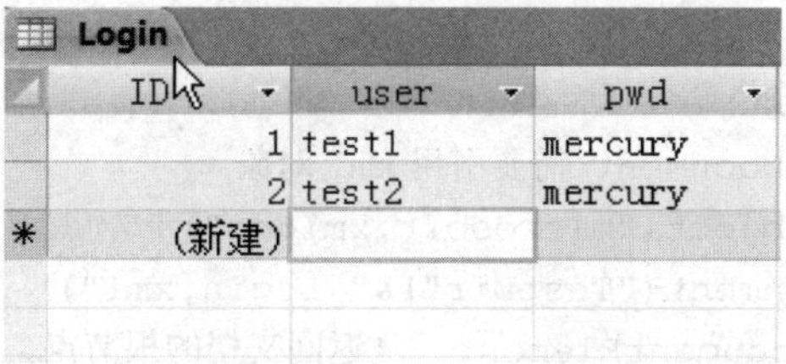

图 7-37　Login 表结构

脚本代码如下:

```
1   strDB="Provider=Microsoft.Jet.OLEDB.4.0;Data Source=C:\Program
2   Files\HP\QuickTest Professional\Tests\Flight\FlightLogin\Login.mdb;"_
3   &"Persist Security Info=False"
4   strTableName="Login"
5   Set Conn=createobject("adodb.connection")
6   Set Rst=createobject("adodb.recordset")
7   Conn.open strDB
8   Rst.open "select * from "+strTableName,Conn,2,2
9   Dim strTest(1)  '声明一个长度为 2 的数组
10  Rst.MoveFirst
11  Do while not Rst.eof
12   strTest(0)=trim(cstr(Rst.fields(1)))  'cstr 把括号中的内容转换为字符串
13   strTest(1)=trim(cstr(Rst.fields(2)))
14   Dialog("Login").WinEdit("Agent Name:").Set strTest(0)
15   Dialog("Login").WinEdit("Password:").SetSecure strTest(1)
16   Rst.MoveNext
17  LoopRst.close
18  Set Conn=nothing
```

⑤数据文件以 XML 组织。

待导入的 XML 文件如图 7-38 所示。

图 7-38　待导入的 XML 文件

导入的脚本代码如下：

```
1   Dim xmlDoc 'As DOMDocument 需要引用 xml 对象
2   set xmldoc=CreateObject("microsoft.xmldom")
3   xmldoc.load(Environment("TestDir")&"\Login.xml")
4   Set  Root=xmldoc.documentElement    '返回文档的根节点。
5   For i = 0 To Root.childNodes.Length-1 '检索根节点下方的子节点数
6       Set TestCases = Root.childNodes.Item(i)
7           For j = 0 To TestCases.childNodes.Length-1 '检索 testcase 下的节点数
8               Set TestCase = TestCases.childNodes.Item(j)
9                   If cstr(TestCase.nodeName)="user" Then
10                      Dialog("Login").WinEdit("Agent Name:").Set
11  TestCase.text
12                  end if
13                  If cstr(TestCase.nodeName)="pwd" Then
14                      Dialog("Login").WinEdit("Password:").
15  SetSecure TestCase.text
16                  End If
17          Next
18  Next
19  Set root=nothing
20  Set xml=nothing
```

（3）随机数：随机数参数化相对调用外部数据实现参数化来说简单一些。参数的变化范围已知的情况下，脚本切换到 Keyword View 视图下，点击要参数化项目的 Value 列，Parameter 选项选择 Random Number，输入参数的取值范围，点击 OK。下面是代码：

```
Window("Flight Reservation").Dialog("Open Order").WinEdit("Edit").Set
RandomNumber(0, 100)
```

注意：QTP 里使用 Random Number 参数化设置，设置完点击 OK 后，程序无法响应，一段时间后程序自动关闭，这是由于在参数化设置时，Name 选项没有选上。

以下拉框为例，随机选择下拉框中的值：

```
flyFrom = Window("Flight Reservation").WinComboBox("Fly From:").
GetItemsCountWindow("Flight Reservation").WinComboBox("Fly From:").Select
RandomNumber(0,flyFrom-1)
```

（4）环境变量实现参数化：环境变量的来源有内部环境变量和用户定义的环境变量两种方式。环境变量是 QTP 默认定义的一组变量，包括一些系统信息、项目信息等。

单击 File—>Settings，弹出环境变量类型选择界面，如图 7-39 所示。

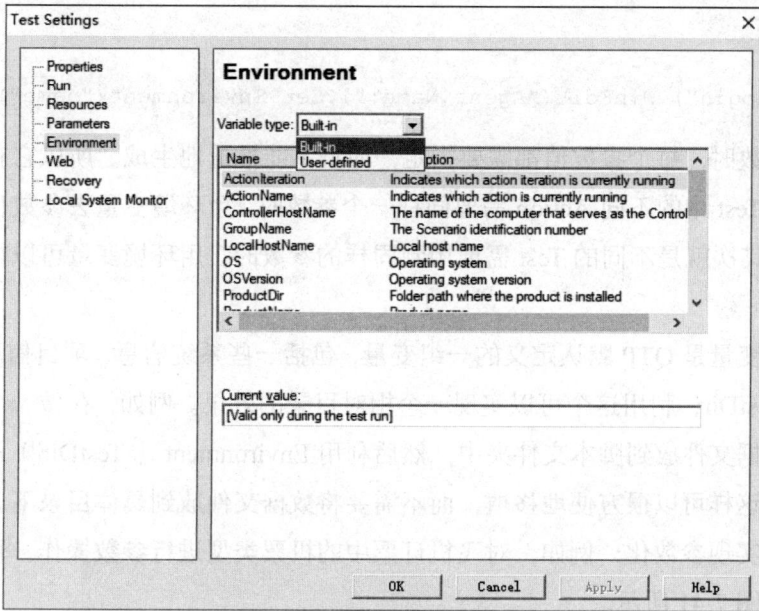

图 7-39　环境变量类型选择界面

在 Variable type 中，有两个类型可供选择：Built-in 代表内部环境变量，User-defined
表示用户定义的环境变量。

使用用户定义的环境变量时，需要自己定义变量名和值。定义后就可以用这些变量去
参数化脚本中的常量，定义变量的界面如图 7-40 所示。

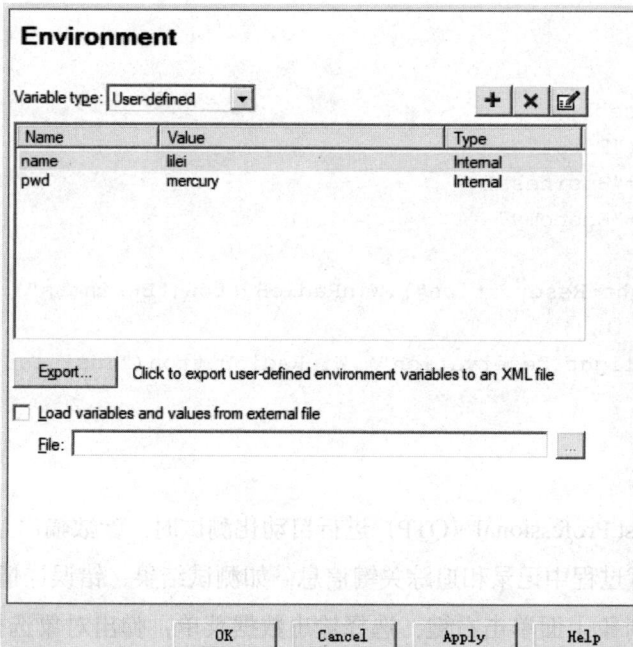

图 7-40　环境变量设置

代码如下：

```
Dialog("Login").WinEdit("Agent Name:").Set Environment("name")
```

这样做参数时，每个参数值都需要指定，而且不能批量地生成。所以它有一定的应用场景：当一个 Test 中的不同 Action 需要同样一个参数时，用环境变量去参数化常量是很好的一种方式；其次就是不同的 Test 需要用到同样的参数时，用环境变量可以很好地解决这个问题。

内部环境变量是 QTP 默认定义的一组变量，包括一些系统信息、项目信息等。目前用得最多的是 TestDir，利用这个可以实现一个相对目录的效果。例如，在做一个数据驱动的脚本时，将数据文件放到脚本文件夹中，然后利用 Environment（"TestDir"）+FileName 导入数据文件。这样可以很方便地移植，而不需要将数据文件放到具体目录下。

（5）代码实现参数化：例如，对飞机订票中的机票类型进行参数操作，用代码可以实现参数化，如图 7-41 所示。

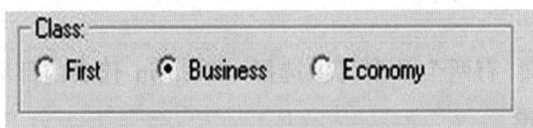

图 7-41　机票类型参数化

参数化代码如下：

```
Dim i,b
For i=1 to 3
    Select Case i
      Case 1 b="First"
      Case 2 b="Business"
      Case 3 b="Economy"
    End Select
    Window("Flight Reservation").WinRadioButton("Business").SetTOProperty
"text",b
       Window("Flight Reservation").WinRadioButton("Business").Set
    Next
```

7.4.7.4　输出参数

在使用 QuickTest Professional（QTP）进行自动化测试时，参数输出是一个重要的功能，它可以帮助你在测试过程中记录和追踪关键信息，如测试结果、错误详情、执行时间等。

在需要输出的对象上面单击右键，选择输出数据菜单，弹出对象选择界面，如图 7-42 所示。

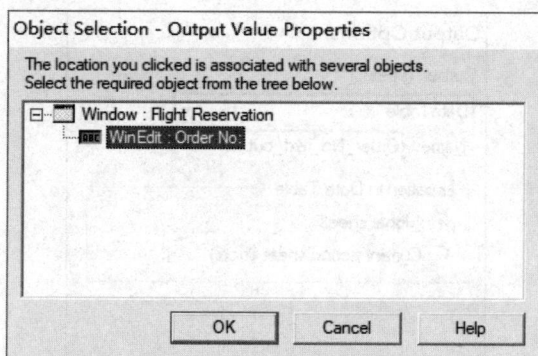

图 7-42　对象选择界面

在图 7-42 中可以进一步确认所选择对象是否正确，如有误，可以进行调整或者重新进行选择。确认无误后，单击"OK"按钮，弹出对象属性窗口，如图 7-43 所示。

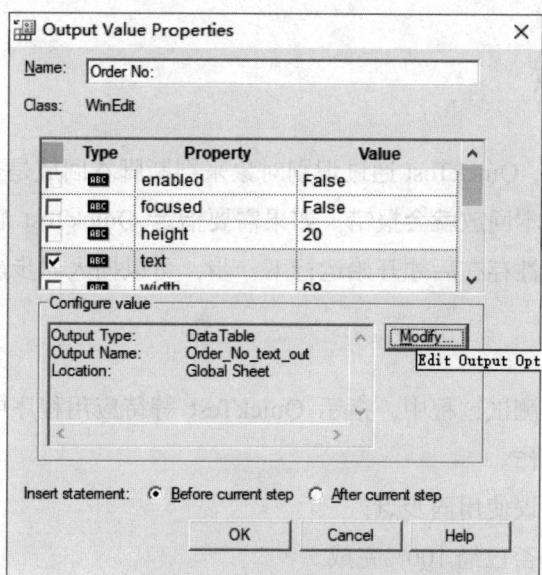

图 7-43　对象属性窗口

在图 7-43 中，可以看到该对象的属性类型、属性名和属性值等信息，选择要输出的属性，单击该属性前面的复选框即可，可以选择多个。

选择后，可以对输出进行设置，单击"Modify"按钮，弹出输出选项窗口，如图 7-44 所示。

在图中，可以选择输出类型、输出的名字，如果选择的是 Data Table，可以在下方单选框中选择 Global sheet 或者 Current action sheet。

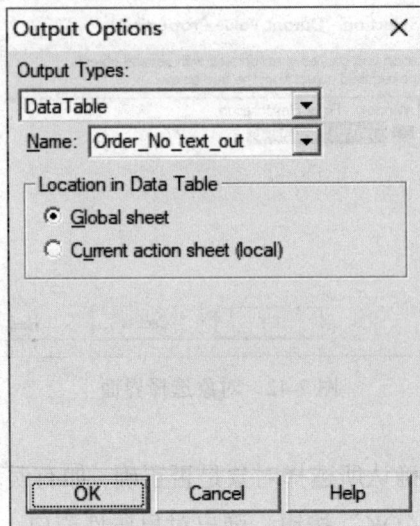

图 7-44　输出选项窗口

7.4.8　QTP 同步点

在运行测试脚本时，QuickTest 通过识别对象来判断脚本回放是否成功。当对象在默认的时间内未出现时，脚本回放就会报错。如果需要指定 QuickTest 暂停运行一个测试或组件，直到特定的对象属性存在后才开始运行下一步，可以插入同步点来实现。

7.4.8.1　同步点原理

同步点是指在一个测试过程中，指示 QuickTest 等待应用程序中某个特定过程运行完成以后再进行下一步操作。

在下列情况下，建议使用同步点：

- 判断进度条是否已经 100%完成。
- 判断某一状态消息的出现。
- 等待某按钮状态变为可用。
- 一个操作后，弹出一个消息对话框。
- 等待窗口打开并提交数据。

Web 插件对于 Web 浏览器对象的默认同步时间为 60s，如需修改，操作步骤为：

File—>Settings—>Web—>Browser navigation timeout，可以手工更改对象识别的同步时间。

对非 Web 插件，QTP 默认的同步时间为 20s，如需修改，操作步骤为：

File—>Settings—>Run—>Object synchronization timeout，可以手工更改对象识别的同步时间。

插入同步点的语法形式为：

object.WaitProperty（PropertyName，PropertyValue，[TimeOut]）

Browser（"百度一下，你就知道"）.Page（"百度一下，你就知道"）.WebEdit（"wd"）.WaitProperty（"name"，"wd"，5000）

QTP 默认同步时间为全局时间，手工设置的时间为同步点超时时间，总超时时间=全局时间+同步点超时时间，单位是 ms。

7.4.8.2 同步点方法

（1）对象的默认等待时间：QTP 识别对象时，会有一个默认的等待时间，可以在 File—>Settings—>Run—>Object synchronization 中设置，默认时间是 20s，也就是说当执行到第 2 步时，网页还没有完全打开，这样的话 QTP 找不到第 2 步中需要的对象，那么它会在 20s 内不断地尝试查找对象，如果百度这个网页在 20s 之内完全打开，那么这个方法就可行。

（2）Sync 方法：Sync 方法等待浏览器或页面加载完成后才进行下一步操作。常用对象中，只有 Browser（浏览器对象）和 Page（页面对象）具有 Sync 方法。

虽然 Sync 方法会使 QTP 等待到页面加载完成后才进行下一步操作，但是它无法判断页面是否加载成功，可以通过判断页面中对象 visible 的属性值来判断页面加载是否成功。

```
If Browser("Google").Page("Google").WebEdit("q").GetROProperty("visible")=
true then
        msgbox "加载成功"
    else
        msgbox "加载不成功"
end if
```

Sync 方法只能在 Web 中使用，如果其他类型的对象需要等待时间，可以使用 QTP 自带的同步点功能。

（3）WaitProperty 方法：它是指当指定的属性出现后或是指定时间后指定的属性还未出现，再进行下一步操作。

注意：该方法适用于除 WinMenu 对象（菜单对象）以外的所有标准 Windows 对象。

常用的比较方式有以下 6 种：大于、小于、大于或等于、小于或等于、不等于和正则表达式匹配。

（4）Exist 方法：用于判断对象是否存在。

语法：object.Exist（[TimeOut]）。

当设置超时时间时，如 object.Exist(10)，那么 QTP 会一直查找该对象，如果在指定的时间内未找到该对象，则提示无法找到该对象。时间单位为 ms。

如果设置超时时间为 0，如 object.Exist(0)，那么 QTP 不会等待，而是直接返回查找的结果（True 或 False）。

如果未设置超时时间，如 object.Exist()，那么超时时间为 QTP 默认的同步时间。示例代码如下：

```
Do until Browser("百度一下,你就知道").Page("百度一下,你就知道").WebEdit("wd").
Exist(5)
    Wait(1)
Loop
```

上面的代码可以判断 WebEdite 这个对象是否出现，如果没有出现，执行 Wait(1)，如果出现，跳出循环。

（5）Wait 方法：应用较多，可以使 QTP 暂停运行一定的时间。与其他的方法不同的是，Wait 方法强制 QTP 暂停运行一定的时间，并不会判断指定的对象是否出现。不管对象是否出现，当等待的时间结束后，QTP 都将进行下一步操作。

当脚本运行到 Wait 函数时，就开始执行这个函数，如 Wait(10)，时间单位是 s，表示等待 10s，然后再继续执行下面的语句。Wait 函数的等待时间是比较固定的，Wait(10)就一定要等待 10s 后再执行。

7.4.8.3 对同步点的理解

①QTP 的脚本语言是 VBScript，脚本在执行的时候，执行语句之间的时间间隔是固定的，也就是说脚本在执行完当前的语句之后，等待固定的时间间隔后开始执行下一条语句。如果选择自行打开的方式录制，则最后需要再次打开登录界面。

②假设后一条语句的输入是前一条语句的输出，如果前一条语句还没有执行完，此时将发生错误。

③QTP 脚本在执行过程中如果遇到同步点，则会暂停脚本的执行，直到对象的属性获取到了预先设定的值，才开始执行下一条语句。如果在规定的时间内没有获取到预先设定的值，则会抛出错误信息。

④如何获取 Synchronization Point（同步点）：

a. 在 Recording 状态下，通过 Insert —> Synchronization Point 实现

b. 非 Recording 状态下，在 Expert View 下，通过 Insert—> Step Generator —> Category（Test Objects）—> Object（The Object you're Testing）—> Operation（WaitProperty）—> PropertyName、PropertyValue、TimeOut 分别填写"text"、"Insert Done..."、10000。

⑤Wait。总的来说就是一直等，比如说 Wait(10)，当运行到这条语句时，等待 10s 后，才开始再读下面的语句。所以说写脚本的时候一定要估计好时间，否则会浪费运行的时间，或者出现等待时间不足的现象。

Wait 与同步点的区别：当脚本运行到 Wait 函数时，就开始执行这个函数。如 Wait(10)，就等待 10s 后再继续执行下面的语句。Wait 函数的等待的时间是比较固定的。

同步点的等待时间比较灵活。设置同步点后，当脚本执行到这句话后，脚本就开始执行等待。脚本会在规定时间内不断地去检查所同步的对象有没有出现，一旦出现，脚本就继续往下执行，不需要等完所有规定时间。如果在规定的时间内，所要同步的对象还没有出现，那就提示超时的错误信息。

例如：

```
Window("Flight  Reservation").ActiveX("Threed  Panel  Control").WaitProperty
("text","Insert Done...",10000)
```

当脚本执行到这句话时，就开始执行同步等待时间。这里设置超时时间为 10000。在这个时间内，脚本会不断查看该对象的 text 属性的属性值 Insert Done...，有没有出现。一旦同步到这个属性值，就开始执行下面的脚本，而不再继续等待。这个等待时间设置好后由程序判断，比较灵活，也不会出现浪费时间的情况，这可以提高脚本的执行率。

7.4.9　QTP 检查点

检查点 CheckPoint，用来检查期望值和实际值是否相符，也就是说验证被测试系统是否具备相应功能，与 JUnit 中的断言相似。

检查点用于比较运行时的值和预先定义好的预期值，它可以在测试结果文件中设置成功或失败的状态。

7.4.9.1　检查点类型

QTP 提供以下类型的检查点：

①标准检查点：用于验证标准对象的属性集。标准检查点可以用于按钮（Buttons），图像（Images），单选按钮（Radio Buttons）等对象。

②图像检查点：用于比较图像的各种属性值，如原文件地址、宽、高等。

③位图检查点：该检查点通过像素来比较屏幕上的位图和事先录制好的位图。

④表格检查点：比较运行时屏幕上表格中的值和预定义的值。

⑤文本检查点：检查一个字符串是否显示在应用程序中的预期位置。

⑥文本域检查点：检查一个字符串是否出现在应用程序中的预期区域中。

⑦访问性检查点：检查 Web 应用程序不符合 W3C 可访问性标准的区域

⑧网页检查点：检查网页上一些属性，如链接数、网页加载时间等。

⑨数据库检查点：检查在检查点中指定的数据库条目的内容是否正确。

⑩XML 检查点：检查 XML 文档或 Web XML 文档的内容。

注意：XML 和数据库检查点可以在录制模式或设计模式中添加。其他检查点可以在录制模式中或通过 Active Screen Objects 来添加。

有必要理解使用 QTP 检查点时会遇到的一些问题：

①检查点不是很灵活。例如，QTP 不允许通过代码来改变检查点的预期结果，但是我们可以使用数据表变量或环境变量来具体定义检查点的预期结果。

②QTP 不允许在运行时修改检查点的属性，但是可以使用数据表或环境变量来设置检查点。有些属性也可以使用代码来修改。通常，一个检查点的语句如下：

```
Dialog("Login").WinEdit("Agent Name:").Check(CheckPoint("Agent Name:"))
```

③CheckPoint（"the web"）是一个包含了关于这个检查点的所有信息的对象。CheckPoint 对象支持 2 个隐藏的函数：SetProperty 和 GetProperty。

④检查点比较指定属性的当前值与期望值，以判断当前的程序（或站点）功能是否正常。当增加了一个检查点以后，在 KeyWord 模式下会增加一个 CheckPoint，在 Expert 模式下会增加一条 CheckPoint 语句。在运行测试时，QTP 比较 CheckPoint 的期望值与当前值，如果结果不匹配，则检查点失败，可以在 TestResults 窗口中查看到检查点的结果。

⑤如果想获取 CheckPoint 的返回值（一个布尔值，表示检查成功或失败），必须在专家模式下将 CheckPoint 参数两端加上括号。如：

```
a=Window("Flight Reservation").WinButton("Insert Order").Check(CheckPoint
("Insert Order"))
print a
```

7.4.9.2　检查点的生成方式

①录制结束后，在右下角的 Active Screen 中图片中相应位置单击右键，然后选择 Insert Standard Checkpoint。

②录制过程中，选择 Insert—>CheckPoint—>Standard CheckPoint。

③向测试脚本中添加检查点。

可以在录制脚本的过程中添加，也可以在修改脚本的过程中添加。

途径：

①菜单 Insert—>CheckPoint。

②在 Keywork 视图中选择一个操作步骤，然后单击右键，选择菜单 Insert Standard Checkpoint。

③在 Active Screan 中选择任意一个 object，然后右键选择 Insert Standard Checkpoint。

7.4.9.3　检查点案例

（1）对象检查：对 Active Screen 中的 First Name 编辑框点击鼠标右键，显示插入选择点的类型，如图 7-45 所示。

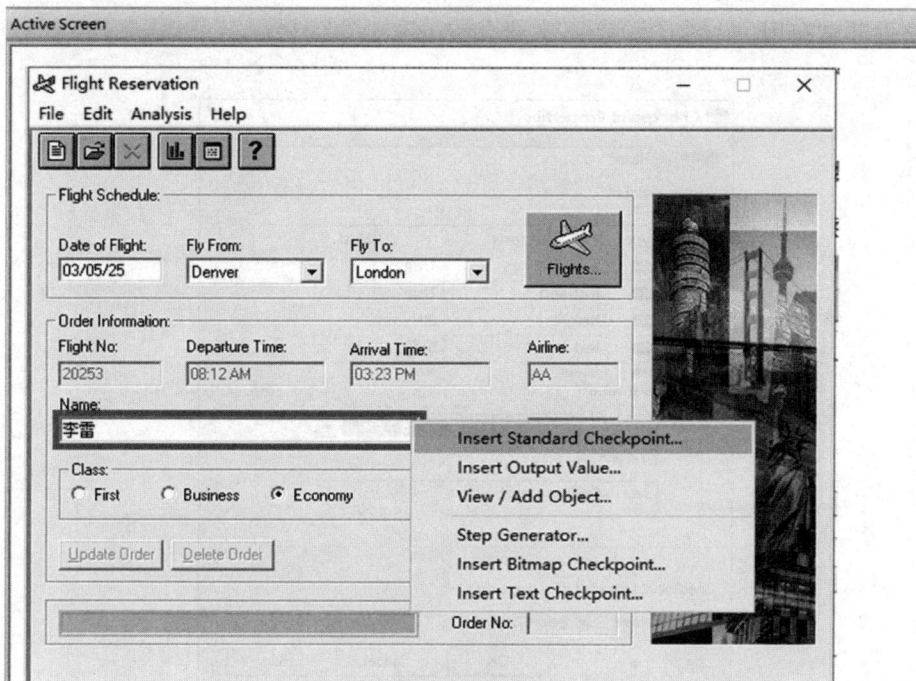

图 7-45 插入检查点

选择"Insert Standard Checkpoint"选项，显示对象选择窗口如图 7-46 所示。

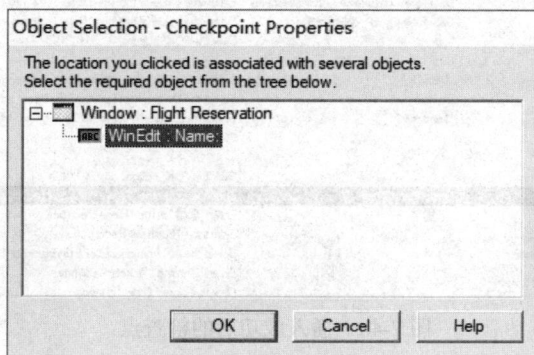

图 7-46 对象选择窗口

确保当前的焦点定位在"WebEdit: Name:"上，点击"OK"按钮，弹出检查点属性窗口，如图 7-47 所示。

对于每一个检查点，QuickTest 会使用预设的属性作为检查点的属性。设定以后，点击"OK"。QuickTest 会在选取的步骤之前建立一个标准检查点，如图 7-48 所示。

在工具栏上点击"Save"保存脚本，添加一个标准检查点的操作就此结束。

（2）图片检查点：在 QTP 中，图片检查点（Picture Checkpoint）是一种自动化测试工具，用于验证应用程序界面中的图片是否符合预期。这对于测试图形用户界面（GUI）的视觉完整性非常有用。

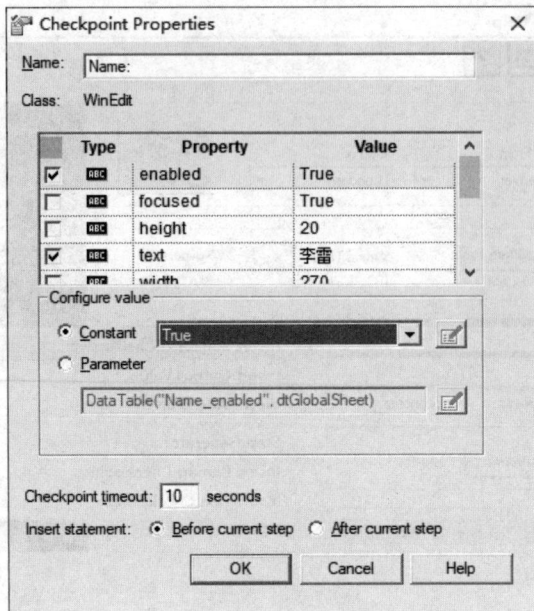

图 7-47　检查点属性

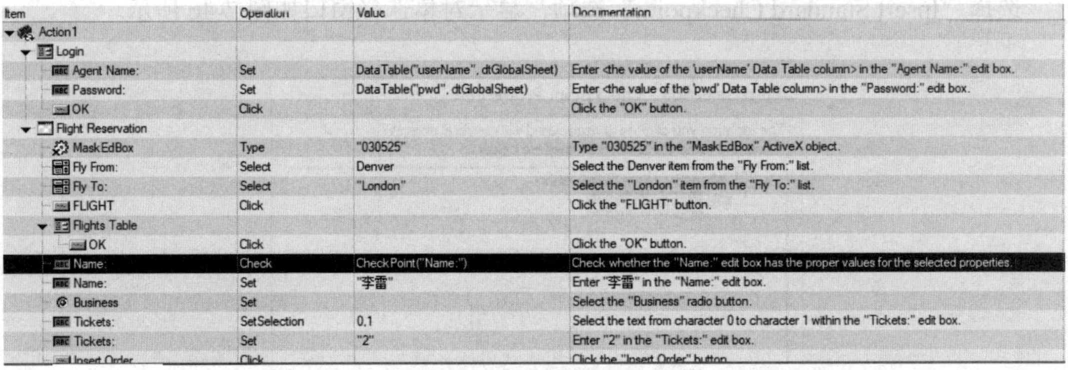

图 7-48　插入成功后的检查点

　　创建图片检查点，在 "Active Screen" 上的界面中的图片位置点击鼠标右键，选取 Insert—>Checkpoint—>Bitmap Checkpoint，如图 7-49 所示。

　　将打开新的对话框，如图 7-50 所示。

　　单击 OK 按钮，弹出设置窗口，如图 7-51 所示。

　　通过点击单选按钮可以选择检查整张图片（Check entire bitmap）或者检查选中的区域（Check only selected area）。Checkpoint timeout 代表检查点的时间上限，Insert statement 可以选择该检查点位于当前步骤之前或者之后。根据情况选择以后，点击 "OK"，图片检查点插入成功，如图 7-52 所示。

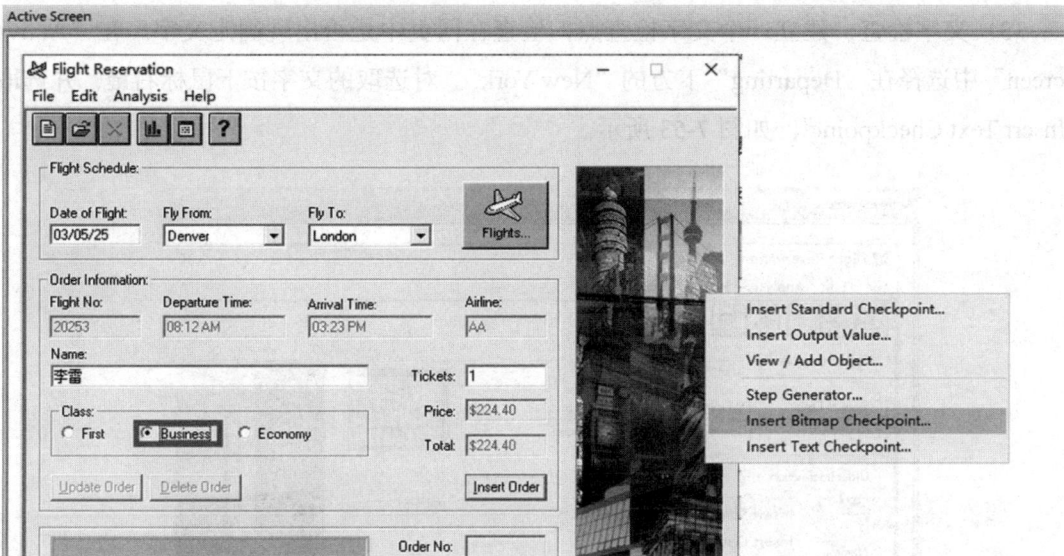

图 7-49 插入图片检查点菜单项

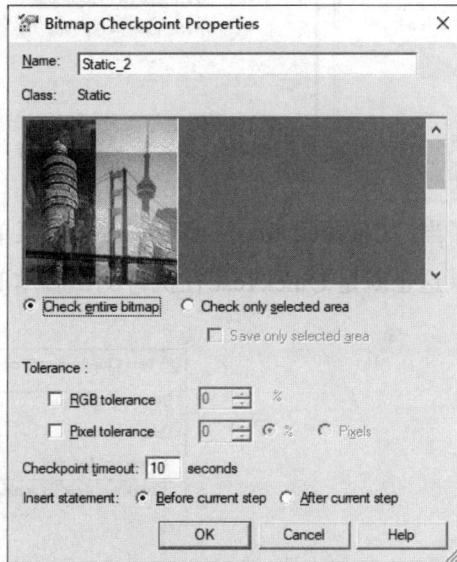

图 7-50 对象选择窗口

图 7-51 图片检查点属性

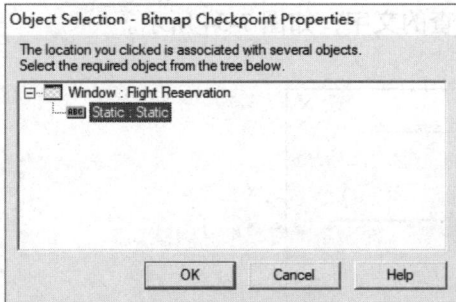

图 7-52 成功插入页面检查点

（3）文字检查：建立一个文字检查点，检查在网页中是否出现固定文字。在"Active Screen"中选择在"Departing"下方的"New York"。对选取的文字按下鼠标右键，并选取"Insert Text Checkpoint"，如图 7-53 所示。

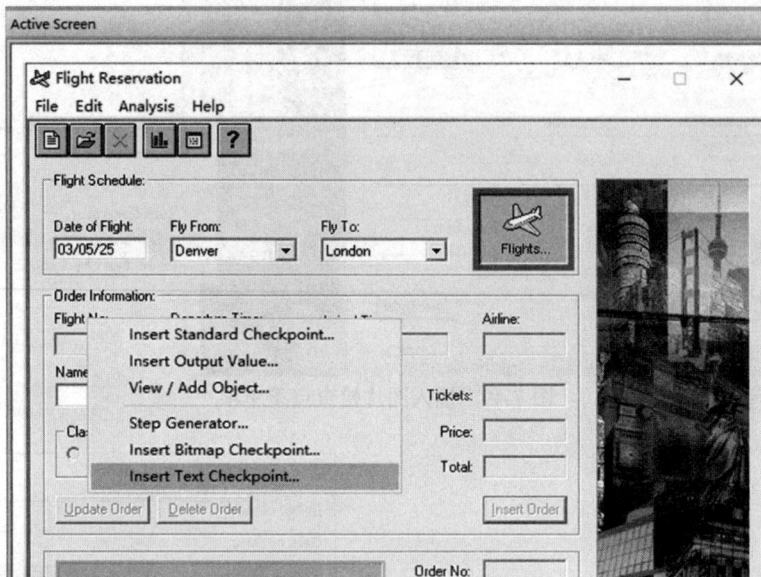

图 7-53　插入文本检查点

当"Checked Text"出现在下拉式菜单中时，在"Constant"字段显示的就是选取的文字。这也就是 QuickTest 在执行测试脚本时所要检查的文字，如图 7-54 所示。

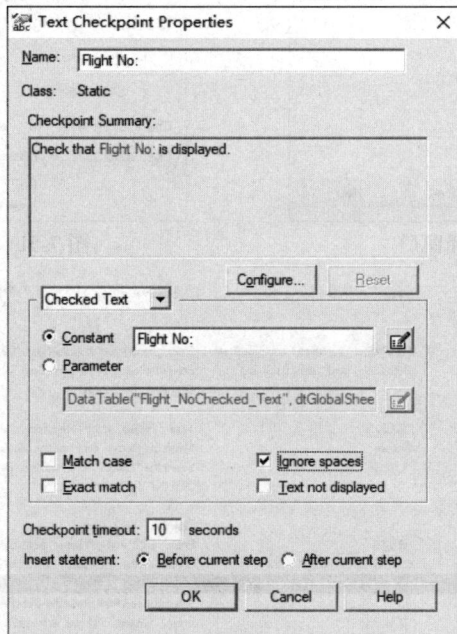

图 7-54　文本检查点属性

设置与其他检查点类似，设置以后，点击 OK 按钮关闭窗口，QuickTest 会在测试脚本上加上一个文字检查点。

7.4.10　QTP 多 Action 操作

在录制脚本的时候通常会遇到这种情况，一个步骤需要反复执行，但是其他步骤不需要跟着执行，就比如添加信息，一般分为登录、添加订单和退出三步，只有添加这个步骤是需要重复执行的，登录和退出不需要重复执行。

7.4.10.1　QTP 一个 Test 中生成多个 Action 的方法

一个 Test 中生成多个 Action 的方法有 4 个，以下分别举例说明如何使用。

（1）Call to new Action 命令（创建一个新的空白的 Action）：以 Flight 系统打开机票订单为例说明如何使用 Call to new Action 命令。

①创建可复用的 login（登录）空白 Action。

依次单击 "Insert" —> "Call to New Action..."，如图 7-55 所示。

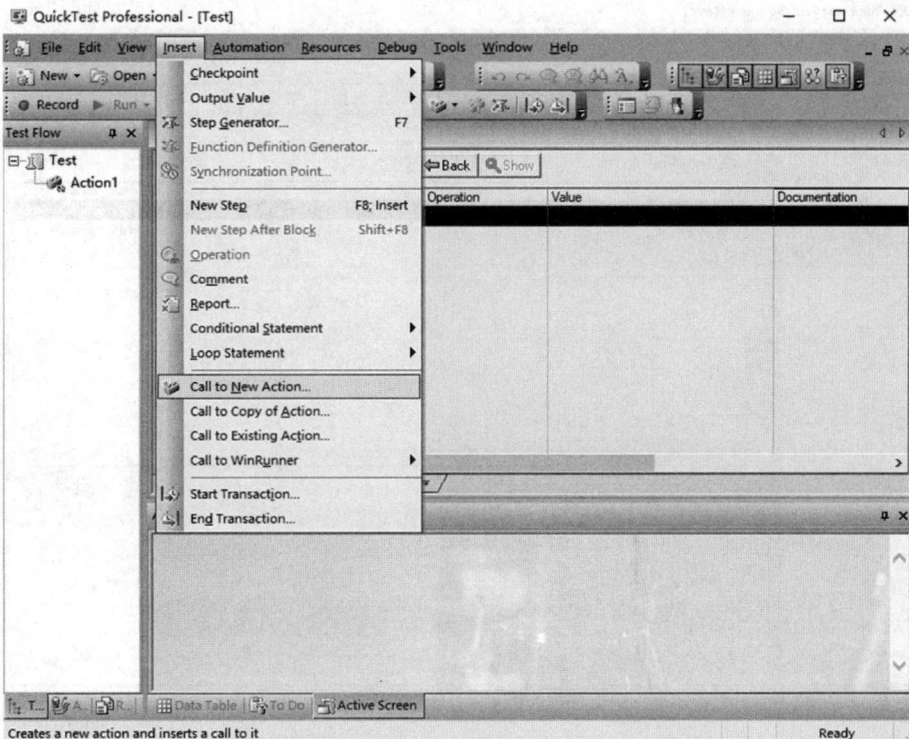

图 7-55　操作菜单

系统弹出 "Insert Call to New Action" 对话框，如图 7-56 所示。

在 Name 文本框中输入该 Action 名称为"login",保持"Reusable Action"单选框为默认勾选状态(即保持默认设置 login 为可复用 Action),在 Location(位置)区域,保持默认点选"At the end of the test"(与已经存在的 Action 为兄弟关系),如图 7-57 所示。

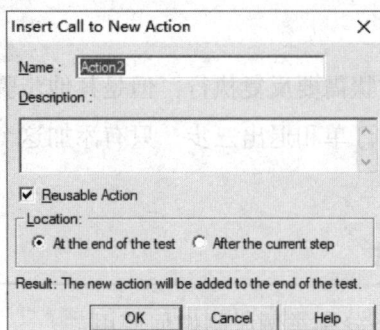

图 7-56 插入新 Action 对话框   图 7-57 属性设置

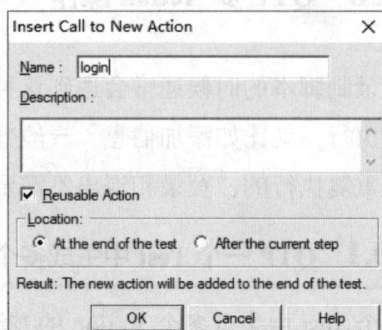

操作完毕,单击 OK 按钮,系统关闭"Insert Call to New Action"对话框,在关键字视图"Keyword View"中可见新创建的空白 Action,如图 7-58 所示。

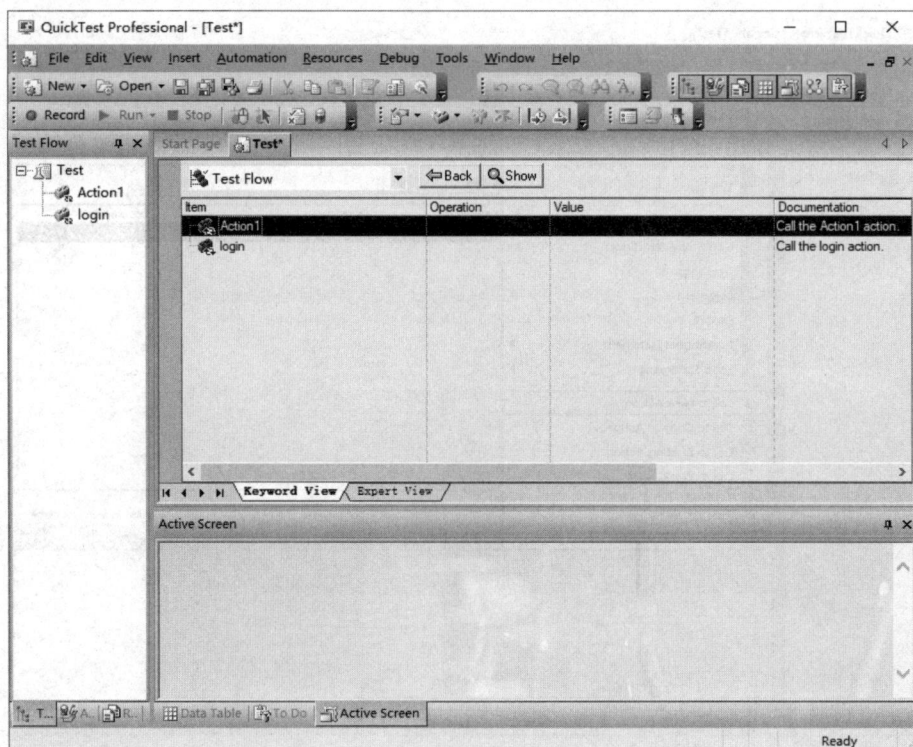

图 7-58 新建 Action 成功界面

删除系统自动创建的 Action1,右键点击 Action1,在弹出的右键菜单项中单击菜单项"Delete"，在弹出的确认框中单击确认按钮。

②创建不可复用的 OpenOrder（打开订单）空白 Action。

依次单击"Insert—>Call to New Action..."，系统弹出"Insert Call to New Action"对话框。

在 Name 文本框中输入该 Action 名称为"OpenOrder"。取消勾选"Reusable Action"单选框（即设置 OpenOrder 为不可复用 Action），在 Location（位置）区域，保持默认点选"At the end of the test"（与已经存在的 Action 为兄弟关系），如图 7-59 所示。

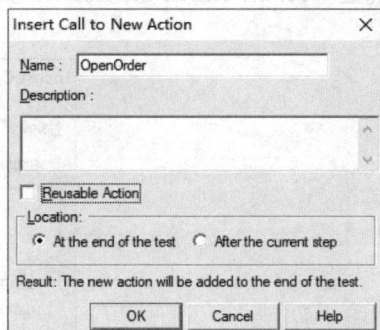

图 7-59　设置详情

操作完毕，单击"OK"按钮，系统关闭"Insert Call to New Action"对话框，在关键字视图"Keyword View"中可见新创建的空白 Action，如图 7-60 所示。

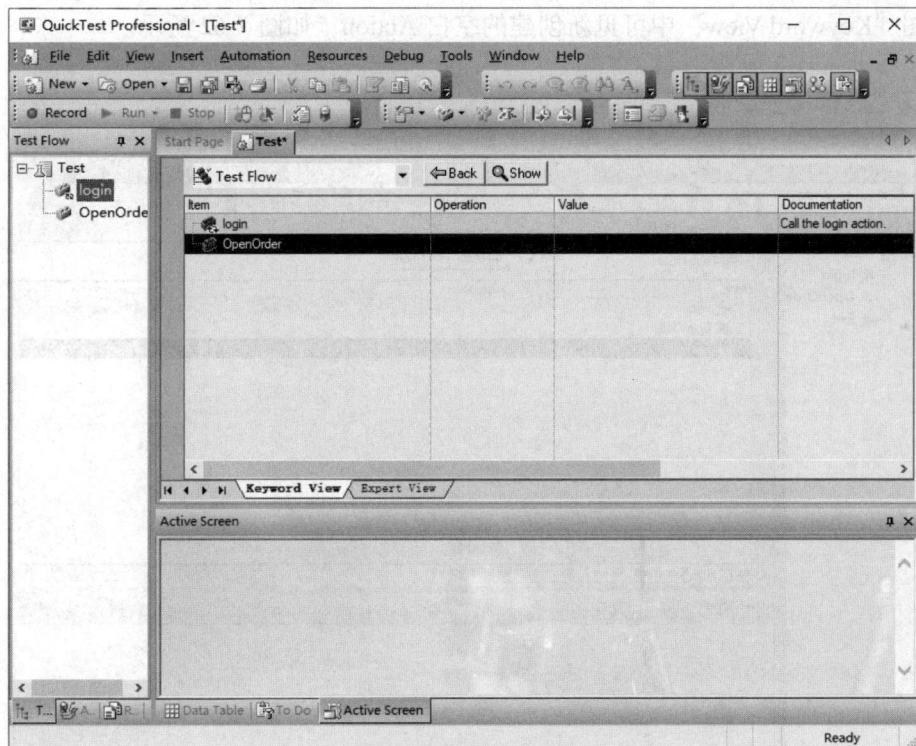

图 7-60　插入成功后效果

③创建可复用的 Exit（签退）空白 Action。

依次单击"Insert—>Call to New Action..."，系统弹出"Insert Call to New Action"对话框。

在 Name 文本框中输入该 Action 名称为"Exit"。保持"Reusable Action"单选框为默认勾选状态（即保持默认设置 Exit 为可复用 Action），在 Location（位置）区域，保持默认

点选 "At the end of the test"（与已经存在的 Action 为兄弟关系），如图 7-61 所示。

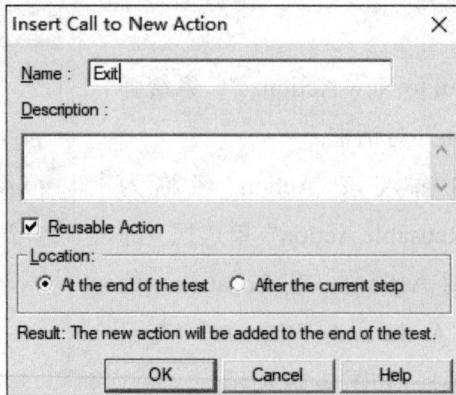

图 7-61　设置详情

设置完毕后，单击 "OK" 按钮，系统关闭 "Insert Call to New Action" 对话框，在关键字视图 "Keyword View" 中可见新创建的空白 Action，如图 7-62 所示。

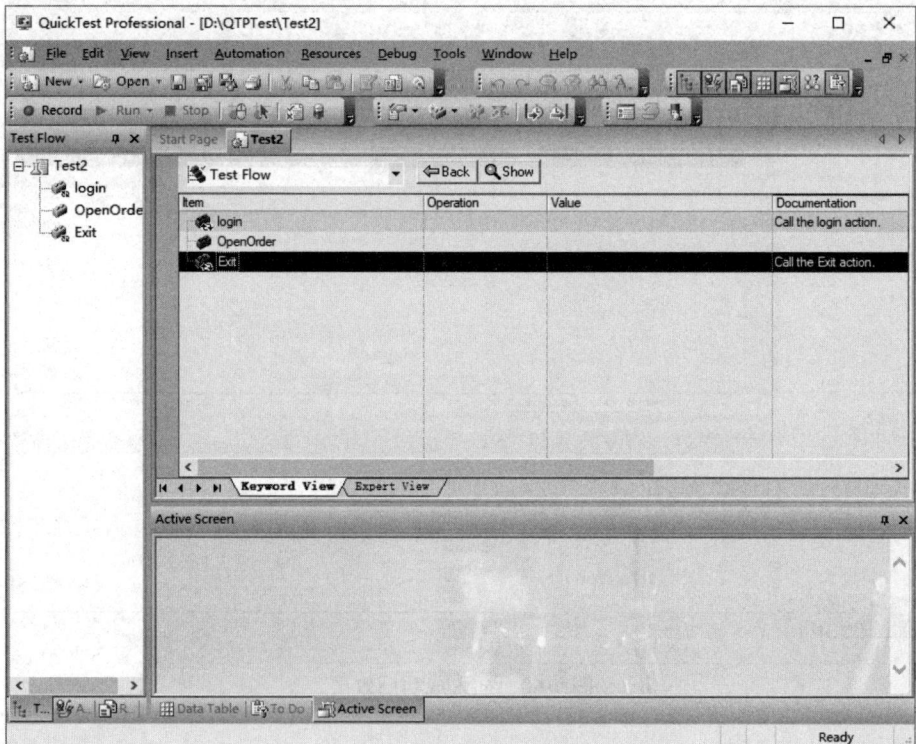

图 7-62　添加成功后界面

④录制 Flight 系统登录脚本。

首先，将录制运行设置为自动启动方式，依次单击 "Automation—>Record and Run

Settings...",如图 7-63 所示。

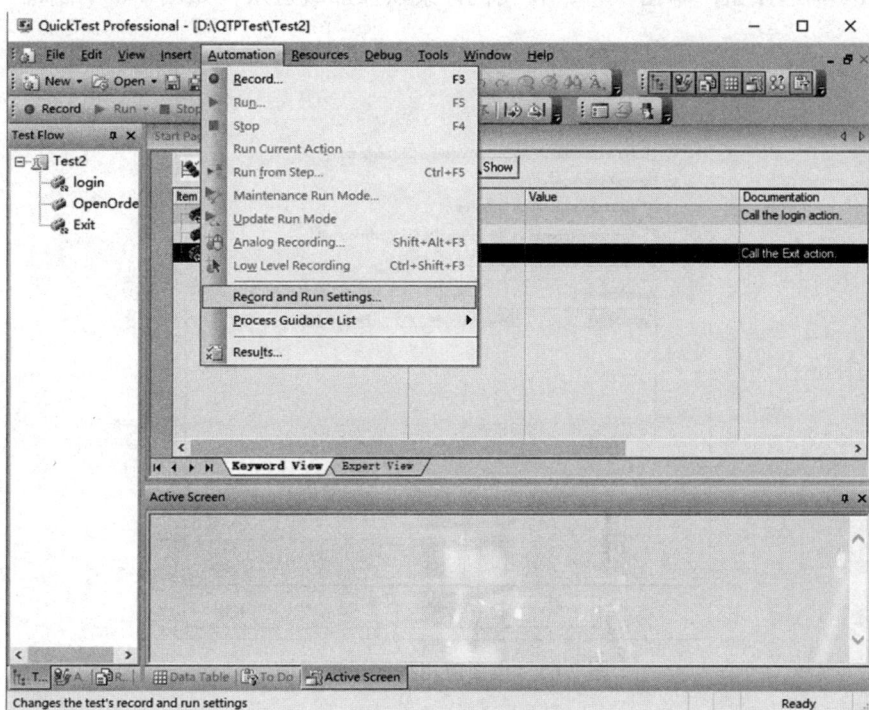

图 7-63　操作菜单

弹出 Record and Run Settings 对话框,如果是对 Web 程序进行设置,单击 Web 选项卡,选中"Record and run test on any open browser"单选按钮,如图 7-64 所示。

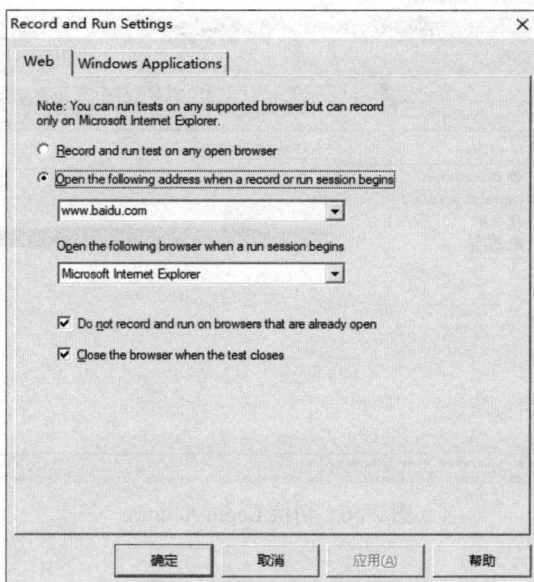

图 7-64　Web 程序设置详情

如果是对桌面应用程序进行设置，单击 Windows Applications 选项卡，选中"Record and run only on"单选按钮，单击"+"，将飞机订票软件加载进来，如图 7-65 所示。

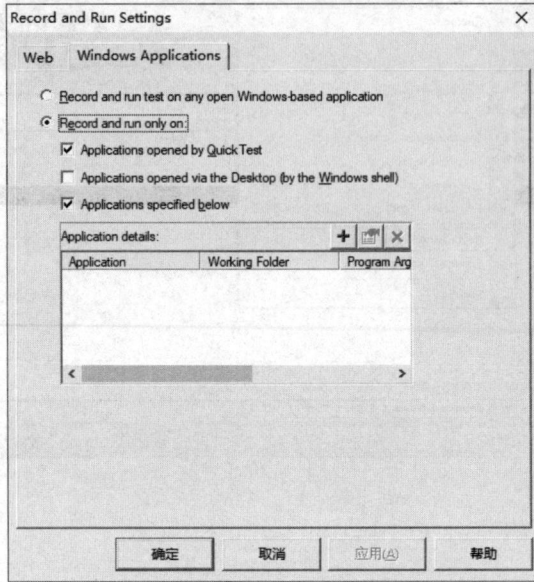

图 7-65　桌面应用程序设置详情

然后单击"应用"和"确定"按钮，设置生效。

然后切换到 login 空白 Action，单击下三角图标，在弹出的下拉项中，单击下拉项"login"，具体操作如图 7-66 所示。

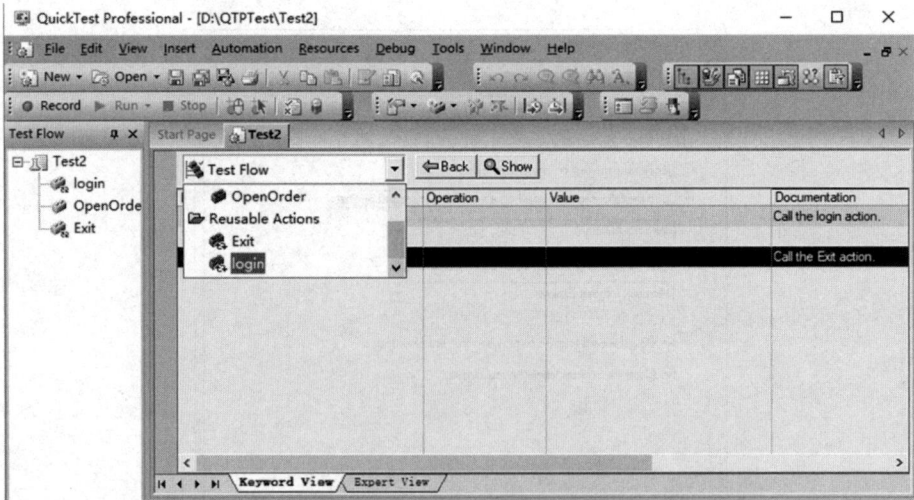

图 7-66　切换 Login Action

然后单击录制按钮，开始录制登录脚本；录制完成后，再切换到 OpenOrder 空白 Action，开始录制打开订单脚本；录制完成后，再切换到 Exit 空白 Action，开始录制签退脚本；最后单击停止录制按钮，单击"Run"按钮运行脚本。

（2）Call to Copy of Action 命令（复制一个 Action）：以 Flight 系统取消删除订单为例说明如何使用 Call to Copy of Action 命令，具体操作流程是"登录"—>"打开一张订单"—>"删除订单"—>"取消删除订单"—>"签退系统"。其中"登录"和"打开一张订单"的脚本完全可以复制方法一的脚本"Flight_OpenOrder_MultiAction"，以"登录"为例说明如何使用 Call to Copy of Action 命令。

①创建复制的 login（登录）Action。

依次单击"Insert"—>"Call to Copy of Action..."，如图 7-67 所示。

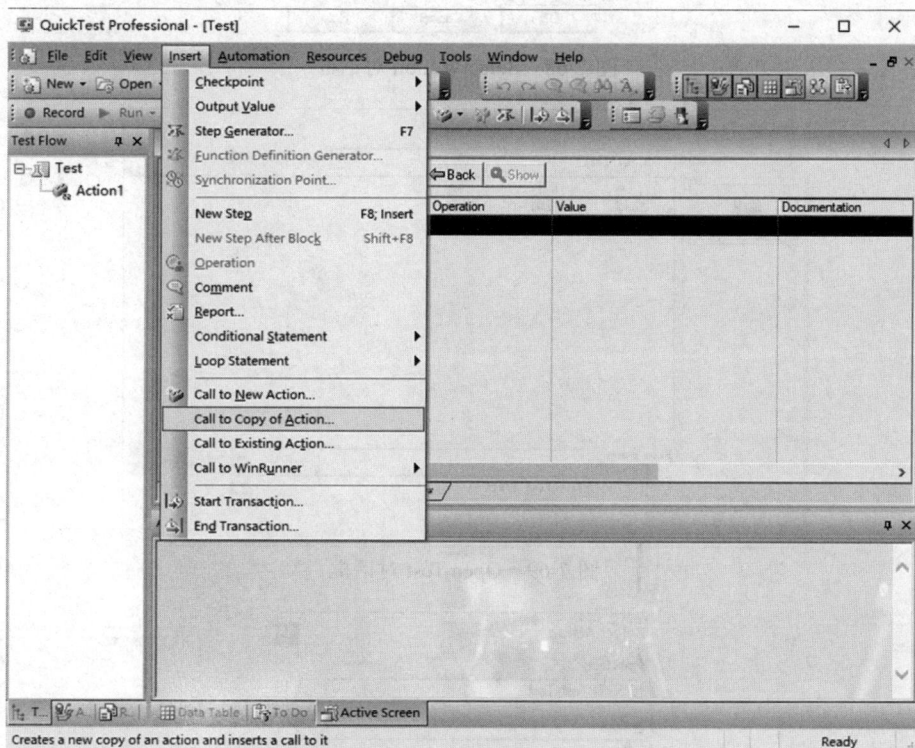

图 7-67　创建复制的 login（登录）Action

系统弹出 Select Action 对话框，单击省略号浏览图标，如图 7-68 所示。

系统弹出 Open Test 对话框，选择待复制 Action 的脚本路径，单击"Open"按钮，如图 7-69 所示。

操作完毕，关闭 Open Test 对话框，在 Select Action 对话框中，From test 文本框自动回显待复制 Action 的脚本路径，在 Action 下拉框中选择"login"，在 Location 位置区域点选"At the end of the test"（与上一个 Action 是兄弟关系），单击"OK"按钮，如图 7-70 所示。

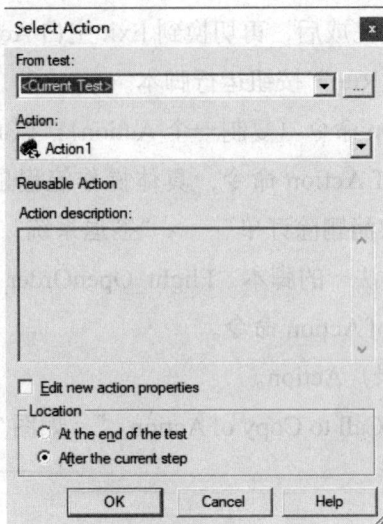

图 7-68　Select Action 对话框

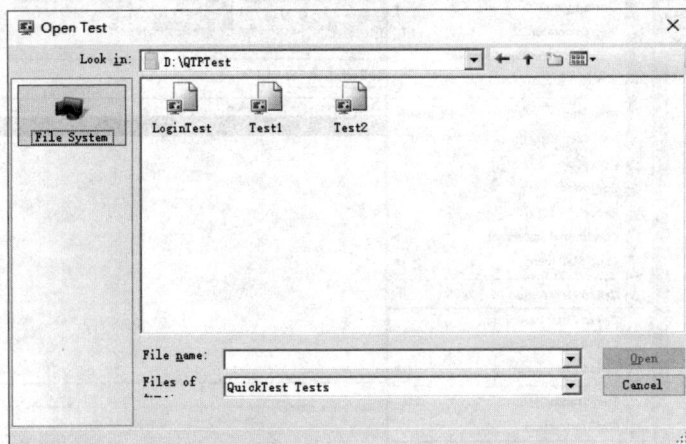

图 7-69　Open Test 对话框

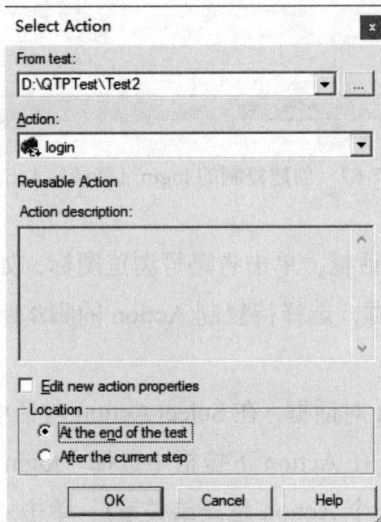

图 7-70　操作后的 Select Action 对话框

删除系统默认生成的 Action1。设置复制过来的 Action 的属性，具体操作为，右键单击复制过来的 Action，在弹出的右键菜单项中，单击 "Action Properties..." 菜单项，如图 7-71 所示。

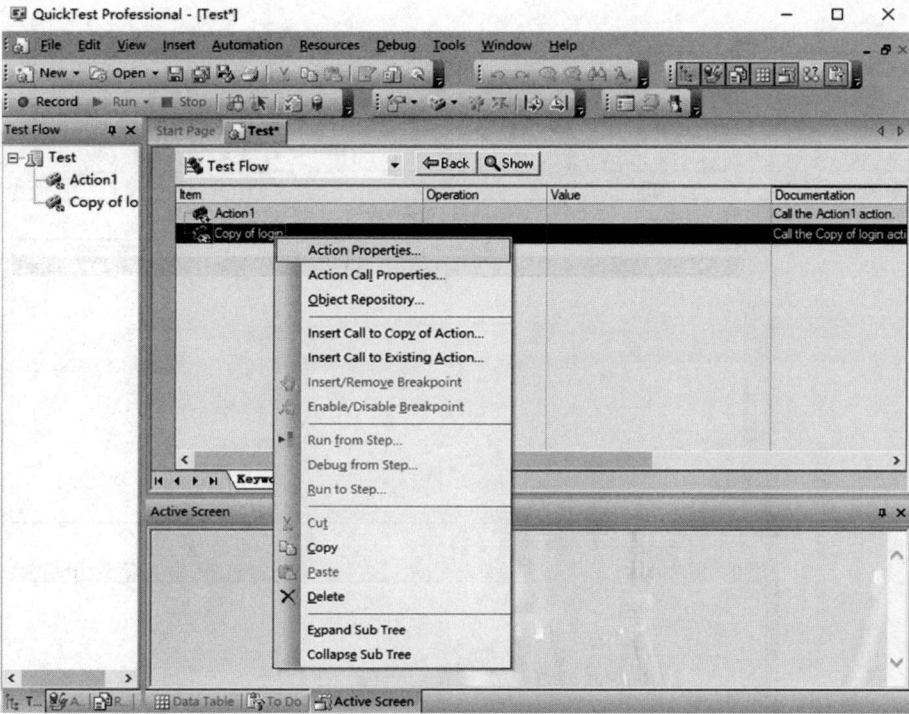

图 7-71　Action 属性菜单

系统弹出 Action Properties 对话框，如图 7-72 所示。

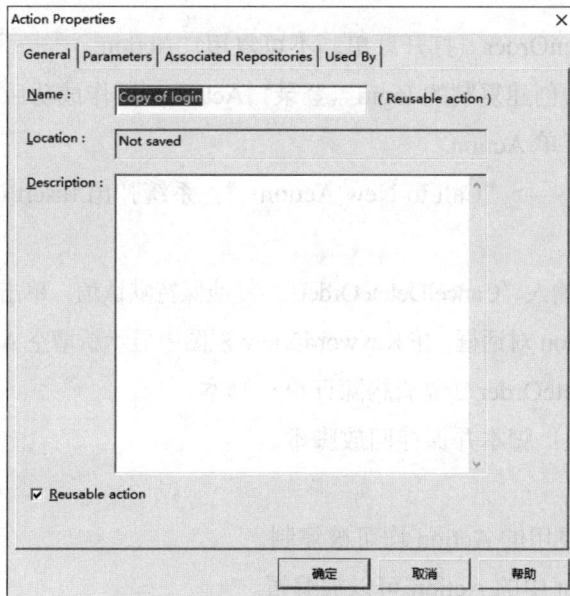

图 7-72　Action 属性对话框

在 Name 文本框中输入"login"完成修改 Action 名称操作，单击"确定"按钮，系统关闭 Action Properties 对话框，在 Keyword View 视图显示修改 Action 名称的复制登录 Action，如图 7-73 所示。

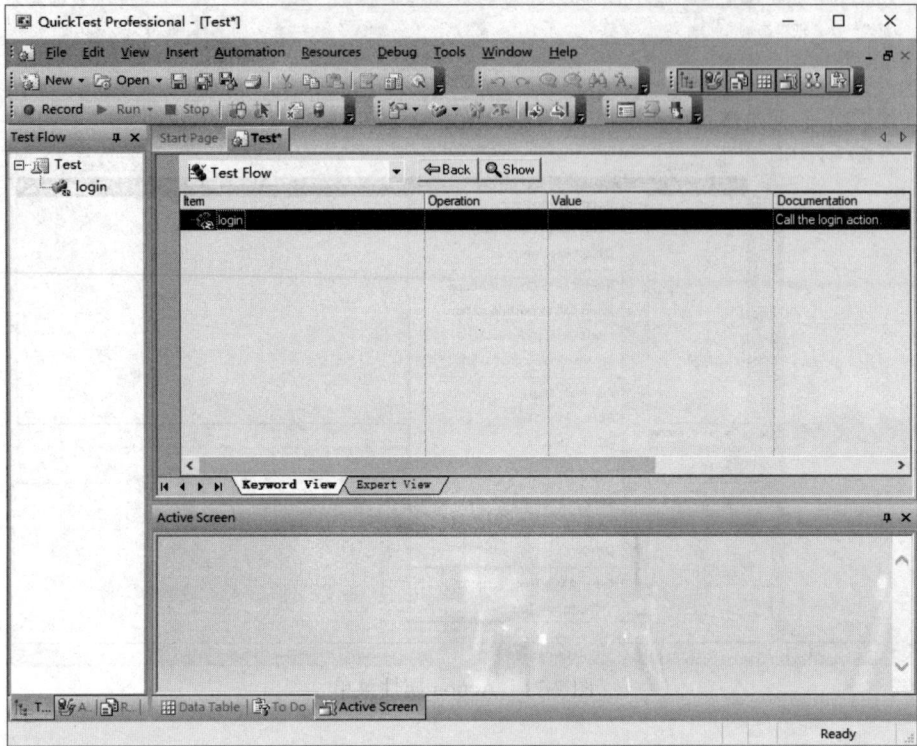

图 7-73　Action 操作成功界面

②创建复制的 OpenOrder（打开订单，不可复用）Action。

具体操作步骤同①创建复制的 login（登录）Action，操作成功后界面如图 7-74 所示。

③创建取消删除订单 Action。

依次单击"Insert"—>"Call to New Action..."，系统弹出 Insert Call to New Action 对话框，如图 7-75 所示。

在 Name 文本框中输入"CancelDeleteOrder"，其他保持默认值，单击"OK"按钮，系统关闭 Insert Call to New Action 对话框，在 Keyword View 视图中显示新增空 Action，如图 7-76 所示。

④录制 CancelDeleteOrder（取消删除订单）脚本。

⑤复制 Exit（签退）脚本并保存回放脚本。

说明：

a. 无论是否为可复用的 Action 均可被复制。

b. 被复制到新 Test 中的 Action 可以被编辑。

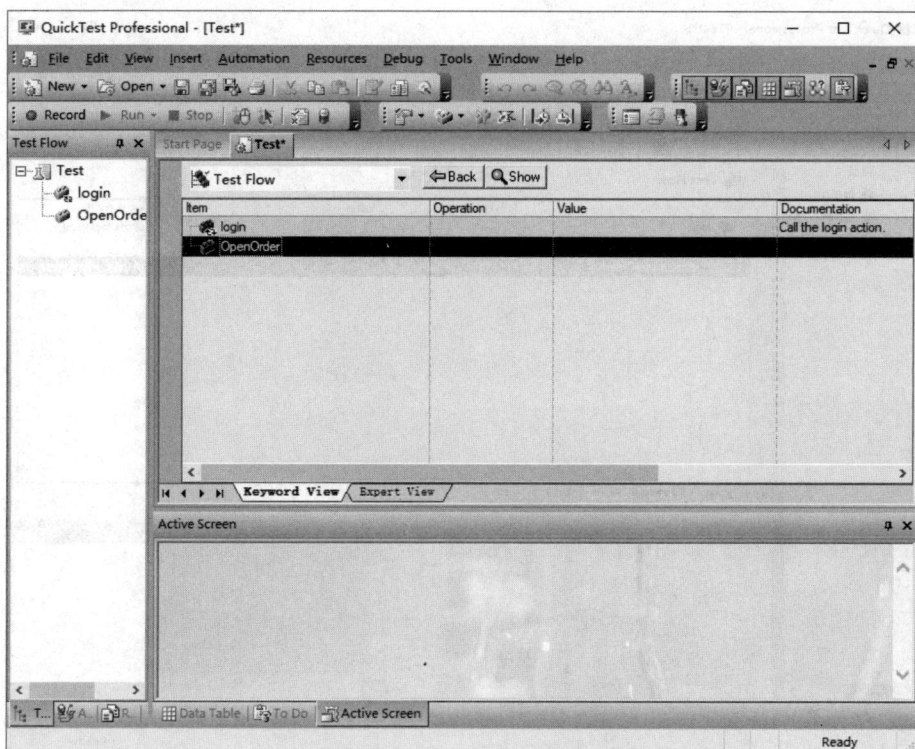

图 7-74　Action 操作成功界面

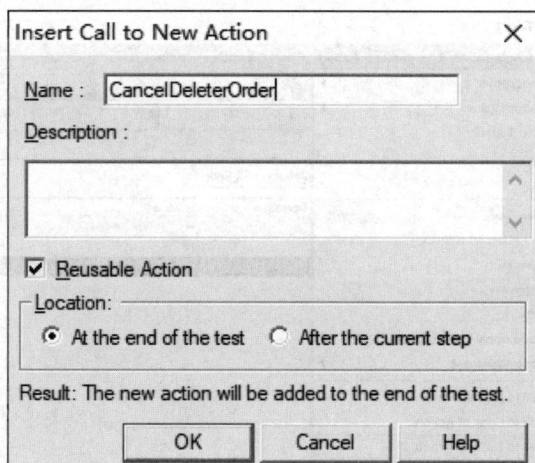

图 7-75　创建取消删除订单 Action 对话框

(3) Call to Existing Action (调用已存在的 Action)：脚本"Flight_OpenOrder_MultiAction_25"中 login、Exit 为可复用 Action，OpenOrder 为不可复用 Action。

①调用可复用的 LoginAction。依次单击"Insert"—>"Call to Copy of Action..."，如图 7-77所示。

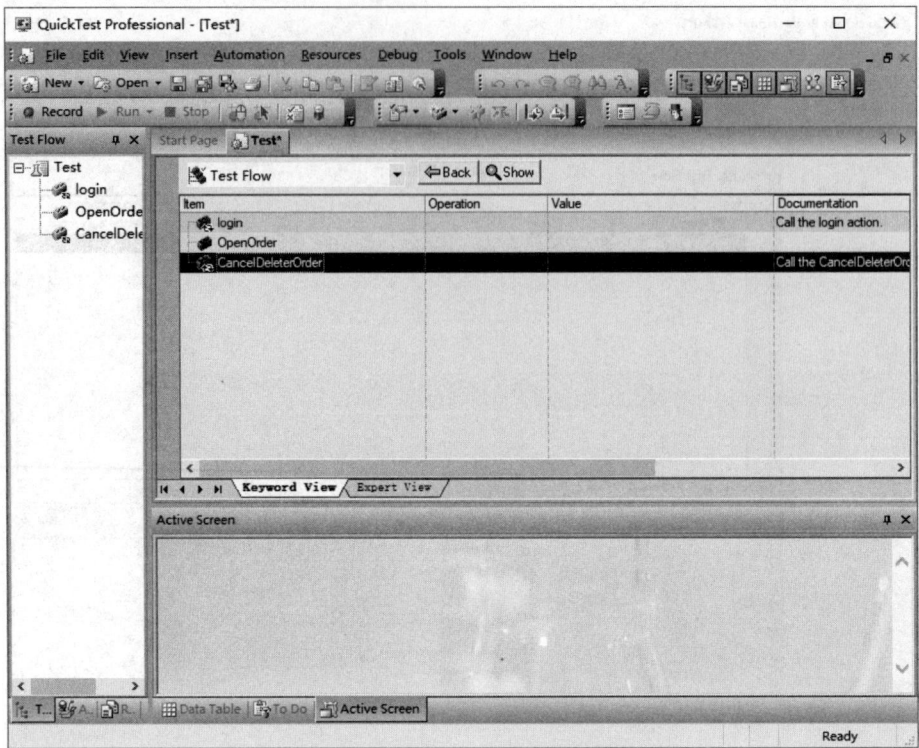

图 7-76　Action 操作成功界面

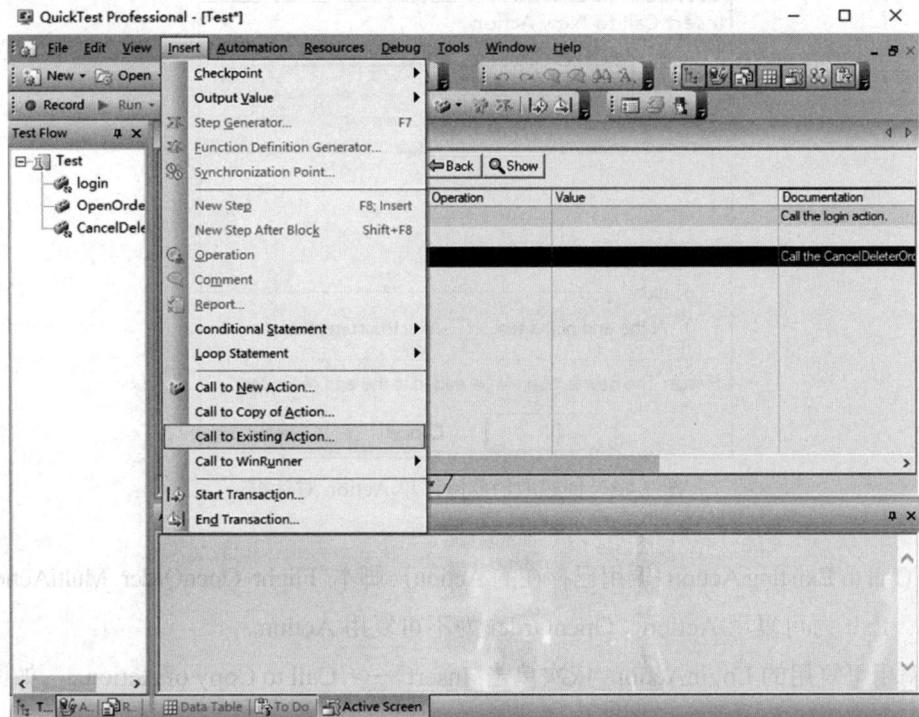

图 7-77　操作菜单

系统弹出"Select Action"对话框，单击省略号浏览按钮，如图 7-78 所示。

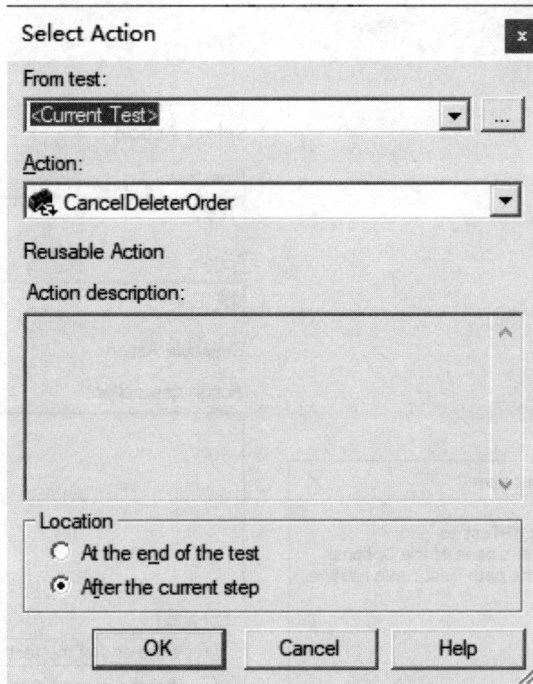

图 7-78　Select Action 对话框

系统弹出"Open Test"对话框，选择被调用 Action 脚本文件路径，如图 7-79 所示。

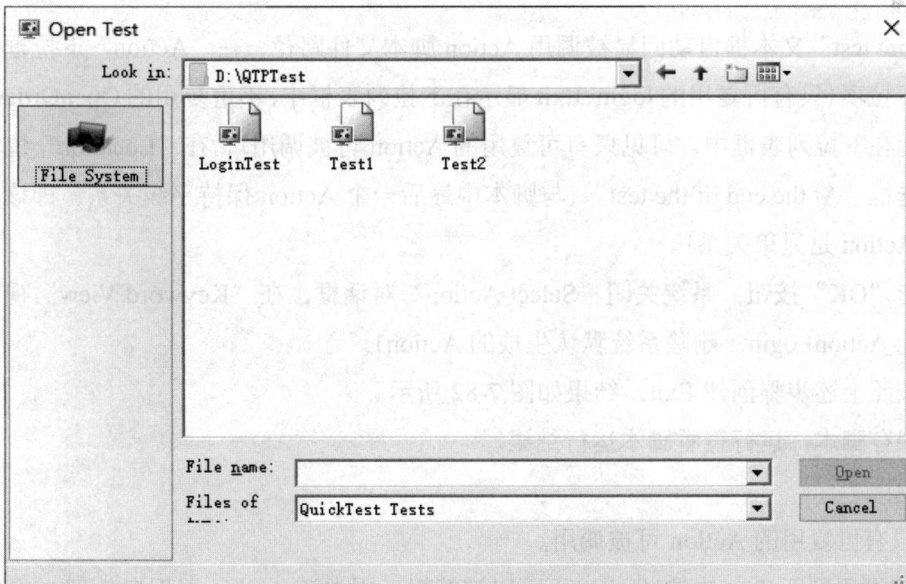

图 7-79　Open Test 对话框

单击"Open"按钮，系统关闭"Open Test"对话框，系统弹出确认框，如图 7-80 所示

单击"Yes"按钮，系统关闭确认框，Selection Action 对话框内容同步更新，如图 7-81 所示。

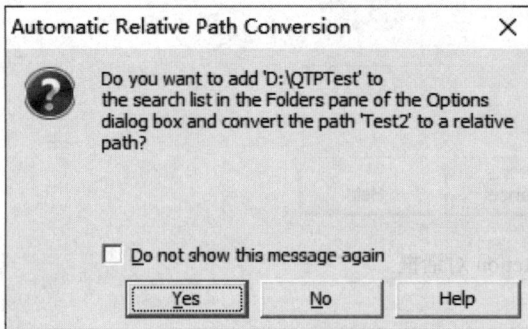

图 7-80　确认对话框

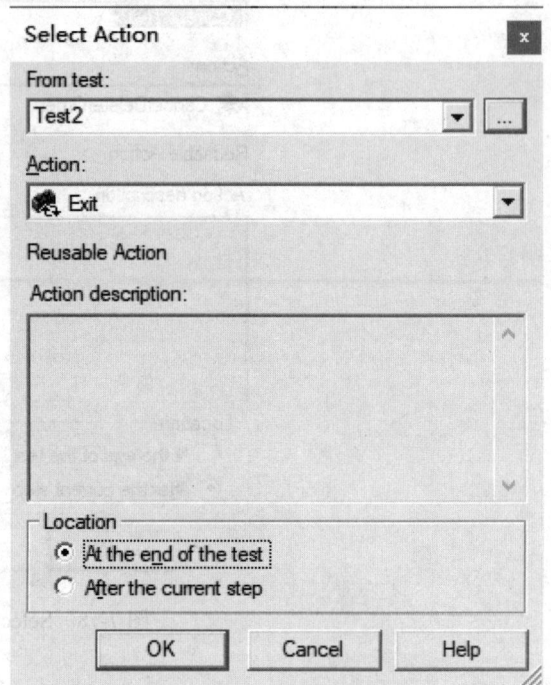

图 7-81　Select Action 对话框同步更新

"From test"文本框自动回显被调用 Action 脚本文件路径，在"Action"下拉框中选择 "login"下拉项(只有可复用的 login、Exit 显示在下拉列表框中，不可复用的 OpenOrderAction 没有显示在下拉列表框中，可见只有可复用的 Action 可被调用)，在"Location"位置区域 点选单选框"At the end of the test"(与脚本中最后一个 Action 保持平级关系，即该 Action 与其他 Action 是兄弟关系)。

单击"OK"按钮，系统关闭"Select Action"对话框，在"Keyword View"视图显示 新创建的 ActionLogin，删除系统默认生成的 Action1。

②按照上述步骤创建 Exit，结果如图 7-82 所示。

③保存脚本，运行查看脚本运行结果。

说明：

a. 只有可复用的 Action 可被调用。

b. 被调用到新 Test 中的 Action 不可以被编辑，因为该 Action 引用自外部 Action。

c. 被调用的代码不可被修改。

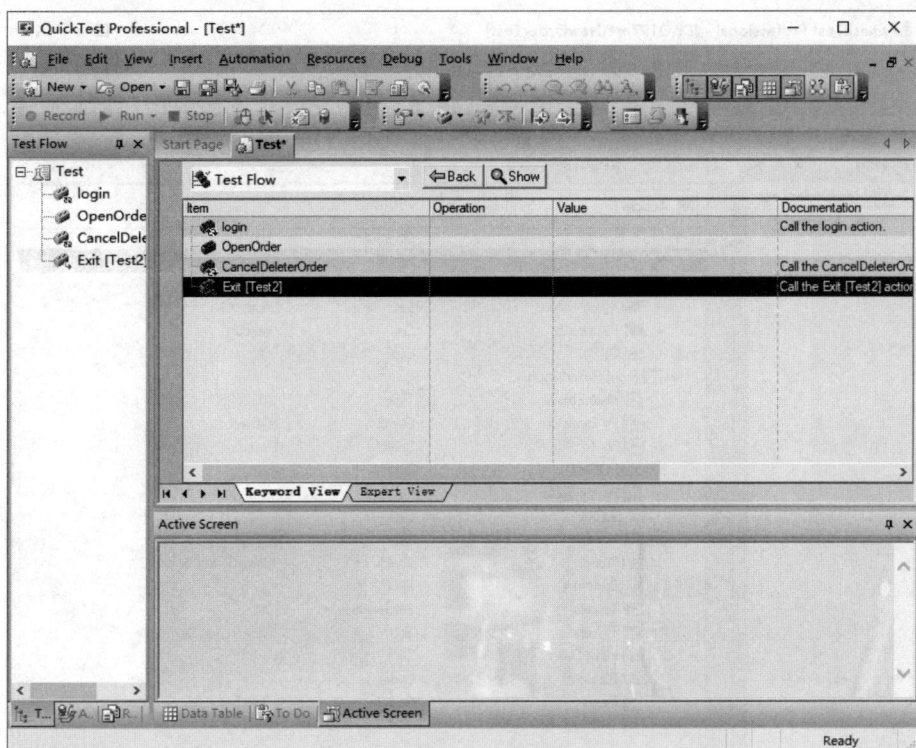

图 7-82 Action 操作成功界面

（4）方法四：Split Action 将一个 Action 分割为两个 Action

使用 Split Action 方法分割 Action 的要点是：

a. 使用 Split Action 一次只能分割成两个 Action。

b. 使用 Split Action 分割的位置放在第二个 Action 脚本的第一行。

以下以 Flight 系统新增订单脚本为例说明如何使用 Split Action 方法。

①录制 Flight 系统新增订单脚本。

录制、停止录制 Flight 系统新增订单脚本，保存 Flight 系统新增订单脚本结果，如图 7-83 所示。

分割 Action 就是将一个 Action 分割为多个 Action，如图 7-84 所示。

②单击 Split Action 按钮分割登录和插入订单-退出脚本。

在插入订单脚本开始处单击右键，依次选择 Action—>Split，如图 7-85 所示。

系统弹出确认对话框，如图 7-86 所示。

单击"是（Y）"按钮，系统关闭确认框，系统弹出"Split Action"对话框，如图 7-87 所示。

在"Split Action"对话框中"The actions are:"区域，"Independent of each other"单选按钮表示分割后的两个 Action 之间是彼此独立的关系，"Nested"单选按钮表示分割后的两个 Action 之间是隶属关系。本案例选择"Independent of each other"单选框，在"1st action"

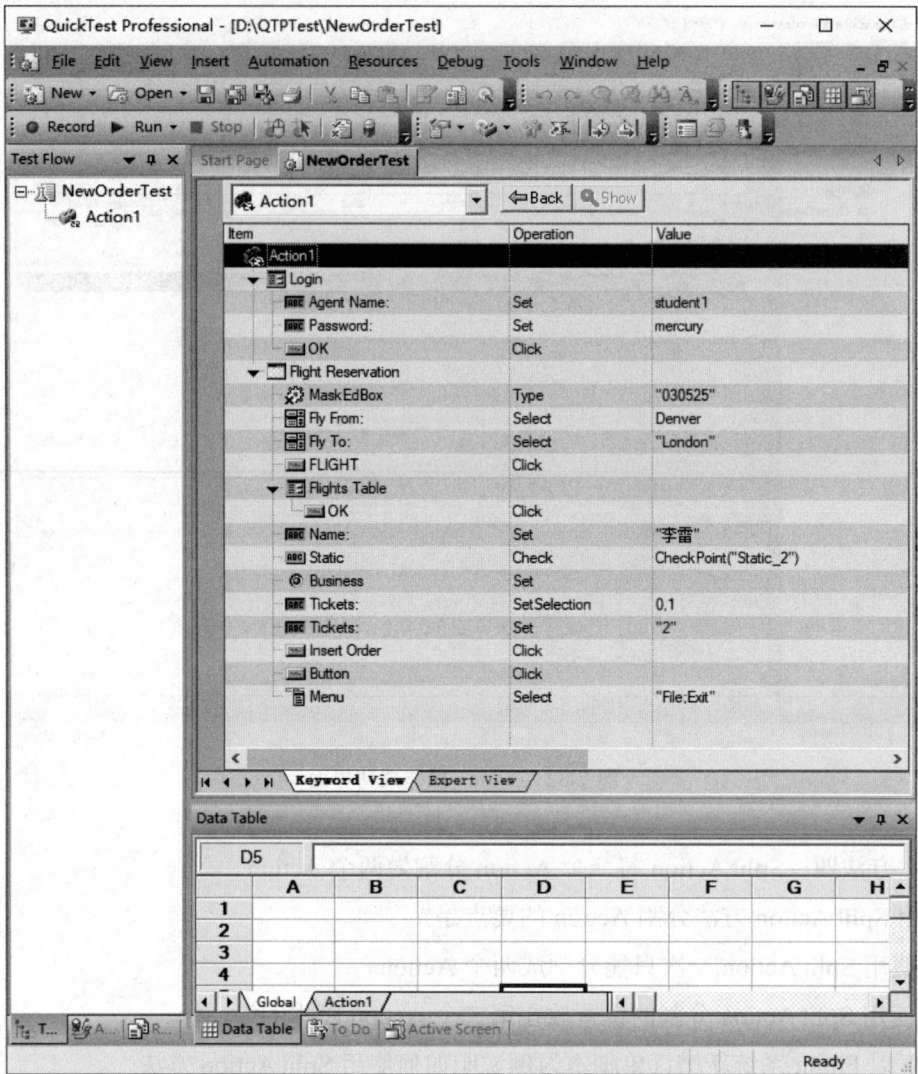

图 7-83　录制 Flight 系统新增订单脚本

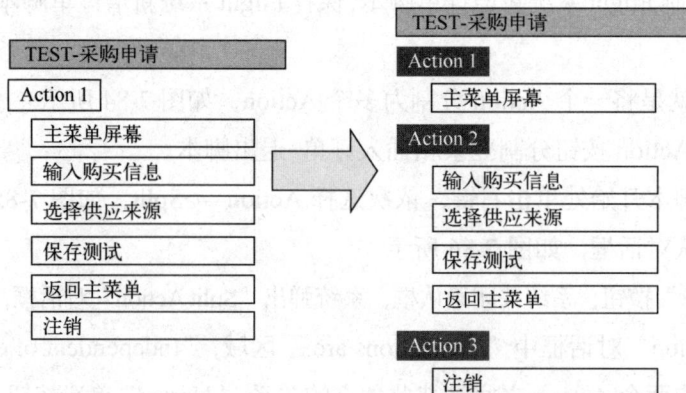

图 7-84　Action 分割示意图

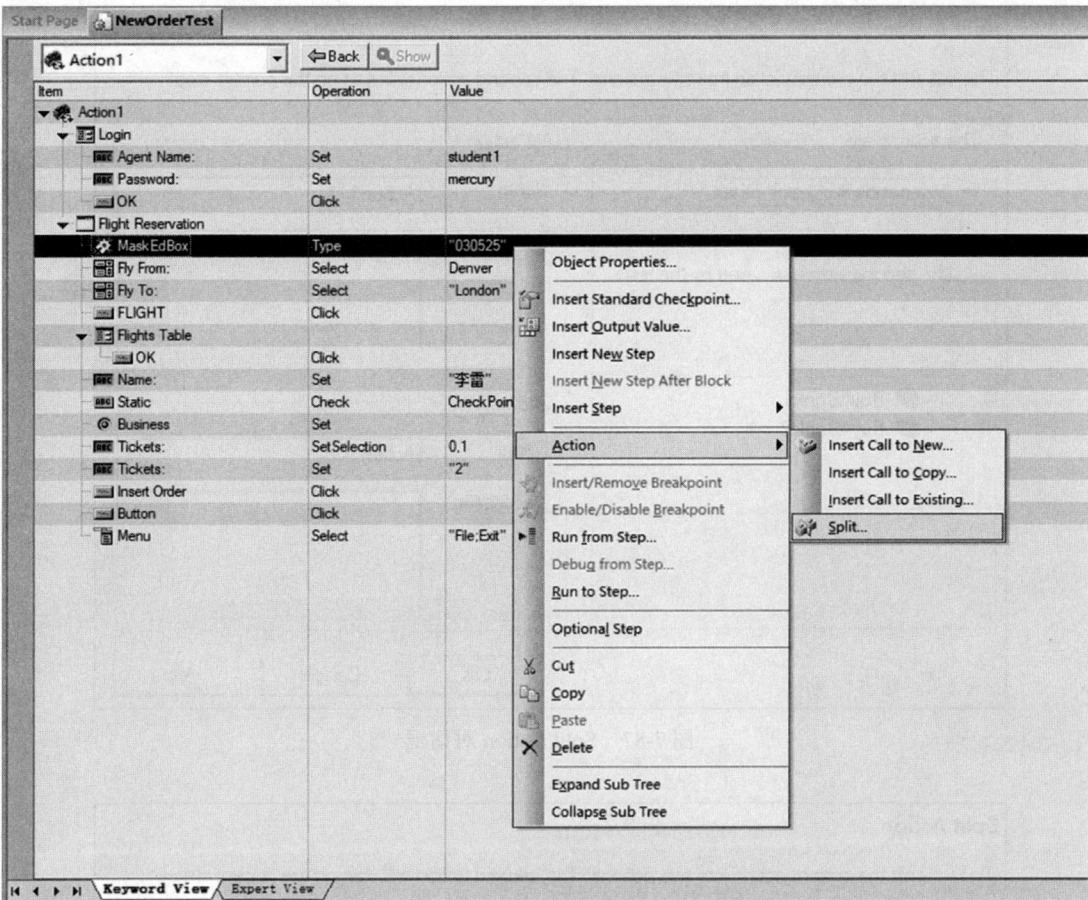

图 7-85　分割 Action

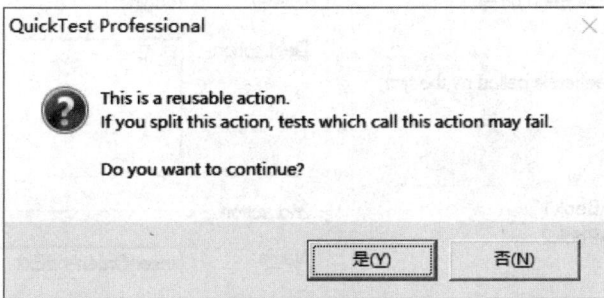

图 7-86　确认对话框

区域中，在"Name:"文本框中输入"Login"，在"Description"描述文本框中输入描述信息；在"2nd action"区域中，在"Name:"文本框中输入"InsertOrderAndExit"，在"Description"描述文本框中输入描述信息，如图 7-88 所示。

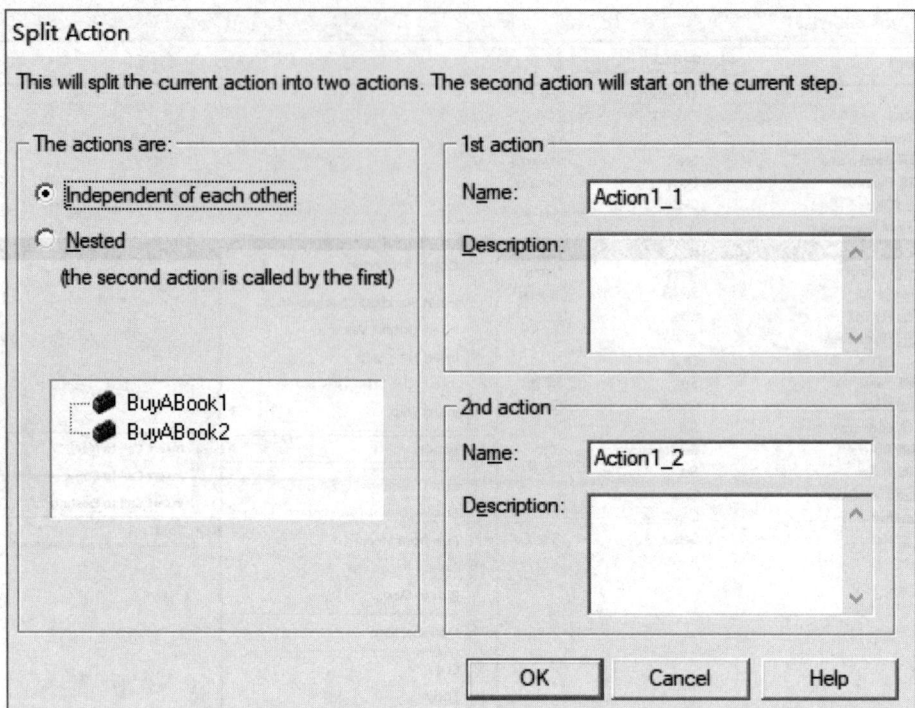

图 7-87　Split Action 对话框

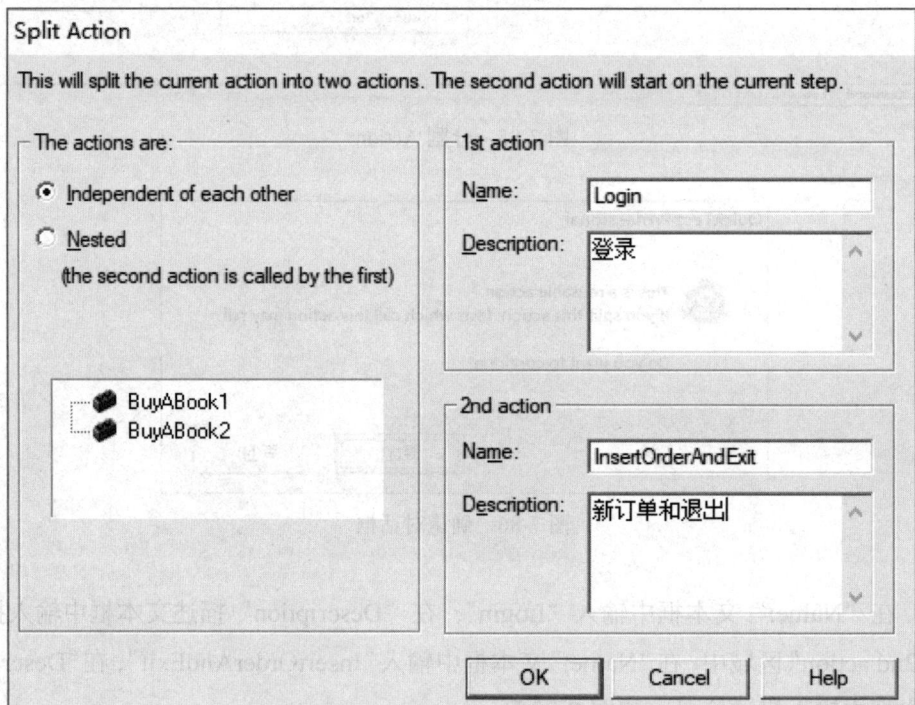

图 7-88　Split Action 设置详情

单击"OK"按钮，系统关闭"Split Action"对话框，在 Keyword View 视图可见原来的 Action1 被分割成 Login、InsertOrderAndExit 两个 Action，如图 7-89 所示。

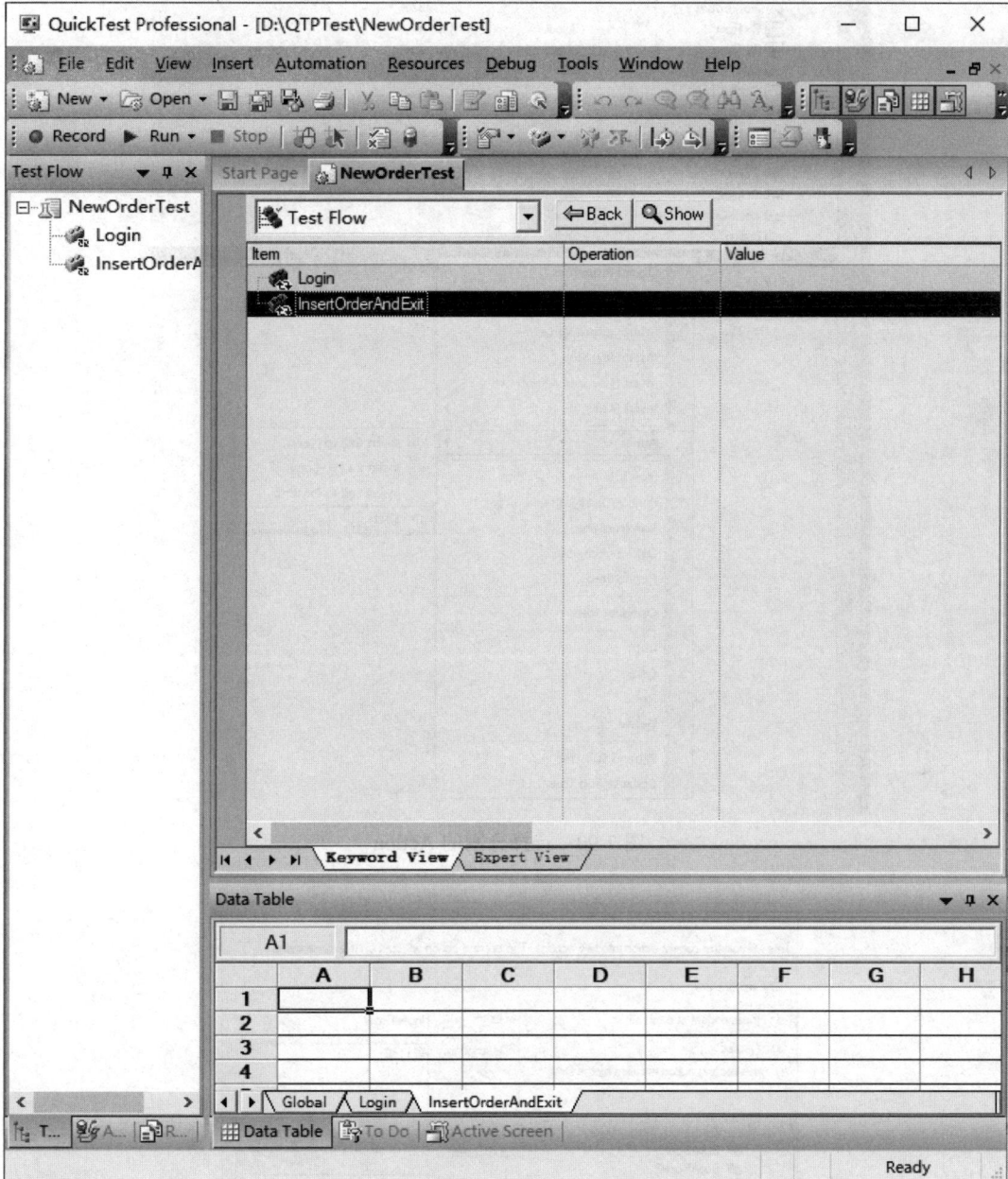

图 7-89　Action 操作成功界面

③单击 Split Action 按钮分割插入订单和退出系统脚本。

按照上述步骤，将 InsertOrderAndExit 部分 Action 分割成两个 Action，分别命名为 InsertOrder 和 Exit，具体操作如图 7-90～图 7-92 所示。

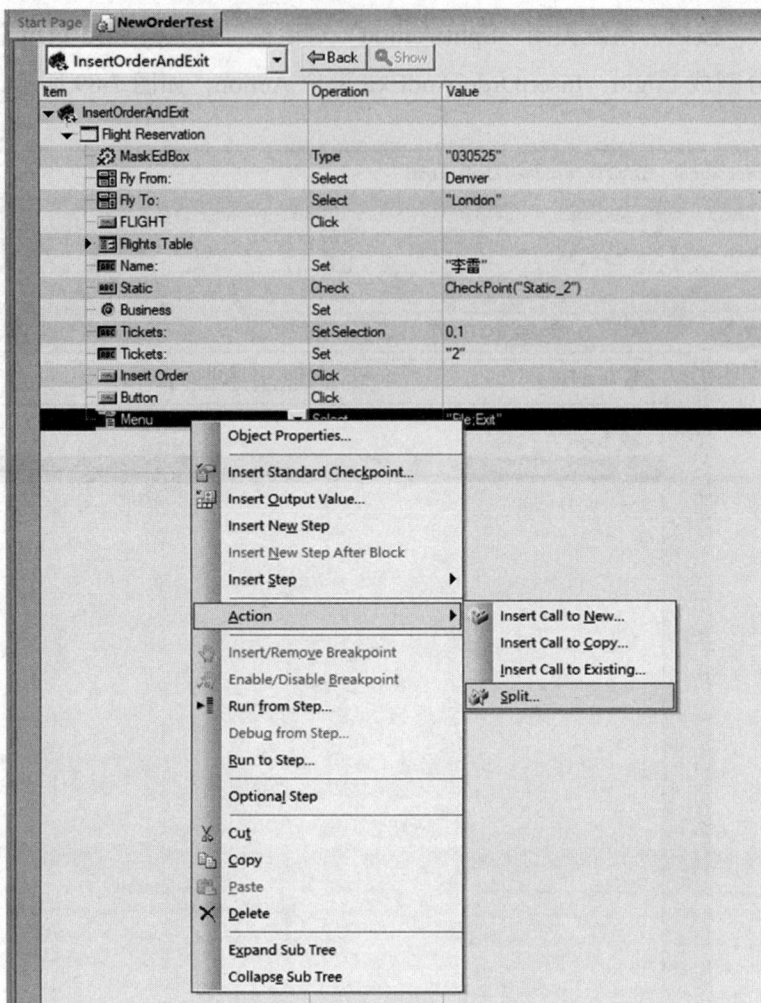

图 7-90　选择分割的 Action

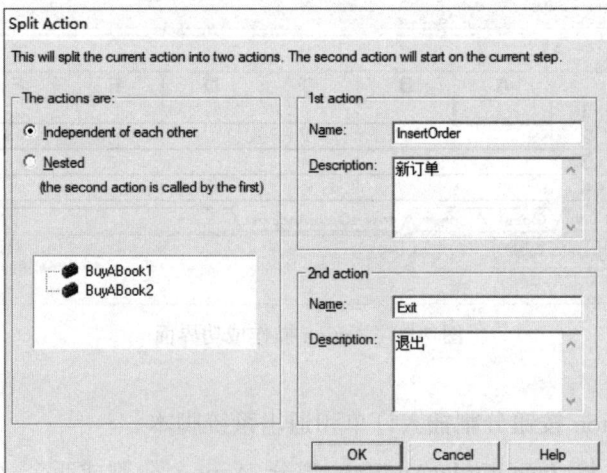

图 7-91　设置详情

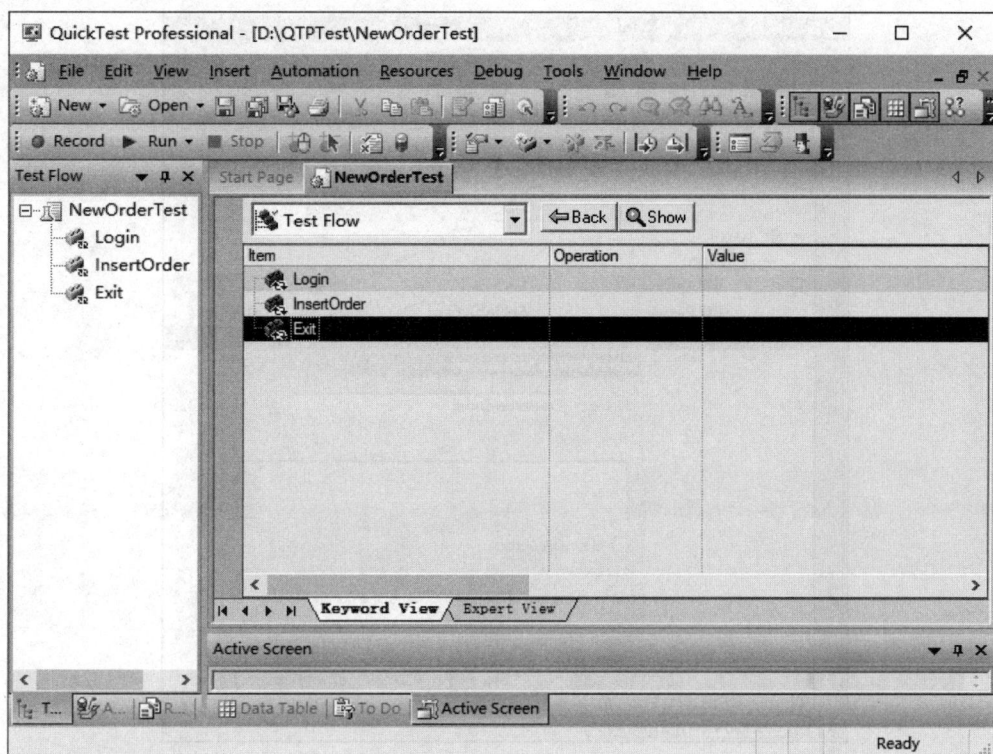

图 7-92　设置成功界面

保存运行脚本。

7.4.10.2　工具按钮分割 Action

从前面操作可以发现,在一个 Action 中可以实现多个模块,一个具备多 Action 的测试脚本如图 7-93 所示。

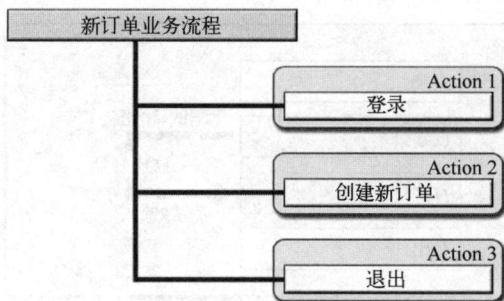

图 7-93　多 Action 的测试脚本框架

也可以单击工具栏上的按钮插入一个对新 Action 的调用,如图 7-94 所示。

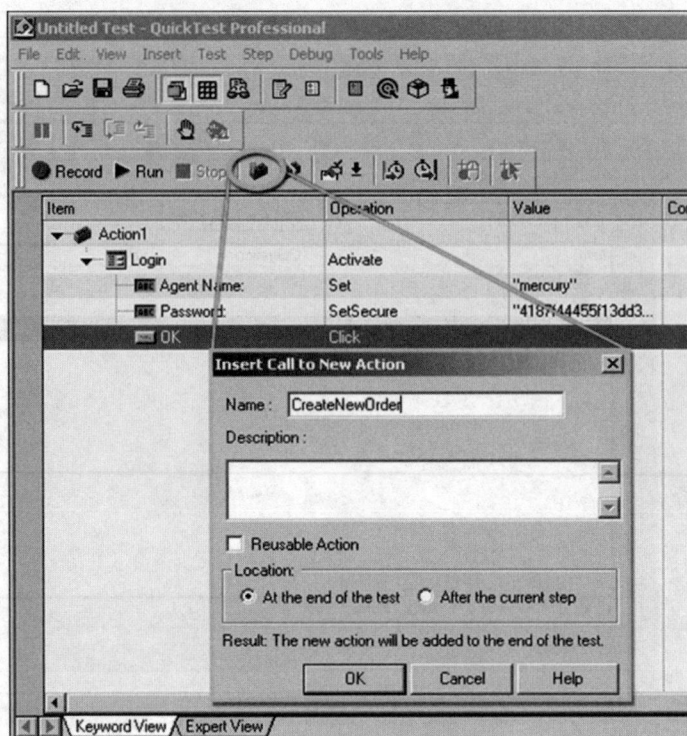

图 7-94　插入新 Action

7.4.11　不同的 Action 中传递参数

7.4.11.1　传递数据方式

Action 之间可能需要传递数据，比如 Create Order 将 Flight Date 传递给 Open Order，如图 7-95 所示。

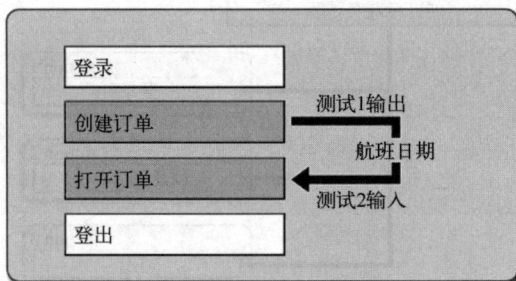

图 7-95　Action 之间传递值

（1）方式 1——全员数据表：可以通过全局数据表 Global 传递数据，如图 7-96 所示。

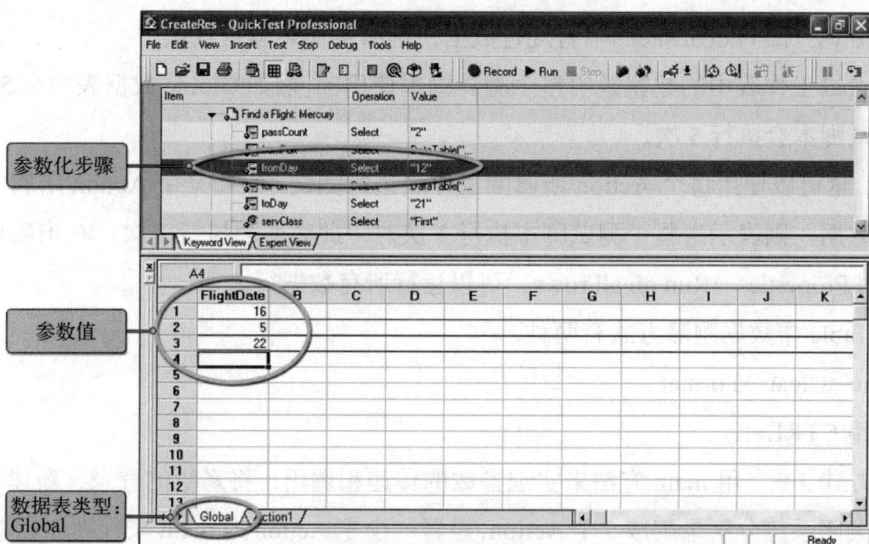

参数化步骤

参数值

数据表类型：
Global

图 7-96　全局表传递数据

（2）方式 2——局部数据表：局部数据表之间可以进行链接，类似 Excel 中的数据引用，如图 7-97 所示。

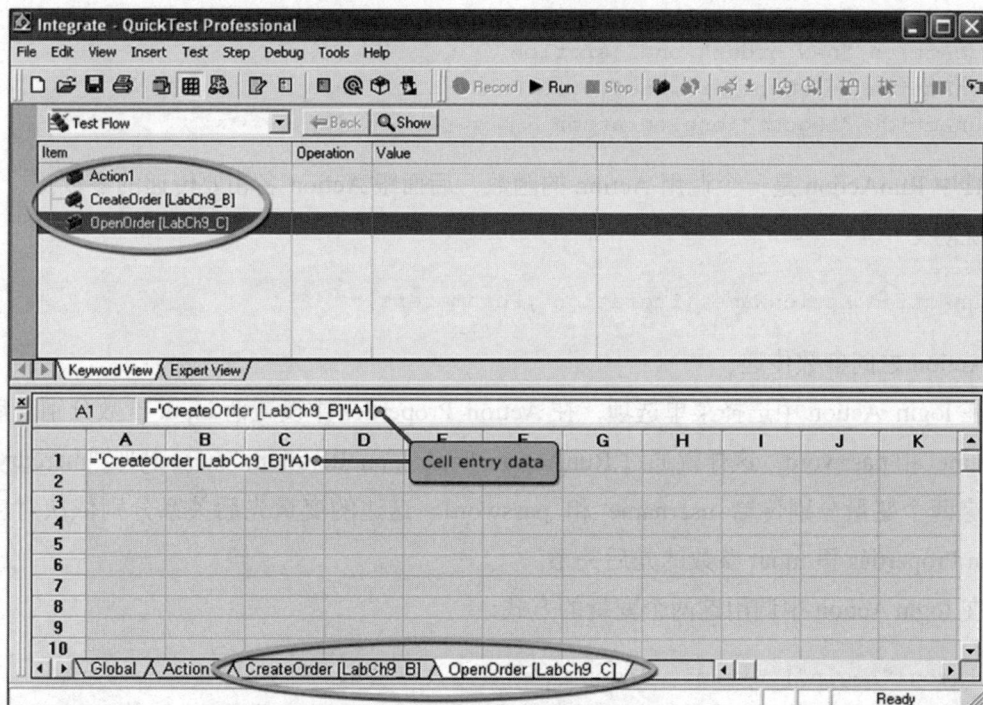

图 7-97　局部表传递数据

如果变量值是保存在 Global sheet 中，在 Test—>Settings—>Run 中应该是默认选中的

run on all rows，即 Global sheet 中有几行数据，则脚本循环运行几次。

在 Global 工作表中的数据是给整个测试脚本使用的。假如 Globle 数据表中有 5 条数据，则整个测试脚本会执行 5 次。

另外，也可以使用每个 Action 所属的工作表进行测试。假如某个 Action 所属的工作表中有 5 条数据，则表示当整个测试脚本执行 1 次时，此动作会执行 5 次。右击菜单，选择 Action Call Properties→Run on all rows，可以运行所有数据行。

Data Table 中数据删除方式有两种：

①Edit→Clear→Format。

②使用 CTRL+K。

（3）方式 3——用 main 方法来实现参数的传递和调用：将系统的登录、新建订单、打开订单和关闭系统分别录制成 5 个 Action，设置一个主 Action 为 main 来分别先后调用 login（登录）、new order（新建订单）、open order（打开订单）和 logout（退出）。

注：设置拆分 Action，选择菜单功能 split Action，选择"independent of each other"为并列的两个 Action，选择 Nested 为主次的两个 Action。

在 main Action 中代码如下：

```
RunAction "login",oneIteration
RunAction "new order",oneIteration
RunAction "open order",oneIteration
RunAction "logout",oneIteration
```

其中 RunAction 是一个调用 Action 的函数，后面跟 Action 名和要传递的参数。

说明：

```
RunAction ActionName,[Iteration ,Parameters]
```

Action 之间参数传递：

在 login Action 中选择菜单选项，在 Action Properties 中设置两 input 参数分别先后为 username 和 password。这样就通过 RunAction "login", oneIteration, "mercury", "mercury"命令把这两个变量分别传给 username 和 password。这边的变量先后关系分别依次对应了 Action Properties 里 input 参数的先后关系。

在 login Action 中调用这两个变量的方式：

```
Dialog("Login").WinEdit("Agent Name:").Set Parameter("username")
Dialog("Login").WinEdit("Password:").Set Parameter("password")
Dialog("Login").WinButton("OK").Click
```

（4）方式 4：利用输出传递数据

在 new order 中选择菜单选项，在 Action Properties 中设置一个 output 参数为 orderno，

代码如下:

```
Window("Flight Reservation").WinEdit("Order No:").Output CheckPoint("Order
No:")
RunAction "new order",oneIteration,order
RunAction "open order",oneIteration,order
```

再用 main Action 中 order 变量来传递,该变量对应 new order 中的 output 参数,从 new order 中传出来,再把这个变量传给 open order。当然在 open order 中同样要设置 input 参数和 order 变量对应起来。这样就可以在 open order 中使用这个变量了:

```
Window("Flight Reservation").Dialog("Open Order").WinEdit("Edit").Set
Parameter("orderno")
```

7.4.11.2 案例

以 QTP 自带的 flight4a.exe 为例。

本例的业务流程:首先登录系统,然后新建订单,然后产生订单编号,最后通过传递订单编号去查询这条订单。

用到 QTP 的知识:QTP 中 Action split(拆分),Action 中参数传递。

首先我们录制完整流程: 输入用户名和密码,登录系统;输入订单日期、起始地点,选择航班。输入订购人名称以及数量,选择类别,点击 insert 产生订单,系统会自动生成订单编号。通过传递订单号,查询这条订单。退出系统。

按照流程录制完脚本,在 Edit—>Action—> Split Action 中对这个脚本进行拆分,如图 7-98 所示。

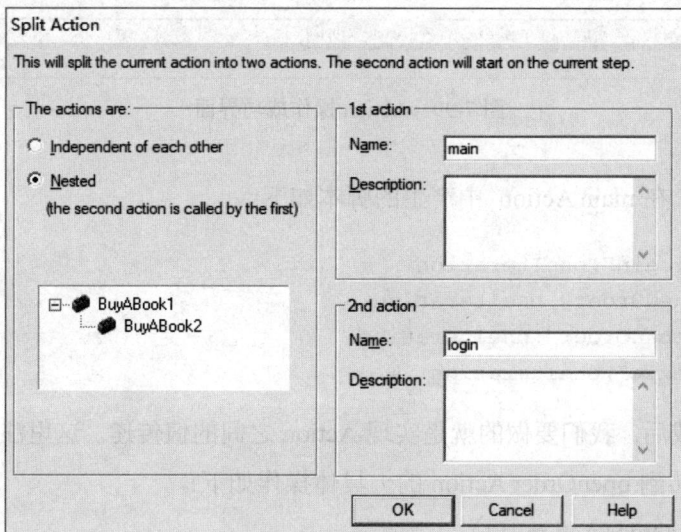

图 7-98 拆分 Action

注意：Nested 表示按照嵌套模式拆分，因为我们首先要拆分一个 main Action，这个 main Action 中调用了其他嵌套的 Action（如 login、newOrder、insertOrder、openOrder 和 exit），所以第一次拆分的时候选择 Nested。在拆分时，记住一定是在 Expert View 中拆分。

接下来，用上边同样的方法拆分其他 Action，这时要选择"Independent of each other"，即拆分几个独立的 Action，每次能将一个 Action 分成 2 个，重复操作，直到拆分完成。注意，每次在如图 7-98 界面中，1st action 的 Name 是上一次划分时的 2nd action 的 Name。

我们需要将这个业务流程拆分成一个 main Action 和 4 个 Action，分别是 login、newOrder、openOrder、exit，如图 7-99 所示。

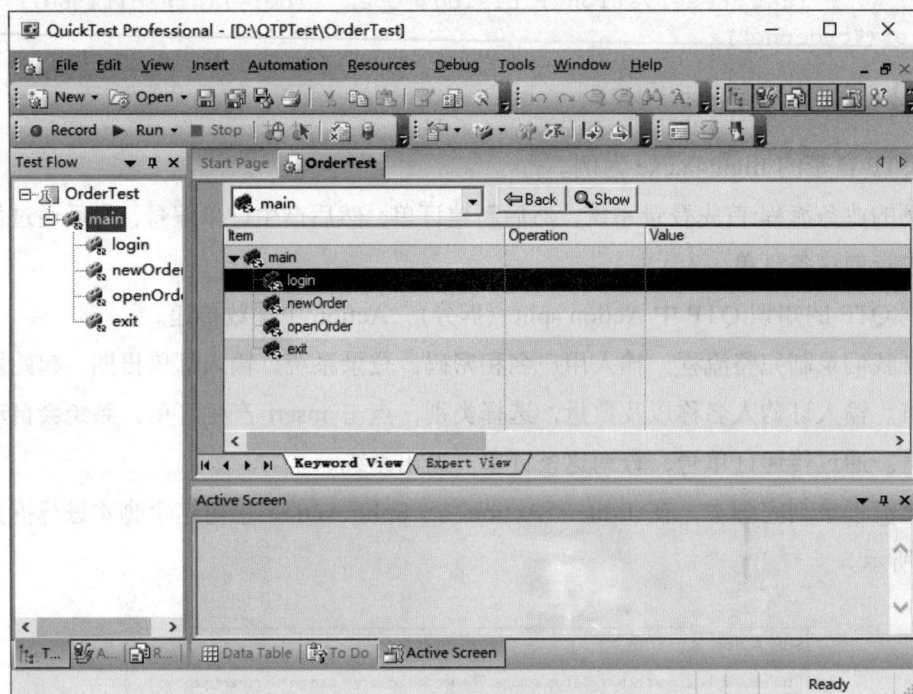

图 7-99　Action 操作成功界面

拆分完成后，在 main Action 中产生的脚本如下：

```
RunAction "login",oneIteration
RunAction "newOrder",oneIteration
RunAction "openOrder",oneIteration
RunAction "exit",oneIteration
```

脚本拆分完成后，我们要做的就是实现 Action 之间的值传递。这里注意的是，值是从 newOrder Action 传到 openOrder Action 的。具体操作如下：

（1）设置 newOrder Action

在 newOrder Action 中 Key_Word 视图中，选择 WinEdit（"OderNo:"），单击右键，在

菜单中选择"Insert OutPut Value..."，如图 7-100 所示。

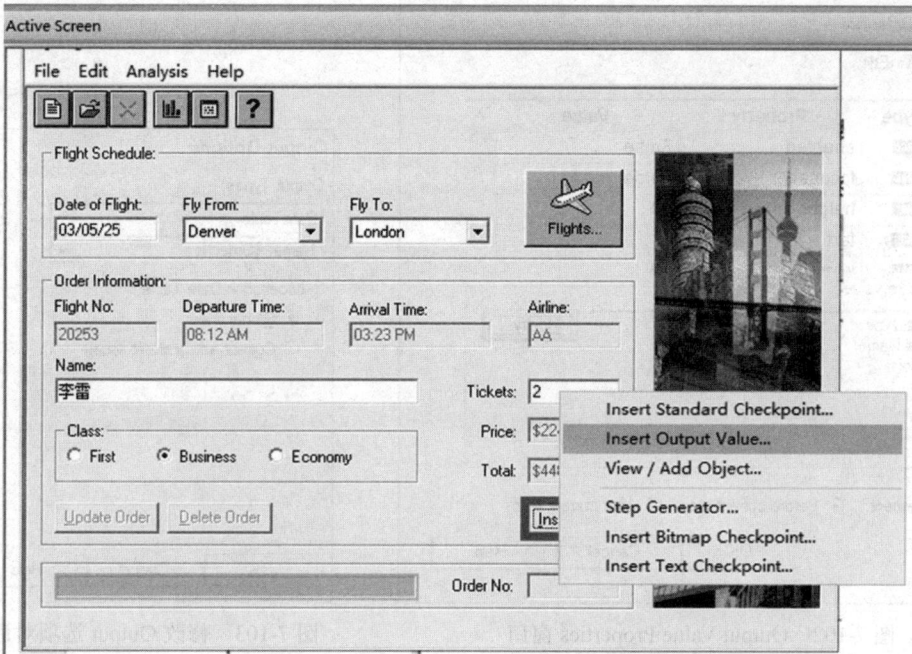

图 7-100　选择 Insert Output Value 菜单

弹出 Object Selection 对话框，如图 7-101 所示。

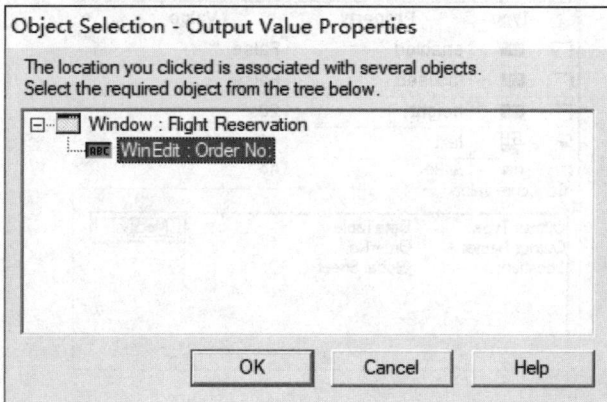

图 7-101　Object Selection 对话框

单击"OK"按钮，打开 Output Value Properties 窗口，如图 7-102 所示。

在 text 前的复选框中打钩（选中），并点击"Modify"按钮，出现如图 7-103 所示窗口。

在 Output Types 中选择"DataTable"，在 Parameter 选择"OderNo"，然后，点击"OK"保存，Output Value Properties 对话框内容同时更新，如图 7-104 所示。

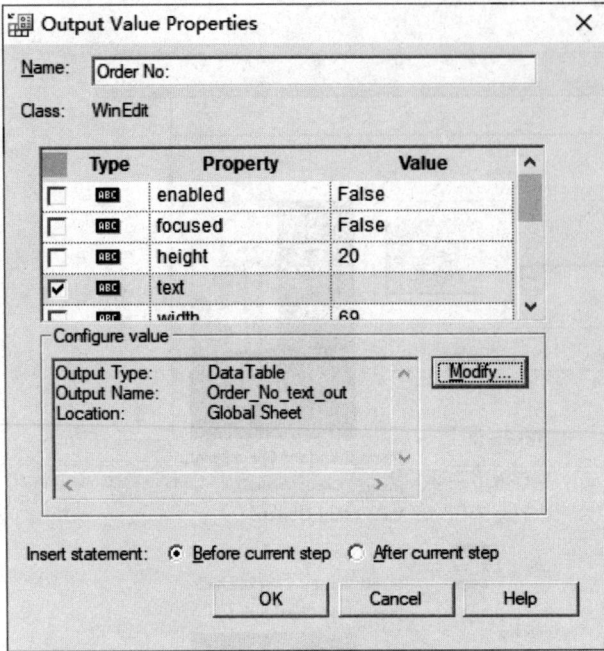

图 7-102　Output Value Properties 窗口

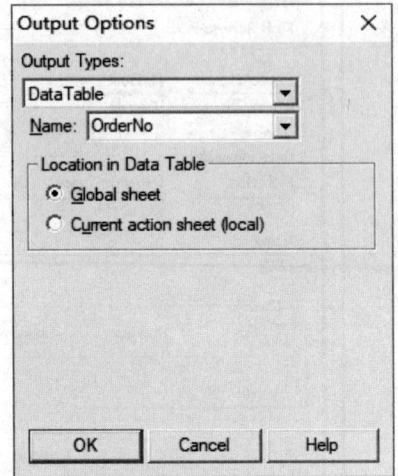

图 7-103　修改 Output 选项对话框

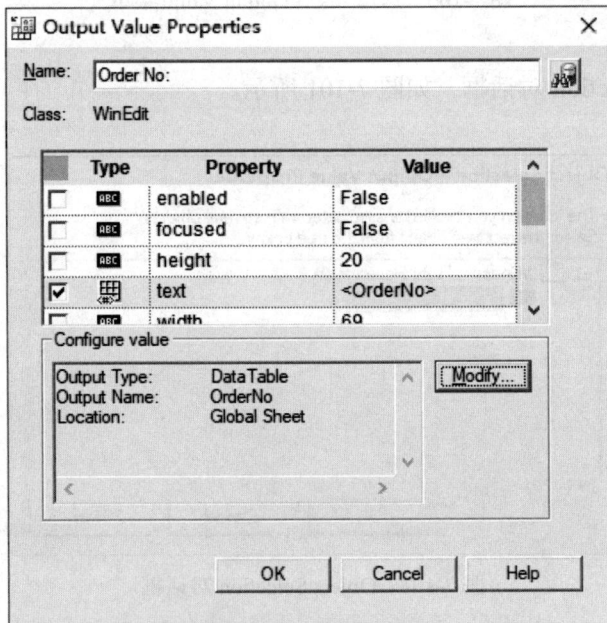

图 7-104　更新后的 Output Value Properties 窗口

完成后，点击"OK"，保存此设置。

（2）设置 openOrder Action

在 openOrder Action 的 Key_Word 视图中，对 WinEdit（"OderNo:"）进行设置，单击右

侧按钮,弹出 Value Configuration Options 对话框,如图 7-105 所示。

在其中选择 Parameter 下拉列表中的"Data Table", Name 下拉列表中选择前面定义的"OrderNo", Location in Data Table 中选择前面设置的"Global sheet"。

(3) 插入检查点

此时如果直接运行会报错,原因是 newOrder 中的订单号有可能还没有输出,而 openOrder 已经打开,这样就会无法继续执行。为解决这样的问题,插入检查点。在 Action Screen 中右键单击 OderNo 文本框,选择"Insert Standard Checkpoint",如图 7-106 所示。

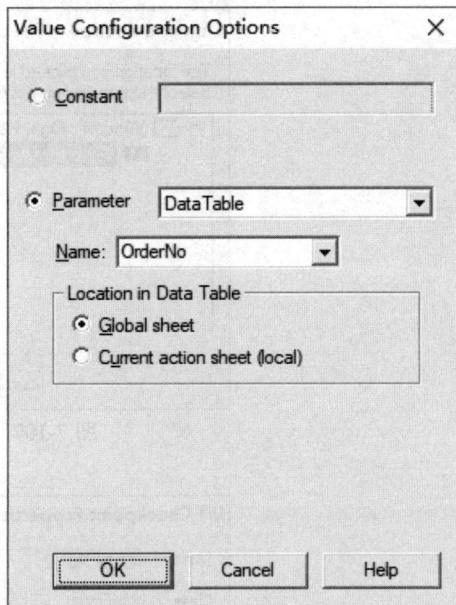

图 7-105　Value Configuration Options 对话框

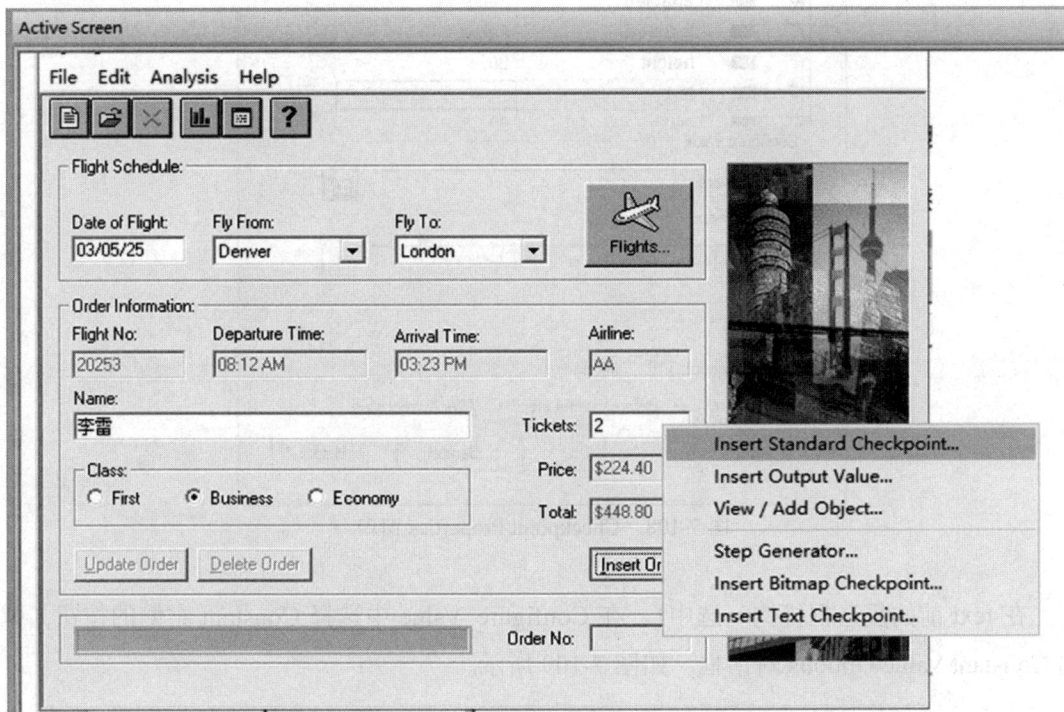

图 7-106　OrderNo 文本框插入检查点

弹出 Object Selection 对话框,如图 7-107 所示。

单击"OK"按钮,打开 Checkpoint Properties 窗口,如图 7-108 所示。

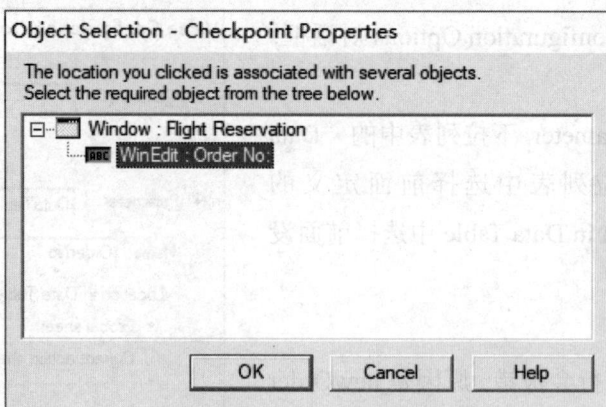

图 7-107　Object Selection 对话框

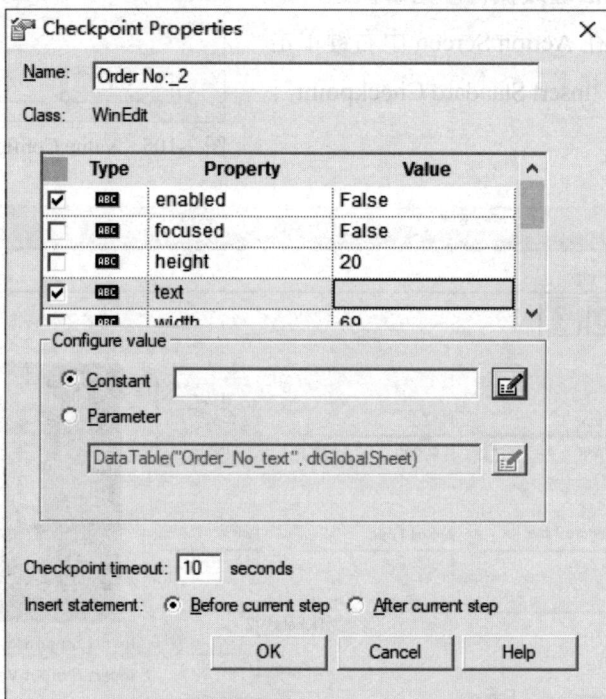

图 7-108　Checkpoint Properties 窗口

在 text 前的复选框打钩（选中），在 Configure Value 中选择 Constant 右侧的按钮，弹出 Constant Value Options 对话框，如图 7-109 所示。

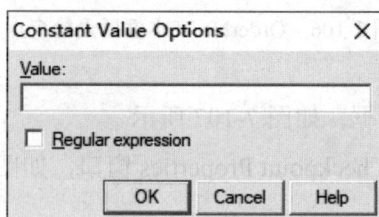

图 7-109　Constant Value Options 对话框

由于每次运行都会生成新的订单号，也就是说订单号一直在更新，因此，不能设置为一个常量。前面所述的正则表达式正好可以解决这样的问题，将订单号用正则表达式定义为"[0-9]+"。

选中 Regular expression（正则表达式）复选框，在 Value 文本框中输入"[0-9]+"，如图 7-110 所示。

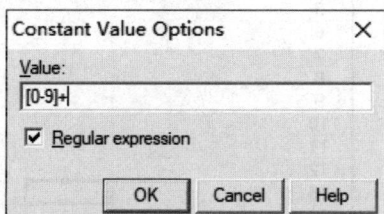

图 7-110　Constant Value Options 对话框设置详情

单击"OK"按钮，回到检查点属性对话框，内容同步更新，如图 7-111 所示。

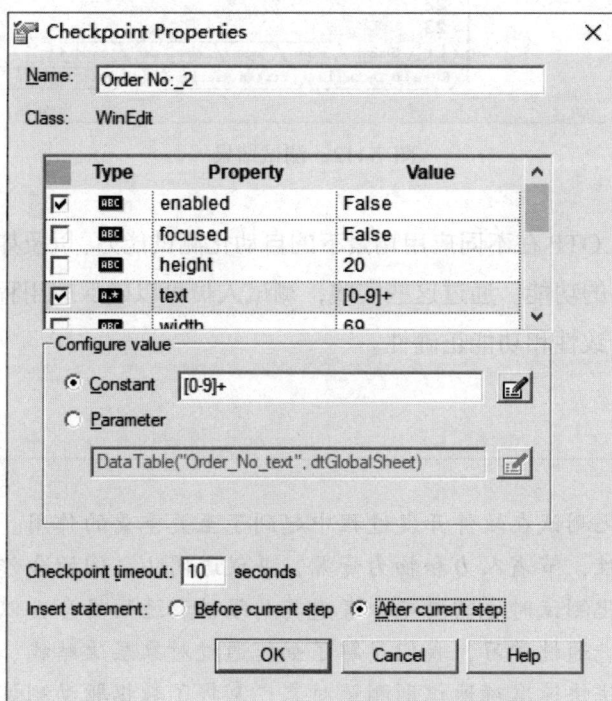

图 7-111　Checkpoint Properties 窗口设置详情

单击"OK"按钮，运行测试，发现 OrderNo 这个值已经在运行时从 newOrder Action 传递到 openOrder Action 中。测试结果如图 7-112 所示，在 Global 表中可以看到输出的值，两个 Action 之间通过 Global 表实现了值的传递。

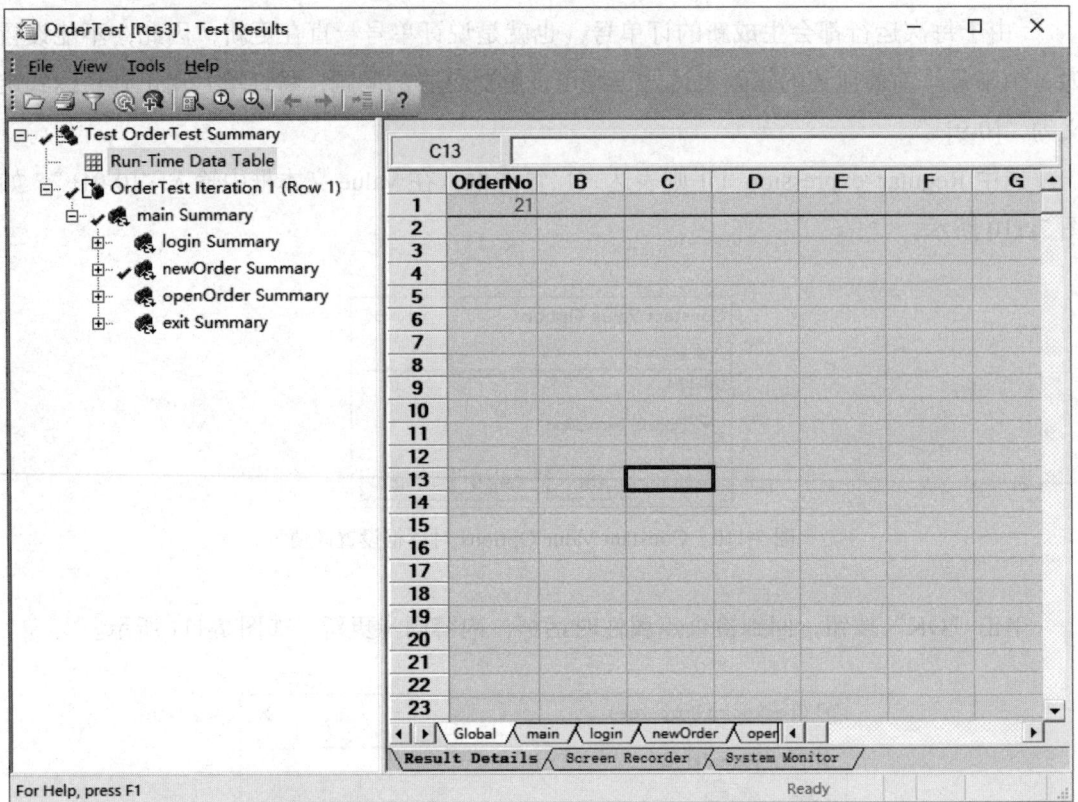

图 7-112　测试结果

　　这些案例展示了 QTP 在不同应用场景下的自动化测试能力，以及如何通过录制和回放操作来验证应用程序的功能。通过这些实践，测试人员可以确保应用程序在不同测试环境和数据集下的行为一致性和功能正确性。

本章小结

　　自动化测试在软件开发过程中起到了至关重要的作用。它能够提高测试效率和准确性，节省人力和物力资源，并促进团队之间的合作和沟通。然而，在实施自动化测试时也需要充分考虑其局限性和适用场合，以确保测试质量和效率的平衡。通过学习，我们了解了如何通过对象层次结构、对象库、智能对象识别等方法快速准确地识别测试对象；掌握了数据驱动测试的实施技巧，包括数据表和参数化的使用；此外，还熟悉了 QTP 的脚本编写、测试报告生成等关键功能。这些内容共同构成了 QTP 自动化测试的核心知识体系，有助于提升我们的测试效率和质量。

一、填空题

1. 自动化测试的主要目标是提高测试_____和_____。

2. 自动化测试的基本流程中，需求分析之后是制定_____。

3. 在金字塔测试策略中，单元测试位于金字塔的_____。

4. 录制回放技术是一种基础的自动化测试技术，通过记录用户在应用程序中的操作，自动生成_____。

5. 数据驱动测试是将测试数据从测试脚本中分离出来，通常使用外部数据源来存储_____。

6. QTP 通过录制用户操作来生成测试脚本，并能够实现测试脚本的_____和结果验证。

7. 在进行自动化测试之前，需要确保被测应用程序处于_____状态。

二、判断题

1. 自动化测试可以完全取代手动测试。（　　　）

2. 自动化测试可以提高测试覆盖率和测试准确性。（　　　）

3. 录制回放技术生成的脚本非常稳定，不会因应用程序的更改而失效。（　　　）

4. 金字塔测试策略要求在三个不同级别进行自动化测试，分别是单元测试、服务测试/集成测试和 UI 测试/端到端测试。（　　　）

5. 自动化测试脚本的维护和更新通常比手动测试用例更困难。（　　　）

6. QTP 是一款商业性能测试工具，提供全面的负载测试、压力测试和性能测试功能。

7. 自动化测试可以达到 100%覆盖率。（　　　）

8. 自动化测试无须使用人工手动执行，完全由自动化测试工具完成。（　　　）

9. 自动化测试可以提高测试效率，却无法保证测试的有效性。（　　　）

三、单项选择题

1. 自动化测试相比手动测试的优势不包括以下哪一项？（　　　）

A. 提高测试效率

B. 降低测试成本（长期来看）

C. 完全模拟用户实际操作

D. 支持持续集成和交付

2. 在自动化测试的基本流程中，哪个阶段涉及测试脚本的编写和调试？（　　　）

A. 脚本开发

B. 脚本设计

C. 需求分析

D. 执行测试

3. 金字塔测试策略的核心思想是什么? (　　)

A. 在较高层次上进行大量的自动化测试

B. 在较低层次上进行少量的自动化测试

C. 在较低层次上进行大量的自动化测试，以更快地发现和修复缺陷

D. 在所有层次上均匀分布自动化测试

4. 以下哪个工具是开源的 Web 自动化测试工具? (　　)

A. LoadRunner

B. QTP

C. Appium（虽然 Appium 也是开源的，但此处针对 Web 测试）

D. Selenium

5. 哪种测试方法提高了测试用例的复用性? (　　)

A. 录制回放技术

B. 数据驱动测试

C. 关键字驱动测试

D. 行为驱动测试

6. 在 QTP 中，哪个功能用于存储测试数据以便在测试脚本中使用? (　　)

A. 对象库

B. 数据表

C. 参数化

D. 测试报告

7.自动化测试通常指测试的自动化过程，这个过程包括 (　　)。

A. 在预设条件下自动运行被测软件或程序（被测对象）并自动分析、评估测试的结果。

B. 意味着逐个对测试用例进行设计或执行测试

C. 自动化测试通常会对测试的结果进行自动分析和纠正发现的缺陷

D. 指非人工方式逐点分析测试过程中的最终结果

四、简答题

1. 简述自动化测试相比手动测试的优势。

2. 解释金字塔测试策略的核心思想。

3. 描述 QTP（或 UFT）在自动化测试中的主要作用。

第8章
软件评审

8.1 软件评审基础知识

软件评审是软件开发过程中重要环节，它涉及对软件产品的技术、过程和文档进行审核、检查和验证，以确认其符合规定标准和要求。软件评审的目的是保证软件质量、可靠性、可维护性和可用性等，是提高软件开发效率的重要手段。在软件开发的各个阶段都可以进行软件评审，包括但不限于需求评审、设计评审和代码评审等。

8.1.1 软件评审的概念

软件评审是软件流程中的一项关键活动，旨在识别和消除缺陷，确保软件产品的质量和一致性，提高最终产品的性能和可靠性。评审的对象可以是软件项目的任何产出物，包括需求规格说明书、设计文档、源代码、测试计划和测试报告等。软件评审可以分为多种类型，包括管理评审、技术评审、代码走查、设计审查和需求审查等。

软件评审涉及多个角色，如评审组长、评审员和记录员等，每个角色都有其特定的职责和任务。评审可以采用不同的方法，如检视、走查和团队评审等。

软件评审是一个结构化的过程，通常包括准备阶段、评审会议、问题记录和跟踪、缺陷修复和重新评审等。评审过程中使用标准和检查表来指导评审员识别潜在的问题和缺陷。通过软件评审，可以提前发现错误，减少返工时间，提高软件的可维护性，同时也有助于提升开发团队对软件的理解。通过评审可以总结经验教训，为未来的项目实施提供参考。通过系统的评审活动，可以确保软件产品在发布前达到预期的质量标准。

8.1.2　软件评审的作用

软件评审的作用是多方面的，通过评审可以发现软件中的缺陷和错误，包括功能错误、性能问题和安全性漏洞等。研究和实践表明，早期发现的缺陷修复成本远低于后期发现的缺陷。评审可以在软件开发的早期阶段识别潜在问题，从而减少后期的返工与维护成本。

软件评审为团队成员提供了一个讨论和解决问题的平台，可以确保软件的各个部分在接口和数据交换方面保持一致性。

软件评审通过识别潜在的风险点，有助于项目管理者提前规划风险缓解策略。它可以发现项目进度、资源分配和设计等方面的潜在风险。此外，评审有助于识别和改进软件架构和代码框架，使其更易于维护和扩展。同时，良好的评审实践也可以提高代码的可读性和复用性。

用户参与评审过程可以确保软件满足他们的实际需求。评审结果可以作为持续改进的依据，帮助团队识别改进领域并实施优化措施。

总之，软件评审是一种预防性的质量保证活动，它通过系统地检查软件产品的各个方面来提高软件的质量、可靠性和安全性等

8.1.3　软件评审的特点

软件评审是一种预防性的质量保证活动，旨在提前发现和修正缺陷，避免它们成为更严重的问题。评审过程是一个结构化和系统化的过程，遵循明确的步骤和准则，以确保全面和一致的检查。在评审过程中，多角色和利益相关者都会参与到评审过程中，包括开发者、项目经理、领域专家和客户代表等，客户的参与和评审结果的透明度可以提高客户对最终产品的信心和满意度。

评审通常基于一组预定义的标准和最佳实践，如编码规范、设计原则和行业标准等。同时，评审是一个迭代优化过程，可能需要多次评审和修正，直到软件产品满足质量要求。

此外，评审过程和结果通常是可度量的，可以跟踪缺陷的数量、类型和修复情况，以及评审的效率和效果。评审方法和工具可以根据项目的特定需求和上下文进行定制和调整，具有灵活性的特点。评审过程中发现的缺陷和提出的建议都会被记录，并且会跟踪这些缺陷直到它们被修复。评审不仅有助于改进当前软件产品的质量，还可以作为学习和改进未来项目开发过程的机会。评审通过识别和解决潜在的风险点，有助于降低项目失败的风险。

8.2 软件评审活动

软件评审活动是系统的检查过程，旨在评估软件产品的各个方面，从而提高其质量。下面以需求评审为例，介绍如何开展评审活动。

软件评审中的需求评审是指在软件开发过程中对产品需求进行系统的审查和评估，以确保需求的完整性、一致性和可行性。需求评审通常包括准备工作、会议讨论、评审目标、组建评审团队、记录和反馈、会议管理和后续行动七个关键环节。

（1）准备工作：在准备工作环节中，需要完成原型设计、UML 图和 PRD（Product Requirement Document，需求文档）文档的准备。同时梳理评审流程并进行预演，确保评审过程流畅地进行。准备好相关的资料，如背景资料、对接文档等，并确保演示环境准备就绪。

（2）会议讨论：需求评审会议通常包括背景介绍、需求概述、功能模块及人员安排、业务流程讲解、原型展示等环节。在会议中，产品经理需要主导讨论，确保需求的准确性和完整性，同时识别和解决潜在的问题。需求评审会议应该涵盖所有关键人员，包括技术人员、UI 设计师、运营和市场人员等，以确保从不同角度对需求进行评估。

（3）评审目标：评审的目的是确保需求的完整性，即所有必要的需求都已被识别并记录。验证需求的合理性，确保需求符合业务目标和用户需求。同时，确定需求的优先级，根据业务目标和用户需求确定每个需求的重要性和紧急性。

（4）组建评审团队：一个有效的评审团队应包括产品经理、开发人员和用户代表等，以提供多角度的评审意见。组建评审团队时，还要确保团队成员之间的协作和有效沟通。

（5）记录和反馈：详细记录评审意见，包括功能需求、非功能需求和业务规则等，并为每个意见分配责任人和完成时间。评审结束后，产品经理需要根据评审意见优化需求方案，明确待解决的问题，并确定相关的时间节点。

（6）会议管理：需求评审会议需要良好的会议管理，包括会前的准备、会中的控制和会后的跟进等。会议应该高效、有目的性，避免无谓的争议，确保讨论的焦点集中在需求的质量和可行性上。

（7）后续行动：评审会议结束后，需要对会议记录进行整理，并对未解决的问题进行后续处理。根据评审结果调整需求文档，并同步给所有相关方。如果需要，安排二次评审会议，以确保所有问题都得到妥善解决。

需求评审是确保软件开发项目成功的关键步骤，它有助于提前发现和解决需求中的问题，降低项目风险，并为项目的顺利进行奠定基础。

8.3　软件评审技术和工具

8.3.1　常用技术和工具

软件评审是确保软件质量和一致性的关键过程，它涉及对软件产品的各个方面进行系统的检查和评估。软件评审技术和工具的使用可以提高评审的效率和有效性。

软件评审过程中使用到的评审技术、评审工具罗列如下。

评审技术包括：

①缺陷检查表：使用预定义的检查列表来识别常见的缺陷和问题。

②规则集：基于一组预定义的编码规则来检查代码，这些规则可以是项目特定的或行业标准。

③场景分析技术：通过模拟不同的使用场景来评估软件的行为和性能。

评审工具较多，简单介绍几个：

①Gerrit：一个基于 Web 的代码审查工具，通常用于 Git 版本控制系统。

②Jupiter：一个代码审查工具，提供了代码审查和项目管理功能。

③SourceMonitor：一个用于分析和审查源代码复杂性的自动化工具。

④Review Board：一个基于 Web 的代码审查工具，支持多种版本控制系统。

⑤Crucible：一个代码审查工具，提供了详细的代码审查功能和集成选项。

8.3.2　SourceMonitor 工具

SourceMonitor 是一个用来静态分析代码的开源小工具，它能够返回代码的复杂性度量值等分析结果。

8.3.2.1　特点

①运行起来非常快，SourceMonitor 是由 C++编写，每秒可以处理 10000 行代码。

②可以分析的代码类型很多，包括 C/C++、C#、VB、Java、Delphi 和 HTML。

③可以对表格和图中的度量值进行打印，输出格式有 xml、csv 等。

④有标准的 windows 用户界面，如图 8-1 所示。

图 8-1　SourceMonitor 主界面

8.3.2.2　步骤

①选择要进行分析的程序的语言，在这里我们选择 Java 语言，Include 文本框中就会显示"*.java"，见图 8-2。

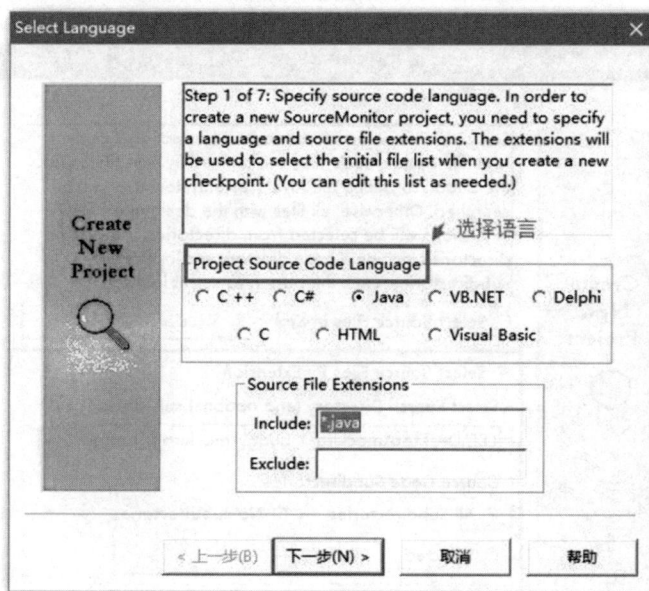

图 8-2　选择语言

②创建文件路径，如果使用自己设置的文件夹，则必须保证该文件夹已经存在，不然会报错，见图 8-3。

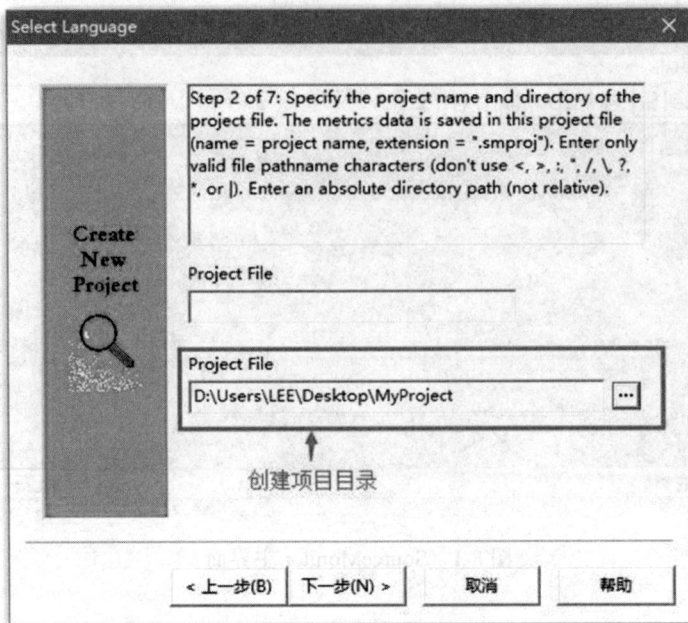

图 8-3　选择项目文件位置

③选择要分析代码的项目路径，我们点选 "Select Source Files By Extension"，然后选择相应路径，如图 8-4 所示。

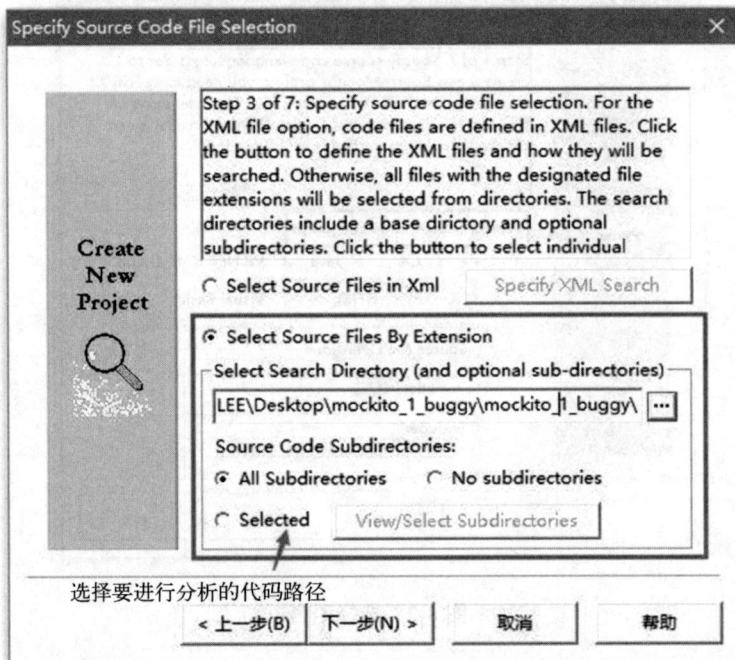

图 8-4　选择要分析代码的项目路径

④点选相应的项目选项，这里勾选"Use Modified Complexity Metric"和"Do not count blank lines"，如图 8-5 所示。

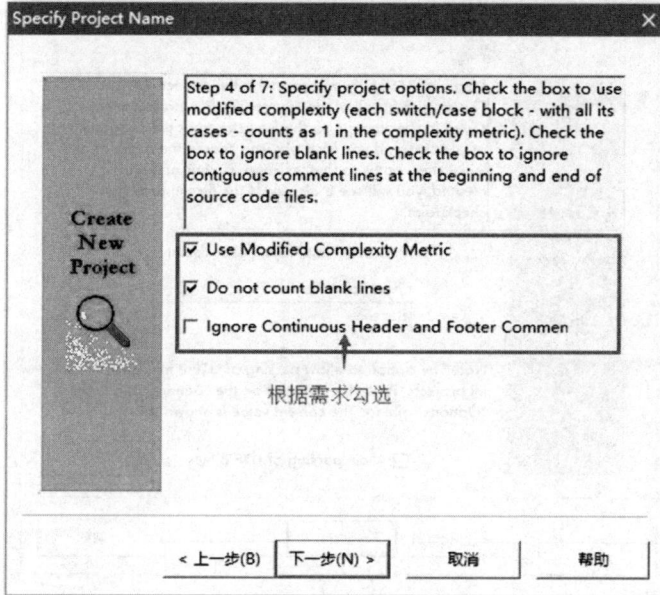

图 8-5　空行等设置

⑤选择文件保存格式，这里勾选"New SourceMonitor project format"，会自动保存为.smprc 文件，如图 8-6 所示。

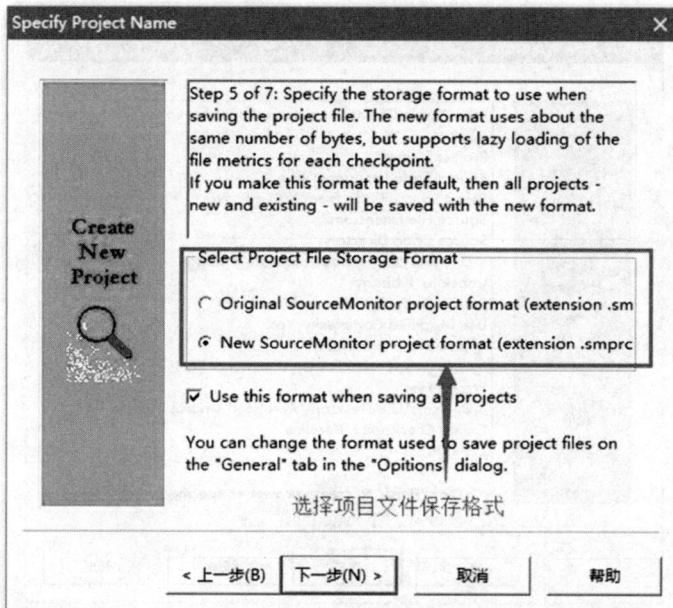

图 8-6　文件保存格式

⑥确定初始化项目检查点（Checkpoint），就是在哪些地方进行分析，Baseline 是一个检查点的名称，如图 8-7 所示。

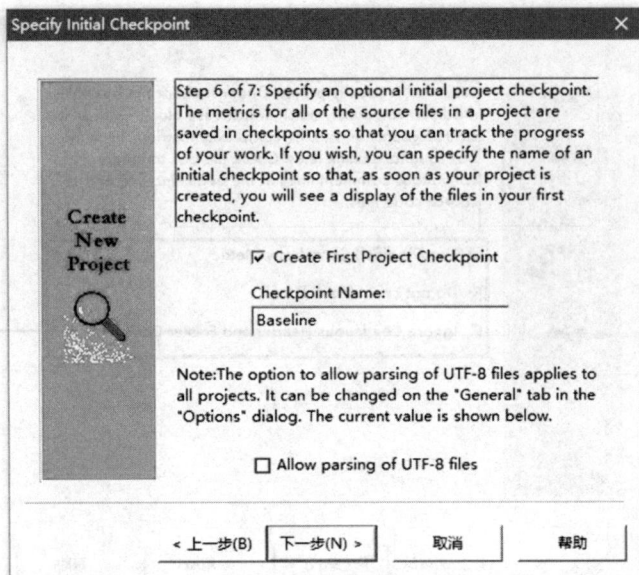

图 8-7　检查点设置

⑦再次确认项目的一些信息，包括项目名（Project Name）、项目代码语言（Source Code Language）、代码路径（Source Code Directory）、是否检查子路径（Source Code Sub-directory）等，确认无误之后，点击"完成"按钮，如图 8-8 所示。

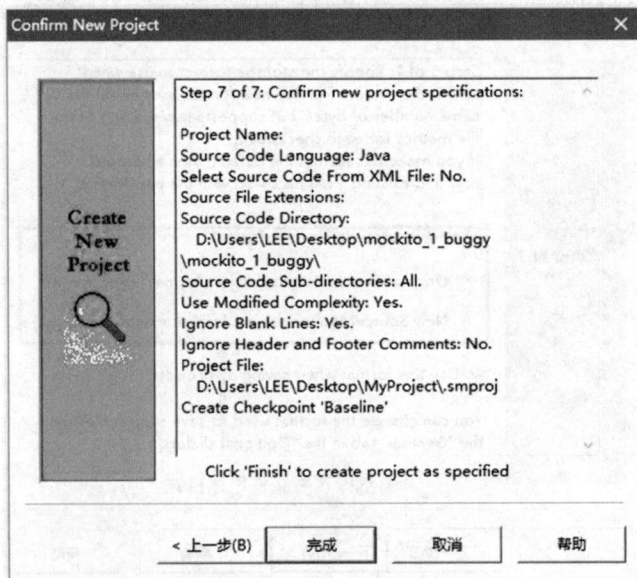

图 8-8　项目信息确认

在经历了上述 7 步配置之后，就可以得到 SourceMonitor 的静态分析结果，继而弹出的窗口是"Specify New Java Checkpoint"，里面列举出了不需要分析的 Checkpoint（Files Not In New Checkpoint）和需要分析的 Checkpoint（Files In New Checkpoint），点击"OK"，如图 8-9 所示。

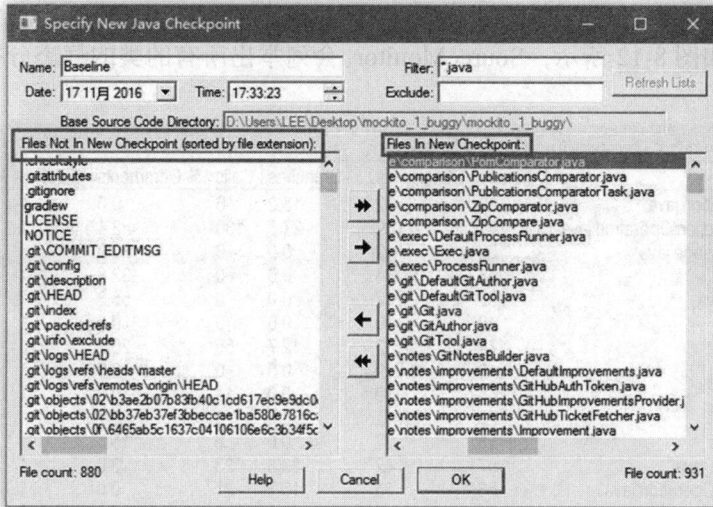

图 8-9　选择源代码文件

"Java Checkpoint In Project"窗口会列举出整个项目的基本信息，包括代码行，分支覆盖，函数个数等，如图 8-10 所示。

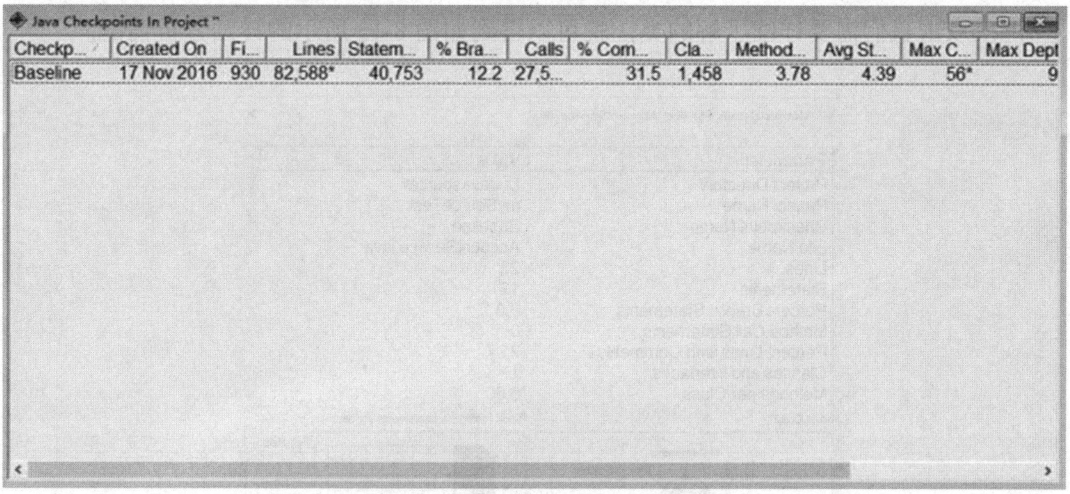

图 8-10　创建后的项目文件

如果需要精确到每个文件的静态分析结果，可以点击工具栏的"View Checkpoint Files"按钮，如图 8-11 所示。

图 8-11　View Checkpoint Files 按钮

得到的结果如图 8-12 所示，SourceMonitor 会列举出所有的类的静态分析情况。

File Name	Lines	Statements	% Branches	Calls	% Comments	Classes	Methods/Class
AbstractAceTableOperation.java	32	22	18.2	6	0.0	1	2.00
AbstractICEfacesComponentOperation.java	291	189	27.5	100	3.4	1	16.00
AbstractWebsocketMessage.java	25	2	0.0	0	80.0	1	0.00
AccessToken.java	58	24	0.0	0	32.8	1	0.00
AccessTokenMapper.java	52	12	0.0	0	55.8	1	6.00
Account.java	40	19	0.0	0	0.0	1	7.00
AccountController.java	174	102	12.7	55	20.7	1	6.00
AccountDao.java	12	9	0.0	0	0.0	1	6.00
AccountDaoImpl.java	65	39	0.0	14	0.0	1	7.00
AccountService.java	23	12	0.0	0	21.7	1	6.00
AccountServiceImpl.java	58	22	0.0	6	15.5	1	6.00
AceAccordionOperation.java	67	42	23.8	23	3.0	1	1.00
AceAutoCompleteEntryOperation.java	53	36	16.7	27	0.0	1	1.00
AceColumnGroupOperation.java	35	16	18.8	8	17.1	1	1.00
AceColumnOperation.java	55	24	25.0	20	25.5	1	1.00
AceComboBoxOperation.java	81	52	21.2	35	7.4	1	1.00
AceConfirmationDialogOperation.java	64	35	17.1	22	14.1	1	1.00
AceDataExporterOperation.java	48	27	22.2	13	18.8	1	1.00

图 8-12　所有类的静态分析情况

再次双击我们需要详细了解的类，就可以得到如图 8-13 所示的详细分析情况。

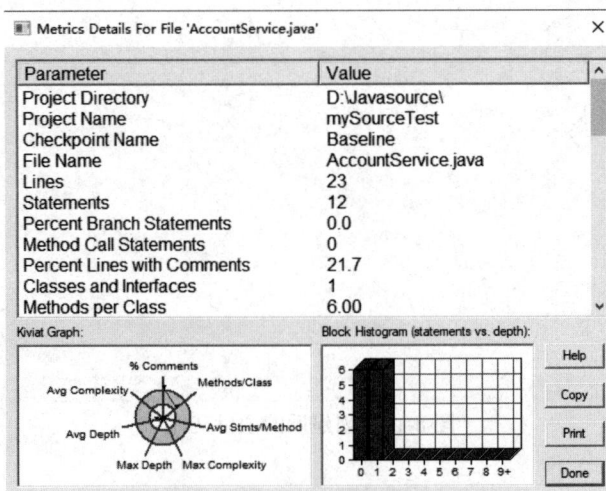

图 8-13　类详细分析情况

图 8-13 中分析指标说明如下：

Lines：代码行数。

Statements：语句的行数。

Percent Branch Statements：分支数占总语句数的百分比。

Method Call Statements：方法调用语句数。

Percent Lines with Comments：注释语句占总语句数的百分比。

Classes and Interfaces：类和接口数。

Methods per Class：每个类平均包含函数个数。

Average Statements per Method：每个函数平均包含的语句个数。

Line Number of Complex Method：最复杂函数的行号（最复杂指的是 McCabe 复杂度值为最高）。

Maximum Complexity：该类中最复杂函数的复杂度（最复杂指的是 McCabe 复杂度值为最高）。

Line Number of Deepest Block：最深层语句块的行号。

8.4 软件评审的组织

软件评审是确保软件质量和项目成功的重要步骤，它涉及对软件开发过程中的各个阶段和产出物进行系统的审查和评估。软件评审的组织结构和流程通常包括明确评审目标、组建合适的评审团队、提前准备评审材料、制定详细的评审流程、使用评审工具、进行评审会议、跟踪和分析评审结果、评审的持续改进和评审的绩效评估等关键环节。

①明确评审目标：确定评审的具体目标，如提升代码质量、发现潜在问题、确保代码符合项目规范等。这有助于提高评审活动的针对性和有效性。

②组建合适的评审团队：评审团队应包括不同角色的成员，如开发人员、测试人员、架构师和项目经理等，以确保评审的全面性和多样性。

③提前准备评审材料：准备好评审材料，如代码和设计文档等，并确定评审的范围和目标。

④制定详细的评审流程：制定清晰的评审流程，包括准备阶段、评审阶段和处理阶段等，确保评审活动的高效有序进行。

⑤使用评审工具：利用评审工具，如 PingCode、Worktile、GitHub 和 JIRA 等，来支持评审活动的管理，提高评审的效率和效果。

⑥召开评审会议：通过评审会议，评审人员对评审材料进行详细检查，并记录发现的

问题和建议。评审阶段的重点是发现问题，而不是解决问题。

⑦跟踪和分析评审结果：汇总评审结果，并与相关人员讨论，确定问题的优先级和处理方案，确保每个问题都得到跟踪和解决。

⑧评审的持续改进：定期进行评审活动的总结，分析评审中的问题和不足，提出改进建议，不断优化评审流程。

⑨评审的绩效评估：通过评审的绩效评估，了解评审的效果和问题，提出改进建议，提高评审的效率和效果。

软件评审的组织结构和流程需要根据项目的特定需求和团队的工作方式来定制。

本章小结

软件评审是软件生命周期中的关键环节，其目的是确保软件产品的质量、一致性和符合性。软件评审是一个复杂但至关重要的过程，它涉及多个角色、多种技术和工具，以及一系列标准化的流程。通过有效的评审，可以显著提高软件的质量和可靠性，减少后期的维护成本，从而提升用户满意度和产品的市场竞争力。

本章习题

一、判断题

1. 代码评审员一般由测试员担任。（　　　）

2. 代码评审时检查源代码是否达到模块设计的要求。（　　　）

3. 评审的效率不高，软件开发过程中可以不进行评审。（　　　）

4. 代码走查属于静态测试，不是动态测试。（　　　）

5. 评审不需要用户参与，开发人员和测试人员协同合作即可。（　　　）

二、单项选择题

以下描述中哪个是正确的？（　　　）

A. 在评审会正式召开之前，评审员必须认真阅读被审查的工作产品。

B. 在代码评审过程中，应留出足够的时间让评审人员与开发人员就现场发现的缺陷修复达成一致意见。

C. 在代码评审会前，必须提前设计测试用例，并在评审过程中逐一执行每个测试用例，观察执行结果。

D. 代码评审不涉及测试环境搭建、测试脚本编写、测试用例管理等工作，因此应广泛使用代码评审，至少每周组织 2～3 次代码评审。

三、简答题

1. 软件评审的概念是什么?

2. 软件评审的特点是什么?

3. 软件评审的作用是什么?

4. 软件评审过程中可能会使用到的技术有哪些?

第9章
软件质量与质量保证

9.1 相关概念

9.1.1 软件质量保证（SQA）

SQA 是确保软件质量的重要活动之一，贯穿整个软件开发周期。包括制定详细的质量计划，明确软件质量目标和标准，进行质量控制活动，如对开发过程进行监督和检查，确保开发人员遵循既定的开发规范和流程。开展质量审计，评估软件开发过程和产品是否符合质量要求。

例如，SQA 团队可以通过检查代码是否符合规范、测试过程是否有效等方式，及时发现潜在的质量问题，并督促开发团队进行整改，从而保证软件的质量。

9.1.2 软件质量控制（SQC）

SQC 专注于软件产品的质量把控，主要在软件开发过程中，运用各种技术手段和活动来监控和评估软件产品的质量。通过代码审查，发现代码中的潜在错误和不规范之处。执行测试用例，验证软件功能是否符合需求。分析性能指标，确保软件在运行效率等方面达到要求。

9.1.3 SQC 与 SQA 的区别

与 SQA 相比，SQC 更侧重于对软件产品本身质量的直接管理和控制。它通过具体的技术手段，及时发现并纠正软件中的质量问题，以保证软件产品符合质量标准。

9.2 软件质量模型和质量度量

软件质量模型为评估软件质量提供了系统的框架，它从多个维度定义软件质量的特性，帮助我们全面理解软件质量的优劣。质量度量则是量化软件质量的手段。通过具体指标衡量各质量特性，如用缺陷密度评估软件质量、用响应时间衡量效率等。质量度量使质量评估更客观准确，为软件质量控制和改进提供数据支持，让开发团队能及时发现问题并采取措施，从而不断提升软件质量。

9.2.1 软件质量模型

9.2.1.1 McCall 质量模型

（1）模型结构：McCall 质量模型是早期具有代表性的软件质量模型之一。它将软件质量特性分为三组：产品运行特性、产品修正特性和产品转移特性。

产品运行特性包括正确性、可靠性、效率、完整性和可用性五部分。这些特性主要关注软件在运行过程中的表现，例如软件是否能正确地完成任务（正确性），是否能稳定运行（可靠性），运行速度和资源利用是否合理（效率），数据和功能是否完整（完整性），以及用户操作是否方便（可用性）。

产品修正特性涵盖可维护性、可测试性和灵活性。这组特性着重于软件出现问题后的修复难易程度，像软件是否容易被维护人员理解和修改（可维护性），是否方便测试人员进行测试（可测试性），以及软件在功能和架构上是否具有一定的灵活性来适应变化（灵活性）。

产品转移特性包含可移植性、复用性和互操作性三部分。这主要考虑软件在不同环境之间转移时的特性，比如软件能否方便地移植到其他平台（可移植性），软件的组件或模块是否能够在其他软件中复用（复用性），以及软件与其他系统交互是否顺畅（互操作性）。

（2）应用场景与局限性：该模型在软件质量评估的早期阶段发挥了重要作用，有助于软件开发者和质量管理人员从多个维度全面考虑软件质量。例如，在开发企业级软件时，通过这个模型可以系统地评估软件从运行、修正到转移各阶段的质量。

然而，它也有一定的局限性。由于其将质量特性划分得比较细致，在实际应用中可能会使得评估过程较为复杂，并且有些质量特性之间可能存在重叠，使得评估结果不够精确。

9.2.1.2 ISO/IEC 25010 质量模型

（1）模型结构：这个模型是国际标准化组织制定的软件质量模型。它将软件质量特性分为八个主要特性，包括功能适用性、性能效率、兼容性、易用性、可靠性、安全性、可维护性和可移植性。

每个主要特性又进一步细分为子特性。例如，功能适应性包括功能完整性、功能正确性和功能适当性等。可靠性包含无故障性、可用性、容错性和可恢复性等。这些子特性使得质量评估更加具体和细致。

这种分层结构使得软件质量评估能够从宏观的特性逐步深入到微观的子特性，为软件质量的全面评估提供了系统的框架。

（2）应用场景与局限性：ISO/IEC 25010 质量模型在全球范围内被广泛应用于软件质量评估和软件产品认证等领域。在软件开发外包项目中，甲方可以依据这个模型来验收软件的质量，确保软件符合国际标准。

不过，该模型在实际应用中可能需要花费较多的时间和精力来收集和分析各个子特性的数据，对于一些小型项目或者快速迭代的项目来说，可能会显得有些烦琐。

9.2.2 软件质量的度量

9.2.2.1 度量的定义和目的

（1）定义：软件质量度量是对软件质量特性进行量化的过程。它通过定义一系列的度量指标和度量方法，将软件质量的各个方面用数字或等级等形式表示出来，以便更直观地了解和比较软件质量。

（2）目的：主要目的是客观地评估软件质量，为软件质量的改进提供依据。例如，通过度量软件的缺陷密度（缺陷数量／代码行数），可以了解软件的质量状况，发现质量较差的模块，从而针对性地进行改进。

9.2.2.2 常用的度量指标

缺陷相关指标包括很多，下面介绍一些常用的度量指标。

（1）缺陷密度：如前面提到的，它是衡量软件质量的一个重要指标。通过计算每千行代码（KLOC）中的缺陷数量来评估软件的质量。例如，如果一个软件项目有 10000 行代码，发现了 50 个缺陷，那么缺陷密度就是 50/10 = 5（个／千行代码）。一般来说，缺陷密度越低，软件质量越高。

（2）缺陷分布：分析缺陷在软件各个模块、功能或阶段的分布情况。例如，通过统计发现某个功能模块的缺陷数量占总缺陷数量的比例较高，那么就可以重点关注这个模块的开发和测试。

（3）缺陷修复率：指在一定时间内已修复的缺陷数量与发现的缺陷总数的比率。它反映了缺陷修复的效率。如果缺陷修复率较低，可能意味着开发团队的修复能力不足或者测试过程中发现的缺陷过多。

（4）代码行数（LOC）或功能点（FP）：代码行数是最直观的规模度量指标，但它有一定的局限性，因为不同编程语言的代码行数可能不能完全反映功能的复杂程度。功能点是一种更抽象的度量方式，它通过对软件功能的分解和评估来衡量软件的规模。

（5）响应时间：用户发出请求到软件系统做出响应的时间间隔。例如，对于一个网站应用，用户点击一个链接后，页面在多长时间内显示出来就是响应时间。响应时间过长会影响用户体验。

（6）吞吐量：在单位时间内系统能够处理的任务数量。比如，一个服务器软件在 1s 内能够处理的请求数量就是它的吞吐量。

9.3 软件质量管理与质量保证

软件质量管理旨在确保软件产品满足用户需求和质量标准，涵盖了质量规划、实施与监控和改进等环节。质量规划明确质量目标和标准，制定质量计划。实施与监控中，对开发过程进行规范化管理，并定期评估。质量改进根据问题反馈，分析原因并采取措施。软件质量保证专注于确保开发过程符合标准，包括制定规范、审计检查、问题跟踪解决等活动。两者相辅相成，共同提升软件质量，降低成本，提高用户满意度和市场竞争力。

9.3.1 软件质量管理

9.3.1.1 软件质量管理的概念

软件质量管理是一个全面的、系统性的过程，旨在确保软件产品能够满足用户的需求以及达到预期的质量标准。它涵盖了从软件项目的规划阶段到软件交付后的维护阶段的全过程，涉及软件产品的各个方面，包括功能、性能、可靠性、易用性等质量特性。

9.3.1.2 软件质量管理的过程

（1）质量规划：这是软件质量管理的首要步骤。在这个阶段，需要明确软件的质量目标和质量标准。质量目标通常是根据用户需求、项目合同以及市场竞争情况等来确定的。例如，对于一个移动应用开发项目，质量目标可能包括在主流手机机型上响应时间不超过 1s、用户界面符合特定的设计风格和易用性标准等。

同时，要制定质量计划，包括质量保证和质量控制的活动计划、资源分配、进度安排等。质量计划是后续质量管理活动的指导文件，它详细规定了如何实现质量目标。

（2）质量保证过程的实施与监控：在软件项目的开发过程中，需要按照质量计划实施质量保证活动。这包括对软件开发过程进行规范化管理，例如要求开发人员遵循统一的代码规范和开发流程等。同时，要定期对质量保证活动的执行情况进行监控，确保这些活动能够有效地提高软件质量。

例如，通过代码审查会议来检查代码是否符合规范，通过定期的项目进度检查来确保质量保证活动没有滞后。

（3）质量改进：根据质量监控的结果以及用户反馈等信息，识别软件质量存在的问题和不足。对于发现的质量问题，要分析其原因，例如是开发过程中的技术问题、人员管理问题还是需求变更问题等。

然后，制定并实施相应的质量改进措施。质量改进是一个持续的过程，它可以使软件质量不断得到提升。例如，发现软件的某个功能模块的缺陷率较高后，可能会对开发流程进行优化，或者对开发人员进行针对性的培训。

9.3.2 软件质量保证的活动

9.3.2.1 标准和规范的制定

为软件开发过程和软件产品制定一系列的标准和规范是 SQA 的基础工作。这些标准和规范包括代码规范（如命名规则、代码格式等）、文档规范（如需求文档、设计文档的格式和内容要求）、测试规范（如测试用例的编写标准、测试流程等）。

例如，规定在 Java 开发中变量命名采用驼峰命名法，需求文档要包括功能需求、非功能需求和用户场景等内容。

9.3.2.2 过程审计与检查

SQA 人员需要对软件开发过程进行审计和检查，确保开发团队遵循既定的标准和规范。这包括对开发过程中的各个环节进行检查，如需求分析是否充分、设计是否合理、编码是否符合规范、测试是否全面等。

例如，在代码审查过程中，检查代码是否存在潜在的逻辑错误、是否符合安全标准等。在测试过程检查中，查看测试用例是否覆盖了所有的功能点和边界情况。

9.3.2.3 问题跟踪与解决

当发现软件开发过程中存在不符合标准和规范的问题或者软件产品存在缺陷时，SQA人员要负责跟踪这些问题，确保问题得到及时有效的解决。这包括记录问题的详细信息、确定问题的优先级、跟踪问题的解决进度等。

例如，对于一个严重影响软件功能的缺陷，要将其优先级设为最高，每天跟踪其解决进度，直到问题得到妥善解决。

9.3.3 软件质量保证体系的构成

（1）组织结构：一个完善的软件质量保证体系需要有明确的组织结构。通常包括质量保证部门，该部门负责统筹质量保证工作，配备有专业的 SQA 人员。同时，开发团队、测试团队等其他部门也要在质量保证过程中发挥相应的作用。

例如，在大型软件企业中，质量保证部门直接向项目总监汇报工作，并且与开发部门、测试部门等建立紧密的合作关系，共同确保软件质量。

（2）流程和制度：软件质量保证体系需要建立一系列的流程和制度。这些流程包括软件开发生命周期中的各个环节的质量保证流程，如需求评审流程、设计评审流程、代码审查流程、测试流程等。制度方面包括质量责任制度（明确各个部门和人员在质量保证中的责任）、质量奖励和惩罚制度等。

例如，在需求评审流程中，规定必须有用户代表、开发人员和测试人员等共同参与，对需求文档进行详细的评审，提出意见并记录在案。

（3）资源保障：为了确保软件质量保证体系的有效运行，需要提供相应的资源保障。这包括人力资源（如足够数量和资质的 SQA 人员、培训资源等）、技术资源（如质量保证工具，像代码审查工具、测试管理工具等）和资金资源（用于购买工具、开展培训等）。

例如，为了提高代码审查的效率和质量，公司购买了专业的代码审查工具，并对开发人员和 SQA 人员进行使用培训。

9.4 程序正确性软件质量

9.4.1 程序正确性的标准

程序的正确性是软件开发的关键目标之一。不同的正确性标准可以帮助我们评估程序的质量和可靠性。

（1）完全正确性：要求程序对于所有可能的输入都能产生正确的输出结果。这是一个非常严格的标准，在实际开发中很难实现。例如，一个科学计算软件，需要对各种不同的输入数值进行准确计算，并且在任何情况下都不能出现错误。

（2）部分正确性：只要求程序在特定的输入条件下产生正确的输出结果。这是一种更实际的标准，因为在很多情况下，我们只需要关注程序在特定场景下的正确性。例如，一个图像识别软件，只需要在特定类型的图像上能够准确地识别出物体即可。

（3）相对正确性：通过与其他已知正确的程序或标准进行比较来确定程序的正确性。这种标准相对较为灵活，因为它不要求程序绝对正确，而是只要与参考标准表现出相似的结果即可。例如，两个不同的排序算法，在对相同的数据集进行排序时，如果结果相似，就可以认为它们具有相对正确性。

9.4.2　软件错误的分类

软件错误可以根据不同的标准进行分类，以便更好地理解和处理这些错误。

（1）语法错误：违反编程语言的语法规则而产生的错误。这些错误通常在编译阶段就能被检测出来。例如，在 Java 语言中，忘记添加分号、括号不匹配等都是常见的语法错误。

（2）逻辑错误：程序的逻辑结构存在问题，导致程序不能按照预期的方式运行。逻辑错误通常比较难以发现，需要通过仔细的测试和分析才能找出。例如，在一个计算两个数之和的程序中，如果错误地将加法运算写成了减法运算，就会产生逻辑错误。

（3）语义错误：虽然程序在语法上是正确的，但在语义上不符合预期的含义。语义错误可能会导致程序产生错误的结果或行为。例如，在 C 语言中，将一个指针指向了错误的内存地址，虽然在语法上是允许的，但在语义上是错误的，可能会导致程序崩溃或产生不可预期的结果。

（4）运行时错误：在程序运行过程中出现的错误。运行时错误可能是由于资源不足、输入数据错误或程序内部的逻辑问题等原因引起的。例如，程序在运行时出现内存溢出、除以零错误、文件不存在等情况都属于运行时错误。

（5）接口错误：软件模块之间的接口不匹配或不正确而产生的错误。接口错误可能会导致模块之间的通信出现问题，影响整个软件系统的正常运行。例如，两个函数之间的参数类型不匹配，或者函数的返回值不符合调用者的预期，都属于接口错误。

9.5　程序中隐藏错误数量估计

在软件开发过程中，准确估计程序中隐藏的错误数量是一项具有挑战性但又至关重要的任务。这有助于开发团队合理规划测试资源、评估软件质量以及确定发布时间。以下将介绍几种常见的程序中隐藏错误数量估计方法。

9.5.1 种子模型法

种子模型法是一种通过在程序中植入已知错误（种子错误）来推断隐藏错误数量的方法。

（1）原理：在程序的特定位置植入一定数量的种子错误，然后进行测试。根据测试过程中发现的种子错误与实际错误的比例关系，来估计程序中隐藏的错误总数。

（2）步骤

①选择植入位置：确定程序中适合植入种子错误的关键模块或功能点，这些位置应具有代表性。

②植入种子错误：将预先设计好的种子错误植入选定的位置。

③进行测试：对植入种子错误的程序进行全面测试，记录发现的种子错误和实际错误数量。

④计算比例：根据发现的种子错误和实际错误数量，计算两者之间的比例。

⑤估计隐藏错误数量：利用比例关系和植入的种子错误数量，估计程序中隐藏的错误总数。

案例：假设在一个软件程序中，选择了五个关键模块进行种子错误植入，共植入了 20 个种子错误。经过测试，发现了 15 个种子错误和 60 个实际错误。那么，种子错误与实际错误的比例为 60÷15 = 4。如果还有 5 个种子错误未被发现，那么可以估计未被发现的实际错误数量为 5×4 = 20 个。因此，该程序中隐藏的错误数量大约为已发现的实际错误数量 60 加上未被发现的实际错误数量 20，即 80 个。

9.5.2 Hyman 估算法

Hyman 估算法主要依靠测试人员的经验和对程序的理解来估计隐藏错误数量。

（1）原理：测试人员根据自己的经验、对程序的熟悉程度以及类似项目的历史数据，对程序中可能存在的错误数量进行初步估计。然后，随着测试的进行，根据发现的错误情况不断调整估计值。

（2）步骤

①初步估计：测试人员根据经验和对程序的分析，给出一个初始的错误数量估计。

②测试与调整：在测试过程中，根据发现的错误类型、严重程度以及测试覆盖范围等因素，对估计值进行调整。

③确定估计值：经过多次调整和观察，最终确定一个较为准确的隐藏错误数量估计值。

案例： 在一个新的软件开发项目中，测试人员根据以往的经验和对当前项目的初步了解，估计该程序中可能存在大约 60 个错误。在测试初期，发现了一些较为严重的错误，这使得测试人员认为程序中的错误数量可能比最初估计得要多，于是将估计值调整为 70 个错误。随着测试的深入，发现错误的速度逐渐减慢，但仍然不断有新的错误出现。经过一段时间的观察和分析，测试人员最终将隐藏错误数量估计值确定为 68 个。

9.5.3 回归分析

回归分析是一种利用统计学方法建立变量之间关系的技术，可用于估计程序中隐藏的错误数量。

（1）原理：通过收集大量的测试数据，如测试用例数量、测试时间、发现的错误数量等，建立回归模型。然后，根据新的测试数据，利用回归模型来估计隐藏错误数量。

（2）步骤

①数据收集：收集与程序测试相关的各种数据，包括测试用例数量、测试时间、发现的错误数量等。

②建立模型：使用统计学软件对收集到的数据进行分析，建立回归模型。

③估计错误数量：将新的测试数据代入回归模型中，估计程序中隐藏的错误数量。

案例： 假设收集了一组软件测试数据，经过分析建立了如下回归模型：错误数量= 2×测试用例数量+ 0.5×测试时间+ 10。如果现在已知测试用例数量为 50，测试时间为 24h，那么将这些数据代入回归模型中，可以估计出程序中隐藏的错误数量为：2×50 + 0.5×24 + 10 = 122 个。

本章小结

本章全面阐述了软件质量与质量保证的关键内容。首先，探讨了软件质量，涵盖基本概念、相关概念及质量特性，包括功能性、可靠性、易用性等多个方面。还阐述了软件质量模型和质量度量，如常见的 McCall 质量模型和 ISO/IEC 25010 质量模型，以及各种度量指标。接着，论述了软件质量管理与质量保证，包括管理过程、质量保证活动及质量保证体系的构成。最后，对软件错误进行了分类，包括不同开发阶段的各类错误，明确了程序正确性的不同标准。介绍了估计程序中隐藏错误数量的方法，如种子模型法、Hyman 估算法和回归分析法。总之，本章为软件质量的提升提供了全面的理论指导和实践方法，强调了在软件开发中重视质量的重要性。

本章习题

简答题

1. 在实际软件开发项目中,如何有效地减少不同类型的软件错误?请举例说明一个实际软件项目中可能出现的程序正确性问题,并分析如何判断其正确性。

2. 在资源有限的情况下,如何选择合适的错误数量估计方法?

3. 如何评估不同错误数量估计方法的准确性和可靠性?

4. 如何在软件开发过程中持续提升软件质量特性?

5. 讨论质量度量指标的动态调整策略。

第 **10** 章
测试的组织和管理

随着软件规模和复杂程度的不断增大，为了尽可能多地找出程序中的缺陷，开发出高质量的软件产品，必须高效进行软件测试。为了更好地完成这项工作，需要进行有效的组织和管理。软件测试的组织和管理指的是，在软件测试过程中，有效地规划、协调和管理测试活动，以确保测试工作有序进行并达成预定目标。

软件测试工作组织和管理的对象包括人员、资源、过程、进度、测试用例、测试文档和缺陷管理等。

10.1 人员和资源组织

软件测试
的原则

10.1.1 软件测试工作的特点

软件测试工作和软件开发工作相比，有其自身的特点。

①软件测试不直接生产软件产品，难以直观体现工作者的工作价值。软件测试的工作价值主要体现在降低软件失败的风险，降低软件综合成本。

②经验的积累对于提高测试效率和质量起着决定性的作用。缺乏经验的测试人员可能需要进行大量的测试工作，却未必能有效识别软件中存在的问题。相反，经验丰富的测试人员往往能够迅速而准确地发现并定位软件存在的缺陷。

③软件测试往往需要在没有现成模板或先例的情况下进行。测试人员必须根据软件的具体特性和需求，创造性地设计测试策略和执行测试，以确保测试结果的有效性。不同测试人员的设计和执行能力可能导致测试成本和效果的显著差异。

④软件测试的目的在于发现可能隐藏的软件问题，这要求测试人员必须具备高度的责任心和耐心。一些问题可能不容易立即发现，测试人员需要细致检查和反复测试，以确保问题被准确捕捉到。

⑤虽然软件测试工作中包含一些简单重复的任务，但随着技术的进步，测试工作的专业性在不断增强。这要求测试人员不断更新知识、提升技能，以适应不断变化的测试需求和工具。

10.1.2 软件测试人员组织

软件测试人员需要认识到自己的工作对于确保软件质量和降低风险的重要性，应该具备细致入微的观察力和持久的耐心，愿意长期投入到软件测试的工作中。此外，一个高效的软件测试团队应该由不同技能和经验水平的人员组成，他们需要明确分工、紧密合作，以确保测试任务和项目的成功完成。以下是软件测试团队中通常需要的几种角色。

（1）创新的测试领导者：这些人员应具有前瞻性和创新精神，负责测试的组织管理以及设计测试策略和计划。

（2）经验丰富的测试专家：负责执行测试任务，拥有强大的专业技术能力和丰富的经验，能够迅速识别和解决问题。

（3）初级测试人员：他们执行具体的测试工作，在实践中积累经验并不断提升自己的技能。

一旦软件测试团队组建完成，成员之间需要进行合理的分工和密切的协作。团队中常见的角色包括测试经理（测试项目负责人）、测试工程师和测试员三种。在一些规模较大的测试团队中，还可能设有测试组长来协调团队工作，以及负责测试环境和工具的专门人员来确保测试环境的稳定性和测试工具的有效性。这样的团队结构有助于提高测试工作的效率和效果。

10.1.2.1 测试经理

测试经理的工作职责是计划、组织管理和协调整个测试工作项目，保证测试工作项目保质保量地按期完成，具体工作内容如下。

①负责测试团队与外部团队的沟通和协调工作。

②负责测试团队的招聘、监督和培训工作。

③明确测试需求，评估所需的工作量，并制订预算。

④制定测试计划，确定测试方案和流程。

⑤组织和协调测试项目所需的各种资源，确保测试能够顺利进行。

⑥监控测试进度，管理测试项目的执行，并监督测试工作的质量。

⑦组织和召开与测试项目相关的工作会议。

测试经理肩负着确保测试工作不偏离既定的计划，包括工作量、成本和时间表，并且要对最终的测试成果质量负责。为了胜任这一角色，测试经理需要具备以下几方面的专业素养和技能。

①精通各种软件测试的方法和技术。

②对测试软件的业务流程和产品特性有深入的理解。

③能够准确地评估测试所需的工作量和成本。

④拥有制定测试计划、方案以及设计测试的能力。

⑤对软件测试的各个环节，包括测试开发、执行、报告编制、缺陷管理、测试评估等，有全面的了解，并熟练掌握各种测试工具、缺陷跟踪工具以及其他辅助工具。

⑥能够有效地管理和监督测试项目，确保测试工作的质量达到预期标准。

10.1.2.2　测试组长

测试组长的主要职责是领导和指导测试团队，确保测试任务的顺利完成。具体职责如下。

①向测试团队提供专业的技术支持和指导。

②负责监督小组的测试计划执行情况，管理团队成员，并定期报告项目进度。

③跟进最新的测试技术和工具，并将这些新知识传授给团队成员。

④负责选择合适的测试方法和工具，并确保团队能够正确使用它们。

⑤设计有效的测试方案。

⑥执行测试流程，确保测试活动按计划进行。

⑦验证测试需求是否得到了充分的覆盖。

⑧保证所有测试文档的完整性和准确性。

测试组长需要具备以下知识、能力和素质。

①精通各种测试方法和技术，并对测试流程有深入的了解。

②拥有全面的软件测试工作能力，包括但不限于测试设计、选择和使用测试工具、测试开发、编写测试报告以及管理缺陷。

③对各种软件技术有深厚的掌握，这包括编程语言、数据库技术、计算机网络和操作系统等领域的知识。

④能够熟练地操作和使用多种测试工具。

10.1.2.3　测试员

软件测试员执行具体测试过程，在测试流程中进行如下操作：

①使用测试工具软件。

②生成测试用例，创建测试数据。

③编写自动化测试脚本或手动执行测试步骤。

④撰写测试文档。

⑤报告测试结果。

软件测试员需要具备以下知识、能力和素质：

①掌握软件测试基本方法和技术，了解软件测试过程。

②了解被测软件。

③熟练掌握软件开发和测试过程中使用的各种工具。

④能够执行测试过程，确保测试顺利进行。

⑤能够撰写测试报告文档。

复杂的测试项目可以配置专门的测试环境专员，专注于配置测试环境，其职责如下：

①安装必要的测试工具，并设置相应的测试工具环境。

②利用环境配置脚本来构建测试环境。

③建立所需的测试数据库。

④在测试过程中，负责维护测试环境和测试数据库的稳定运行。

测试环境专员需要具备以下技能：

①精通计算机网络和操作系统。

②精通各种软件技术，包括编程和脚本语言、数据库等。

③精通各种测试工具等。

10.1.3　软件测试资源组织

除人员外，软件测试工作还需要其他资源支持，主要包括执行测试的计算机、服务器、网络设备和测试工具软件等。一般而言，测试工具都是专用的，既有开源免费的，也有商业版软件，可以根据需要来合理选择。

10.2　过程和进度管理

10.2.1　软件测试项目的过程

一个软件测试项目，其过程可以分为六个环节：测试需求分析、测试计划、测试设计、测试开发、测试执行与记录、测试总结和报告。

10.2.1.1　测试需求分析

测试需求是指在软件测试过程中需要关注和验证的特定功能和性能指标。在开始对软件进行测试之前，首先需要明确测试需求，这样才能决定测试的具体方法，估算所需的测试时间、人力成本，确定测试环境，了解完成测试工作所需的背景知识和技术工具，以及预测测试过程中可能遇到的风险。对测试需求进行深入分析是整个测试工作的首要步骤。

在软件测试项目中，测试需求分析的目的是通过对软件的深入分析，明确需要测试的功能点和性能要求。测试需求分析得越详细和准确，就表明对被测软件的理解越深入，对即将进行的测试任务的认识越清晰，从而更有把握确保测试工作的质量与进度。简而言之，测试需求分析是确保测试工作顺利进行的基础。

获取测试需求的途径主要有以下几种。

①从软件文档中提取。例如，在进行系统测试时，我们可以通过阅读软件的系统规格说明书等文档来了解需要测试的内容。这些文档中描述的软件功能和性能指标就是测试需求，测试工作需要验证软件是否实现了这些功能，并达到了规定的性能标准。

②由测试任务的发起方明确指出。在某些情况下，发布测试任务的一方会直接提出具体的测试内容和测试标准。

③根据软件的实际情况进行总结和归纳。当缺乏被测软件的文档，也没有明确的测试要求时，可以根据软件的实际功能和特点来确定测试需求，并据此开展测试工作。

④参考类似软件的测试经验。例如，如果一个评测机构需要评估某商场的 App，而之前已经测试过另一家商场的类似 App，那么可以参考之前的测试需求来确定当前的测试需求。

在分析测试需求时，应对软件测试需求进行分类、细化和文档化，以便将其作为后续工作的基础。这一点类似于软件开发项目中的软件需求分析。

10.2.1.2　测试计划

测试计划是对即将进行的测试活动进行预先的规划和说明，它涵盖了测试项目的背景、目标、范围、方法、参与人员、所需资源、时间表以及组织结构，还包括了潜在的测试风险等要素。

制定软件测试计划的作用体现在以下几个方面：

①通过制定测试计划，可以全面掌握测试工作的全貌，综合考虑所有相关因素，提前做好资源的合理分配、人员的明确分工以及进度的有序安排，从而确保测试工作的顺利开展。

②测试计划为软件测试工作提供了明确的指导和规范，使得测试工作更加有序和易于管理，避免了测试过程中的随意性和混乱。一旦计划制定，团队成员只需按照计划执

行即可。

③测试计划促进了测试项目中各个参与者之间的沟通与合作。测试计划文档中需要明确记录重要的事项，作为团队成员沟通和协作的基础，以避免理解上的偏差和沟通上的不明确。

④通过与测试计划的对比，可以定期检查测试工作的进展，及时发现并纠正问题和偏差，例如检查项目预算是否超支、项目进度是否延迟等，确保测试工作按计划进行。

测试计划中一般应有测试目标、测试范围、测试策略、测试配置、人员组织、测试进度安排、测试标准和风险分析等内容。软件测试计划内容要点如表 10-1 所示。

表 10-1　软件测试计划内容要点

条目	内容
测试概要	摘要说明所需测试的软件、名词解释以及所参考的文档
测试目标	对测试目标进行简要的描述
测试范围	软件需测试的范围和优先级
测试策略	针对每个范围内的要素和内容，制定测试策略
测试配置	测试所需要的软硬件、测试工具、必要的技术资源
人员组织	需要什么样的人员及数量，各自的角色和职责
测试进度	将测试计划合理分配到不同的测试人员，并注意先后顺序
测试标准	测试开始、完成、延迟及继续的标准，包括测试开始和完成的标准
风险分析	考虑测试计划中可能存在的风险和应对措施

10.2.1.3　测试设计

软件测试领域拥有众多的测试方法和技术，面对特定的测试项目或测试问题时，需要合理选择适用的测试方法，并运用相应的技术来构建测试用例。

测试设计的核心任务是确定哪些测试方法和技术应该被采用，以及需要设计哪些测试用例来完成测试任务、实现测试目标，同时力求在成本控制上做到最优化。

例如，在完成某项测试任务时，如果测试团队 A 设计了 2 万个测试数据，而团队 B 设计了 1 万个测试数据，并且两组数据在执行后都能满足测试需求、达到预期的测试效果，那么可以认为团队 B 的设计方案更为高效，因为其测试成本大约只有团队 A 的一半。

在进行测试设计时，需要全面考虑软件运行的常规情况、可能的异常情况以及特殊情况。应综合运用多种测试方法和技术，以发挥各自的优势，提高测试的针对性、有效性和全面性，同时减少不必要的重复。

可以对测试设计进行优化，比如通过统计覆盖率来识别和消除冗余的测试用例。此外，还应对测试设计进行严格的评审，确保测试设计的高质量，只有通过评审的测试设计才能进入后续的执行阶段。

10.2.1.4　测试开发

测试开发主要是为了实现测试过程的自动化执行，要在测试工具平台或者编程环境下开发测试脚本或者开发控制测试过程的程序代码。随着测试复杂度、专业化程度、自动化程度不断提高，测试开发在软件测试工作中的重要性及所占的比重都越来越大。在针对Java程序的单元测试中，可能需要用 JUnit 编写测试脚本。

在面对大量测试数据需求的情况下，可以通过开发自动化脚本来辅助生成部分测试数据，以此减轻手动创建测试数据的工作量。例如，如果需要对一个管理信息系统进行测试，并且需要 5 万条测试数据，可以编写一个程序来自动生成基础的测试数据集。在这个自动化生成的数据基础上，再根据测试的具体需求，手动添加一些特定的测试数据，以确保测试的全面性和针对性。

10.2.1.5　测试执行和记录

测试执行是指在搭建测试环境后，利用测试工具实际进行测试的过程。

为了顺利执行测试，首先需要构建合适的测试环境，这包括硬件和软件两个方面。硬件环境涉及测试所需的计算机和服务器等设备；软件环境则包括数据库、操作系统、待测试的软件本身以及测试工具等；有时还需要考虑网络环境，比如网络带宽和 IP 地址设置等。

构建的测试环境必须与测试要求相匹配，否则可能会严重影响测试结果，甚至导致测试无效。

在执行测试时，还需注意测试用例的前置条件和特殊说明，因为某些测试流程是有特定顺序的，相应的测试用例可能需要满足特定的执行前提或遵循特殊说明。忽略这些可能会导致测试无法正常执行。

每个测试用例都应按照步骤完整执行，至少执行一次，以确保测试的全面覆盖。在合理的测试设计下，每个测试用例都有其特定目的，对应于测试需求中的某个测试点，因此都需要被执行。

在测试执行过程中，需要记录测试的详细过程，并仔细比较实际的执行状态和结果是否与预期一致。有些测试工具能够自动记录测试过程并进行结果对比，这可以大大减轻工作量。例如，自动化测试工具的执行日志可以记录并对比测试结果。

如果实际执行的状态或结果与预期不符，应从不同角度多次测试，并尽可能详细地记录出现问题的位置、输入的数据和问题的症状。不应忽视任何偶然现象。在测试中可能会遇到某个测试用例执行后软件出现错误，但再次执行时错误不再出现的情况。这类错误往往是最难发现的。面对这种情况，需要仔细分析，不放过任何细节，多次测试以确认错误是否真的存在及其触发条件。

在测试执行过程中，如遇到不明确的问题，应与开发人员进行有效沟通。最后，应将测试中发现的问题详细记录在测试报告中。

概括起来测试执行和记录要做好以下几项工作：

①准备充分，确保满足测试条件后再开始。

②记录测试执行的每个细节和结果。

③核对实际结果与预期结果是否匹配。

④不要放过任何偶然现象，并对发现的问题进行确认。

⑤与开发团队保持沟通。

⑥根据反馈更新测试用例。

⑦提交清晰的问题报告。

满足以下条件中的一个或者多个，测试工作可以停止：

①测试用例全部执行通过。

②测试需求覆盖率达到 100%。

③已验证系统满足产品需求规格说明书的要求。

④在测试中发现的缺陷已得到修改，各级缺陷修复率达到规定的标准。

⑤缺陷密度符合软件要求的范围。

10.2.1.6 测试总结和报告

在测试执行阶段结束后，需要对测试结果进行整理、统计和分析，并撰写测试报告。

首先，要对发现的缺陷进行汇总，提供详尽的缺陷报告，并统计缺陷的分布情况。

其次，要评估测试的覆盖范围，以确定测试的全面性。这可以通过测试需求的覆盖率、可执行代码的覆盖率或对特定测试标准的覆盖率来衡量。例如，测试需求覆盖率可能达到 100%，可执行代码覆盖率也是 100%，而条件组合覆盖率为 90%。

最后，对软件的质量进行评估，这涉及对软件的功能、性能、可靠性和稳定性等方面进行评价。质量评估基于对测试结果的分析以及对已发现缺陷及其修复情况的评估，应确保评估结果的可信度和说服力。简而言之，测试结果的汇总和分析是为了全面了解软件的质量状况，并为后续的决策提供依据

10.2.2 测试进度管理

测试进度管理是指在测试项目的整个生命周期内，依照预先制定的测试计划，持续监

控测试活动的进展，并识别任何偏差。这包括评估测试设计工作的完成度、测试用例的执行进度以及测试覆盖率的达标情况。如果发现测试进度严重落后于计划，就需要深入分析原因，并采取相应措施来纠正，以确保软件项目能够按时交付。简而言之，测试进度管理的目的是确保测试活动按计划进行，及时发现并解决可能导致项目延期的问题。

10.3 测试文档、测试用例和缺陷管理

10.3.1 测试文档管理

10.3.1.1 软件测试文档的重要性

软件开发者通过编写的代码来量化他们的工作量和展示他们的工作成果。那么，软件测试人员如何证明他们的工作量和价值呢？例如，如果一个软件的质量本身就很高，测试人员可能需要进行长时间的大量测试，但最终发现的问题却很少。这并不意味着测试工作是无用的。实际上，软件测试人员可以通过文档记录他们的测试结果，以此来展示他们的工作量和价值。这些文档可以作为软件质量评估的客观证据，并可以用于未来的测试重用，比如在回归测试或类似的软件测试项目中。

10.3.1.2 软件测试文档的概念

软件测试文档是一系列书面或图形资料，它们详细说明了软件测试的执行过程、测试结果、定义、规范和报告。这些文档为测试工作的组织、规划和管理提供了标准化的框架。

主要的测试文档有测试需求分析、测试计划书、测试方案说明、测试规程说明、测试设计书、测试用例说明、测试日志、测试执行记录、缺陷报告、测试总结报告等。

10.3.1.3 软件测试文档的管理

在开展软件测试项目时，首先需要确保所有相关的测试文档都完整且符合规范，这反映了测试工作的流程和成果。其次，对关键的测试文档进行审查是提高文档质量的重要步骤，只有文档通过了审查，才能进入实施阶段并继续后续的工作流程，这样可以避免不必要的返工。最后，测试文档应该被长期保存，它们不仅作为评估软件最终质量的依据，而且还可以用于未来的测试工作，为后续的测试活动提供参考，从而减少重复工作，提高效率。

10.3.2 测试用例管理

10.3.2.1 测试用例的概念

测试用例是一组精心设计的测试输入、执行条件和预期输出，旨在达成特定的测试目的。它是对单个软件测试任务的详尽说明，反映了测试的规划、执行方式、技术和策略。一个完整的测试用例包括测试目标、所需环境、输入数据、操作步骤、预期输出以及可能的自动化测试脚本等内容，并记录成文档形式。

最简化的情况下，一个测试用例至少应当包括输入数据和预期结果两部分。

10.3.2.2 测试用例的设计、管理和优化

对同一个软件进行测试时，按照不同的测试方法和技术，可以得到不同的测试用例；按照相同的测试方法和技术，不同的测试人员也可能会设计不同的测试用例。测试用例的设计旨在通过精心选择的输入数据，揭露软件中可能隐藏的问题，确保这些问题在软件运行时能够被识别出来。这要求测试人员具备敏锐的洞察力和创造性思维，能够从不同角度和层面对软件进行测试，以发现尽可能多的缺陷。

测试用例的设计原则如下：

①测试用例应覆盖三类事件：

a. 基本事件:参照软件规格说明书，按照需要实现的所有功能来编写，覆盖率100%。

b. 备选事件:程序执行中的备选情况，按照功能点编写。

c. 异常事件:程序执行出错处理的路径，按照功能点编写。

在实际中，备选事件和异常事件的测试用例往往比基本事件的测试用例要多。

②用等价类划分方法设计基本的测试用例，将无限测试变成有限测试，这是减少工作量和提高测试效率最有效的方法。

③在任何情况下都应当有边界值测试用例，这种测试用例发现程序错误的能力最强。

④用错误推测法再追加一些测试用例，这需要依靠测试工程师的智慧和经验。

⑤应对照程序的逻辑，检查已设计测试用例的逻辑覆盖程度。如果没有达到要求的覆盖标准，应再补充足够的测试用例。

⑥如果程序的功能说明中含有输入条件的组合情况，那么可以采用决策表驱动法和因果图法。

⑦对于参数配置类的软件来说，采用正交实验法设计较少的测试用例即可达到较好的测试效果。

⑧对于业务流清晰的系统，可以采用场景法来设计测试用例。

为了便于对大量测试用例进行汇总、管理和分析，可以建立测试用例数据库。为了提

高覆盖率并减少测试冗余，需要对测试用例进行分析和优化，补充需要的，删除冗余的。例如，将不同测试人员编写的测试用例集中起来，通过综合分析，可以识别并消除重复的测试用例。这样，我们就能判断现有的测试用例是否已经全面覆盖了所有的测试需求。如果发现有测试需求未被覆盖，就需要添加相应的测试用例来补全。

10.3.2.3 测试用例的评审

当大量的测试用例被设计出来后，为保证其质量，应对其进行评审，评审的要点如下：

①确保测试用例全面覆盖了所有定义的测试需求中的功能点。

②检查测试用例是否也涵盖了所有非功能性的需求。

③验证测试用例的编号是否与相应的测试需求相匹配。

④确保测试设计中包含了正面和反面的测试用例。

⑤每个测试用例都应详细说明测试的目标特性、操作步骤、执行条件和预期结果。

⑥测试用例应包含所需的测试数据，或者提供生成这些数据的方法，以及对输入数据的详细描述。

⑦测试用例是否具备可操作性。

⑧测试用例的优先级安排是否合理。

⑨确保已经移除了重复或不必要的测试用例。

⑩测试用例应该尽可能简洁，并且具有高度的可复用性，例如，可将重复度高的步骤或过程抽取出来，定义为可复用的标准化测试过程。

10.3.2.4 测试用例的更新

设计得到测试用例后，还需要不断更新和完善，原因有如下三点：

①在后续的测试过程中，可能会发现早期设计的测试用例存在考虑不全面的地方，因此需要对这些用例进行补充和完善，以确保测试的全面性。

②在软件发布并投入使用后，用户可能会报告一些在测试阶段未被发现的软件缺陷。针对这些新发现的问题，需要增加新的测试用例，以便在未来的测试中能够捕捉到类似的缺陷。

③当软件进行版本更新或增加新功能时，原有的测试用例可能不再适用。因此，需要对测试用例进行相应的修改和更新，以确保它们能够适应新的软件版本和功能。

10.3.2.5 测试用例的作用

测试用例的作用体现在以下几个方面：

①检测和监控软件缺陷。如果在软件中存在缺陷，执行特定的测试用例时可能会揭示这个问题。只要缺陷未被修复，每次运行该测试用例都能重现这个缺陷，从而可以追踪缺陷并定位其根源。

②精确展示软件特性。一组或一系列测试用例可以准确地展示软件的特定特性。例如，通过执行一系列安全测试用例，可以评估软件在安全性能方面的表现。

③全面评估软件性能和质量。通过执行大量细致设计的测试用例，可以对软件进行全面的测试，从而全面了解其性能和质量，为评估软件质量提供数据支持。

④确定故障责任。当软件运行出错或导致事故时，测试用例可以帮助定位错误，并分析确定问题的具体位置，以及确定责任归属。

10.3.3 缺陷管理

软件中的缺陷是软件开发过程中的"副产品"，一个规模很大的软件，通过测试可能会发现成千上万个缺陷。需要对这些缺陷进行有效的管理，可以建立缺陷数据库，也有专门的缺陷管理工具软件可供使用。

首先，要对每一个缺陷进行记录，并描述详细的缺陷内容。缺陷记录应当包含的要点如表 10-2 所示。

表 10-2　缺陷记录应包含的要点

要点	具体内容	
可追踪信息	缺陷 ID	实际的缺陷 ID
缺陷基本信息	缺陷状态	分为：待分配、待修正、待验证、待评审和关闭
	缺陷标题	描述缺陷的标题
	缺陷的严重程度	分为：致命、严重、一般和建议
	缺陷的紧急程度	从 1~4，1 是优先级最高，4 最低
	缺陷类型	界面缺陷、功能缺陷、安全性缺陷、接口缺陷、数据缺陷、性能缺陷等
	缺陷提交人	缺陷提交人相关信息（姓名和邮件）
	缺陷提交时间	提交时间
	缺陷所属项目/模块	缺陷所属的项目
	缺陷指定解决人	在缺陷"分发"状态下，由项目经理指定相关人员
	缺陷指定解决时间	修改缺陷的期限
	缺陷处理人	最终缺陷处理人
	缺陷处理结果描述	对处理结果进行描述
	缺陷处理时间	缺陷处理时间
	缺陷验证人	对被处理缺陷验证的验证人
	缺陷验证结果描述	对验证结果的描述（通过或不通过）
	缺陷验证时间	验证缺陷的时间
缺陷详细描述	对缺陷进行详细描述	
测试环境说明	对测试的环境进行描述	
必要的附件	对于部分难以描述的内容，可以使用图片附件	

对缺陷进行记录，除缺陷 ID、缺陷状态、缺陷标题、严重程度、紧急程度、缺陷类型、缺陷提交人、提交时间、所属项目/模块等基本信息外，还要有缺陷详细描述、测试环境说明以及必要的附件。

其次，要对缺陷进行统计和分析。如分析缺陷主要分布在哪些模块，因为发现缺陷越多的模块隐藏的缺陷可能也越多；分析缺陷产生的原因主要有哪些，以便后续改进；根据已知缺陷数据，基于数学模型分析预测隐含的缺陷等。

再次，要跟踪缺陷的状态。缺陷被发现后，测试人员进行提交；然后分配给项目开发人员进行修改，开发人员完成修改并通过测试验证后缺陷关闭。有的缺陷基于权衡可以不修改，而是采取一些弥补措施，通过评审后也可以关闭。缺陷跟踪就是要确保每个被发现的缺陷最终都能够被关闭，而不是不了了之。

最后，应通过缺陷来反映软件的特性。软件缺陷的多少、缺陷的分布、缺陷的类型等，都可以反映软件的特性。缺陷及缺陷的修复情况，就是对软件的质量进行评价的基础和依据。

本章小结

软件测试的组织和管理是确保软件质量的关键环节，它涉及测试活动的规划、协调和控制。本章详细探讨了软件测试的各个方面，包括人员和资源的组织、过程和进度的管理、测试文档、测试用例和缺陷的管理。

通过有效组织和管理，软件测试可以系统地进行，从而提高软件的质量和可靠性。本章内容为软件测试的实施提供了全面的指导，强调了测试团队的协作、测试文档的重要性以及测试用例和缺陷管理的关键性。

本章习题

一、填空题
软件测试团队中通常需要的角色包括创新的测试领导者、经验丰富的测试专家和_____。

二、单项选择题
1.测试设计员的职责有（   ）。

①制定测试计划 ②设计测试用例 ③设计测试过程、脚本 ④评估测试活动

A. ①②

B. ①②③

C. ②③

D. ①②③④

2. 测试文档种类有（　　）。

A. 需求类文档、计划类文档

B. 设计类文档、执行类文档

C. 缺陷记录类、阶段汇总类、测试总结类

D. 以上都有

3. 软件测试工作的特点不包括以下哪一项？（　　）

A. 软件测试不直接生产软件产品

B. 经验的积累对提高测试效率和质量起着决定性作用

C. 软件测试往往需要在有现成模板或先例的情况下进行

D. 软件测试的目的在于发现可能隐藏的软件问题

4.（多选）在测试用例管理中，以下哪些步骤是必要的？（　　）

A. 设计

B. 评审

C. 优化

D. 执行

5. 在缺陷管理中，以下哪一项不是缺陷记录应包含的要点？（　　）

A. 缺陷 ID

B. 缺陷状态

C. 缺陷修复方案

D. 缺陷提交人

三、简答题

1. 为什么测试用例的设计需要全面覆盖基本事件、备选事件和异常事件？

2. 假设你是一个测试团队的测试经理，你的团队正在测试一个电子商务网站。描述你将如何组织和管理你的测试团队，以确保测试工作的有序进行并达成预定目标。

3. 为什么说测试用例的评审是保证其质量的重要步骤？请列出至少三个评审的要点。

参 考 文 献

[1] 王智钢, 杨乙霖. 软件质量保证与测试[M]. 北京: 人民邮电出版社, 2020.

[2] 董昕, 董瑞杰、梁艳, 王杰.软件质量保证与测试[M]. 北京: 清华大学出版社, 2025.

[3] 黄艳, 朱会东, 李朝阳. 软件质量保证与测试（微课版）[M]. 北京: 清华大学出版社, 2025.

[4] 王智钢, 杨乙霖, 王蓁蓁, 等. 软件质量保证与测试（慕课版）[M]. 北京: 人民邮电出版社, 2024.

[5] 蔡治国. JMeter 性能测试与脚本开发实战[M]. 北京: 人民邮电出版社, 2023.

[6] 付朝晖, 刘广, 宫蓉蓉. 软件测试技术与实践[M]. 北京: 电子工业出版社, 2023.

[7] 高静, 张丽, 陈俊杰, 等. 软件测试与质量保证[M]. 北京: 清华大学出版社, 2022.

[8] 罗恩·佩腾. 软件测试[M]. 北京: 机械工业出版社, 2019.

[9] 乔冰琴, 郝志卿, 孔德瑾, 等. 软件测试技术及项目案例实战[M]. 北京: 清华大学出版社, 2020.

[10] 李霞丽, 吴立成, 潘秀琴. 软件测试概论[M]. 北京: 中央民族大学出版社, 2024.

[11] 朱少民. 软件测试技术与实践——面向分布式系统 OpenHarmony[M].北京: 高等教育出版社, 2024.

[12] 龚家瑜, 胡芸, 赵毅, 等. 软件测试与质量评价——基于标准的软件质量实践[M]. 上海: 上海科学技术出版社, 2022.

[13] 刘文红, 郭栋, 董锐, 等. 软件测试项目管理[M]. 北京: 清华大学出版社, 2023.

[14] 51Testing 教研团队. 软件测试核心技术[M]. 北京: 人民邮电出版社, 2020.

[15] 于艳华. 软件测试项目实战[M]. 4 版. 北京: 电子工业出版社, 2022.

[16] 高尚兵, 高丽. 软件测试基础教程[M]. 北京: 北京工业大学出版社, 2023.

[17] 王智钢. 软件测试与质量保证[M]. 大连: 大连理工大学出版社, 2024.

[18] 邹福英, 陈玲. 软件测试实战指南[M]. 北京: 人民邮电出版社, 2022.

[19] 吴伶琳, 王明珠. 软件测试技术任务驱动式教程[M]. 北京: 北京理工大学出版社, 2022.

[20] 赵斌. 软件测试技术经典教程[M]. 2 版. 北京: 科学出版社, 2024.

[21] 斛嘉乙, 符永蔚, 樊映川. 软件测试技术指南[M]. 北京: 机械工业出版社, 2019.

[22] 祝衍军, 付玉珍, 房晓东. 软件测试项目化教程[M]. 北京: 中国铁道出版社, 2025.

[23] 曹小鹏. 软件测试技术与研究[M]. 北京: 清华大学出版社, 2025.

[24] 李海生, 郭锐. 软件测试技术案例教程[M]. 北京: 清华大学出版社, 2025.

[25] 侯雪梅, 高飞, 吴建萍. 软件自动化测试实践[M]. 北京: 国防工业出版社, 2025.

[26] 茹炳晟, 陈磊, 朱少民. 现代软件测试技术指南[M]. 北京: 电子工业出版社, 2025.

[27] 陈磊. 大模型测试技术与实践[M]. 北京: 人民邮电出版社, 2025.

[28] 黑马程序员. 软件测试[M]. 2 版. 北京: 人民邮电出版社, 2023.

[29] 徐芳. 软件测试技术[M]. 3 版. 北京: 机械工业出版社, 2021.

[30] 傅兵. 软件测试技术教程[M]. 2 版.北京: 清华大学出版社, 2023.

[31] 梁立新, 李海生. 软件测试技术与项目案例教程[M]. 北京: 清华大学出版社, 2022.

[32] 佟伟光. 软件测试技术 [M]. 2 版. 北京: 人民邮电出版社, 2023.

[33] 吕云翔, 况金荣, 朱涛, 等. 软件测试技术: 原理、工具和项目案例[M]. 北京: 清华大学出版社, 2021.

[34] 刘斌. 软件测试技术[M]. 北京: 北京师范大学出版社, 2021.

[35] 范勇, 兰景英, 李绘卓. 软件测试技术[M]. 3 版 西安: 西安电子科技大学出版社, 2024.

[36] 蒋继冬, 孙惠芬, 赵志建. 软件测试技术案例教程[M]. 北京: 高等教育出版社, 2024.

[37] 赵恒, 邹香玲, 邹丽霞. 软件测试技术[M]. 北京: 中国铁道出版社, 2024.

[38] 汇智动力. 软件测试技术基础教程: 理论、方法与工具（微课版）[M]. 2 版. 北京: 人民邮电出版社, 2024.

[39] 刘雄华. 软件测试技术[M]. 武汉: 华中科技大学出版社, 2023.

[40] 周元哲. 软件测试实用教程[M]. 北京: 人民邮电出版社, 2013.

[41] 朱二喜. 软件测试技术情境式教程[M]. 北京: 电子工业出版社, 2018.